Nachrichtentechnik
Herausgegeben von H. Marko
Band 17

Jürgen Franz

Optische Übertragungssysteme mit Überlagerungsempfang

Berechnung, Optimierung, Vergleich

Mit 80 Abbildungen

Springer-Verlag Berlin Heidelberg NewYork
London Paris Tokyo 1988

Dr.-Ing. JÜRGEN FRANZ

Akademischer Rat, Lehrstuhl für Nachrichtentechnik
Technische Universität München

Dr.-Ing., Dr.-Ing. E. h. HANS MARKO

Professor, Lehrstuhl für Nachrichtentechnik
Technische Universität München

ISBN 3-540-50189-4 Springer-Verlag Berlin Heidelberg NewYork
ISBN 0-387-50189-4 Springer-Verlag NewYork Heidelberg Berlin

CIP-Kurztitelaufnahme der Deutschen Bibliothek

Franz, Jürgen:
Optische Übertragungssysteme mit Überlagerungsempfang:
Berechnung, Optimierung, Vergleich/Jürgen Franz.
Berlin; Heidelberg, NewYork; London; Paris; Tokyo: Springer, 1988
(Nachrichtentechnik; Bd. 17)
ISBN 3-540-50189-4 (Berlin ...)
ISBN 0-387-50189-4 (NewYork ...)
NE: GT

Druck: Color-Druck, G. Baucke, Berlin; Bindearbeiten: Lüderitz & Bauer, Berlin
2362/3020-543210 – Gedruckt auf säurefreiem Papier

Zur Buchreihe „Nachrichtentechnik"

Die Nachrichten- oder Informationstechnik befindet sich seit vielen Jahrzehnten in einer stetigen, oft sogar stürmisch verlaufenden Entwicklung, deren Ende derzeit noch nicht abzusehen ist. Durch die Fortschritte der Technologie wurden ebenso wie durch die Verbesserung der theoretischen Methoden nicht nur die vorhandenen Anwendungsgebiete ausgeweitet und den sich stets ändernden Erfordernissen angepaßt, sondern auch neue Anwendungsgebiete erschlossen.

Zu den klassischen Aufgaben der Nachrichtenübertragung und der Nachrichtenvermittlung sind die Nachrichtenverarbeitung und die Datenverarbeitung hinzugekommen, die viele Gebiete des beruflichen und des privaten Lebens in zunehmendem Maße verändern. Die Bedürfnisse und Möglichkeiten der Raumfahrt haben gleichermaßen neue Perspektiven eröffnet wie die verschiedenen Alternativen zur Realisierung breitbandiger Kommunikationsnetze. Neben die analoge ist die digitale Übertragungstechnik, neben die klassische Text-, Sprach- und Bildübertragung ist die Datenübertragung getreten. Die Nachrichtenvermittlung im Raumvielfach wurde durch die elektronische zeitmultiplexe Vermittlungstechnik ergänzt. Satelliten- und Glasfasertechnik haben zu neuen Übertragungsmedien geführt. Die Realisierung nachrichtentechnischer Schaltungen und Systeme ist durch den Einsatz von Elektronenrechnern sowie durch die digitale Schaltungstechnik erheblich verbessert und erweitert worden. Die rasche Entwicklung der Halbleitertechnologie zu immer höheren Integrationsgraden erschließt neue Anwendungsgebiete besonders auf dem Gebiet der digitalen Technik.

Die Buchreihe „Nachrichtentechnik" trägt dieser Entwicklung Rechnung und bietet eine zeitgemäße Darstellung der wichtigsten Themen der Nachrichtentechnik an. Die einzelnen Bände werden von Fachleuten geschrieben, die auf den jeweiligen Gebieten kompetent sind. Jedes Buch soll in ein bestimmtes Teilgebiet einführen, die wesentlichen heute bekannten Ergebnisse darstellen, und eine Brücke zur weiterführenden Spezialliteratur bilden. Dadurch soll es sowohl dem Studierenden bei der Einarbeitung in die jeweilige Thematik als auch dem im Beruf stehenden Ingenieur oder Physiker als Grundlagen- oder Nachschlagewerk dienen. Die einzelnen Bände sind in sich abgeschlossen, ergänzen einander jedoch innerhalb der Reihe. Damit ist eine gewisse Überschneidung unvermeidlich, ja sogar erforderlich.

Die derzeitige Planung der Reihe umfaßt die mathematischen Grundlagen, die Baugruppen und Systeme sowie die Technik der Signalverarbeitung und der Signalübertragung. Eine Ergänzung bildet die Meßtechnik. Das folgende Schema zeigt den heutigen Stand der Reihe unter Einschluß der demnächst erscheinenden Bände.

Mathematische Grundlagen	Band 1 :	Methoden der Systemtheorie (H. Marko)
	Band 4 :	Numerische Berechnung linearer Netzwerke und Systeme (H. Kremer)
	Band 7 :	Einführung in die Theorie linearer zeitdiskreter Systeme und Netzwerke (R. Lücker)
	Band 10:	Grundlagen der Theorie statistischer Signale (E. Hänsler)
	Band 15:	Übungen zur Systemtheorie (J. Hofer-Alfeis)
	Geplant :	Mehrdimensionale Systemtheorie
	Geplant :	Kanalcodierung
Baugruppen und Systeme	Band 3 :	Bau hybrider Mikroschaltungen (E. Lüder)
	Band 8 :	Nichtlineare Schaltung (R. Elsner)
	Geplant :	Transistorverstärker
Signal-verarbeitung	Band 5 :	Prozeßrechentechnik (G. Färber)
	Band 12:	Sprachverarbeitung und Sprachübertragung (K. Fellbaum)
	Band 13:	Digitale Bildsignalverarbeitung (F. Wahl)
	Geplant :	Analoge Bildsignalverarbeitung
Signal-übertragung	Band 2 :	Fernwirktechnik der Raumfahrt (P. Hartl)
	Band 6 :	Nachrichtenübertragung über Satelliten (E. Herter, H. Rupp)
	Band 11:	Bildkommunikation (H. Schönfelder)
	Band 14:	Digitale Übertragungssysteme (G. Söder, K. Tröndle)
	Band 16:	Lichtwellenleiter für die optische Nachrichtenübertragung (S. Geckeler)
	Band 17:	Optische Übertragungssysteme mit Überlagerungsempfang (J. Franz)
Ergänzungen	Band 9 :	Nachrichten-Meßtechnik (E. Schuon, H. Wolf)

Herausgeber und Verlag danken für alle Anregungen zur weiteren Ausgestaltung dieser Reihe. Die freundliche Aufnahme in der Fachwelt hat die Richtigkeit der Idee, das sich schnell entwickelnde Gebiet der Nachrichtentechnik oder Informationstechnik in einer Buchreihe darzustellen, bestätigt.

München, im Sommer 1988 H. Marko

Vorwort

Die optische Nachrichtentechnik als technisches Mittel für eine schnelle und zuverlässige Nachrichtenübertragung gewinnt innerhalb der allgemeinen Nachrichtentechnik zunehmend an Bedeutung. In ihrer Realisierung als Geradeaussystem mit Lichtleistungsmodulation und Direktempfang ist sie darüber hinaus auch eine vergleichbar kostengünstige Übertragungstechnik.

Mit der Entwicklung der weitaus komplexeren optischen Überlagerungssysteme geht die optische Nachrichtentechnik in ihre zweite Generation. Diese neuen optischen Systeme weisen gegenüber den optischen Geradeaussystemen der ersten Generation entscheidende Vorteile auf. Diese sind zum einen ein hoher Gewinn an Empfindlichkeit und damit verbunden eine beträchtliche Vergrößerung der Regeneratorfeldlänge, zum anderen die Realisierbarkeit eines echten optischen Frequenzmultiplexsystems. Auf Grund dieser beiden vielversprechenden Vorteile optischer Überlagerungssysteme wird der einzige Nachteil, nämlich die Komplexität und die dementsprechend hohen Systemkosten, in vielen zukünftigen Anwendungsbereichen sicherlich von untergeordneter Bedeutung sein.

Dieses Buch will den Leser in die theoretischen Grundlagen optischer Überlagerungssysteme einführen und ihm die erforderlichen Kenntnisse für die darauf aufbauende Optimierung und den Systemvergleich vermitteln. Das Buch wendet sich an alle diejenigen, die mit Interesse die Entwicklung der optischen Nachrichtentechnik verfolgen und sich auch in diese neuartige und aussichtsreiche Technik der optischen Überlagerungssysteme einarbeiten möchten. Ingenieuren und Physikern, die sich beruflich mit der Planung von optischen Nachrichtensystemen befassen, möchte dieses Buch eine Hilfe bei der Lösung der verschiedenartigen theoretischen und praktischen Probleme sein. Die Auswahl eines für gegebene praktische Anforderungen geeigneten optischen Übertragungssystems soll durch dieses Buch erleichtert werden.

An dieser Stelle möchte ich allen Kollegen und Diplomanden danken, die mit ihrer Unterstützung und durch die freundliche Atmosphäre am Lehrstuhl für Nachrichtentechnik der Technischen Universität München zu diesem Buch beigetragen haben.

Dem Herausgeber der Reihe Nachrichtentechnik, Herrn Prof. Dr.-Ing. Dr.-Ing. E. h. Hans Marko gebührt mein herzlicher Dank für die Möglichkeit zu diesem Buch sowie für seine stete Hilfsbereitschaft und großzügige Unterstützung.

Für die sorgfältige und gewissenhafte Mithilfe beim Schreiben des Textes und beim Anfertigen zahlreicher Zeichnungen als auch für das kritische Durchlesen des Manuskriptes danke ich meiner ehemaligen Diplomandin Dipl.-Ing. Karin Linsenbreit sowie meinen Kollegen Dr.-Ing. Günter Söder, Dipl.-Ing. Michael Fleichmann, Dipl. Ing. Stephan Neidlinger und Dipl.-Ing. Frowin Derr.

Zuletzt möchte ich mich noch ganz herzlich bei meiner Frau Doris und meinem Sohn Oliver für ihr Verständnis und ihre Nachsicht bedanken, die sie mir während der Entstehung dieses Buches entgegenbrachten.

München, im Sommer 1988 J. Franz

Inhaltsverzeichnis

Symbolverzeichnis

1. Physikalische Konstanten

Konstante	Bedeutung	Zahlenwert
c_0	Lichtgeschwindigkeit im Vakuum	$2{,}998 \cdot 10^{8}$ m/s
e	Elementarladung	$1{,}602 \cdot 10^{-19}$ As
h	Plancksches Wirkungsquantum	$6{,}625 \cdot 10^{-34}$ Ws^2
k	Boltzmannkonstante	$1{,}38 \cdot 10^{-23}$ Ws/K
ϵ_0	Dielektrizitätskonstante im Vakuum	$8{,}854 \cdot 10^{-12}$ As/(Vm)
μ_0	Permeabilitätskonstante im Vakuum	$1{,}256 \cdot 10^{-6}$ Vs/(Am)

2. Physikalische Symbole

Symbol	Bedeutung	Einheit
A	Einsteinkoeffizient der spontanen Emission	1/s
A_{ASK}	Normierte Augenöffnung beim ASK-System	-
$A_{\mathrm{ASK}}(t_0)$	desgl. abhängig vom Abtastzeitpunkt t_0	-
$A_{\mathrm{ASK,max}}$	desgl. maximal	-
A_{FSK}	Normierte Augenöffnung beim FSK-System	-
$A_{\mathrm{FSK,max}}$	desgl. maximal	-
$A_{\mathrm{FSK,min}}$	desgl. minimal	-
$A_{\mathrm{FSK,opt}}$	desgl. optimal	-
A_{G}	Normierte Augenöffnung beim Geradeausempfang	-
A_{PSK}	Normierte Augenöffnung beim PSK-System	-
a	Modennummer	-
$a(t)$	Unverrauschtes normiertes Detektionssignal	-
a, a_{T}	desgl. zum Zeitpkt. $\nu T+t_0$ bzw. um die Bitdauer T verzögert	-
a_{i}	desgl. für die Symbolfolge $\langle q_\nu \rangle_{\mathrm{i}}$	-
a_{u}	desgl. für die ungünstigste Symbolfolge $\langle q_\nu \rangle_{\mathrm{u}}$	-
$a_{\varnothing \mathrm{i}}$, a_{Li}	desgl. für die Symbolfolge $\langle q_\nu \rangle_{\varnothing \mathrm{i}}$ bzw. $\langle q_\nu \rangle_{\mathrm{Li}}$	-
$a_{\varnothing \mathrm{u}}$, a_{Lu}	desgl. für die ungünstigste Symbolfolge $\langle q_\nu \rangle_{\varnothing \mathrm{u}}$ bzw. $\langle q_\nu \rangle_{\mathrm{Lu}}$	-
a_ν	Amplitudenkoeffizienten	-
$a_{\mathrm{P}}(t)$	Amplitudenrauschfaktor infolge Polarisationsschwankungen	-
$a_{\mathrm{P,max}}$	desgl. Maximalwert	-
$\underline{a}(z)$	Energieaufteilungsfaktor bei der Modenkopplung	-

B, B_{opt}	Bandbreite (Rauschbandbreite), desgl. optimiert	Hz
B_B	Bandbreite des Basisbandfilters	Hz
B_{ZF}, $B_{ZF,opt}$	Bandbreite des ZF-Filters, desgl. optimiert	Hz
$\vec{\underline{B}}(z, t)$	Magnetische Flußdichte	Vs/m^2
B, B_{12}, B_{21}	Einsteinkoeffizient der Absorption bzw. der induzierten Emission ($B_{12} = B_{21} = B$)	m^3/Ws^3
$\underline{b}(z)$	Energieaufteilungsfaktor bei der Modenkopplung	-
C, C_T	Normierter Detektionsabtastwert beim ASK-Heterodynsystem ohne additives Gaußrauschen, desgl. um T verzögert	-
$C_\emptyset$, C_L	desgl. bei $q_0 = \emptyset$ bzw. $q_0 = L$	-
$C_{\emptyset i}$, C_{Li}	desgl. für die Symbolfolge $\langle q_\nu \rangle_{\emptyset i}$ bzw. $\langle q_\nu \rangle_{Li}$	-
$C_{\emptyset u}$, C_{Lu}	desgl. für die ungünstigste Symbolfolge $\langle q_\nu \rangle_{\emptyset u}$ bzw. $\langle q_\nu \rangle_{Lu}$	-
C_0	Konstant angenommener Wert für C	-
C_1 bis C_3	Amplitudenfaktoren (Abschnitt 5.1.3)	-
c_n	Filterkoeffizienten beim Formfiltermodell (Abschnitt 3.5)	-
D	Normierter quadratischer Detektionsabtastwert beim ASK-Heterodynsystem ohne additives Gaußrauschen ($D = C^2$)	-
D	Doppelbrechung (Kapitel 4)	-
$\vec{\underline{D}}(z, t)$	Elektrische Flußdichte	As/m^2
$d(t)$	Detektionssignal	A od. V
$d(\nu T + t_0)$, d	Detektionsabtastwerte, desgl. normiert	A od. V, -
$d_{\emptyset,ASK}$, $d_{L,ASK}$	desgl. beim ASK-Empfänger	-
$d_\emptyset$, d_L	desgl. beim Zweifilterdemodulator (FSK)	-
$d_{\emptyset i}$, d_{Li}	desgl. für die Symbolfolge $\langle q_\nu \rangle_{\emptyset i}$ bzw. $\langle q_\nu \rangle_{Li}$	-
$d_{\emptyset u}$, d_{Lu}	desgl. für die ungünstigste Symbolfolge $\langle q_\nu \rangle_{\emptyset u}$ bzw. $\langle q_\nu \rangle_{Lu}$	-
$\mathrm{d}\phi(t)/\mathrm{d}t$	Laserfrequenzrauschen	Hz
E, E_{opt}	normierte Entscheiderschwelle, desgl. optimiert	-
E_{min}/E_{max}	Halbachsenverhältnis der Polarisationsellipse	-
$E(t)$, $\underline{E}(t)$	Elektrische Feldstärke einer Lichtwelle (reell bzw. komplex)	V/m
$\vec{E}(t)$, $\vec{\underline{E}}(t)$	desgl. als Vektor (reell bzw. komplex)	V/m
$\vec{\underline{E}}(z, t)$	desgl. vom zurückgelegten Weg z abhängig mit Index E: Empfangslichtwelle mit Index L: Lokallaserlichtwelle mit Index S: Sendelichtwelle mit Index T: Trägerlichtwelle ohne Index: Überlagerungs- bzw. Faserlichtwelle (Kapitel 4)	V/m
$\underline{E}_x(z,t)$, $\underline{E}_y(z,t)$	x- bzw. y-Komponente von $\vec{\underline{E}}(z, t)$	V/m
$\hat{E}$, $\hat{E}_x$, $\hat{E}_y$	Amplitude von $\underline{E}(z, t)$, $\underline{E}_x(z, t)$ bzw. $\underline{E}_y(z, t)$	V/m
$\hat{E}_a$	Elektrische Feldstärkeamplitude des axialen Modes a	V/m
$\underline{E}_{Si}(t)$	Elektrische Feldstärke der i-ten spontanen Emissionswelle	V/m
$\hat{E}_{Si}(t)$	Amplitude von $\underline{E}_{Si}(t)$	V/m
$E_0(t)$, $\underline{E}_0(t)$	Elektrische Feldstärke ohne Phasenrauschen (reell, kompl.)	V/m
$\hat{E}_0$	Amplitude von $\underline{E}_0(t)$	V/m
$\hat{E}_{21}$	Elektrische Felstärkeamplitude des strahlenden Übergangs von W_2 nach W_1	V/m
$\vec{\underline{E}}_1(t)$ bis $\vec{\underline{E}}_4(t)$	Elektrische Feldstärke an den Kopplertoren 1 bis 4	V/m

$\vec{e}(z,t)$, $\underline{\vec{e}}(z,t)$	Polarisationseinheitsvektor zu $\vec{E}(z, t)$ (reell bzw. komplex) Mögliche Indizes siehe $\vec{E}(z, t)$	-
$\underline{e}_x(z, t)$, $\underline{e}_y(z, t)$	x- bzw. y-Komponente von $\underline{\vec{e}}(z, t)$	-
$\underline{e}_u(z, t)$, $\underline{e}_v(z, t)$	u- bzw. v-Komponente von $\underline{\vec{e}}(z, t)$	-
$\vec{e}_u$, $\vec{e}_v$, $\vec{e}_w$	Einheitsvektoren in u- bzw. v- bzw. w-Richtung	-
$\vec{e}_x$, $\vec{e}_y$, $\vec{e}_z$	Einheitsvektoren in x- bzw. y- bzw. z-Richtung	-
$F(M)$	Zusatzrauschfaktor	-
f	Frequenz (allgemein) bzw. Lichtfrequenz	Hz
f_a	Lichtfrequenz des axialen Modes a	Hz
f_B, $f_{B,max}$	Bitrate, desgl. maximal übertragbare	Hz
f_E, f_L, f_T	Frequenz der Empfangs-, Lokallaser- bzw. Trägerlichtwelle	Hz
f_g, $f_{g,opt}$	Grenzfrequenz des Gaußfilters, desgl. optimiert	Hz
$f_{g,PD}$	Grenzfrequenz der Photodiode (bzw. des Verstärkers)	Hz
f_{Hub}	Frequenzhub	Hz
$f_{N,max}$	Maximale Nachrichtenfrequenz	Hz
f_R	Relaxationsfrequenz	Hz
f_{T1} bis f_{TN}	Trägerfrequenzen beim Frequenzmultiplexsystem	Hz
f_{L1} bis f_{LN}	Lokallaserfrequenzen beim Frequenzmultiplexsystem	Hz
f_{ZF}	Zwischenfrequenz (ZF)	Hz
$f_{ZF\emptyset}$, f_{ZFL}	Mittenfrequenzen der ZF-Filter beim Zweifilterdemodulator	Hz
f_{ZF1} bis f_{ZFN}	ZF-Filterfrequenzen beim Frequenzmultiplexsystem	Hz
f_0	Lichtmittenfrequenz (Monomodelaser)	Hz
f_{21}	Lichtfrequenz des strahlenden Übergangs von W_2 nach W_1	Hz
$f_x(x)$	Wahrscheinlichkeitsdichtefunktion (WDF) der Zufallsgröße x	$1/[x]$
	Bsp.: $f_d(d)$: WDF des normierten Detektionsabtastwertes d	-
$f_\phi(\phi, t)$	Zeitabhängige WDF des Laserphasenrauschens	1/rad
$f_\phi(\phi, I(t))$	desgl. nach I spontanen Emissionen	1/rad
$f_{x\|a}(x, a)$	Bedingte WDF der Zufallsgröße x unter der Voraussetzung a	$1/[x]$
$f_{x_1 \dots x_n}(x_1 \dots x_n)$	n-dimensionale Verbunddichtefunktion	
G_E, $G_{E,max}$	Empfindlichkeitsgewinn, desgl. maximal	dB
$G_{S/N}$, $G_{S/N,max}$	Signalstörabstandsgewinn, desgl. maximal	dB
$\underline{\vec{H}}(z, t)$	Magnetische Feldstärke (vgl. elektrische Feldstärke $\vec{E}(z, t)$)	A/m
$\underline{H}_x(z, t)$, $\underline{H}_y(z, t)$	x- bzw. y-Komponente von $\vec{H}(z, t)$	A/m
$H(f)$	Systemfunktion bzw. Frequenzgang (allgemein)	-
	mit Index B: Basisbandfilter	-
	mit Index F: Formfilter (fiktives)	-
	mit Index R: Schleifenfilter beim Phasenregelkreis	-
	mit Index TP bzw ZF: Tiefpaß- bzw. Zwischenfrequenzfilter	-
	mit Index Δ bzw. Σ: Differenz- bzw. Summenfilter (DPSK)	-
	ohne Index: Phasenübertragungsfunktion (Abschnitt 5.1.3)	-
$h(t)$	Impulsantwort (mögliche Indizes wie bei $H(f)$)	1/s
I, $I(t)$	Anzahl spontaner Emissionen, desgl. zeitabhängig	-
I_{APD}, I_{PIN}	Photodiodenströme (Avalanchediode, PIN-Diode)	A
I_D	Dunkelstrom	A

$\mathrm{I}_0(x)$	Besselfunktion nullter Ordnung	–
$i_{\mathrm{D}}(t)$	Ausgangssignal des Demodulators	A
$i_{\mathrm{PD}}(t)$, $\underline{i}_{\mathrm{PD}}(t)$	Photodiodenstrom (reell bzw. komplex)	A
$\hat{i}_{\mathrm{PD}}$	Amplitude von $\underline{i}_{\mathrm{PD}}(t)$ (Normierungsgröße)	A
$i_{\mathrm{PD3}}(t)$, $i_{\mathrm{PD4}}(t)$	Photodiodenstrom bezüglich Kopplerausgang 3 bzw. 4	A
$\hat{i}_{\mathrm{G}}$, $\hat{i}_{\mathrm{Ü}}$	Stromamplitude beim Geradeaus- bzw. Überlagerungssystem	A
$i_{\mathrm{ZF}}(t)$, $\underline{i}_{\mathrm{ZF}}(t)$	Zwischenfrequenzsignal (reell bzw. komplex)	A
$i_{\mathrm{ZF0}}(t)$, $i_{\mathrm{ZFL}}(t)$	ZF-Signale beim Zweifilterdemodulator (FSK)	A
i_0, i_{120}, i_{240}	Photodiodenströme beim Phasendiversitätsempfang	A
J	Jakobi-Matrix	
K	Schleifenverstärkung ($K = K_{\mathrm{L}} \cdot K_{\mathrm{P}}$)	s^{-1}
K_{B}	Unterscheidungsfaktor für Ein- bzw. Zweidiodenempfänger	–
K_{L}, K_{P}	Faktoren der Schleifenverstärkung	1/(As), A
K_{M}, K_{Q}	Multiplizierer- bzw. Quadriererkonstante (Einheit: schaltungsabhängig)	
K_{f}, K_{ω}	Steigung der Diskriminatorkennlinie ($K_{\mathrm{f}} = 2\pi K_{\omega}$)	A/Hz
K_{ϕ}	Abkürzung für $2\pi\Delta f$	Hz
k	Kopplungsfaktor	–
L, L_{b}	Faserlänge bzw. Resonatorlänge, Schwebungslänge	m
L_{D}	Rauschleistungsdichte des Dunkelstromrauschen	A^2/Hz
L_{G}	Rauschleistungsdichte beim Geradeausempfänger	A^2/Hz
L_{GP}	Lichtleistungsabhängiger Schrotrauschanteil von L_{G}	A^2/Hz
L_{GS}	Schrotrauschanteil von L_{G}, ($L_{\mathrm{GS}} = L_{\mathrm{GP}} + L_{\mathrm{D}}$)	A^2/Hz
L_{T}	Rauschleistungsdichte des thermischen Rauschens	A^2/Hz
$L_{\mathrm{Ü}}$	Rauschleistungsdichte beim Überlagerungsempfänger	A^2/Hz
$L_{\mathrm{ÜP}}$	Lichtleistungsabhängiger Schrotrauschanteil von $L_{\mathrm{Ü}}$	A^2/Hz
$L_{\mathrm{ÜS}}$	Schrotrauschanteil von $L_{\mathrm{Ü}}$, ($L_{\mathrm{ÜS}} = L_{\mathrm{ÜP}} + L_{\mathrm{D}}$)	A^2/Hz
$L_{\mathrm{x}}(f)$	Leistungsdichtespektrum (LDS) des stationären Zufallsprozesses $x(t)$	$[x]^2/\mathrm{Hz}$
	Bsp.: $L_{\dot{\phi}}(f)$: LDS des Laserfrequenzrauschens $\dot{\phi}(t)$	Hz
$L_{\mathrm{x}}(f_1, f_2)$	Leistungsdichtespektrum (LDS) des instationären Zufallsprozesses $x(t)$	$[x]^2/\mathrm{Hz}$
	Bsp.: $L_{\phi}(f_1, f_2)$: LDS des Laserphasenrauschens	$\mathrm{rad}^2/\mathrm{Hz}$
$L_{21}(f)$	Emissionsspektrum des strahlenden Übergangs von W_2 nach W_1	$\mathrm{V}^2/(\mathrm{m}^2\mathrm{Hz})$
$l_{\mathrm{x}}(\tau)$, $l_{\mathrm{x}}(t_1, t_2)$	Autokorrelationsfunktion (AKF) des stationären bzw. instationären Zufallsprozesses $x(t)$	$[x]^2$
M, M_{opt}	Mittlere bzw. optimale mittlere Lawinenverstärkung	–
(m_{ij})	Polarisationsübertragungsmatrix	–
$m_{\mathrm{x}}^{(\mathrm{n})}$	Moment n-ter Ordnung der Zufallsgröße x	$[x]^{\mathrm{n}}$
N_{P}	Photonenanzahl	–
N	Rauschleistung	A^2
N_{B}, N_{ZF}	desgl. im Basisband bzw. ZF-Band	A^2
N_{G}, $N_{\mathrm{Ü}}$	desgl. beim Geradeaus- bzw. Überlagerungsempfänger	A^2
N_1, N_2	Anzahl der Elektronen im Energieniveu W_1 bzw. W_2	–

N_{ij}	Koeffizienten des DGL–Systems (Abschnitt 4.1.2)	1/m
n, $\underline{n}$	Brechungsindex (reell bzw. komplex)	-
n	Anzahl nachfolgender Symbole zu q_0	-
$n(t)$, $\underline{n}(t)$, n	Additives Gaußrauschen (reell, komplex, normiert)	A, A, -
$n_B(t)$, $n_{ZF}(t)$	Additives Gaußrauschen im Basisband bzw. ZF–Band	A
$n_w(t)$	Additives weißes Rauschen	A
P	Polarisationsgrad	-
P_S, P_E, P_L	Sende–, Empfangs- bzw. Lokallaserlichtleistung	W
P_{GE}	Empfangslichtleistung beim Geradeausempfänger	W
P_{SP}	Mittlere Leistung einer spontan generierten Lichtwelle	W
$P_{ÜE}$	Empfangslichtleistung beim Überlagerungsempfänger	W
P_0	Mittlere Lichtleistung der induzierten Grundwelle $\underline{E}_0(t)$	W
P_1 bis P_4	Lichtleistungen an den Kopplertoren 1 bis 4	W
P_P, P_G	Pumpleistung bzw. Grundpumpleistung	W
$p(t)$	Produktsignal (bei DPSK)	A^2
$p(q_\nu = \emptyset)$	Auftrittswahrscheinlichkeit für das Quellensymbol $\emptyset$	-
$p(q_\nu = \mathrm{L})$	Auftrittswahrscheinlichkeit für das Quellensymbol L	-
$p(\langle q_\nu \rangle_i)$	Auftrittswahrscheinlichkeit der Symbolfolge $\langle q_\nu \rangle_i$	-
p_i, $\mathring{p}_i$	Fehlerwahrscheinlichkeit (für ein Symbol L oder $\emptyset$) der Folge $\langle q_\nu \rangle_i$, desgl. ohne Phasenrauschen	-
$p_{\emptyset i}$, p_{Li}	desgl. der Folge $\langle q_\nu \rangle_{\emptyset i}$ bzw. $\langle q_\nu \rangle_{Li}$	-
$p_{\emptyset u}$, p_{Lu}	desgl. der ungünstigsten Folge $\langle q_\nu \rangle_{\emptyset u}$ bzw. $\langle q_\nu \rangle_{Lu}$	-
p_m, p_u	Mittlere bzw. ungünstigste Fehlerwahrscheinlichkeit	-
$\mathcal{P}(S_1, S_2, S_3)$	Punkt auf der Poincaré–Kugel (in kartesischen Koordinaten)	-
$\mathcal{P}(2\eta, 2\Theta)$,	desgl. in Polarkoordinaten	-
$\mathcal{P}_L$, $\mathcal{P}_E(t)$	desgl. für die Lokallaser- bzw. Empfangslichtwelle	-
Q(x)	Q–Funktion (komplementäres Gauß'sches Fehlerintegral)	-
$q(t)$, $\hat{q}$	Quellensignal, Maximalwert von $q(t)$	A od. V
q_ν, $\langle q_\nu \rangle$	Quellensymbol, Quellensymbolfolge	-
$\langle q_\nu \rangle_i$	Menge aller möglichen $\langle q_\nu \rangle$	-
$\langle q_\nu \rangle_{\emptyset i}$, $\langle q_\nu \rangle_{Li}$	desgl. mit $q_0 = \emptyset$ bzw. $q_0 = \mathrm{L}$	-
$\langle q_\nu \rangle_{\emptyset u}$, $\langle q_\nu \rangle_{Lu}$	Ungünstigste Symbolfolgen mit $q_0 = \emptyset$ bzw. $q_0 = \mathrm{L}$	-
R	Empfindlichkeit der Photodiode	A/W
R_A	Absorptionsrate	1/s
R_I, R_S	Emissionsrate der induzierten bzw. spontanen Emission	1/s
$r(t)$, r_ν, $\langle r_\nu \rangle$	Sinkensignal, Sinkensymbol, Sinkensymbolfolge	A od. V, -, -
r_Δ, r_Σ	Normierte und abgetastete Hüllkurve von $\Delta(t)$ bzw. $\Sigma(t)$	-
S	Signalleistung	A^2
S_B, S_{ZF}	desgl. im Basisband bzw. ZF–Band	A^2
S_G, $S_Ü$	desgl. beim Geradeaus- bzw. Überlagerungsempfänger	A^2
$\vec{S}$	Lichtleistungsfluß	W/m^2
$\vec{S}_x$, $\vec{S}_y$	desgl. von Mode x bzw. Mode y	W/m^2
S_1, S_2, S_3	Normierte Stokes–Parameter	-
(S/N)	Signalrauschverhältnis	-
$(S/N)_B$, $(S/N)_{ZF}$	desgl. im Basisband bzw. ZF–Band	-
$(S/N)_G$, $(S/N)_Ü$	desgl. beim Geradeaus- bzw. Überlagerungsempfänger	-

$s(t)$, $\underline{s}(t)$	Normiertes elektrisches Sendesignal (reell bzw. komplex)	-
$s_e(t)$, $\underline{s}_e(t)$	Sendesignal, elektrisches (reell bzw. komplex)	A od. V
$\hat{s}$	Maximalwert von $\underline{s}_e(t)$	A od. V
s_ν, $\bar{s}_\nu$	Modulationskoeffizient, inverser Modulationskoeffizient	-
T, T_{min}	Symbol- bzw. Bitdauer, desgl. minimale	s
T	Absolute Temperatur	K
T_a	Abtastzeit	s
u, v, w	Koordinaten eines kartesischen Koordinatensystems	-
$u(t)$	Zufallsprozeß mit statistisch unabhängigen Abtastwerten	$[u]$
u_i	desgl. zum Zeitpunkt iT_a	$[u]$
V_E	Empfangssignalleistungsverhältnis ($V_E = P_{GE}/P_{ÜE}$)	-
V_N, V_S	Rauschleistungs- bzw. Signalleistungsverhältnis	-
$V_{S/N}$	Verhältnis der Signalrauschverhältnisse	-
v	Anzahl der vorangegangenen Symbole zu q_0	-
W_0 bis W_3	Energieniveau 0 bis Energieniveau 3	Ws
W_{21}	Energiedifferenz zwischen W_2 und W_1	Ws
$w(t)$	Harmonische Schwingung mit Phasenrauschen	-
x	Zusatzrauschexponent	-
x, y, z	Koordinaten eines kartesischen Koordinatensystems	-
x, x_i	Beliebiges Filtereingangssignal, desgl. zum Zeitpunkt iT_a	$[x]$
$x(t)$, x	Inphasekomponente des Gaußrauschens, desgl. normiert	A, -
x_T	desgl. um T verzögert	A
y, y_i	Filterausgangssignal, desgl. zum Zeitpunkt iT_a	$[y]$
$y(t)$, y	Quadraturkomponente des Gaußrauschens, desgl. normiert	A, -
y_T	desgl. um T verzögert	A
α	Faserdämpfung	dB/km oder Np/Km
α_n, β_n	Filterkoeffizienten	-
β, β_x, β_y	Ausbreitungskonstante, desgl. des x- bzw. y-Mode	1/m
β_v, β_v	desgl. des u- bzw. v-Mode	1/m
$\Delta\beta$	Differenz der Ausbreitungskonstanten ($\Delta\beta = \beta_x - \beta_y$)	1/m
$\Delta(t)$	Differenzsignal	-
ΔL	Verstärkerfeldlängengewinn	m
ΔT	Konstante Zeitdifferenz	s
Δf, Δf_{max}	Resultierende Laserlinienbreite, desgl, maximal zulässige	Hz
Δf_a	Halbwertsbreite des axialen Modes a	Hz
Δf_V	desgl. der verstärkten Laserlichtwelle	Hz
Δf_{21}	desgl. des strahlenden Übergangs von W_2 nach W_1	Hz
Δt_B	Systemtheoretische Impulsbreite der Impulsantwort $h_B(t)$	s
Δt_w	Autokorrelationsdauer des Zufallsprozesses $w(t)$	s
$\Delta\phi(t, \Delta T)$	Phasenrauschdifferenz	rad
$\Delta\phi_n(t)$	Phasenänderung zur Zeit nT_a	rad
δf_a, $\delta\lambda_a$	Frequenz- bzw. Wellenlängenabstand benachbarter Moden	Hz
ϵ_r, $[\epsilon]_o$, $[\epsilon]_m$	relative Dielektrizitätszahl, Dielektrizitätstensoren (ohne bzw. mit Berücksichtigung von Modenkopplung)	-
η	Quantenwirkungsgrad der Photodiode	-
η	Elliptizitätswinkel	rad

η	Wirkungsgrad des Lasers	–
η_x, $\eta_x(t)$	Erwartungswert der stationären bzw. instationären Zufallsgröße x	$[x]$
λ	Wellenlänge (allgemein)	m
λ_{21}, λ_a	Wellenlänge der Lichtfrequenz f_{21} bzw. des axialen Modes a	m
ξ	Dämpfungsfaktor	–
ρ	Energiedichte	Ws^2/m^3
ρ_x, ρ_y	Korrelationskoeffizienten	–
$\Sigma(t)$	Summensignal	–
σ	Normierte Streuung des additiven Gaußrauschens	–
$\sigma_\emptyset$, σ_L	desgl. beim Symbol $\emptyset$ bzw. L	–
$\sigma_{G\emptyset}$, σ_{GL}	Streuung beim Geradeausempfang für Symbol $\emptyset$ bzw. L	A
σ_{Het}, σ_{Hom}	Streuung beim Heterodyn- bzw. Homodynempfang	A
$\sigma_{Ü}$	Streuung beim Überlagerungsempfang	A
σ_x, $\sigma_x(t)$	Streuung der stationären bzw. instationären Zufallsgröße x	$[x]$
τ_{10}, τ_{21}, τ_{30}, τ_{31}, τ_{32}	Mittlere Verweilzeit verschiedener Energieübergänge	s
τ_1, τ_2	Filterzeitkonstanten	s
$\Phi_x(\omega)$	Charakteristische Funktion des Zufallsprozesses $x(t)$	–
$\Phi(z)$	Ortsabhängige Phasendifferenz	rad
$\phi(t)$, $\phi_T(t)$	Laserphasenrauschen, desgl. um T verzögert	rad
ϕ_n	desgl. zum Abtastzeitpunkt nT_a	rad
$\phi_E(t)$	Laserphasenrauschen der Empfangslichtwelle	rad
ϕ_i	Resultierende Laserphase nach i spontanen Emissionen	rad
$\phi_L(t)$, $\phi_T(t)$	Laserphasenrauschen der Lokallaser- bzw. Trägerlichtwelle	rad
$\phi_{LR}(t)$	Geregelte Lokallaserphase	rad
$\phi_N(t)$, $\dot{\phi}_N(t)$	Nachrichtenphase bzw. -frequenz	rad, Hz
ϕ_{Si}	Phase von $\underline{E}_{Si}(t)$	rad
ϕ_{TL}	Differenz zwischen Träger- und Lokallaserphase	rad
ϕ_{VCO}	Phasenrauschen des VCO	rad
ϕ_0	Konstante Phase der induzierten Grundwelle $\underline{E}_0(t)$	rad
$\phi_P(t)$	Phasenrauschen infolge Polarisationsschwankungen	rad
ϕ_F	Phasenfehler, konstanter	rad
$\dot{\phi}(t)$	Laserfrequenzrauschen	Hz
$\psi(t)$	Phase von $w(t)$, $(\psi(t) = \eta_\psi(t) + \phi(t))$	rad
$\psi_x(z, t)$, $\psi_y(z, t)$	Phase von $\underline{e}_x(z, t)$ bzw. $\underline{e}_y(z, t)$	rad
	Mögliche zusätzliche Indizes siehe $\vec{\underline{E}}(z, t)$	
ω_n	Natürliche Kreisfrequenz	1/s
ω_E	Kreisfrequenz der Empfangslichtwelle	1/s
ω_L, ω_T	Kreisfrequenz des Lokal- bzw. Sendelasers (Träger)	1/s
ω_{ZF}	Kreisfrequenz des ZF-Signals	1/s
θ	Polarisationswinkel des linear polarisierten Lichtes	rad
Θ	Erhebungswinkel	rad

1 Einleitung

Die optische Nachrichtentechnik der ersten Generation ist in ihrer Realisierung als Geradeaussystem mit Lichtleistungsmodulation direkt vergleichbar mit der elektrischen Übertragungstechnik aus der Anfangszeit der Rundfunktechnik. Damals wurden die im Hochfrequenzbereich übertragenen Nachrichtenkanäle mit Hochfrequenzfiltern selektiert und mit Hilfe eines einfachen Geradeaus- bzw. Direktempfängers detektiert.

Nach dem gleichen Prinzip arbeiten auch die heute üblichen optischen Geradeaussysteme, die das lichtleistungsmodulierte Empfangssignal mittels einer Photodiode direkt detektieren. Die zugehörigen Empfänger werden dementsprechend als optische Direkt- oder Geradeausempfänger bezeichnet. Eine Mehrkanalübertragung erfolgt bei den Geradeaussystemen durch die als Wellenlängenmultiplex bekannte Übertragungstechnik. Die Selektion der Nachrichtenkanäle wird hierbei mit optischen Filter durchgeführt.

Die Kennzeichen des Geradeausempfängers sind sowohl in der Rundfunktechnik als auch in der optischen Nachrichtentechnik seine niedrige Empfindlichkeit - es wird also eine relativ hohe Empfangsleistung benötigt - sowie seine geringe Selektivität oder Trennschärfe. Auf Grund der begrenzten Steilheit optischer Filter ist die Selektivität optischer Geradeausempfänger besonders gering. Der erforderliche Kanalabstand zur Vermeidung von Kanalnebensprechen beträgt hier ein Vielfaches der Bandbreite eines einzelnen Nachrichtenkanals. Die hohe Übertragungskapazität der Glasfaser wird somit durch optische Geradeaussysteme nicht genutzt.

In der Rundfunktechnik führte die Entwicklung vom einfachen Geradeausempfänger zum technisch höherwertigen Überlagerungs- oder Superhetempfänger. Bei diesen Empfängern wird das empfangene Hochfrequenzsignal amplituden- und phasengetreu in einen Zwischenfrequenzbereich umgesetzt. Die Selektion der im Frequenzmultiplex zusammengefaßten Nachrichtenkanäle erfolgt durch einen in der Frequenz abstimmbaren Lokaloszillator. Die eigentliche Kanaltrennung geschieht dabei erst im Zwischenfrequenzbereich unter Verwendung eines einzigen Zwischenfrequenzfilters. Im Gegensatz zu den abstimmbaren Hochfrequenzfiltern beim Geradeausempfang besitzt dieses Filter eine konstante Mittenfrequenz. Die bekannten Vorteile des Überlagerungsempfängers sind seine höhere Empfindlichkeit - die erforderliche Empfangsleistung ist also geringer als beim Geradeausempfänger -, seine wesentlich bessere Trennschärfe und die Anwendbarkeit kohärenter Modulationsverfahren.

In Analogie zum Überlagerungsempfänger der Rundfunktechnik werden beim optischen Überlagerungsempfänger die empfangenen Nachrichtenkanäle mit Hilfe eines lokalen Lasers (Lokaloszillator) aus dem optischen Frequenzbereich in einen elektrischen Zwischenfrequenzbereich (Heterodynempfang) oder direkt ins Basisband (Homodynempfang) umgesetzt. Die Kanalselektion erfolgt hierbei durch den in der Frequenz abstimmbaren Lokallaser zusammen mit einem Zwischenfrequenz- oder Basisbandfilter konstanter Mittenfrequenz. Die Vorteile des optischen Überlagerungsempfängers sind die gleichen wie in der Rundfunktechnik [4, 26, 35, 118, 141, 179]. Der hohe Gewinn an Empfindlichkeit und Trennschärfe ist hierbei auf die große lokale Laserlichtleistung und auf die gute Steilheit elektrischer Filter im Vergleich zu optischen Filtern zurückzuführen.

Der maximale Empfindlichkeitsgewinn optischer Überlagerungsempfänger liegt je nach Modulationsverfahren in der Größenordnung von etwa10 dB bis 20 dB und führt, bei einer Faserdämpfung von 0,2 dB/km, dementsprechend zu einer Vergrößerung der Regeneratorabstände um 50 km bis 100 km. Auf Grund der verbesserten Selektivität wird durch den optischen Überlagerungsempfänger erstmals die Realisierung eines echten optischen Frequenzmultiplexsystems möglich [5, 14, 22, 97]. Hierbei liegen die einzelnen Nachrichtenkanäle nahezu lückenlos im optischen Frequenzbereich nebeneinander und die Übertragungskapazität der Glasfaser wird voll ausgeschöpft.

Die vielversprechenden Vorteile optischer Überlagerungssysteme (= optische Übertragungssysteme mit Überlagerungsempfang) waren weltweit Anlaß für die Aktivierung intensiver Forschungstätigkeiten. Die ersten Versuche, ein optisches Nachrichtensignal in einen elektrischen Zwischenfrequenzbereich umzusetzen, wurden bereits in den Jahren 1967 [48] und 1974 [112] mit Hilfe eines Gaslasers durchgeführt. Das Übertragungsmedium war bei diesen Experimenten der freie Raum. Infolge zu großer atmosphärischer Störungen und zu geringer Übertragungsreichweiten wurden diese Arbeiten jedoch eingestellt.

Mit der Entwicklung der Glasfaser und des Halbleiterlasers wurden die Forschungstätigkeiten 1980 andernorts wieder aufgenommen [143]. Die ersten Versuche in den verschiedenen Laboratorien zeigten bald die prinzipielle Realisierbarkeit glasfasergebundener optischer Überlagerungssysteme. Der theoretisch errechnete hohe Empfindlichkeitsgewinn konnte jedoch zu diesem Zeitpunkt noch nicht erzielt werden.

Aus den ersten Prinzipversuchen entwickelten sich im Laufe der Zeit drei Forschungsbereiche. Der erste Bereich umfaßt die Systemexperimente, die Systemrealisierung und die Systemvermessung. Der zweite Bereich widmet sich der Entwicklung neuer, qualitativ hochwertiger Systemkomponenten wie frequenzstabile Monomodehalbleiterlaser mit geringer spektraler Linienbreite, kohärenter Modulatoren, sowie optischer Richtkoppler und Verzweiger, Polarisationsregler u.a.. Die theoretischen Forschungsarbeiten wie Systemberechnung, Systemoptimierung und Systemvergleich bilden den dritten Bereich. Entsprechend dieser Einteilung befaßt sich das vorliegende Buch in erster Linie mit dem zuletzt genannten Gebiet. Eine gute Übersicht bezüglich den beiden zuerst genannten Bereichen geben die Arbeiten [81, 125, 159, 177].

Die Berechnung optischer Überlagerungssysteme unterscheidet sich wesentlich von der Berechnung konventioneller optischer sowie elektrischer digitaler Übertragungssysteme. Die Ursache hierfür liegt insbesondere in der Störwirkung des Laserphasenrauschens (Kapitel 3), welches in optischen Überlagerungssystemen eine dominante Rolle spielt. Der mathematische Aufwand zur quantitativen Erfassung der Phasenrauschstörung auf die Übertragungsqualität des Überlagerungssystems ist meist äußerst umfangreich (Kapitel 5). Ein theoretisch sehr diffiziles Problem ist in diesem Zusammenhang die Untersuchung des Filtereinflusses (zum Beispiel des Zwischenfrequenzfilters im Heterodynsystem) auf phasenverrauschte Eingangssignale.

Die ersten theoretischen Arbeiten auf dem Gebiet optischer Überlagerungssysteme entstanden in den Jahren 1980 bis 1983 und wurden unter der Annahme ideal kohärenter Laser, also Laser ohne Phasenrauschen durchgeführt [26, 117, 146, 178]. Der Einbezug des Laserphasenrauschens in die Systemberechnung erfolgte erstmals 1983 [79, 165]. Filtereinflüsse auf das Phasenrauschen sowie der Einfluß von Impulsinterferenzen blieben in diesen zitierten Arbeiten jedoch noch unberücksichtigt. In den folgenden Jahren wurden die Systemberechnungen zunehmend präzisiert [28, 36, 43, 70 - 73, 80, 153]. Erste Lösungsversuche für das oben genannte Filterproblem waren Inhalt von Veröffentlichungen der Jahre 1985 und 1986 [19, 37, 38, 42, 44, 62, 63, 73]. Ein nahezu unberührtes Gebiet war lange Zeit die Optimierung optischer Überlagerungssysteme. Erste Arbeiten zu dieser Thematik erschienen im Jahre 1987 [39, 40].

Das vorliegende Buch will den Leser in die theoretischen Grundlagen optischer Überlagerungssysteme einführen und ihm die darauf aufbauende Optimierung vermitteln. Im Kapitel 2 werden hierzu zunächst das Prinzip optischer Überlagerungssysteme erläutert sowie die wesentlichen Komponenten und Signalverläufe eines solchen Systems beschrieben. Die theoretisch schwieriger zu erfassenden systemcharakteristischen Störgrößen *Laserphasenrauschen* und *Polarisationsschwankungen* werden erst in den Kapiteln 3 und 4 behandelt, wobei vor allem auf eine anschauliche und leichtverständliche Darstellung geachtet wird. Kapitel 5 befaßt sich schließlich ausführlich mit der Berechnung und der Optimierung optischer Überlagerungssysteme. Als Unterscheidungsmerkmal zwischen den betrachteten Systemvarianten dient hier das jeweils zugrundeliegende Modulations- und Demodulationsverfahren. Welches der betrachteten Systemvarianten für eine gegebene praktische Anforderung am besten geeignet ist, wird im Rahmen eines Systemvergleichs im Kapitel 6 untersucht. Als Vergleichskriterien dienen hier die Fehlerwahrscheinlichkeit, die maximal zulässige Laserlinienbreite, die maximal übertragbare Bitrate, der Empfindlichkeitsgewinn, das Augenmuster und der Realisierungsaufwand.

Um das Arbeiten mit diesem Buch zu erleichtern, beinhaltet es zahlreiche Tabellen, Abbildungen und Beispiele, ein ausführliches Symbol- und Sachwortverzeichnis sowie ein umfassendes Literaturverzeichnis.

2 Grundlagen optischer Überlagerungssysteme

Ziel dieses Kapitels ist es, die für die Berechnung, die Optimierung und den Vergleich optischer Überlagerungssysteme notwendigen elementaren Kenntnisse in leichtverständlicher Form zu vermitteln.

Abschnitt 2.1 erläutert die prinzipielle Funktionsweise eines optischen Überlagerungsempfängers und beschreibt die wichtigsten mathematischen Zusammenhänge. Zur Beurteilung der Leistungsfähigkeit optischer Überlagerungsempfänger ist es sinnvoll, seine Eigenschaften mit einem Referenzsystem zu vergleichen. Hierzu eignet sich besonders der Geradeaus- bzw. Direktempfänger, dessen Systemeigenschaften hinreichend bekannt und untersucht sind [23, 45, 49, 77, 93, 173, 174]. Der Abschnitt 2.1 beginnt daher zunächst mit einer kurzen Wiederholung der prinzipiellen Funktionsweise dieser Empfängerart. Der Vergleich mit dem Geradeausempfänger verdeutlicht den möglichen hohen Gewinn optischer Überlagerungsempfänger (Abschnitt 2.2). In diesem Zusammenhang werden auch die beiden verschiedenen Empfängerkonfigurationen Heterodyn- und Homodynempfänger erläutert.

Inhalt der Abschnitte 2.3 und 2.4 ist die Beschreibung der wesentlichen Komponenten und Signalverläufe in einem optischen Überlagerungssystem.

2.1 Prinzip optischer Geradeaus- und Überlagerungsempfänger

Im *Geradeaus- oder Direktempfänger* (Bild 2.1a) wird das optische Empfangssignal E_E mittels einer Photodiode direkt in einen elektrischen Strom umgewandelt. Hierzu wird meist eine Lawinen- bzw. Avalanchephotodiode (APD) verwendet. Der erzeugte Photodiodenstrom I_{APD} ist proportional zur absorbierten Empfangslichtleistung P_E und somit proportional zum Quadrat der elektrischen Feldstärke E_E. Es gilt:

$$I_{APD} \sim E_E^2 \sim P_E \,,$$
$$I_{APD} = M\,R\,P_E \,. \tag{2.1}$$

In Gleichung (2.1) sind R die Empfindlichkeit (Einheit: A/W) und M der mittlere Lawinenfaktor oder die mittlere Lawinenverstärkung der Photodiode. Die Empfindlichkeit R ist über die bekannte Gleichung

$$R = \frac{e\,\eta}{h\,f} \tag{2.2}$$

gegeben [77]. Hierbei sind e die Elementarladung, η der Quantenwirkungsgrad der Photodiode, h das Plancksche Wirkungsquantum und f die Lichtfrequenz.

(a) Geradeaus– oder Direktempfänger

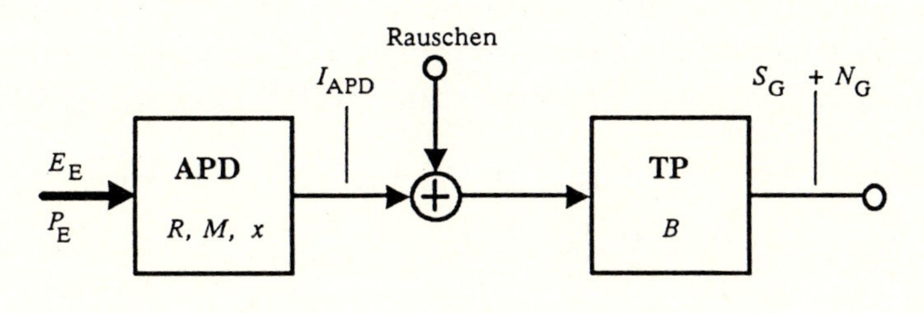

$I_{APD} \sim E_E^2 \sim P_E$

$S_G = R^2 M^2 P_E^2$ Signalleistung

$N_G = (L_{GP} + L_D + L_T)\,B = e\,M^{2+x}(R P_E + I_D)\,B + L_T\,B$ Rauschleistung

(b) Überlagerungsempfänger

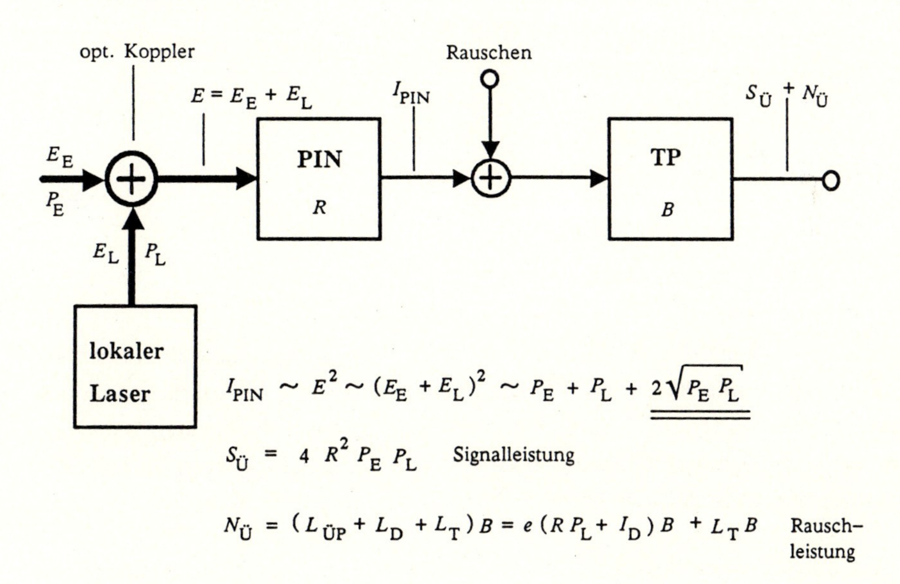

Bild 2.1: Blockschaltbilder eines optischen Geradeaus- (a) und Überlagerungsempfängers (b)

Dem Photodiodenstrom I_{APD} ist entsprechend Bild 2.1a additiv ein Rauschsignal mit der konstanten Rauschleistungsdichte $L_G(f) = L_G$ überlagert. Der Index G deutet auf den Geradeausempfänger hin und wird im folgenden nur dort verwendet, wo ein Unterschied zum Überlagerungsempfänger besteht. Ursache für dieses Rauschen ist das Schrotrauschen (L_{GS}) der Photodiode sowie das elektronische und thermische Rauschen (L_T) des Verstärkers und der Schaltungswiderstände. Das Schrotrauschen wiederum setzt sich aus einem signalunabhängigen Anteil L_D (Dunkelstromrauschen) und einem signal- bzw. lichtleistungsabhängigen Anteil L_{GP} zusammen. Unter der Voraussetzung einer frequenzmäßig zweiseitigen Interpretation der Rauschleistungsdichtespektren folgt [77]:

$$L_G(f) = L_G = L_{GS} + L_T = L_{GP} + L_D + L_T,$$
$$= e\,M^2 F(M)\left[R P_E + I_D\right] + L_T\,. \tag{2.3}$$

I_D bezeichnet den Dunkelstrom der Photodiode. Für den materialabhängigen Zusatzrauschfaktor $F(M)$ kann hier meist die Näherung

$$F(M) \approx M^x \tag{2.4}$$

herangezogen werden, wobei der Zusatzrauschexponent x bei Silizium einen Wert zwischen 0,2 und 0,5 und bei Germanium einen Wert zwischen 0,9 und 1 annimmt [77]. Unter Berücksichtigung der Rauschbandbreite B des Tiefpasses (der exakte Einfluß des Filters auf das Signal wird an dieser Stelle noch nicht berücksichtigt), erhalten wir für die Signal - und die Rauschleistung (S_G bzw. N_G) am Ausgang des Geradeausempfängers folgende Gleichungen:

$$S_G = \left(R\,M\,P_E\right)^2, \tag{2.5}$$

$$N_G = e\,M^{2+x}\left(R P_E + I_D\right) B + L_T B\,, \tag{2.6}$$

$$(S/N)_G = \frac{\left(M\,R\,P_E\right)^2}{e\,M^{2+x}\left(R P_E + I_D\right) B + L_T B}\,. \tag{2.7}$$

Die Leistungen S_G und N_G sind jeweils auf einen Widerstand von 1Ω bezogen und besitzen somit die Einheit A^2. Die Rauschleistung N_G im Geradeausempfänger nach Gleichung (2.6) ist eine Funktion der Empfangslichtleistung P_E und wegen der Lichtleistungsmodulation in Geradeaussystemen ($P_E = P_E(t) \sim$ Nachricht) signalabhängig. Geradeaussysteme gehören daher zu den Systemen mit *signalabhängigem Rauschen.*

Im *Überlagerungsempfänger* wird im Gegensatz zum Geradeausempfänger die Empfangslichtwelle E_E zunächst mit der Lichtwelle E_L des lokalen Lasers überlagert (siehe Bild 2.1b). Sind hierbei die Lichtfrequenzen der Empfangslichtwelle und der Lokallaserwelle gleich, so sprechen wir von einem *Homodynempfänger,* ansonsten von einem *Heterodynempfänger* (siehe auch Abschnitte 2.3 und 2.4). Die Überlagerung geschieht nach dem Superpositionsprinzip und entspricht somit der Addition

$$E = E_\mathrm{E} + E_\mathrm{L} \tag{2.8}$$

der elektrischen Feldstärken E_E und E_L. Die Photodiode generiert, ebenso wie im Geradeausempfänger, einen zur absorbierten Lichtleistung proportionalen elektrischen Strom. Bei Verwendung einer PIN–Photodiode mit $M = 1$ (eine APD ist im optischen Überlagerungsempfänger im allgemeinen nicht nötig [35]) gilt

$$I_\mathrm{PIN} \sim \left(E_\mathrm{E} + E_\mathrm{L}\right)^2 \sim P_\mathrm{E} + P_\mathrm{L} + 2\sqrt{P_\mathrm{E} P_\mathrm{L}}\ ,$$

$$I_\mathrm{PIN} = R\left(P_\mathrm{E} + P_\mathrm{L} + 2\sqrt{P_\mathrm{E} P_\mathrm{L}}\right). \tag{2.9}$$

Das eigentliche Nutzsignal im optischen Überlagerungsempfänger ist hierbei der Stromanteil

$$\boxed{I_\mathrm{PIN} = 2R\sqrt{P_\mathrm{E} P_\mathrm{L}}\ .} \tag{2.10}$$

Frequenzmäßig liegt dieses Mischprodukt beim Homodynempfänger im Basisband (dieser Fall ist hier gegeben) und beim Heterodynempfänger in einem Zwischenfrequenzbereich. Die Zwischenfrequenz entsteht dabei aus der Differenz der Lichtfrequenzen des Lokal- und des Sendelasers. Die beiden anderen Terme in Gleichung (2.9) können durch Filterung (nur bei Heterodynempfängern) oder durch eine Zweidiodenschaltung (bei Homodyn- oder Heterodynempfängern) eliminiert werden (siehe Abschnitt 2.4).

In Analogie zur konstanten Rauschleistungsdichte L_G im Geradeausempfänger erhalten wir für die Rauschleistungsdichte des Überlagerungsempfängers den Ausdruck

$$\begin{aligned} L_\mathrm{Ü}(f) &= L_\mathrm{Ü} = L_\mathrm{ÜS} + L_\mathrm{T} = L_\mathrm{ÜP} + L_\mathrm{D} + L_\mathrm{T} \\ &= e\left(R P_\mathrm{L} + I_\mathrm{D}\right) + L_\mathrm{T}\,. \end{aligned} \tag{2.11}$$

Zur Berechnung der Leistungsdichte $L_\mathrm{ÜS}$ des Schrotrauschens muß streng genommen der vollständige Leistungsterm wie in Gleichung (2.9) verwendet werden. Da aber wegen der Dämpfung der Übertragungsstrecke (Faserdämpfung) stets die Relation

$$P_\mathrm{E} \ll P_\mathrm{L} \tag{2.12}$$

gilt, genügt hier die alleinige Berücksichtigung der lokalen Laserlichtleistung P_L. Hinsichtlich Signal- und Rauschleistung $S_\mathrm{Ü}$ und $N_\mathrm{Ü}$ erhalten wir somit die Gleichungen:

$$S_Ü = 4 R^2 P_E P_L, \tag{2.13}$$

$$N_Ü = e\left(R P_L + I_D\right) B + L_T B, \tag{2.14}$$

$$(S/N)_Ü = \frac{4 R^2 P_E P_L}{e\left(R P_L + I_D\right) B + L_T B}. \tag{2.15}$$

Die Rauschleistung $N_Ü$ ist als Folge der in Praxis stets gültigen Relation (2.12) hier keine Funktion der Empfangslichtleistung P_E und somit signalunabhängig (signalunabhängiges Rauschen). Dies ist ein Vorteil des Überlagerungsempfängers gegenüber dem Direktempfänger. Bei zusätzlicher Störung durch das Laserphasenrauschen geht jedoch dieser Vorteil je nach Modulationsart mehr oder weniger stark wieder verloren (vgl. Kapitel 5).

2.2 Signalstörabstands- und Empfindlichkeitsgewinn

Vergleichen wir die Signalleistung S_G am Ausgang des Geradeausempfängers (Gleichung 2.5) mit der Signalleistung $S_Ü$ am Ausgang des Überlagerungsempfängers (Gleichung 2.13), so zeigt sich, daß im optischen Überlagerungsempfänger die Verstärkung der Lawinendiode lediglich ersetzt wird durch die verstärkende Wirkung der lokalen Laserlichtleistung P_L, d.h. es ist $S_G \sim M^2$ und $S_Ü \sim P_L$. Hinsichtlich den Rauschleistungen N_G und $N_Ü$ (Gleichungen 2.6 und 2.14) unterscheiden sich die beiden Empfänger jedoch wesentlich. Im Geradeausempfänger wächst das signalabhängige Schrotrauschen (L_{GS}) als Teil der Gesamtrauschleistung mit M^{2+x}, wobei der Faktor M^{2+x} wegen $x > 0$ stets größer ist als M^2. Die Schrotrauschleistung wird also im Geradeausempfänger durch die Lawinendiode immer höher verstärkt als die Signalleistung S_G, d.h. es gilt $S_G \sim M^2$ aber $L_{GS} \sim M^{2+x}$. Im Hinblick auf ein maximales Signalrauschverhältnis $(S/N)_G$ existiert folglich der optimale Lawinenfaktor (vgl. Abschnitt 5.4)

$$M_{opt} = \left(\frac{2 L_T}{x\, e\,(R P_E + I_D)}\right)^{\frac{1}{2+x}}. \tag{2.16}$$

Im Gegensatz zum Geradeausempfänger wird beim Überlagerungsempfänger das signalabhängige Schrotrauschen ($L_{ÜS}$) gleichermaßen verstärkt wie die Signalleistung $S_Ü$ ($S_Ü \sim P_L$ und $L_{ÜS} \sim P_L$). In diesem Fall führt eine Erhöhung der lokalen Laserlichtleistung P_L stets zu einer Verbesserung des Signalrauschverhältnisses $(S/N)_Ü$ (Ausnahme siehe [35]). Bei hinreichend großer Lichtleistung P_L können schließlich die von P_L unabhängigen Rauschterme in den Gleichungen (2.14) und (2.15) vernachlässigt werden und das Signalrauschverhältnis $(S/N)_Ü$

geht in Sättigung. Da hierbei das Signalrauschverhältnis $(S/N)_{Ü}$ nur noch durch das Schrotrauschen der Photodiode begrenzt ist, bezeichnen wir diesen Grenzfall als *Schrotrauschgrenze*. Der Signalstörabstandsgewinn optischer Überlagerungsempfänger ist in diesem Fall besonders hoch $((S/N)_{Ü} >> (S/N)_{G})$.

Ein qualitativer Vergleich der beiden Empfängerarten hinsichtlich Signalleistung, Rauschleistung und Signalrauschverhältnis ist in Bild 2.2 dargestellt. Bild 2.2a zeigt das Signalleistungsverhältnis

$$V_S = \frac{S_{Ü}}{S_G} = 4\, M^{-2} \frac{P_L}{P_E} \tag{2.17}$$

und Bild 2.2b das Rauschleistungsverhältnis

$$V_N = \frac{N_{Ü}}{N_G} = \frac{R\, P_L + I_D + L_T/e}{M^{2+x}\,(R\, P_E + I_D) + L_T/e} \tag{2.18}$$

als Funktionen der lokalen Laserlichtleistung P_L.

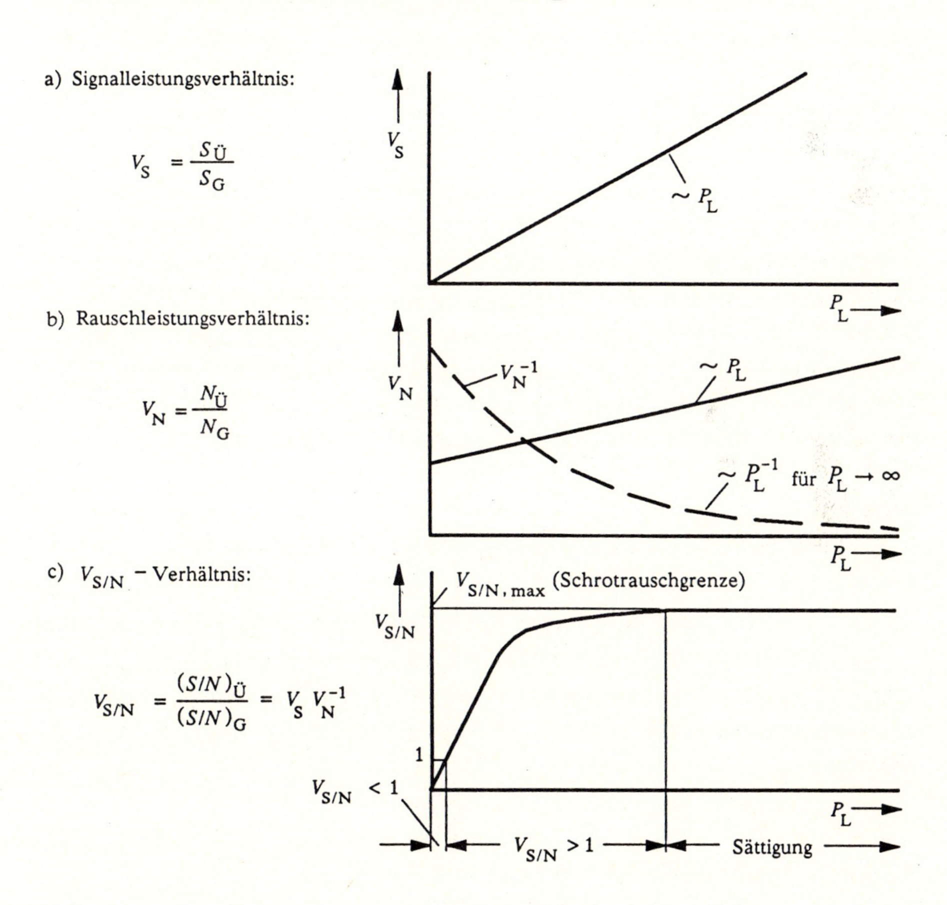

Bild 2.2: Leistungsbilanz im optischen Geradeaus- und Überlagerungsempfänger

Entsprechend den Gleichungen (2.17) und (2.18) steigen sowohl das Signalleistungsverhältnis V_S als auch das Rauschleistungsverhältnis V_N linear mit P_L an. Hierbei ist allerdings die Steigung von V_S (Bild 2.2a) stets größer als die Steigung von V_N (Bild 2.2b). Wäre dies nicht der Fall, so könnte mit einem optischen Überlagerungsempfänger kein Gewinn gegenüber einem Geradeausempfänger erzielt werden.

Als Definition für den *Signalstörabstandsgewinn* $G_{S/N}$ optischer Überlagerungsempfänger wird im folgenden das logarithmische Verhältnis

$$G_{S/N} = 10 \lg \left(V_{S/N} \right) \tag{2.19}$$

mit

$$V_{S/N} = \frac{(S/N)_Ü}{(S/N)_G} = V_S \, V_N^{-1} \tag{2.20}$$

eingeführt. Anschaulich entspricht das in (2.20) angegebene $V_{S/N}$-Verhältnis (Bild 2.2c) der Multiplikation der Geraden V_S (Bild 2.2a) mit der Hyperbel $1/V_N$ (strichlierte Kurve in Bild 2.2b). Setzen wir die Gleichungen (2.17) und (2.18) in (2.20) ein, so folgt:

$$\boxed{V_{S/N} = 4 \, M^{-2} \, \frac{P_L}{P_E} \, \frac{M^{2+x} (R P_E + I_D) + L_T / e}{R P_L + I_D + L_T / e} \, .} \tag{2.21}$$

Entsprechend Bild 2.2c ist für sehr kleine lokale Laserlichtleistungen P_L das $V_{S/N}$-Verhältnis kleiner als 1. Dies entspricht einem negativen Signalstörabstandsgewinn $G_{S/N}$ und somit einem Verlust des Überlagerungs- gegenüber dem Geradeausempfänger. In diesem Bereich ist also der Geradeausempfänger besser geeignet als der Überlagerungsempfänger. Die anschauliche Ursache hierfür ist der zu geringe Verstärkungseffekt kleiner lokaler Laserlichtleistungen P_L.

Beispiel 2.1

$P_E = -50$ dBm, $L_T = 10^{-23}$ A^2/Hz, $I_D = 10^{-11}$ A, $R = 1$ A/W, $M = M_{opt} \approx 27$ und x = 0,9. Um ein Verhältnis $V_{S/N} = 1$ (bzw. $G_{S/N} = 0$ dB) zu erreichen, ist entsprechend Gleichung (2.21) eine lokale Laserlichtleistung $P_L = -32{,}5$ dBm erforderlich. Da die praktisch verfügbaren lokalen Laserlichtleistungen P_L einschließlich Kopplungsverlusten in der Regel größer sind (–10 dBm bis 0 dBm), ist mit Überlagerungsempfängern folglich immer ein Gewinn, also $G_{S/N} > 0$ dB, erreichbar.

Nach Bild 2.2c steigt der Gewinn optischer Überlagerungsempfänger mit zunehmender lokaler Laserlichtleistung P_L zunächst steil an und erreicht, wie bereits erwähnt, für große P_L die Schrotrauschgrenze. Der zugehörige maximal erreichbare Gewinn beträgt hierbei

$$G_{S/N,\max} = 10\lg\left(4\,M^{x}\left[1 + \frac{M^{2+x}\,I_D + L_T/e}{M^{2+x}\,R\,P_E}\right]\right). \tag{2.22}$$

Beispiel 2.2

$P_E = -50$ dBm, $L_T = 10^{-23}$ A^2/Hz, $I_D = 10^{-11}$ A, $R = 1$A/W, $M = M_{opt} \approx 27$ und x = 0,9. Mit (2.22) folgt für die gegebenen Systemparameter ein maximal erreichbarer Signalstörabstandsgewinn von $G_{S/N,max}$ = 20,5 dB. Für eine verfügbare lokale Laserlichtleistung P_L = –10 dBm beträgt der Signalstörabstandsgewinn bereits $G_{S/N}$ = 18,4 dB.

Neben dem Signalstörabstandsgewinn $G_{S/N}$ optischer Überlagerungsempfänger (Gleichung 2.19) ist es sinnvoll, als weitere Vergleichsgröße den *Empfindlichkeitsgewinn* G_E einzuführen. Dieser ist definiert als das logarithmische Verhältnis der erforderlichen Empfangslichtleistungen P_{GE} und $P_{ÜE}$ von Geradeaus- und Überlagerungsempfänger unter der Voraussetzung identischer *S/N*-Verhältnisse, d.h. gleicher Fehlerwahrscheinlichkeiten an den Empfängerausgängen (vgl. Kapitel 5). Die Definitionsgleichung für den Empfindlichkeitsgewinn lautet somit

$$G_E = 10\lg\left(V_E\right) = 10\lg\left(\frac{P_{GE}}{P_{ÜE}}\right). \tag{2.23}$$

Voraussetzung: $V_{S/N}$ = 1 bzw. $G_{S/N}$ = 0 dB, d.h. gleiche Fehlerwahrscheinlichkeit des Geradeaus- und des Überlagerungsempfängers.

Die Empfangslichtleistungen P_{GE} und $P_{ÜE}$ erhalten wir durch entsprechendes Auflösen der Gleichungen (2.7) und (2.15) hinsichtlich dieser Lichtleistungen. Es folgt:

$$P_{GE} = R^{-1} e\,B\,(S/N)_G\,M^{x}\frac{1}{2}\left[1 + \sqrt{1 + 4M^{-x}\frac{M^{2+x}\,I_D + L_T/e}{M^{2+x}\,e\,B\,(S/N)_G}}\right]. \tag{2.24}$$

und

$$P_{ÜE} = R^{-1} e\,B\,(S/N)_Ü\,\frac{1}{4}\,\frac{R P_L + I_D + L_T/e}{R P_L} \tag{2.25}$$

Mit $(S/N)_Ü = (S/N)_G$:= S/N, d.h. $G_{S/N}$ = 0 dB gilt:

$$V_E = 2M^{x}\frac{R P_L}{R P_L + I_D + L_T/e}\left[1 + \sqrt{1 + 4M^{-x}\frac{M^{2+x}\,I_D + L_T/e}{M^{2+x}\,e\,B\,S/N}}\right]. \tag{2.26}$$

Bei optischen Überlagerungsempfängern haben im Gegensatz zu Geradeausempfängern der Zusatzrauschexponent *x* sowie die Störterme I_D und L_T/e für eine hinreichend große lokale Laserlichtleistung P_L keinen Einfluß mehr auf die

Übertragungsqualität des Systems. Das heißt, daß Überlagerungssysteme gegenüber Geradeaussystemen umso besser geeignet sind, je höher der Zusatzrauschexponent x ist und je stärker der Einfluß der Störgrößen I_D und L_T/e ist. Der Empfindlichkeitsgewinn G_E optischer Überlagerungssysteme wächst demnach mit dem Ansteigen dieser Größen.

Für große Signalrauschverhältnisse S/N wird in beiden Empfängern eine dementsprechend große Empfangslichtleistung P_{GE} bzw. $P_{ÜE}$ benötigt. Die Differenz zwischen diesen beiden erforderlichen Empfangslichtleistungen, und folglich der erzielbare Empfindlichkeitsgewinn G_E, werden dabei gemäß der Gleichung (2.26) umso kleiner, je größer das gewünschte Signalrauschverhältnis S/N ist.

Mit $P_L \rightarrow \infty$ (Schrotrauschgrenze) erhalten wir den maximal erreichbaren Empfindlichkeitsgewinn

$$G_{E,max} = 10 \lg \left(2M^x \left[1 + \sqrt{1 + 4M^{-x} \frac{M^{2+x} I_D + L_T/e}{M^{2+x} e B S/N}} \right] \right). \tag{2.27}$$

Die folgende kurze Zusammenfassung verdeutlicht nochmals den Unterschied zwischen den beiden Gewinndefinitionen.

Signalstörabstandsgewinn $G_{S/N}$

$G_{S/N}$ ist der Gewinn optischer Überlagerungssysteme gegenüber Geradeaussystemen hinsichtlich der Signalrauschverhältnisse $(S/N)_Ü$ und $(S/N)_G$ an den entsprechenden Empfängerausgängen. Voraussetzung sind identische Empfangslichtleistungen $P_{ÜE} = P_{GE} := P_E$ an den Empfängereingängen. Der Gewinn $G_{S/N}$ ist somit ein direktes Maß für die Verringerung der Fehlerwahrscheinlichkeit in optischen Überlagerungssystemen gegenüber Geradeaussystemen.

Empfindlichkeitsgewinn G_E

G_E ist der Gewinn optischer Überlagerungssysteme gegenüber Geradeaussystemen hinsichtlich den erforderlichen Empfangslichtleistungen P_{GE} und $P_{ÜE}$ an den Empfängereingängen. Voraussetzung sind identische Signalrauschverhältnisse $(S/N)_Ü = (S/N)_G := S/N$ oder identische Fehlerwahrscheinlichkeiten an den Empfängerausgängen. Der Empfindlichkeitsgewinn G_E ist somit bei gegebener Faserdämpfung ein direktes Maß für den Gewinn an Verstärkerfeldlänge (Regeneratorabstand).

Die Vergrößerung der Verstärkerfeldlängen ΔL (in km) bei optischen Überlagerungssystemen berechnet sich für eine Faserdämpfung α (in dB/km) zu

$$\Delta L = G_E \alpha^{-1} . \tag{2.28}$$

Beispiel 2.3

Für die beiden optischen Empfänger von Bild 2.1 ist für eine Fehlerwahrscheinlichkeit von 10^{-10} ein Signalrauschverhältnis $(S/N)_{Ü} = (S/N)_G = S/N = 40{,}48$ erforderlich (Kapitel 5 und 6). Entsprechend den Gleichungen (2.23) und (2.26) erhalten wir mit den Systemdaten aus Beispiel 2.1 und einer mathematischen (d.h. frequenzmäßig zweiseitigen) Tiefpaßbandbreite $B = 2 \cdot 560$ MHz = 1120 MHz einen maximalen (d.h. für $P_L \rightarrow \infty$) Empfindlichkeitsgewinn von $G_{E,max} = 19{,}5$ dB. Bei einer kilometrischen Faserdämpfung von $\alpha = 0{,}2$ dB/km ergibt dies eine maximale Vergrößerung der Verstärkerfeldlängen um $\Delta L = 97$ km.

Der im Beispiel 2.3 ermittelte sehr hohe Empfindlichkeitsgewinn von 19,5 dB gilt nur für die idealisierten Voraussetzungen dieses Abschnittes. Eine tiefergehende, realistischere Systemuntersuchung (Kapitel 5) erfordert u.a die Berücksichtigung folgender Punkte:

- *Vektorielle* Addition der elektrischen Feldstärken bei der Überlagerung,
- Berücksichtigung von *Polarisationsschwankungen,*
- Berücksichtigung von *Laserphasenrauschen,*
- Berücksichtigung von *Impulsinterferenzen,*
- Einbezug des *Filtereinflusses* auf das Laserphasenrauschen,
- Berücksichtigung der unterschiedlichen Auswirkungen des Laserphasenrauschens auf die verschiedenen *Symbolfolgen,*
- *Optimierung* der jeweiligen optischen Übertragungssysteme.

2.3 Komponenten eines optischen Überlagerungssystems

Bild 2.3 zeigt das Blockschaltbild eines digitalen optischen Übertragungssystems mit Überlagerungsempfang. Die erste Komponente des Übertragungssystems ist die *digitale Nachrichtenquelle.* Das Quellensignal $q(t)$ kann nur diskrete Werte annehmen, zum Beispiel 0 V und 1 V, und repräsentiert die binäre Quellensymbolfolge $<q_\nu>$ (siehe Bild 2.4 im Abschnitt 2.4). Der *elektrische Sender* bildet daraus das modulierende elektrische Sendesignal $s_e(t)$. Mit diesem Signal wird in einem *externen optischen Modulator* die optische Trägerschwingung $\vec{E}_T(t)$ des Sendelasers in der Amplitude, Phase oder Frequenz moduliert. Als Modulationsarten kommen hierbei alle aus der konventionellen digitalen Trägerfrequenztechnik bekannten Verfahren in Frage, wie Amplitudenumtastung (ASK, amplitude shift keying), Frequenzumtastung (FSK, frequency shift keying), Phasenumtastung (PSK, phase shift keying), Differenzphasenumtastung (DPSK, difference phase shift keying). Neben der binären Modulation sind dabei prinzipiell auch mehrstufige Modulationsverfahren anwendbar. Die Funktionsweise externer optischer Modulatoren basiert auf elektro-optischen oder akusto-optischen Effekten [139, 168]. Spezielle elektro-optische Wellenleitermodulatoren erlauben bereits eine Modulationsfrequenz von mehr als 6 GHz [3].

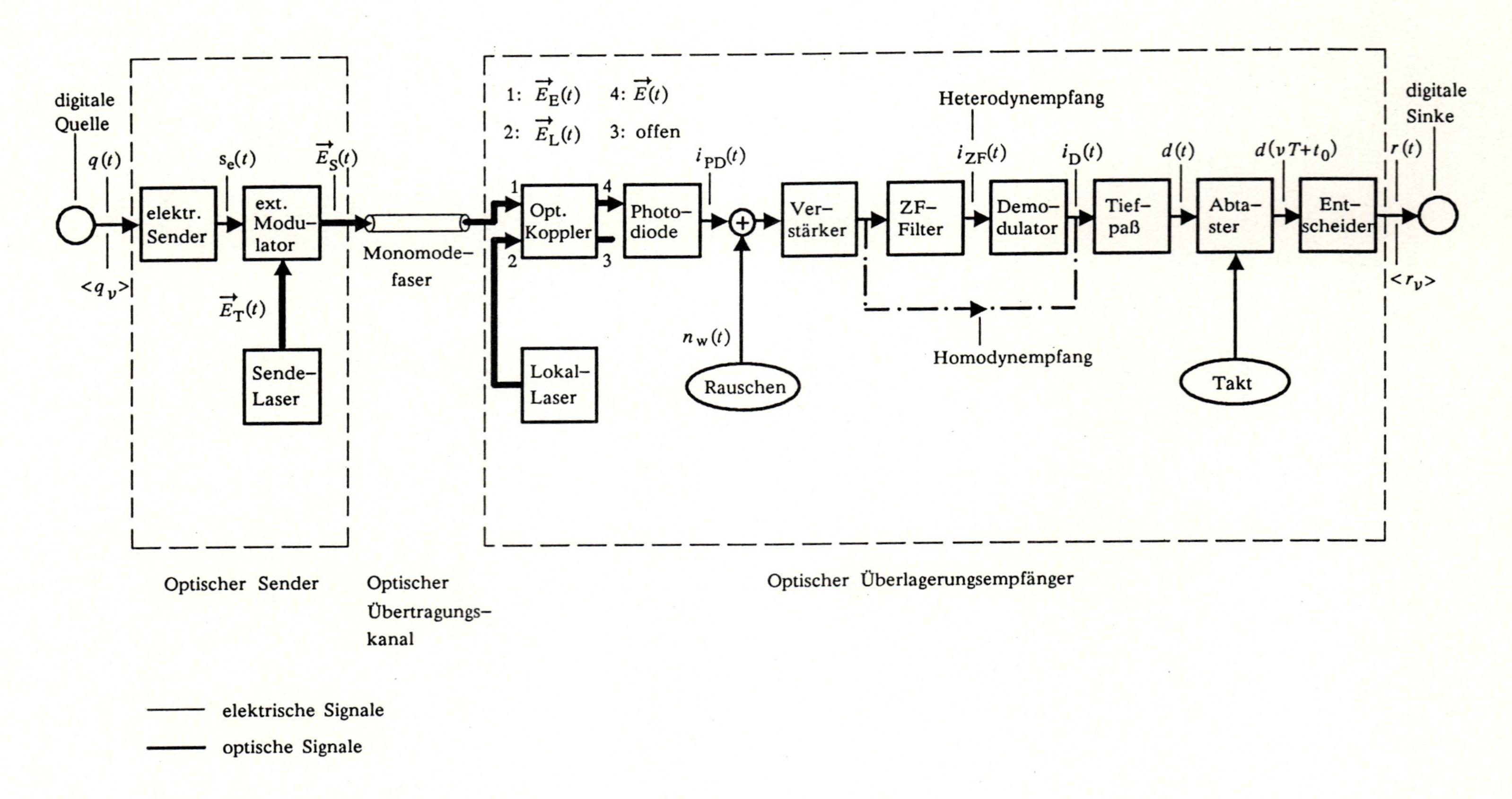

Bild 2.3: Blockschaltbild eines optischen Übertragungssystems mit Überlagerungsempfang

An den *Sendelaser* (Monomodelaser) werden zur Erzielung einer hohen Übertragungsqualität (geringe Fehlerwahrscheinlichkeit bei großer Symbolrate und großer Übertragungsstrecke) sehr hohe Anforderungen bezüglich der spektralen Linienbreite des Emissionsspektrums gestellt. Demnach generiert ein idealer Monomodelaser eine frequenz- und phasenstabile monofrequente optische Trägerwelle, die im Emissionsspektrum als scharfe Linie (Diracfunktion bei der Trägerfrequenz) erscheint. Die Ursachen für die unerwünschte Linienverbreiterung realer Laser sowie Maßnahmen zur Verringerung der Linienbreite werden im Kapitel 3 erläutert. Die mathematische Beschreibung der optischen Trägerwelle erfolgt durch die Angabe des zugehörigen elektrischen Feldstärkevektors $\vec{E}_T(t)$. Die Vektordarstellung beschreibt hierbei die Polarisation der Laserlichtwelle.

Zwischen dem Sendelaser und dem externen Modulator können störende Reflexionen der Trägerlichtwelle auftreten. Diese in den Laser reflektierten Wellen beeinträchtigen das Emissionsspekrum des Lasers und verursachen im allgemeinen eine Verschlechterung der Übertragungsqualität. Zur Eliminierung dieser unerwünschten Reflexionen wird meist ein *optischer Isolator* in den Lichtpfad zwischen Sendelaser und Modulator eingefügt (nicht im Blockschaltbild aufgeführt). Die physikalische Grundlage optischer Isolatoren ist der magneto-optische Faradayeffekt [29, 139, 168].

Eine Alternative zur angegebenen externen Modulation ist die direkte Modulation der Trägerlichtwelle über den Injektionsstrom des Sendelasers. Auf diese Weise können nicht nur die Lichtleistung und somit die Amplitude, sondern auch die Frequenz der optischen Trägerschwingung moduliert werden [82, 145]. Der Vorteil der direkten Modulation liegt in der Ersparnis des externen optischen Modulators. Ein Nachteil der direkten Modulation ist allerdings eine zusätzliche störende Beeinträchtigung des Emissionsspektrums.

Das modulierte optische Sendesignal $\vec{E}_S(t)$ wird zur Übertragung in eine *Monomodefaser* eingespeist. Die wichtigste Signalstörung auf der Faser ist eine Veränderung der Polarisation des Sendesignals infolge thermischer und mechanischer Einflüsse. Eine ausführliche Beschreibung der Polarisationsübertragungseigenschaften einer Monomodefaser erfolgt im Kapitel 4.

Die Empfangslichtwelle $\vec{E}_E(t)$ wird im Empfänger zunächst mit der lokalen Laserlichtwelle $\vec{E}_L(t)$ additiv überlagert. Hierbei muß der *lokale Laser* im Hinblick auf sein Emissionsspektrum den gleichen hohen Anforderungen genügen wie der Sendelaser. Die Überlagerung der beiden Lichtwellen erfolgt in einem *optischen Koppler*. Diese sind als Richtkoppler aufgebaut und besitzen zwei Wellenleitereingänge und zwei Wellenleiterausgänge [174]. Die Lichtleistungsaufteilung hinsichtlich der Ein- und Ausgänge wird durch den Kopplungsgrad k beschrieben (vgl. Abschnitt 2.4).

In der *Photodiode* wird das modulierte optische Ausgangssignal $\vec{E}(t)$ des Kopplers in einen zur absorbierten Lichtleistung proportionalen elektrischen Strom $i_{PD}(t)$ umgewandelt. Hierzu sind prinzipiell PIN- als auch Avalanchephotodioden (APD) geeignet. Wie bereits im Abschnitt 2.1 erläutert wurde, werden jedoch meist

PIN-Dioden eingesetzt, da eine zusätzliche Lawinenverstärkung die Übertragungsqualität des optischen Überlagerungssystems nur sehr geringfügig verbessert [35]. Die absorbierte Lichtleistung ist proportional zum Quadrat der elektrischen Feldstärke (vgl. Abschnitt 2.1). Bedingt durch die lineare additive Überlagerung der Feldstärken im optischen Richtkoppler und durch die Quadratur in der Photodiode beinhaltet der Diodenstrom $i_{PD}(t)$ unter anderem ein Zwischenfrequenzsignal (ZF-Signal). Dieses Signal $i_{ZF}(t)$ ist das eigentliche Nutzsignal im optischen Überlagerungsempfänger. Die Zwischenfrequenz f_{ZF} ist dabei gleich der Differenz aus den Lichtfrequenzen f_L und f_T von Lokal- und Sendelaser.

Im *Verstärker* werden sowohl das Signal als auch das Rauschen gleichermaßen verstärkt. Ohne Einschränkung der Allgemeingültigkeit wird daher im folgenden immer ein Verstärkungsfaktor eins angenommen.

Im optischen *Homodynempfänger* sind die Frequenzen f_L und f_T identisch und die resultierende ZF dementsprechend gleich Null ($f_{ZF} = 0$). Das optische Empfangssignal wird also bei dieser Empfängerart direkt in das Basisband transformiert. Die Anforderungen an die Frequenz- und Phasenstabilität der beteiligten optischen und elektrischen Signale sind in diesem Fall besonders hoch. Im *Heterodynempfänger* ($f_{ZF} \neq 0$) wird mit einem *ZF-Filter* der zwischenfrequente Signalanteil des Photodiodenstroms herausgefiltert. Im anschließenden *Demodulator* wird dann die modulierte Größe des ZF-Signals (Amplitude, Frequenz oder Phase) detektiert. Als Demodulator eignen sich hierzu die bereits aus der konventionellen digitalen Trägerfrequenztechnik bekannten Schaltungen wie Synchrondemodulator, Hüllkurvendemodulator, Frequenzdiskriminator. Das Ausgangssignal $i_D(t)$ des Demodulators beinhaltet neben dem Detektionsnutzsignal $d(t)$ meist auch unerwünschte Demodulationsprodukte (Oberwellen), welche mit dem anschliessenden *Tiefpaß* (Basisbandfilter) beseitigt werden müssen. Im Homodynempfänger besitzt dieser Tiefpaß zusätzlich die Aufgabe der Rauschbandbegrenzung. Im Heterodynempfänger wird dagegen das Rauschen meist schon durch das vorangegangene ZF-Filter verringert (diese Annahme soll auch für das vorliegende Buch gelten).

Die Ursachen des *additiven weißen gaußverteilten Rauschens* $n_w(t)$ sind, wie bereits im Abschnitt 2.1 erwähnt wurde, das Schrotrauschen der Photodiode sowie das thermische Rauschen des Verstärkers und der Schaltungswiderstände.

Im *Abtaster* und *Entscheider* wird aus dem Detektionssignal $d(t)$ das Sinkensignal $r(t)$ gebildet. Die *digitale Sinke* ist der Abschluß des optischen Überlagerungssystems. Ist die Übertragung fehlerfrei, so sind die entschiedene Sinkensymbolfolge und die gesendete Quellensymbolfolge identisch ($<r_\nu> = <q_\nu>$). Auf Grund unterschiedlicher Störungen (Laserphasenrauschen, Schrotrauschen, thermisches Rauschen, Polarisationsschwankungen u.a.) sind jedoch Symbolfehler unvermeidbar. Ein direktes Maß für die Übertragungsqualität des Systems ist die Symbolfehler- oder kurz Fehlerwahrscheinlichkeit. Die Berechnung dieser wichtigen Systemgröße wird in Kapitel 5 durchgeführt und ist die Grundlage für die Optimierung und den Vergleich der verschiedenen Übertragungssysteme.

Optische Überlagerungssysteme erfordern zum Teil aufwendige Schaltungen zur *Frequenz- und Phasenregelung*. Die zugehörigen Blockschaltungen wurden aus Gründen der Übersichtlichkeit nicht im Blockschaltbild 2.3 aufgenommen. Für die Berechnung kohärent-optischer Überlagerungssysteme, zum Beispiel Homodynsysteme, ist das prinzipielle Verständnis dieser Regelschaltungen jedoch unumgänglich. Im Abschnitt 5.1.3 werden daher die Eigenschaften dieser Regeleinrichtungen, soweit es im Rahmen dieses Buches erforderlich ist, näher erläutert.

2.4 Signalverläufe eines optischen Überlagerungssystems

Zur mathematischen Beschreibung der verschiedenen Signale eines optischen Überlagerungssystems wird hier die komplexe Rechnung bevorzugt. Die Signaldarstellung wird hierdurch wesentlich übersichtlicher und die durchzuführenden Berechnungen sehr viel einfacher als bei reeller Rechnung. Der Übergang zu den physikalischen Signalen, also diejenigen die prinzipiell meßbar sind, kann jederzeit durch Realteilbildung erfolgen.

2.4.1 Sender

Digitale Quelle

Die digitale Quelle liefert in äquidistanten Zeitabständen T die Quellensymbole q_ν. Die zeitliche Folge $<q_\nu>$ der Quellensymbole repräsentiert die zu übertragende digitale Nachricht. Die Zeitdauer T wird als *Symboldauer* und der Kehrwert $1/T$ als *Symbolrate* bezeichnet. Die Quellensymbole q_ν stammen im allgemeinen aus einem Symbolvorrat von M Symbolen. Entsprechend der Stufenzahl M unterscheidet man zwischen Binärquellen (M = 2) und mehrstufigen Quellen (M > 2). Für eine Binärquelle mit

$$q_\nu \in \{\emptyset, \mathrm{L}\} \tag{2.29}$$

werden anstatt der Bezeichnungen Symboldauer und Symbolrate häufig auch die Begriffe *Bitdauer* und *Bitrate* verwendet. Die Symbole der Quellensymbolfolge $<q_\nu>$ seien statistisch voneinander unabhängig und die Auftrittswahrscheinlichkeiten $p(q_\nu = \emptyset)$ und $p(q_\nu = \mathrm{L})$ der Symbole $\emptyset$ und L gleich. Somit gilt:

$$p(q_\nu = \emptyset) = p(q_\nu = \mathrm{L}) = 0{,}5\,. \tag{2.30}$$

Die physikalische Repräsentation der Symbolfolge $<q_\nu>$ ist das Quellensignal

$$q(t) = \hat{q} \sum_{\nu=-\infty}^{+\infty} a_\nu \operatorname{rect}\left(\frac{t-\nu T}{T}\right)\,. \tag{2.31}$$

Der Maximalwert dieses Signals ist $\hat{q}$. In diesem Buch wird stets ein rechteckförmiges Quellensignal $q(t)$ vorausgesetzt. Zur mathematischen Beschreibung der einzelnen Rechteckimpulse wird die Funktion

$$\mathrm{rect}(x) = \begin{cases} 1 & \text{für } |x| < 0{,}5 \\ 0{,}5 & \text{für } |x| = 0{,}5 \\ 0 & \text{für } |x| > 0{,}5 \end{cases} \tag{2.32}$$

verwendet. Der Zusammenhang des Quellensignals $q(t)$ mit den Quellensymbolen q_ν ist über die Amplitudenkoeffizienten a_ν gegeben. Dabei gilt der folgende Zusammenhang:

$$\begin{aligned} a_\nu &= 1 \text{ falls } q_\nu = \mathrm{L}, \\ a_\nu &= 0 \text{ falls } q_\nu = \emptyset. \end{aligned} \tag{2.33}$$

Bild 2.4 zeigt einen typischen Verlauf des unipolaren Quellensignals $q(t)$.

Elektrischer Sender

Aus dem Quellensignal $q(t)$ wird im elektrischen Sender das elektrische Sendesignal $s_\mathrm{e}(t)$ gebildet. Der Signalverlauf von $s_\mathrm{e}(t)$ ist dabei durch die Wahl der Modulationsart bestimmt. Unter Benutzung der komplexen Darstellung gilt:

$$\text{ASK:} \quad \underline{s}_\mathrm{e}(t) = \hat{s}_\mathrm{e} \sum_{\nu=-\infty}^{+\infty} s_\nu \,\mathrm{rect}\left(\frac{t-\nu T}{T}\right) = \hat{s}_\mathrm{e}\, s(t) = s_\mathrm{e}(t), \tag{2.34}$$

$$\text{PSK und DPSK:} \quad \underline{s}_\mathrm{e}(t) = \hat{s}_\mathrm{e} \exp\left(\mathrm{j} \sum_{\nu=-\infty}^{+\infty} \pi(1-s_\nu)\,\mathrm{rect}\left(\frac{t-\nu T}{T}\right)\right) = \hat{s}_\mathrm{e}\, \underline{s}(t), \tag{2.35}$$

$$\begin{aligned} \text{FSK:} \quad \underline{s}_\mathrm{e}(t) &= \hat{s}_\mathrm{e} \exp\left(\mathrm{j} \sum_{\nu=-\infty}^{+\infty} \int_{-\infty}^{t} 2\pi f_\mathrm{Hub} (2 s_\nu - 1)\,\mathrm{rect}\left(\frac{\tau-\nu T}{T}\right) \mathrm{d}\tau\right) \\ &= \hat{s}_\mathrm{e}\, \underline{s}(t). \end{aligned} \tag{2.36}$$

Hierbei ist $\hat{s}_\mathrm{e}$ die Signalamplitude des elektrischen Sendesignals $\underline{s}_\mathrm{e}(t)$. Die dimensionslose Größe $\underline{s}(t)$ entsteht durch die Normierung des dimensionsbehafteten Sendesignals $\underline{s}_\mathrm{e}(t)$ auf seine Amplitude $\hat{s}_\mathrm{e}$. Beim ASK-System ist $\underline{s}_\mathrm{e}(t)$ ein reelles Signal. Aus Gründen der Allgemeingültigkeit wird aber auch hier das Komplexitätszeichen „-" verwendet. Die Größe f_Hub in Gleichung (2.36) ist der Frequenzhub des FSK-Signals. Der Zusammenhang zwischen den Modulationskoeffizienten s_ν in den Gleichungen (2.34) bis (2.36) und den Amplitudenkoeffizienten a_ν ist für ASK, FSK und PSK mit

$$s_\nu = a_\nu \tag{2.37}$$

gegeben. Im Fall der DPSK-Modulation gilt dagegen:

$$\begin{aligned} s_\nu &= s_{\nu-1} \text{ falls } a_\nu = 1, \\ s_\nu &= \overline{s}_{\nu-1} \text{ falls } a_\nu = 0. \end{aligned} \tag{2.38}$$

Hierbei ist $\overline{s}_\nu$ der zu s_ν inverse Modulationskoeffizient, d. h. es gilt: $\overline{s}_\nu = 1 - s_\nu$ mit $s_\nu \in \{0, 1\}$ (siehe Bild 2.4).

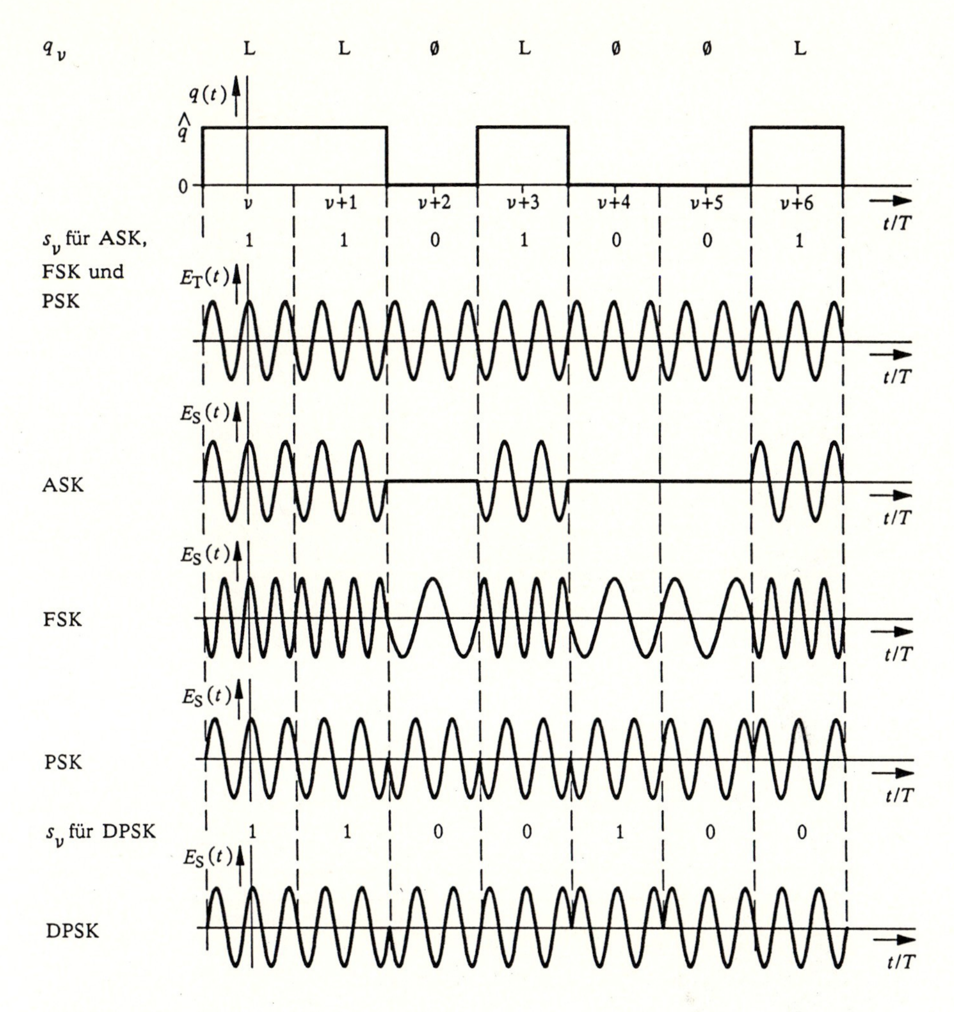

Bild 2.4: Typische Signalverläufe im optischen Sender unter Vernachlässigung von Rauschen

Sendelaser

Der Monomodelaser des optischen Senders generiert ein optisches Trägersignal der Form

$$\vec{\underline{E}}_{\mathrm{T}}(t) = \begin{pmatrix} \underline{E}_{\mathrm{Tx}}(t) \\ \underline{E}_{\mathrm{Ty}}(t) \end{pmatrix} = \underline{E}_{\mathrm{T}}(t)\, \mathrm{e}^{\,\mathrm{j}2\pi f_{\mathrm{T}} t}\, \vec{\underline{e}}_{\mathrm{T}} \,. \tag{2.39}$$

Der normierte komplexe Einheitsvektor

$$\vec{\underline{e}}_{\mathrm{T}} = \begin{pmatrix} \underline{e}_{\mathrm{Tx}} \\ \underline{e}_{\mathrm{Ty}} \end{pmatrix} = \begin{pmatrix} |\underline{e}_{\mathrm{Tx}}|\, \mathrm{e}^{\,\mathrm{j}\psi_{\mathrm{Tx}}} \\ |\underline{e}_{\mathrm{Ty}}|\, \mathrm{e}^{\,\mathrm{j}\psi_{\mathrm{Ty}}} \end{pmatrix}, \quad \text{mit} \quad \vec{\underline{e}}_{\mathrm{T}}\, \vec{\underline{e}}_{\mathrm{T}}^{\,*} = 1 \tag{2.40}$$

wird als Polarisationseinheitsvektor bezeichnet und beschreibt die Polarisation der Trägerlichtwelle (siehe Kapitel 4). Die komplexe Amplitude

$$\underline{E}_T(t) = |\underline{E}_T(t)|\, e^{j\phi_T(t)} \approx \hat{E}_T\, e^{j\phi_T(t)} \tag{2.41}$$

der Trägerlichtwelle beinhaltet das Amplituden- und Phasenrauschen des Sendelasers. Im Gegensatz zum Phasenrauschen gehört allerdings das Amplitudenrauschen $|\underline{E}_T(t)|$ zu den untergeordneten Störungen eines optischen Überlagerungssystems und wird im folgenden nicht weiter betrachtet ($|\underline{E}_T(t)| \approx \hat{E}_T$). Auf Grund der Dominanz des Phasenrauschens werden Ursache, Entstehung und Eigenschaften dieser systemcharakteristischen Störgröße in einem gesonderten Kapitel ausführlich untersucht (siehe Kapitel 3). Bild 2.4 zeigt den periodischen Signalverlauf der reellen optischen Trägerschwingung $\mathrm{Re}\{\underline{E}_T(t)\}$ unter der idealen Voraussetzung, daß kein Rauschen auftritt.

In realen Lasern ist die optische Trägerfrequenz f_T ebenfalls eine instabile, zeitabhängige Größe. Die Ursache dieser Frequenzschwankung ist in erster Linie auf Temperaturschwankungen zurückzuführen. Änderungen in der Temperatur können hierbei sogar sprunghafte Änderungen der optischen Trägerfrequenz f_T bewirken, die wir als Modensprünge bezeichnen (Bild 2.5). Eine Regelung der Temperatur im Sendelaser ist daher unerläßlich.

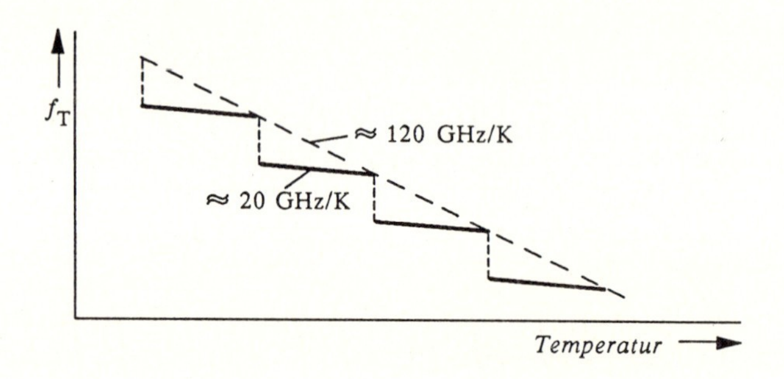

Bild 2.5: Typische Frequenz–Temperaturabhängigkeit eines Lasers [35]

Modulator

Die Trägerwelle $\vec{\underline{E}}_T(t)$ des Sendelasers wird im optischen Modulator abhängig von der zu übertragenden Nachricht in Amplitude, Frequenz oder Phase moduliert. Hierdurch wird das modulierende elektrische Basisbandsendesignal $\underline{s}_e(t)$ nach Gleichung (2.34) bis (2.36) in den optischen Frequenzbereich transformiert. Auf diese Weise entsteht das modulierte optische Sendesignal $\vec{\underline{E}}_S(t)$. Zur signalmäßigen Beschreibung des Modulators wird dieser als ideal (d.h. als ein Multiplizierer) vorausgesetzt [100]. Unter Berücksichtigung einer dimensionsbehafteten Modulatorkonstanten K_M folgt somit für das optische Sendesignal der Ausdruck

$$\vec{\underline{E}}_S(t) = K_M \underline{s}_e(t)\, \vec{\underline{E}}_T(t) = K_M \hat{s}_e\, \underline{s}(t)\, \underline{E}_T(t)\, \vec{\underline{e}}_T = \underline{E}_S(t)\, \vec{\underline{e}}_S\,. \tag{2.42}$$

Der rechte Teil dieser Gleichung folgt rein formal durch Aufspalten des elektrischen Feldstärkevektors $\vec{\underline{E}}_S(t)$ in eine nunmehr modulierte zeitabhängige komplexe

Feldstärkeamplitude $\underline{E}_S(t) = K_M \hat{s}_e \underline{s}(t) \underline{E}_T(t)$ und in den Polarisationseinheitsvektor $\vec{\underline{e}}_S$, der hier immer identisch dem Einheitsvektor $\vec{\underline{e}}_T$ der Trägerlichtwelle angenommen wird. Ohne Einschränkung der Allgemeingültigkeit kann im folgenden $K_M \hat{s}_e = 1$ gesetzt werden.

Typische Signalverläufe von $\underline{E}_S(t)$ zeigt Bild 2.4. Die dort angegebenen reellen Signale folgen dabei aus den entsprechenden komplexen Signalen durch Realteilbildung.

2.4.2 Übertragungskanal

Als Übertragungsmedium wird in diesem Buch immer eine Monomodefaser vorausgesetzt. Verursacht durch die nicht idealen Übertragungseigenschaften der Monomodefaser wird das optische Sendesignal $\vec{\underline{E}}_S(t)$ während der Übertragung verändert. Hierbei wird, insbesondere durch mechanische und thermische Beanspruchung der Faser, die Polarisation der Sendelichtwelle gestört. Die Folge ist eine instabile, zeitabhängige Polarisation der Empfangslichtwelle $\vec{\underline{E}}_E(t)$. Eine ausführliche Beschreibung der Polarisationsübertragungseigenschaften der Monomodefaser erfolgt im Kapitel 4.

Eine weitere durch die Faser verursachte Signalstörung ist die Veränderung der Signalform infolge Dispersion. Hierbei sind zu unterscheiden die Wellenleiter-, die Material- und die Polarisationsdispersion (vgl. Abschnitt 4.3.1). Unter Vernachlässigung dieser meist geringen Dispersionseffekte der Monomodefaser erhalten wir für das optische Empfangssignal den Ausdruck

$$\vec{\underline{E}}_E(t) = \underline{s}(t)\, \underline{E}_E(t)\, e^{j 2\pi f_E t}\, \vec{\underline{e}}_E \quad , \text{ mit } f_E = f_T \; . \tag{2.43}$$

Hierbei beschreibt der zeitabhängige Polarisationseinheitsvektor

$$\vec{\underline{e}}_E(t) = \begin{pmatrix} \underline{e}_{Ex}(t) \\ \underline{e}_{Ey}(t) \end{pmatrix} = \begin{pmatrix} |\underline{e}_{Ex}(t)|\, e^{j\psi_{Ex}(t)} \\ |\underline{e}_{Ey}(t)|\, e^{j\psi_{Ey}(t)} \end{pmatrix}, \quad \text{mit } \vec{\underline{e}}_E(t) \vec{\underline{e}}_E^{\,*}(t) = 1 \tag{2.44}$$

die nunmehr instabile Polarisation (Polarisationsschwankungen) und

$$\underline{E}_E(t) = \hat{E}_E\, e^{j\phi_E(t)} = \hat{E}_T\, e^{-\alpha L}\, e^{j\phi_T(t)} \; , \quad \text{mit } \phi_E(t) = \phi_T(t) \tag{2.45}$$

die gedämpfte komplexe Feldstärkeamplitude der Empfangslichtwelle. Die Größen L und α in (2.45) kennzeichnen die Faserlänge und die Faserdämpfung (in Np/km; 1 Np entspricht 8,686 dB). Als Folge der angenommenen Dispersionsfreiheit der Faser unterscheiden sich das optische Empfangssignal $\vec{\underline{E}}_E(t)$ und das optische Sendesignal $\vec{\underline{E}}_S(t)$ nur in der Amplitude ($\hat{E}_E << \hat{E}_T := \hat{E}_T$) und in der Polarisation ($\vec{\underline{e}}_T = \vec{\underline{e}}_T$ ist konstant, $\vec{\underline{e}}_E(t)$ ist dagegen zeitabhängig).

2.4.3 Überlagerungsempfänger

Lokallaser

Es wird vorausgesetzt, daß der lokale Laser im Empfänger des Übertragungssystems die gleichen Eigenschaften wie der bereits beschriebene Sendelaser besitzt. In Analogie zur Gleichung (2.39) folgt somit für die optische Welle des Lokallasers der Ausdruck

$$\vec{\underline{E}}_L(t) = \begin{pmatrix} \underline{E}_{Lx}(t) \\ \underline{E}_{Ly}(t) \end{pmatrix} = \underline{E}_L(t)\, e^{j2\pi f_L t}\, \vec{\underline{e}}_L . \tag{2.46}$$

Wie beim Sendelaser (vgl. Gleichungen 2.39 und 2.40) wird auch hier eine konstante, d.h. zeitunabhängige Polarisation vorausgesetzt. Der zugehörige Polarisationseinheitsvektor lautet somit:

$$\vec{\underline{e}}_L = \begin{pmatrix} \underline{e}_{Lx} \\ \underline{e}_{Ly} \end{pmatrix} = \begin{pmatrix} |\underline{e}_{Lx}|\, e^{j\psi_{Lx}} \\ |\underline{e}_{Ly}|\, e^{j\psi_{Ly}} \end{pmatrix}, \quad \text{mit } \vec{\underline{e}}_L\, \vec{\underline{e}}_L^{\,*} = 1. \tag{2.47}$$

Die komplexe Feldstärkeamplitude

$$\underline{E}_L(t) = |\underline{E}_L(t)|\, e^{j\phi_L(t)} \approx \hat{E}_L\, e^{j\phi_L(t)} \tag{2.48}$$

beinhaltet wieder das Amplituden- und das Phasenrauschen des Lasers, wobei das Laserphasenrauschen $\phi_L(t)$ wiederum die dominante Störung ist. Das Amplitudenrauschen des Lokallasers können wir ebenso wie das Amplitudenrauschen des Sendelasers als vernachlässigbar klein annehmen ($|\underline{E}_L(t)| \approx \hat{E}_L$).

Da die lokale Laserlichtwelle $\vec{\underline{E}}_L(t)$ im Gegensatz zur der Empfangslichtwelle $\vec{\underline{E}}_E(t)$ nicht durch den optischen Übertragungskanal (also durch die Monomodefaser) gedämpft wird, gilt stets die Relation

$$\hat{E}_L \gg \hat{E}_E = \hat{E}_T\, e^{-\alpha L} \qquad \text{bzw.} \quad P_L \gg P_E . \tag{2.49}$$

Hierbei sind P_L und P_E die mittleren Lichtleistungen des lokalen Lasers und der unmodulierten Empfangslichtwelle.

Optischer Koppler

Die modulierte Empfangslichtwelle $\vec{\underline{E}}_E(t)$ und die lokale Laserlichtwelle $\vec{\underline{E}}_L(t)$ werden im Empfänger mit Hilfe eines optischen Kopplers (ein Richtkoppler) überlagert. Diese Überlagerung erfolgt nach dem Superpositionsprinzip (lineare Addition der Feldstärkevektoren), wobei ein Kopplungsfaktor k zu berücksichtigen ist. Wie bereits im Abschnitt 2.3 erwähnt wurde, handelt es sich bei optischen Richtkopplern um Viertore, wobei die Tore in zwei Paare aufgeteilt werden können. Eingangs- bzw. Ausgangstore sind entsprechend Bild 2.3 die Tore 1 und 2 bzw. 3 und 4. Der verlustlose symmetrische Richtkoppler kann durch folgende Matrizengleichung beschrieben werden [vgl. 56]:

$$\boxed{\begin{pmatrix} \vec{\underline{E}}_4(t) \\ \vec{\underline{E}}_3(t) \end{pmatrix} = \begin{pmatrix} \sqrt{1-k} & \mathrm{j}\sqrt{k} \\ \mathrm{j}\sqrt{k} & \sqrt{1-k} \end{pmatrix} \begin{pmatrix} \vec{\underline{E}}_1(t) \\ \vec{\underline{E}}_2(t) \end{pmatrix}.} \tag{2.50}$$

Hierbei ist entsprechend dem Blockschaltbild 2.3 $\vec{\underline{E}}_1(t)$ identisch $\vec{\underline{E}}_E(t)$ und $\vec{\underline{E}}_2(t)$ indentisch $\vec{\underline{E}}_L(t)$. Für die Lichtleistungen $P_4(t)$ und $P_3(t)$ an den Ausgangstoren des Richtkopplers gelten die Proportionalitäten

$$\begin{aligned} P_4(t) \sim \vec{\underline{E}}_4(t)\vec{\underline{E}}_4^*(t) &= \left|\vec{\underline{E}}_4(t)\right|^2 \\ &= (1-k)\left|\vec{\underline{E}}_E(t)\right|^2 + k\left|\vec{\underline{E}}_L(t)\right|^2 + 2\sqrt{k(1-k)}\,\mathrm{Im}\left\{\vec{\underline{E}}_E(t)\vec{\underline{E}}_L^*(t)\right\}, \end{aligned} \tag{2.51}$$

$$\begin{aligned} P_3(t) \sim \vec{\underline{E}}_3(t)\vec{\underline{E}}_3^*(t) &= \left|\vec{\underline{E}}_3(t)\right|^2 \\ &= (1-k)\left|\vec{\underline{E}}_L(t)\right|^2 + k\left|\vec{\underline{E}}_E(t)\right|^2 - 2\sqrt{k(1-k)}\,\mathrm{Im}\left\{\vec{\underline{E}}_E(t)\vec{\underline{E}}_L^*(t)\right\}. \end{aligned} \tag{2.52}$$

Im Hinblick auf eine übersichtliche weitere Behandlung ist es sinnvoll, an dieser Stelle die komplexen Leistungen $\underline{P}_4$ mit $P_4 = \mathrm{Re}\{\underline{P}_4\}$ und $\underline{P}_3$ mit $P_3 = \mathrm{Re}\{\underline{P}_3\}$ einzuführen. Berücksichtigen wir nun, daß die Proportionalitätskonstante zwischen Feldstärkebetragsquadrat und Lichtleistung für alle beteiligten Felder ($\vec{\underline{E}}_4(t)$, $\vec{\underline{E}}_3(t)$, $\vec{\underline{E}}_1(t) = \vec{\underline{E}}_E(t)$ und $\vec{\underline{E}}_2 = \vec{\underline{E}}_L$) gleich ist, so erhalten wir für diese Leistungen nach Einsetzen der Gleichungen (2.43) und (2.46) in die Gleichungen (2.51) und (2.52):

$$\begin{aligned} \underline{P}_4(t) &= k\,P_L + (1-k)\left|\underline{s}(t)\right|^2 P_E \\ &\quad + 2\sqrt{k(1-k)}\,\sqrt{P_E P_L}\,\underline{s}(t)\,a_P(t)\,\mathrm{e}^{\mathrm{j}\phi(t)}\,\mathrm{e}^{\mathrm{j}\phi_P(t)}\,\mathrm{e}^{\mathrm{j}2\pi f_{ZF} t}, \end{aligned} \tag{2.53}$$

$$\begin{aligned} \underline{P}_3(t) &= (1-k)\,P_L + k\left|\underline{s}(t)\right|^2 P_E \\ &\quad - 2\sqrt{k(1-k)}\,\sqrt{P_E P_L}\,\underline{s}(t)\,a_P(t)\,\mathrm{e}^{\mathrm{j}\phi(t)}\,\mathrm{e}^{\mathrm{j}\phi_P(t)}\,\mathrm{e}^{\mathrm{j}2\pi f_{ZF} t}. \end{aligned} \tag{2.54}$$

P_L und P_E bezeichnen hier die mittleren Lichtleistungen der sinusförmig angenommenen Lokallaserlichtwelle und der unmodulierten, cosinusförmigen Empfangslichtwelle. Die Zwischenfrequenz f_{ZF} und das resultierende Laserphasenrauschen $\phi(t)$ berechnen sich zu

$$f_{ZF} = f_E - f_L \qquad \text{mit } f_E = f_T, \tag{2.55}$$

$$\phi(t) = \phi_E(t) - \phi_L(t) \qquad \text{mit } \phi_E(t) = \phi_T(t). \tag{2.56}$$

Die instabile Polarisation der Empfangslichtwelle $\vec{\underline{E}}_E(t)$ (siehe Abschnitt 2.4.2) verursacht einerseits Amplitudenschwankungen $a_P(t)$ und andererseits ein zusätzliches Phasenrauschen $\phi_P(t)$. Diese beiden in den Gleichungen (2.53) und (2.54) auftretenden Rauschgrößen erhält man aus dem komplexen Skalarprodukt

$$\vec{\underline{e}}_E(t)\vec{\underline{e}}_L^* = a_P(t)\,\mathrm{e}^{\mathrm{j}\phi_P(t)}. \tag{2.57}$$

Unter Benutzung der Gleichungen (2.44) und (2.47) erhalten wir:

$$a_{\mathrm{P}}(t) = \left|\vec{\underline{e}}_{\mathrm{E}}(t)\vec{\underline{e}}_{\mathrm{L}}^{\,*}\right| = \sqrt{\left[\mathrm{Re}\left\{\vec{\underline{e}}_{\mathrm{E}}(t)\vec{\underline{e}}_{\mathrm{L}}^{\,*}\right\}\right]^2 + \left[\mathrm{Im}\left\{\vec{\underline{e}}_{\mathrm{E}}(t)\vec{\underline{e}}_{\mathrm{L}}^{\,*}\right\}\right]^2} \tag{2.58}$$

$$= \Big[|\underline{e}_{\mathrm{Lx}}|^2|\underline{e}_{\mathrm{Ex}}(t)|^2 + |\underline{e}_{\mathrm{Ly}}|^2|\underline{e}_{\mathrm{Ey}}(t)|^2 + 2|\underline{e}_{\mathrm{Lx}}||\underline{e}_{\mathrm{Ex}}(t)||\underline{e}_{\mathrm{Ly}}||\underline{e}_{\mathrm{Ey}}(t)|\cos(\psi_{\mathrm{Ex}}(t) - \psi_{\mathrm{Lx}} - \psi_{\mathrm{Ey}}(t) + \psi_{\mathrm{Ly}})\Big]^{1/2},$$

$$\phi_{\mathrm{P}}(t) = \arctan\left(\frac{\mathrm{Im}\left\{\vec{\underline{e}}_{\mathrm{E}}(t)\vec{\underline{e}}_{\mathrm{L}}^{\,*}\right\}}{\mathrm{Re}\left\{\vec{\underline{e}}_{\mathrm{E}}(t)\vec{\underline{e}}_{\mathrm{L}}^{\,*}\right\}}\right) \tag{2.59}$$

$$= \arctan\left(\frac{|\underline{e}_{\mathrm{Lx}}||\underline{e}_{\mathrm{Ex}}(t)|\sin(\psi_{\mathrm{Ex}}(t) - \psi_{\mathrm{Lx}}) + |\underline{e}_{\mathrm{Ly}}||\underline{e}_{\mathrm{Ey}}(t)|\sin(\psi_{\mathrm{Ey}}(t) + \psi_{\mathrm{Ly}})}{|\underline{e}_{\mathrm{Lx}}||\underline{e}_{\mathrm{Ex}}(t)|\cos(\psi_{\mathrm{Ex}}(t) - \psi_{\mathrm{Lx}}) + |\underline{e}_{\mathrm{Ly}}||\underline{e}_{\mathrm{Ey}}(t)|\cos(\psi_{\mathrm{Ey}}(t) + \psi_{\mathrm{Ly}})}\right).$$

Photodiode

Die Photodiode generiert einen zur absorbierten Lichtleistung proportionalen Photodiodenstrom $i_{\mathrm{PD}}(t)$. Im *Eindiodenempfänger*, der im Blockschaltbild von Bild 2.3 vorausgesetzt ist, wird nur die Lichtleistung eines Kopplerausgangs genutzt. Welcher Kopplerausgang (3 oder 4) dazu verwendet wird, spielt prinzipiell keine Rolle. Bei Verwendung des Kopplerausgangs 4 folgt:

$$\underline{i}_{\mathrm{PD}}(t) = \underbrace{kRP_{\mathrm{L}}}_{\text{Gleichanteil}} + \underbrace{(1-k)|\underline{s}(t)|^2 RP_{\mathrm{E}}}_{\substack{\text{vernachlässigbar kleiner} \\ \text{Basisbandanteil } (P_{\mathrm{E}} \ll P_{\mathrm{L}})}}$$

$$+ \underbrace{2R\sqrt{k(1-k)}\sqrt{P_{\mathrm{E}}P_{\mathrm{L}}}}_{\substack{\text{Nutzamplitude} \\ \text{des Überlagerungs-} \\ \text{signals}}}\;\overbrace{\underline{s}(t)}^{\text{Nachricht}}\;\underbrace{a_{\mathrm{P}}(t)}_{\substack{\text{Polarisations-} \\ \text{amplituden-} \\ \text{rauschen}}}\;\overbrace{\mathrm{e}^{\,\mathrm{j}\phi(t)}}^{\substack{\text{Laserphasen-} \\ \text{rauschen}}}\;\underbrace{\mathrm{e}^{\,\mathrm{j}\phi_{\mathrm{P}}(t)}}_{\substack{\text{Polarisations-} \\ \text{phasenrauschen}}}\;\overbrace{\mathrm{e}^{\,\mathrm{j}2\pi f_{\mathrm{ZF}}t}}^{\substack{\text{Zwischen-} \\ \text{frequenz}}}. \tag{2.60}$$

Im *Zweidiodenempfänger* (balanced receiver [67, 86]) werden im Gegensatz zum Eindiodenempfänger beide Kopplerausgänge verwendet. Die hierbei in den beiden Photodioden generierten Photodiodenströme $i_{\mathrm{PD4}}(t)$ und $i_{\mathrm{PD3}}(t)$ werden anschliessend voneinander subtrahiert: $i_{\mathrm{PD}}(t) = i_{\mathrm{PD4}}(t) - i_{\mathrm{PD3}}(t)$. Daraus folgt:

$$\underline{i}_{\mathrm{PD}}(t) = (2k-1)RP_{\mathrm{L}} + (1-2k)|\underline{s}(t)|^2 RP_{\mathrm{E}} + 4R\sqrt{k(1-k)}\sqrt{P_{\mathrm{E}}P_{\mathrm{L}}}\,\underline{s}(t)\,a_{\mathrm{P}}(t)\,\mathrm{e}^{\,\mathrm{j}\phi(t)}\,\mathrm{e}^{\,\mathrm{j}\phi_{\mathrm{P}}(t)}\,\mathrm{e}^{\,\mathrm{j}2\pi f_{\mathrm{ZF}}t}. \tag{2.61}$$

Der Zweidiodenempfänger liefert dementsprechend eine doppelt so große Nutzamplitude wie der Eindiodenempfänger (vgl. fettgedruckte Zahlenwerte in den Gleichungen 2.60 und 2.61). Ein weiterer Vorteil des Zweidiodenempfängers ist es, daß bei geeigneter Wahl des Kopplungsfaktors (k = 0,5) sowohl der unerwünschte Gleichanteil als auch der unerwünschte, zur Empfangslichtleistung P_E proportionale Basisbandanteil entfallen. Der Einsatz des Zweidiodenempfängers ist daher besonders in Homodynsystemen (f_{ZF} = 0) sinnvoll, wo jeder zusätzliche nicht erwünschte Basisbandanteil die Übertragungsqualität beeinträchtigen würde.

Ein Ziel dieses Buches ist die Beschreibung der Störwirkung des dominanten Laserphasenrauschens auf die Übertragungsqualität (Fehlerwahrscheinlichkeit) optischer Überlagerungssysteme. Im Hinblick auf den Störeinfluß der Polarisationsschwankungen wird in diesem Buch stets eine hinreichend gute Polarisationsregelung vorausgesetzt (Kapitel 4), so daß wir diese Störung vernachlässigen können (d.h.: $a_P(t) = 1$, $\phi_P(t) = 0$). Die im Kapitel 5 durchgeführten Systemberechnungen, welche neben dem Laserphasenrauschen das Schrotrauschen, das thermische Rauschen sowie den Einfluß von Filtern (diese verursachen im allgemeinen Impulsinterferenzen) berücksichtigen, können aber in ähnlicher Weise auch unter Einbezug der Polarisationsschwankungen durchgeführt werden. Der für die folgenden Kapitel zugrundeliegende Photodiodenstrom erhält somit die einfache Form:

$$\underline{i}_{PD}(t) = \hat{i}_{PD} \; \underline{s}(t) \; e^{j\phi(t)} e^{j2\pi f_{ZF} t} , \tag{2.62}$$

$$\hat{i}_{PD} = 2 K_B R \sqrt{k(1-k)} \sqrt{P_E P_L} . \tag{2.63}$$

Hierbei sind für den Zweidiodenempfänger K_B = 2 und k = 0,5 und für den Eindiodenempfänger K_B = 1 und k vorerst beliebig einzusetzen.

Additives Empfängerrauschen (additives Gaußrauschen)

Dem Photodiodenstrom $i_{PD}(t)$ nach Gleichung (2.62) überlagert sich gemäß Bild 2.3 additiv ein Rauschsignal $n_w(t)$. Ursache hierfür sind, wie bereits erwähnt, das Schrotrauschen der Photodiode sowie das thermische Rauschen des Verstärkers und der Schaltungswiderstände. Da diese Rauschquellen alle Frequenzanteile gleichermaßen enthalten, spricht man hier von *weißem Rauschen*. Die zugehörige konstante Rauschleistungsdichte beträgt im Eindiodenempfänger

$$L_Ü(f) = L_Ü = e\left(R\,k\,P_L + I_D\right) + L_T . \tag{2.64}$$

Bis auf den Kopplungsfaktor k, der im Abschnitt 2.2 noch nicht berücksichtigt wurde, ist diese Gleichung identisch mit der Gleichung (2.11). Hinsichtlich der Rauschleistungsdichte des Schrotrauschens ist streng genommen nicht nur die lokale Laserlichtleistung P_L, sondern die gesamte Lichtleistung P_4 nach Gleichung (2.53) zu berücksichtigen. Da aber $P_L >> P_E$ ist, sind die beiden zusätzlichen Lichtleistungsterme aus (2.53) praktisch immer vernachlässigbar.

Beim Zweidiodenempfänger ist zu beachten, daß durch die Subtraktion der Photodiodenströme $i_{PD4}(t)$ und $i_{PD3}(t)$ zwar der Gleichstromanteil und der unerwünschte, zur Empfangslichtleistung P_E proportionale Basisbandanteil entfallen, nicht aber die zueinander unkorrelierten Schrotrauschströme der beiden Dioden. Deshalb ist im Zweidiodenempfänger die konstante Rauschleistungsdichte des Schrotrauschens stets doppelt so groß wie beim Eindiodenempfänger. Mit $k = 0{,}5$ (siehe oben) folgt

$$L_Ü(f) = L_Ü = e\left(R\,P_L + 2\,I_D\right) + L_T\,. \tag{2.65}$$

Unter Benutzung der in der Gleichung (2.63) eingeführten Konstanten K_B können wir die Gleichungen (2.64) und (2.65) zu der gemeinsamen Gleichung

$$\boxed{L_Ü(f) = L_Ü = e\,K_B\left(R\,k\,P_L + I_D\right) + L_T} \tag{2.66}$$

zusammenfassen. Diese Gleichung setzt voraus, daß das thermische Rauschen, also im wesentlichen das Rauschen des Eingangsverstärkers, erst nach der Stromsubtraktion entsteht. Erfolgt die Verstärkung dagegen unmittelbar nach den Photodioden, also bereits vor der Stromsubtraktion, so muß in Gleichung (2.66) auch der Rauschanteil L_T mit dem Faktor K_B gewichtet werden. Im ersten Fall haben wir einen, im zweiten Fall zwei rauschende Eingangsverstärker.

Nach der Filterung (ZF–Filterung im Heterodynsystem, Basisbandfilterung im Homodynsystem) wird das weiße Rauschen $n_w(t)$ zu einem bandbegrenzten *farbigen Rauschen* $n(t)$. Für die Varianz des farbigen Rauschens $n(t)$ nach dem ZF-Filter gilt beim Heterodynsystem die Beziehung

$$\sigma_Ü^2 = \sigma_{Het}^2 = L_Ü \int_{-\infty}^{+\infty} |H_{ZF}(f)|^2 \mathrm{d}f = 2L_Ü \int_{-\infty}^{+\infty} |H_B(f)|^2 \mathrm{d}f. \tag{2.67}$$

Hierbei sind $H_{ZF}(f)$ der Frequenzgang (Systemfunktion) des ZF-Filters und $H_B(f)$ der Frequenzgang des hierzu äquivalenten Basisbandfilters. Dabei gilt die folgende Zuordnung:

$$H_{ZF}(f) = H_B(f-f_{ZF}) + H_B(f+f_{ZF})\,, \tag{2.68}$$

$$\circ\!\!-\!\!\bullet$$

$$h_{ZF}(t) = h_B(t)\,e^{\,j2\pi f_{ZF}t} + h_B(t)\,e^{-j2\pi f_{ZF}t}\,. \tag{2.69}$$

In Gleichung (2.69) bezeichnen $h_{ZF}(t)$ und $h_B(t)$ die Impulsantworten des ZF-Filters und des äquivalenten Basisbandfilters. Der Tiefpaß im Heterodynempfänger (siehe Bild 2.3) hat in diesem Buch vereinbarungsgemäß nur die Aufgabe die unerwünschten hochfrequenten Demodulationsprodukte zu beseitigen. Das Rauschen und das Nutzsignal bleiben somit durch dieses Filter unbeeinflußt.

Anders ist es bei den kohärenten Homodynsystemen. Da hier das optische Empfangssignal direkt in das Basisband heruntergesetzt wird, muß bei diesen Systemen der Tiefpaß die Begrenzung des Schrotrauschens und des thermischen Rauschen übernehmen. Die Varianz des verbleibenden farbigen Rauschens $n(t)$ am Ausgang des Tiefpasses beträgt:

$$\sigma_{Ü}^2 = \sigma_{Hom}^2 = L_{Ü} \int_{-\infty}^{+\infty} \left| H_{TP}(f) \right|^2 df . \tag{2.70}$$

Unter der Annahme, daß das ZF-Filter im Heterodynempfänger der gleiche Filtertyp ist wie das Tiefpaßfilter im Homodynempfänger, d.h.: $H_{TP}(f) = H_B(f)$, gilt folgender wichtiger Zusammenhang:

$$\boxed{\sigma_{Het}^2 = 2\,\sigma_{Hom}^2 = 2L_{Ü} \int_{-\infty}^{+\infty} \left| H_B(f) \right|^2 df .} \tag{2.71}$$

Eine direkte Folge dieser Gleichung ist, daß Homodynsysteme einen um *3 dB größeren Signalstörabstand* bzw. eine um *3 dB höhere Empfindlichkeit* haben als Heterodynsysteme [69]. Dies gilt allerdings nur unter der Voraussetzung, daß die verwendeten Laser ideal sind, d.h. daß kein Laserphasenrauschen auftritt, und daß in beiden Systemen das gleiche Modulationsverfahren (z.B.: ASK oder PSK) zugrunde liegt (vgl. Kapitel 5 und 6).

Für die theoretischen Untersuchungen optischer Nachrichtensysteme kann davon ausgegangen werden, daß die additiven Rauschstörungen (Schrotrauschen und thermisches Rauschen) mittelwertfrei und gaußverteilt sind. Für die Wahrscheinlichkeitsdichtefunktion (WDF) $f_n(n)$ des farbigen Rauschens $n(t)$ gilt somit:

$$\boxed{f_n(n) = \frac{1}{\sqrt{2\pi}\,\sigma_n} e^{-\frac{n^2}{2\sigma_n^2}} \quad \text{mit } \sigma_n = \sigma_{Ü} = \begin{cases} \sigma_{Het} = \sqrt{2}\,\sigma_{Hom} & \text{Heterodynsystem} \\ \sigma_{Hom} & \text{Homodynsystem.} \end{cases}} \tag{2.72}$$

Schmalbanddarstellung

Zur Berechnung von Heterodynsystemen ist es nützlich, für das gefilterte farbige Rauschen $n(t)$ im ZF-Bereich die Schmalbanddarstellung

$$n(t) = x(t)\cos(2\pi f_{ZF} t) + y(t)\sin(2\pi f_{ZF} t) \tag{2.73}$$

mit

$$\sigma_n = \sigma_{Ü} = \sigma_x = \sigma_y \tag{2.74}$$

zu verwenden [163]. Hierbei sind die Inphasekomponente $x(t)$ und die Quadraturkomponente $y(t)$ statistisch voneinander unabhängig und ebenso wie das farbige Rauschen $n(t)$ mittelwertfrei und gaußverteilt. Gleichung (2.73) gilt unter der Voraussetzung, daß die frequenzmäßige Überlappung der beiden ZF-Filteranteile

$H_B(f-f_{ZF})$ und $H_B(f+f_{ZF})$ vernachlässigbar klein ist (siehe Gleichung 2.68). Die Bedingung für die Gültigkeit der Schmalbanddarstellung (2.73) lautet somit

$$\frac{B_{ZF}}{f_{ZF}} \ll 1, \tag{2.75}$$

wobei B_{ZF} die Bandbreite (äquivalente Rauschbandbreite) des ZF-Filters ist. In komplexer Darstellung lautet die Schmalbanddarstellung des Rauschens:

$$\begin{aligned} \underline{n}(t) &= x(t)\,e^{j2\pi f_{ZF}t} - j\,y(t)\,e^{j2\pi f_{ZF}t} \\ &= \big(x(t) - j\,y(t)\big)\,e^{j2\pi f_{ZF}t}, \qquad \text{mit } n(t) = \mathrm{Re}\{\underline{n}(t)\}. \end{aligned} \tag{2.76}$$

Gaußfilter

Im vorliegenden Buch werden für die theoretischen Untersuchungen in erster Linie gaußförmige Filter mit der Systemfunktion

$$H_B(f) = e^{-\pi\left(\frac{f}{2f_g}\right)^2} \;\bullet\!\!-\!\!\!-\!\!\circ\; h_B(t) = 2f_g\, e^{-\pi(2f_g t)^2} \tag{2.77}$$

verwendet. Die Grenzfrequenz dieses Gaußfilters ist f_g und die (mathematische) Bandbreite $2\cdot f_g$. Die Varianz des farbigen Rauschens $n(t)$ berechnet sich in diesem speziellen Fall zu

$$\boxed{\sigma^2_{Het} = 2\,\sigma^2_{Hom} = 2\sqrt{2}\,L_{Ü} f_g\,.} \tag{2.78}$$

Demodulator

Bei Heterodynsystemen hat der Demodulator die Aufgabe, das verrauschte und durch Impulsinterferenzen meist auch verformte ZF-Signal

$$\begin{aligned} \underline{i}_{ZF}(t) &= \int_{-\infty}^{+\infty} \underline{i}_{PD}(\tau)\, h_{ZF}(t-\tau)\, d\tau + \underline{n}(t) \\ &= \hat{i}_{PD}\int_{-\infty}^{+\infty} \underline{s}(\tau)\, e^{j\phi(\tau)} h_B(t-\tau)\, d\tau \;\; e^{j2\pi f_{ZF}t} \\ &\quad + \underbrace{\hat{i}_{PD}\int_{-\infty}^{+\infty} \underline{s}(\tau)\, e^{j\phi(\tau)} h_B(t-\tau)\, e^{j4\pi f_{ZF}\tau}\, d\tau}_{\text{etwa Null}} \;\; e^{-j2\pi f_{ZF}t} + \underline{n}(t) \\ &\approx \left[\hat{i}_{PD}\int_{-\infty}^{+\infty} \underline{s}(\tau)\, e^{j\phi(\tau)} h_B(t-\tau)\, d\tau + x(t) - j\,y(t)\right] e^{j2\pi f_{ZF}t} \end{aligned} \tag{2.79}$$

ins Basisband zu transformieren. Die Näherung in Gleichung (2.79) ist hierbei eine direkte Folge der Schmalbandbedingung (2.75). Sie ist daher umso besser erfüllt, je weniger sich die beiden ZF-Filteranteile $H_B(f - f_{ZF})$ und $H_B(f + f_{ZF})$ frequenzmäßig überlappen.

Entsprechend dem gewählten Modulationsverfahren (ASK, FSK, PSK, DPSK) kommen verschiedene Demodulatorarten in Frage wie Hüllkurven- und Synchrondemodulator, Frequenzdiskriminator, Ein- und Zweifilterdemodulatoren sowie Autokorrelationsdemodulatoren u.a..

Der Tiefpaß im Anschluß an den Demodulator (siehe Bild 2.3) hat bei den Heterodynsystemen nur die Aufgabe, unerwünschte Demodulationsprodukte, zum Beispiel Terme mit der doppelten Zwischenfrequenz, zu eliminieren. Eine zusätzliche Rauschbandbegrenzung und Signalverformung erfolgt hier durch dieses Filter bei Heterodynempfängern nicht.

Im Gegensatz zum Heterodynempfänger geschieht im Homodynempfänger die eigentliche Demodulation bereits beim Heruntermischen des optischen Empfangssignals in das Basisband. Da in diesem Fall das Tiefpaßfilter die Rauschbandbegrenzung durchführen muß und dementsprechend schmalbandig sein sollte, verursacht dieses Filter bei Homodynsystemen im allgemeinen auch eine Verformung des Nutzsignals, d.h. es treten Impulsinterferenzen auf (Abschitt 5.1).

Das Ausgangssignal $d(t)$ des Tiefpasses wird in diesem Buch unabhängig vom verwendeten Modulations- und Demodulationsverfahren und unabhängig davon ob es sich um ein Heterodyn- oder um ein Homodynsystem handelt, immer einheitlich als *Detektionssignal* bezeichnet.

Abtastung und Entscheidung

Im Abtaster wird in äquidistanten Zeitabständen T (Symboldauer) das Detektionssignal $d(t)$ abgetastet. Das zeitdiskrete Abtastsignal $d(\nu T + t_0)$ wird anschliessend dem Entscheider zugeführt (siehe Bild 2.3). Der Zeitpunkt t_0 ist hierbei ein noch freier Optimierungsparameter, der den exakten Abtastzeitpunkt festlegt. Im Falle eines symmetrischen Gaußfilters ist bei den Nachrichtensignalen nach Gleichung (2.34) bis (2.36) der optimale Abtastzeitpunkt immer in Symbolmitte, d.h. hier gilt: $t_0 = 0$.

Je nachdem, ob der Abtastwert $d(\nu T + t_0)$ oberhalb oder unterhalb einer festgesetzten Entscheiderschwelle E liegt, liefert der Entscheider entweder das Sinkensymbol $r_\nu = \emptyset$ oder das Symbol $r_\nu = \mathrm{L}$. Hierbei ist die Entscheiderschwelle E, im Hinblick auf eine minimale Fehlentscheidungs- oder kurz Fehlerrate, ebenfalls eine optimierbare Systemgröße (Kapitel 5).

Hinsichtlich der Berechnung der Fehlerwahrscheinlichkeit sind der Signalverlauf des Detektionssignals $d(t)$ sowie die statistischen Eigenschaften des abgetasteten Detektionssignals $d(\nu T + t_0)$ von großer Bedeutung. Eine genaue Analyse und Beschreibung dieser Signale wird im Kapitel 5 im Rahmen der Systemberechnung und der Systemoptimierung durchgeführt.

3 Laserphasenrauschen

Das Phasenrauschen in den emittierten Lichtwellen des Sendelasers und des lokalen Lasers gehört neben dem Schrotrauschen der Photodiode, dem thermischen Rauschen des Verstärkers und den Polarisationsschwankungen der beteiligten Lichtwellen zu den dominanten Störquellen optischer Überlagerungssysteme. Insbesondere in kohärent-optischen Überlagerungssystemen, zum Beispiel im PSK-Homodynsystem, verursacht das Laserphasenrauschen eine erhebliche Verschlechterung der Übertragungsqualität.

Optische Nachrichtensysteme mit Lichtleistungsmodulation und Direktempfang werden dagegen vom Laserphasenrauschen nicht gestört. Die Modulation der Lichtwelle erfolgt hier im einfachsten Fall durch entsprechendes Ein- und Ausschalten des Sendelasers im Sinne der zu übertragenden binären Nachricht. Diese Form der digitalen Nachrichtenübertragung mittels Licht wird daher oft herablassend als *Rauchzeichenübertragung* bezeichnet. Spezielle Kenntnisse über die physikalischen Vorgänge im Sendelaser sind bei Direktsystemen nicht erforderlich (Black-Box-Betrachtung).

Im Gegensatz dazu genügt diese vereinfachte Betrachtungsweise bei optischen Überlagerungssystemen nicht. Für die Berechnung kohärenter und inkohärenter optischer Überlagerungssysteme sind vor allem die statistischen Eigenschaften des Laserphasenrauschens von Bedeutung (Abschnitt 3.3). Die Untersuchung dieser Eigenschaften erfordert einige Grundkenntnisse über die prinzipielle Funktionsweise eines Lasers (Abschnitt 3.1) sowie Kenntnisse hinsichtlich der Ursache und der Entstehung des Laserphasenrauschens (Abschnitt 3.2). Mit wachsendem Interesse an der Realisierung kohärent-optischer Überlagerungssysteme wurden die physikalischen Ursachen des Laserphasenrauschens intensiv untersucht. Die Ergebnisse dieser Untersuchungen sind Inhalt zahlreicher Veröffentlichungen, z.B. [20, 51 - 53, 129, 130, 162, 175, 176, 180, 181]. Abweichend von diesen meist laserphysikalischen Arbeiten wird im Abschnitt 3.2 eine relativ einfache nachrichtentechnisch orientierte Darstellung gewählt.

Weitere Schwerpunkte dieses Kapitels sind die Beschreibung der Relaxationsschwingungen beim Laser (Abschnitt 3.4) sowie die Untersuchung des Filtereinflusses auf phasenverrauschte Eingangssignale (Abschnitt 3.5). Verschiedene technologische Maßnahmen zur Reduzierung des Laserphasenrauschens werden im Abschnitt 3.6 diskutiert.

3.1 Prinzipielle Funktionsweise eines Lasers

3.1.1 Absorption, spontane und induzierte Emission

Im Bild 3.1 sind stellvertretend für die Vielzahl von Energieniveaus in einem Atom die beiden Energiezustände W_1 und W_2 dargestellt. Als *Grundzustand* oder *Gleichgewichtszustand* wird das Energieniveau mit der kleinsten Energie W_1 bezeichnet. Das Energieniveau mit der höheren Energie W_2 heißt *angeregter Zustand.* Am absoluten Nullpunkt der Temperatur (0 K) und in guter Näherung auch bei Zimmertemperatur (293 K) befinden sich alle Atome im Grundzustand.

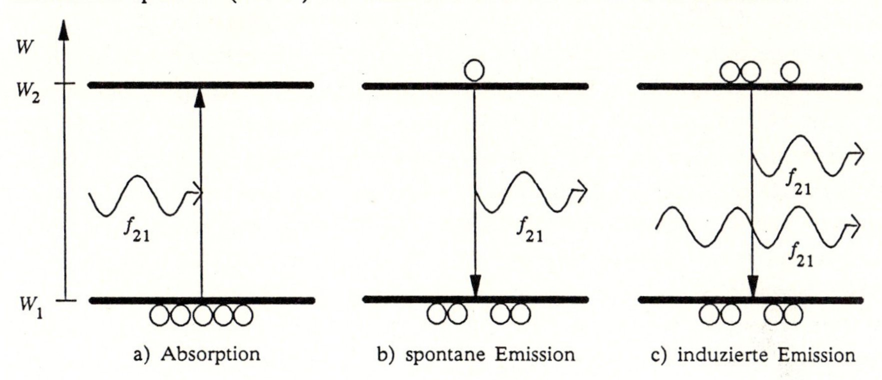

Bild 3.1: Absorption und Emission in einem Zweiniveau–System

Die Energiedifferenz W_{21} folgt der Beziehung

$$W_{21} = W_2 - W_1 = h\,f_{21}\,. \tag{3.1}$$

Hierbei bedeuten $h = 6{,}625 \cdot 10^{-34}\,\mathrm{Ws}^2 = 4{,}135 \cdot 10^{-15}\,\mathrm{eVs}$ das Plancksche Wirkungsquantum und f_{21} die Lichtfrequenz.

a) Absorption

Befindet sich ein Atom im Grundzustand, so kann es nur Energie aufnehmen, also absorbieren. Ist die aufgenommene Energie gleich der Energiedifferenz W_{21}, so geht das Atom vom Grundzustand W_1 in den höheren Energiezustand W_2 über (Bild 3.1a). Wird die Energie durch Strahlung zugeführt, dann absorbiert das dargestellte Zweiniveau–System nur Photonen mit der Frequenz f_{21}. Befindet sich eine größere Anzahl von Atomen in einem Strahlungsfeld und tritt nur Absorption auf, so nimmt die Intensität der einfallenden Lichtwelle exponentiell mit dem Weg ab [169].

b) Spontane Emission

Ein durch Absorption angeregtes Atom bleibt nur eine mittlere Verweilzeit τ_{21} (Lebensdauer) im angeregten Zustand. Anschließend fällt es von selbst, also spontan, in den Grundzustand zurück (Bild 3.1b). Dabei wird ein Photon mit der Energie W_{21} und der Frequenz f_{21} emittiert. Da ein Atom im allgemeinen eine Vielzahl von erlaubten Energiezuständen besitzt, wird durch die spontane Emission ein Licht, bestehend aus vielen Frequenzen, ausgestrahlt. Die Phasenlagen der einzelnen ausgestrahlten Lichtwellen gleicher Frequenz sind hierbei beliebig und zueinander völlig unkorreliert.

c) Induzierte Emission

Während es für die Absorption nur eine Möglichkeit gibt, kann die Emission auf zwei unterschiedliche Arten erfolgen. Neben der beschriebenen spontanen Emission, welche ohne äußere Energiezufuhr rein zufällig erfolgt, gibt es die induzierte oder stimulierte Emission, welche nur mit einer äußeren Energiezufuhr möglich ist (Bild 3.1c). Voraussetzung für die induzierte Emission ist demnach ein stimulierendes Photon mit einer Frequenz f_{21} bzw. mit einer Energie W_{21}. Das bei der induzierten Emission generierte Photon ist hinsichtlich Frequenz, Phase, Polarisation und Ausbreitungsrichtung dem stimulierenden Photon identisch. Das stimulierende Photon wird hierbei nicht beeinflußt. Die induzierte Emission bewirkt folglich eine frequenz- und phasengetreue Verstärkung einer einfallenden Lichtwelle. Dieser Vorgang der Lichtverstärkung durch stimulierte Emission diente auch als Namensgeber für das Bauelement *LASER* (*L*ight *A*mplification by *S*timulated *E*mission of *R*adiation).

3.1.2 Wahrscheinlichkeit und Bilanz

a) Absorption

Die durch äußere Energiezufuhr stimulierte Absorption ist umso intensiver, je größer die Anzahl N_1 von Elektronen im Grundzustand und je größer die Energiedichte ρ des einfallenden Strahlungsfeldes ist. Die zeitliche Abnahme R_A von Elektronen im Grundzustand W_1 (Absorptionsrate) beträgt demnach

$$R_A = -\left(\frac{dN_1}{dt}\right)_A = B_{12}\,\rho\,N_1 \,. \tag{3.2}$$

Die von Einstein gefundene Proportionalitätskonstante B_{12} bezeichnen wir als Einsteinkoeffizient der Absorption.

b) Spontane Emission

Die spontane Emission wird von einem zugeführten Strahlungsfeld nicht beeinflußt. Sie ist ein rein zufälliger statistischer Vorgang und ist von der Elektronenbesetzung N_2 des angeregten Energieniveaus W_2 abhängig. Unter Berücksichtigung der Proportionalitätskonstanten A von Einstein erhalten wir für die Emissionsrate R_S der spontanen Emission die Gleichung

$$R_S = -\left(\frac{dN_2}{dt}\right)_S = AN_2 = \frac{N_2}{\tau_{21}} . \tag{3.3}$$

Die Emissionsrate R_S beschreibt die zeitliche Abnahme von Elektronen im angeregten Zustand W_2 bzw., was gleichbedeutend ist, die zeitliche Zunahme spontan erzeugter Photonen. Sie ist nach Gleichnung (3.3) direkt proportional zur Elektronenanzahl N_2 und über die Beziehung $A = 1/\tau_{21}$ umgekehrt proportional zur mittleren Verweilzeit τ_{21} der Elektronen im angeregten Zustand W_2 [169]. Ist die Verweilzeit τ_{21} sehr groß, so fallen nur sehr selten Elektronen vom Energieniveau W_2 in den Grundzustand W_1 zurück und die spontane Emissionsrate R_S ist sehr klein. Dagegen ist R_S groß, wenn die Verweilzeit τ_{21} klein ist.

c) Induzierte Emission

In gleicher Weise wie bei der Absorption ist bei der induzierten Emission die zeitliche Abnahme R_I der Elektronen (Emissionsrate der induzierten Emission) im angeregten Zustand W_2 proportional der Energiedichte ρ eines zugeführten Strahlungsfeldes. Die Emissionsrate der induzierten Emission steigt mit der Elektronenbesetzung N_2 des angeregten Energiezustandes. Mit dem Einsteinkoeffizienten B_{21} der induzierten Emission folgt

$$R_I = -\left(\frac{dN_2}{dt}\right)_I = B_{21}\rho N_2 . \tag{3.4}$$

Da Absorption und induzierte Emission gegenläufige, aber ansonsten völlig gleichartige Prozesse sind, gilt:

$$B_{12} = B_{21} := B . \tag{3.5}$$

Der Zusammenhang zwischen den Koeffizienten A und B ist nach Einstein durch die Gleichung

$$A = 8\pi h \lambda_{21}^{-3} n^3 B = 8\pi h \left(\frac{f_{21}}{c_0}\right)^3 n^3 B \tag{3.6}$$

gegeben [169]. Hierbei ist λ_{21} die emittierte Lichtwellenlänge, n der Brechungsindex des Lasermediums und $c_0 = 3\cdot 10^{-8}$ m/s die Vakuumlichtgeschwindigkeit.

d) Bilanz

In einem System bestehend aus vielen Atomen befinden sich die Atome teilweise im Grundzustand und teilweise im angeregten Energiezustand. Es ereignen sich in diesem Atomsystem eine Vielzahl von Absorptions- und Emissionsprozesse (Bild 3.2). Absorptionsprozesse dämpfen eine einfallende Lichtwelle, während die induzierten Emissionsvorgänge eine einfallende Lichtwelle frequenz- und phasenrichtig verstärken. Der induzierten Emission überlagern sich regellose Anteile der spontanen Emission. Diese spontan generierten Lichtwellen haben eine beliebige, zufällige Phase und breiten sich in alle Richtungen des Raumes aus. Die geringen Anteile der spontanen Emission, die zufällig die gleiche Richtung besitzen wie die induzierte, also verstärkte Lichtwelle, sind die Ursache des Laserrauschens (Intensitätsrauschen und Phasenrauschen).

Absorptionsrate und Emissionsrate stehen in einem abgeschlossenen System im thermischen Gleichgewicht. Es gilt

$$R_A = R_I + R_S \tag{3.7}$$

bzw. unter Berücksichtigung der Gleichungen (3.2) bis (3.4)

$$B_{12}\,\rho\,N_1 = B_{21}\,\rho\,N_2 + A\,N_2 . \tag{3.8}$$

Voraussetzung für den Laserbetrieb (Verstärkung einer einfallenden Lichtwelle) ist ein Überwiegen der induzierten Emissionsprozesse. Maßgeblich dafür ist das Verhältnis

$$\frac{R_I}{R_A} = \frac{B_{21}\,\rho\,N_2}{B_{12}\,\rho\,N_1} = \frac{N_2}{N_1} \tag{3.9}$$

von induzierter Emissionrate zur Absorptionsrate. Hinsichtlich dieser Gleichung haben wir 3 Fälle zu unterscheiden [169]:

$N_1 > N_2$: Die Absorption überwiegt. Die Intensität einer einfallenden Lichtwelle nimmt exponentiell mit dem Weg ab (Bild 3.2a).

$N_1 = N_2$: Absorption und induzierte Emission sind im Gleichgewicht. Eine einfallende Lichtwelle durchläuft ungedämpft, also mit konstanter Amplitude, das Lasermedium (Bild 3.2b)

$N_1 < N_2$: Die induzierte Emission überwiegt. Die einfallende Lichtwelle wird nun frequenz- und phasenrichtig im Lasermedium verstärkt. Dieser für den Laserbetrieb notwendige Fall wird als Besetzungsinversion oder kurz als Inversion bezeichnet (Bild 3.2c).

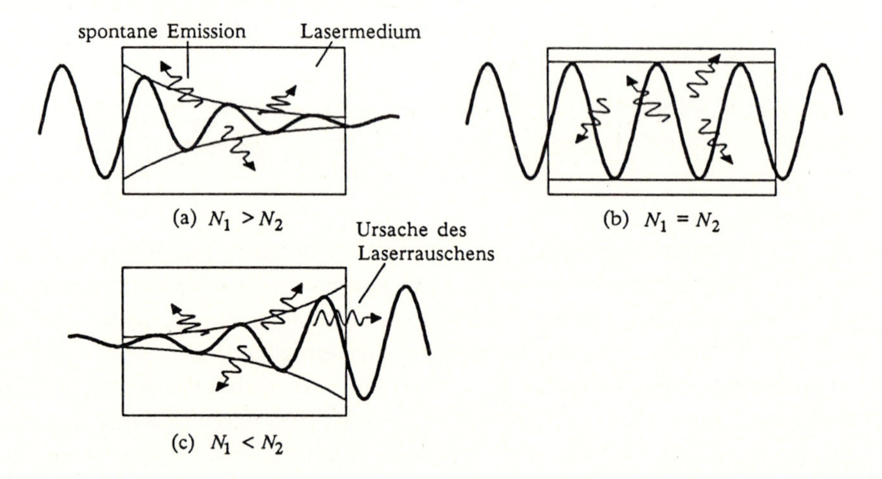

Bild 3.2: Auswirkung der Elektronenbesetzung auf eine einfallende Lichtwelle in einem Zweiniveau-System

e) Thermisches Gleichgewicht

Ein abgeschlossenes System ohne Wechselwirkung mit der Umgebung befindet sich im thermischen Gleichgewicht. Die Zahl der Elektronen im angeregten Energiezustand W_2 und im Grundzustand W_1 wird im thermischen Gleichgewicht allein durch die Temperatur bestimmt. Für die Elektronenaufteilung im Zweiniveau-System hat Boltzmann folgende Abhängigkeit gefunden:

$$\frac{N_2}{N_1} = \exp\left(-\frac{W_{21}}{kT}\right) = \exp\left(-\frac{hf_{21}}{kT}\right). \tag{3.10}$$

In Gleichung (3.10) bedeuten $k = 1{,}38\cdot 10^{-23}$ Ws/K $= 8{,}62\cdot 10^{-5}$ eV/K die Boltzmannkonstante und T die absolute Temperatur.

Beispiel 3.1

Für eine Energiedifferenz $W_{21} = 0{,}827$ eV ($f_{21} = 200$ THz, $\lambda_{21} = 1{,}5$ µm) beträgt das Elektronenverhältnis N_2/N_1 bei der absoluten Temperatur $T = 293$ K (20°C) $N_2/N_1 = \exp(-32{,}74) = 6{,}02\cdot 10^{-15}$.
Für die sehr hohe absolute Temperatur $T = 1273$ K (1000°C) erhalten wir dagegen $N_2/N_1 = \exp(-7{,}54) = 5{,}33\cdot 10^{-4}$.

Wie wir aus Beispiel 3.1 ersehen können, befinden sich selbst bei einer Temperatur von 1000°C nahezu alle Elektronen im Grundzustand. Die für eine resultierende Lichtverstärkung erforderliche Besetzungsinversion $N_1 < N_2$ ist entsprechend der Boltzmannstatistik (3.10) im thermischen Gleichgewicht nicht erreichbar.

3.1.3 Inversion

Zur Realisierung der erforderlichen Inversion benötigt man einen Drei- oder Vierniveau-Laser entsprechend Bild 3.3 mit einer zusätzlichen äußeren Energiezufuhr (Pumpenergie).

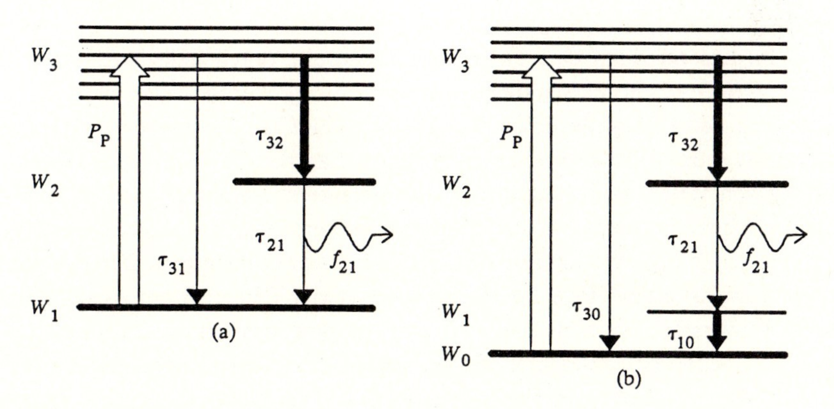

Bild 3.3: Realisierung der Inversion in einem Drei- (a) und Vierniveau-Laser (b)

Im Dreiniveau-System werden neben dem Grundzustand W_1 zwei angeregte Energiezustände W_2 und W_3 genutzt [169]. An die Verweilzeit der Elektronen in den angeregten Energieniveaus werden hierbei ganz bestimmte Forderungen gestellt. Die Verweilzeit τ_{31} der Elektronen im Energiezustand W_3 muß für Übergänge zum Grundzustand W_1 groß sein; dagegen muß der Übergang vom Zustand W_3 zum Zustand W_2 sehr viel häufiger ($\tau_{32} << \tau_{31}$) und nichtstrahlend erfolgen. Um eine Ansammlung von Elektronen im Energieniveau W_2 zu erhalten und somit die notwendige Besetzungsinversion $N_1 < N_2$ zu erzielen, wird ein metastabiles Niveau W_2 mit einer sehr großen Verweilzeit τ_{21} verwendet. Mit Hilfe einer äußeren Energiequelle werden die Elektronen vom Grundzustand W_1 in den angeregten Zustand W_3 gepumpt. Hierzu wird eine Pumpleistung P_P benötigt. Das Energieniveau W_3 sollte sehr breit sein, damit ein großer Anteil der Pumpleistung ausgenutzt werden kann. Die gepumpten Elektronen fallen infolge der kleinen Verweilzeit $\tau_{32} << \tau_{31}$ sehr rasch vom Energieniveau W_3 zum metastabilen Niveau W_2. Bei entsprechend hoher Pumpleistung P_P wird somit die erforderliche Besetzungsinversion $N_1 < N_2$ erreicht.

Der Nachteil des Dreiniveau-Lasers ist, daß die Inversion erst ab einer bestimmten Grundpumpleistung P_G erreichbar ist. Deshalb werden Vier- oder Mehrniveau-Laser hergestellt. Das Vierniveau-System nach Bild 3.3b verwendet nahe dem Grundzustand W_0 ein zusätzliches Niveau W_1. Die Verweilzeit der Elektronen im Energieniveau W_1 ist hinsichtlich dem Übergang von W_1 nach W_0 sehr klein ($\tau_{10} << \tau_{21}$). Das Energieniveau W_1 ist deshalb nahezu unbesetzt. Auf diese Weise wird die Besetzungsinversion $N_1 < N_2$ bereits bei sehr kleinen Pumpleistungen erreicht.

3.1.4 Laserverstärker und Laserresonator

a) Laserverstärker

Ist durch eine äußere Energiezufuhr die Besetzungsinversion $N_1 < N_2$ erreicht, so wird im Lasermedium eine einfallende Lichtwelle durch induzierte Emission verstärkt. Der Grad der Verstärkung ist dabei um so größer, je länger der zurückgelegte Weg der Lichtwelle durch das Lasermedium ist (Einweglichtverstärker). Anschaulich setzt sich das verstärkende aktive Lasermedium aus einer Reihenschaltung von vielen gleichlangen Teillichtverstärkern zusammen. Induziert zum Beispiel ein ankommendes Photon im ersten Teilverstärker ein zusätzliches Photon, so erreichen den zweiten Teilverstärker bereits zwei Photonen. Durch weitere induzierte Emissionsvorgänge resultieren hieraus vier Photonen am Ausgang des zweiten Teilverstärkers, acht Photonen am Ausgang des dritten Teilverstärkers u.s.w. (Lawineneffekt). Hierdurch erfolgt jedoch eine Verringerung der Elektronenanzahl N_2 im angeregten Energieniveau W_2. Die Verstärkung wird deshalb zunehmend kleiner und erreicht schließlich eine Sättigung.

Neben der optischen Weglänge kann die Verstärkung des Lichtes auch durch eine Erhöhung der zugeführten Pumpleistung P_P vergrößert werden. Hierbei wird die Anzahl N_2 der Elektronen im angeregten Energieniveau W_2 erhöht ($N_1 << N_2$), so daß die Lichtverstärkung erst nach einer größeren optischen Weglänge in Sättigung geht.

b) Laserresonator

Um den optischen Weg der Lichtwelle im aktiven Lasermedium zu erhöhen, wird das aktive Lasermedium in einen optischen Resonator eingebettet. Die hochreflektierenden Endflächen des Resonators (zum Beispiel Spiegel) erhöhen den effektiven Lichtweg auf ein Vielfaches der Baulänge. Die resultierende Lichtverstärkung ist infolge dieser Vielfachreflexionen im Resonator wesentlich höher als im Einweglichtverstärker.

Für den Aufbau eines Lichtoszillators, oder kurz Laser, werden statt der hochreflektierenden Endflächen teildurchlässige Endflächen zum Auskoppeln der verstärkten Lichtwelle verwendet. Das Anschwingen des Lasers erfolgt durch zufällige spontane Emissionsvorgänge. Voraussetzung für das Anschwingen ist nach Abschnitt 3.1.3 eine hinreichend große Pumpleistung $P_P > P_G$ (Selbsterregungsbedingung).

c) Laserwirkungsgrad

Die aus den teildurchlässigen Endflächen des Resonators austretende mittlere Lichtleistung P ist die Nutzleistung des Lasers. Zur Erzeugung der notwendigen Inversion wird eine Pumpleistung P_P benötigt. Der Wirkungsgrad η des Lasers ist definiert als das Verhältnis von abgegebener Lichtleistung P zur zugeführten Pumpleistung P_P, d.h.

$$\eta = \frac{P}{P_P} \,. \tag{3.11}$$

Die Wirkungsgrade variieren zwischen (0,01...0,1)% beim He-Ne-Laser, ca. 20% beim CO_2-Laser und etwa 30% beim Halbleiterlaser.

3.1.5 Spektrale Eigenschaften eines Lasers

a) Spektrale Eigenschaften des strahlenden Energieübergangs

Bisher wurde vereinfachend vorausgesetzt, daß die Energieniveaus des Atoms diskret und die jeweiligen Frequenzübergänge scharf seien (vgl. Bilder 3.1 und 3.3). Dies ist aber nicht der Fall. Die Energieniveaus sind kontinuierlich und das Leistungsdichte- oder Emissionsspektrum $L_{21}(f)$ des strahlenden Übergangs von W_2 nach W_1 besitzt eine endliche Halbwertsbreite Δf_{21} symmetrisch zur Mittenfrequenz f_{21} (Bild 3.4).

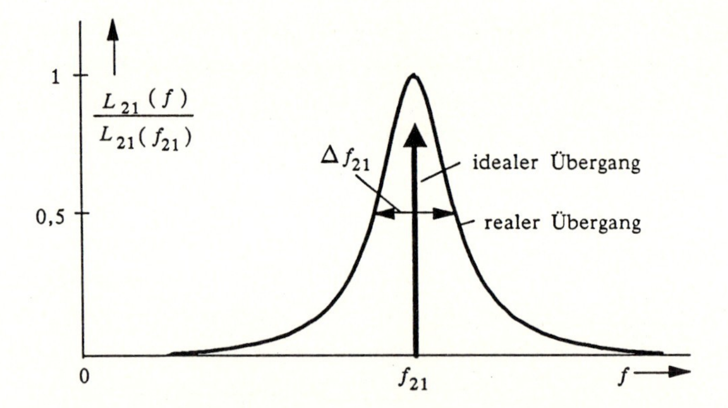

Bild 3.4: Emissionsspektrum $L_{21}(f)$ des strahlenden Energieübergangs unter idealen und realen Voraussetzungen

Ursache für die Verbreiterung des Emissionsspektrums ist zum einen die endliche Verweilzeit τ_{21} der Elektronen im angeregten Energiezustand W_2 hinsichtlich des strahlenden Übergangs vom Energieniveau W_2 zum Niveau W_1. Damit verbunden ist eine gewisse Unschärfe $\Delta W_{21} \approx h/\tau_{21}$ in der Energiedifferenz W_{21} (Unschärferelation, [168]). Diese durch die Unschärfe bedingte Verbreiterung des Emissionsspektrums wird als *natürliche* oder *homogene Linienverbreiterung* bezeichnet [168, 174]. Die Linienform des Emissionsspektrums ist hierbei durch die sogenannte Lorentzkurve

$$L_{21}(f) = \hat{E}_{21}^2 \frac{2}{\pi \Delta f_{21}} \frac{1}{1 + \left(\frac{f - f_{21}}{\Delta f_{21}/2}\right)^2} \tag{3.12}$$

mit

$$\Delta f_{21} = \frac{1}{\tau_{21}} \tag{3.13}$$

gegeben [168, 174]. $\hat{E}_{21}$ ist die elektrische Feldstärkeamplitude der emittierten Lichtwelle des strahlenden Übergangs. Die Funktion $L_{21}(f)$ ist hier als Leistungsdichtespektrum der emittierten elektrischen Lichtfeldstärke zu verstehen. Sie besitzt demnach nicht die Einheit W/Hz sondern die Einheit $(\mathrm{V/m})^2/\mathrm{Hz}$. Die Fläche unter diesem Spektrum hat unabhängig von der Linienbreite Δf_{21} den konstanten Wert $\hat{E}_{21}^2$ und ist somit identisch dem Feldstärkebetragsquadrat (direktes Maß für die Lichtleistung) der Lichtwelle $\hat{E}_{21} \cdot \exp(j2\pi f_{21} t)$.

Neben der natürlichen Linienverbreiterung gibt es eine zusätzliche inhomogene Linienverbreiterung infolge Streuungen der Energieniveaus. Ursache hierfür sind die Wechselwirkungen zwischen den Atomen in einem Atomsystem durch Druck, Stöße und Temperaturbewegung im System. In Gaslasern führt die sehr schnelle Bewegung der strahlenden Gasatome zu einem optischen Dopplereffekt und somit zu einer Streuung der Energiezustände. Das Emissionsspektrum verläuft hierbei gemäß einer Gaußkurve [168, 174]. Im resultierenden Emissionsspektrum überlagern sich die natürliche Linienverbreiterung und die Verbreiterung durch die Streuung der Energieniveaus. Den Ausschlag gibt dabei das Spektrum mit der größeren Halbwertsbreite.

Das normierte Leistungsdichtespektrum

$$g_f(f) = \frac{L_{21}(f)}{\hat{E}_{21}^2} = \frac{2}{\pi \Delta f_{21}} \frac{1}{1 + \left(\frac{f - f_{21}}{\Delta f_{21}/2}\right)^2} \tag{3.14}$$

entspricht der Wahrscheinlichkeitsdichtefunktion (WDF) der Zufallsgröße f. Die Funktion $g_f(f)$ mit der Einheit 1/Hz ist folglich ein direktes Maß für die Auftrittswahrscheinlichkeit der möglichen Frequenzen eines strahlenden Energieübergangs. Die Wahrscheinlichkeit, daß ein Photon mit einer Frequenz im Frequenzband df emittiert wird, beträgt $g_f(f)\mathrm{d}f$. Gemäß Bild 3.4 werden demnach Photonen mit einer Frequenz nahe bei der Mittenfrequenz f_{21} häufiger spontan emittiert als Photonen mit einer sehr viel höheren oder niedrigeren Frequenz. Die WDF $g_f(f)$ wird als *normierte Linienform* bezeichnet und besitzt für $\Delta f_{21}/f_{21} \ll 1$ die Eigenschaft

$$\int_0^{+\infty} g_f(f)\,\mathrm{d}f = 1. \tag{3.15}$$

b) Spektrale Eigenschaften der verstärkten Lichtwelle

Prinzipiell ist eine Verstärkung der Lichtwelle durch induzierte Emission im aktiven Lasermedium nur innerhalb des Emissionsspektrums $L_{21}(f)$ des strahlenden Übergangs möglich. Lichtwellen mit Frequenzen außerhalb dieser Kurve werden nicht verstärkt und sind somit unbedeutend für die emittierte Laserlichtwelle. Gemäß der Auftrittswahrscheinlichkeit $g_f(f)\mathrm{d}f$ für die verschiedenen Frequenzen werden im aktiven Lasermedium die Lichtwellen mit einer Frequenz um f_{21} mehr verstärkt als Lichtwellen mit einer höheren oder niedrigeren Frequenz. Deutlich wird dies, wenn wir die gesamte Lichtverstärkung entsprechend dem Abschnitt 3.1.4 wieder in einzelne, in Reihe geschaltete Teillichtverstärker aufspalten. Erreichen beispielsweise den ersten Teillichtverstärker ein Photon mit der Frequenz f_{21} und eines mit der doppelten Frequenz $2f_{21}$, und nehmen wir an, daß dieser Teilverstärker die Anzahl der Photonen mit f_{21} vervierfacht und die mit $2f_{21}$ verdoppelt, so erreichen den zweiten Teillichtverstärker vier Photonen mit der Frequenz f_{21} und zwei Photonen mit der Frequenz $2f_{21}$. Unter gleichen Voraussetzungen liefert der zweite (dritte) Verstärker bereits 16 (64) Photonen mit der Frequenz f_{21}, aber nur 4 (8) Photonen mit der doppelten Frequenz.

Als Folge dieser frequenzabhängigen Verstärkung nimmt die resultierende Verstärkungsbandbreite mit zunehmender Anzahl von Teillichtverstärkern (bzw. mit zunehmender Anzahl von Reflexionen im Laserresonator) ab. Die spektrale Bandbreite Δf_V der verstärkten Laserlichtwelle ist somit immer sehr viel schmaler als die Bandbreite Δf_{21} des Energieübergangs ($\Delta f_V \ll \Delta f_{21}$).

c) Resonatormoden

Auf Grund der räumlichen Abmessungen des Resonators (aktives Lasermedium) sind im Laserresonator nur eine bestimmte Anzahl diskreter Eigenschwingungen oder Moden ausbreitungsfähig. Diese Moden sind dadurch charakterisiert, daß sie im Resonator eine stehende Welle bilden. Andere Schwingungen sind nicht existenzfähig. Entsprechend den drei Dimensionen des Resonators sind grundsätzlich drei verschiedene, orthogonale Ausbreitungsrichtungen möglich. Bild 3.5 zeigt als ein Beispiel den prinzipiellen physikalischen Aufbau eines gewinngeführten Halbleiterlasers. Die Dicke d beträgt im allgemeinen einige Zehntel µm und die Resonatorlänge L einige 100 µm. Die Begrenzung des aktiven Lasermediums in x-Richtung erfolgt bei dieser Laserdiode durch die Stromzuführung (Energiezufuhr für die erforderliche Besetzungsinversion) über einen Streifenkontakt mit einer Breite w von einigen µm. In y-Richtung wird das aktive Lasermedium durch die n-dotierte Emitter- und p-dotierte Barrierschicht begrenzt, die einen kleineren Brechungsindex haben als die aktive Schicht.

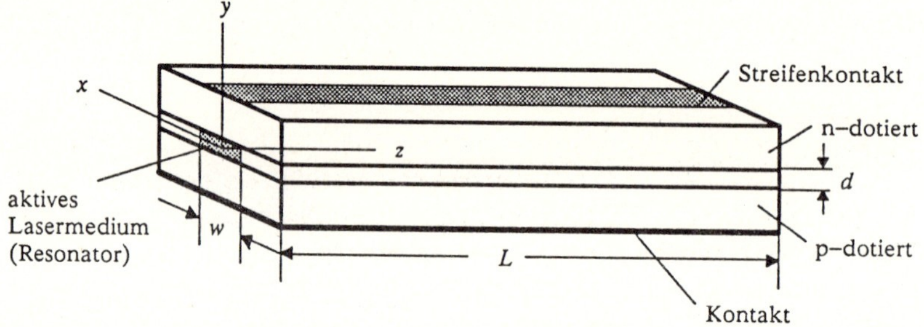

Bild 3.5: Prinzipieller physikalischer Aufbau einer gewinngeführten Halbleiterlaserdiode

Eine alternative Möglichkeit zur räumlichen Begrenzung des Resonators ist die Ausführung der aktiven Schicht als Wellenleiter. In diesem indexgeführtem Laser wird die aktive Schicht auch in x-Richtung durch einen Brechungsindexwechsel gegenüber dem äußeren Medium abgegrenzt.

Die ausbreitungsfähigen Moden in x- bzw. y-Richtung werden als laterale bzw. transversale Moden bezeichnet. Für die optische Nachrichtenübertragung sind die longitudinalen oder axialen Moden der z-Richtung von Bedeutung. Mit dem Brechungsindex n des aktiven Lasermediums und der Vakuumlichtwellenlänge λ_a des axialen Modus a, ergibt sich die Beziehung

$$2L = a\frac{\lambda_a}{n} = a\frac{c_0}{n f_a} \; . \tag{3.16}$$

Die axiale Modennummer a in dieser Gleichung entspricht der Zahl der Halbwellen in z-Richtung zwischen den Endflächen des Lasers. Die Wellenlänge λ_a bzw. die Frequenz f_a, mit der ein optischer Resonator in axialer Richtung schwingen kann, ist also wesentlich durch die axiale bzw. longitudinale Modennummer a bestimmt. Für den Frequenzabstand δf_a dieser axialen Moden erhalten wir:

$$\delta f_a = f_{a+1} - f_a = \frac{c_0}{2\,n\,L}. \tag{3.17}$$

Der Abstand zweier benachbarter axialer Eigenfrequenzen mit den Modennummern a und a+1 ist folglich konstant. Entsprechend Gleichung (3.17) wird der Frequenzabstand der axialen Moden mit steigender Resonatorlänge kleiner. Der Wellenlängenabstand

$$\delta\lambda_a = \lambda_{a+1} - \lambda_a = -\lambda_a\,\lambda_{a+1}\frac{1}{2\,n\,L} \approx \frac{\lambda_a^2}{2\,n\,L} \tag{3.18}$$

ist im Gegensatz zum Frequenzabstand nicht konstant, sondern von der Wellenlänge λ_a der axialen Mode a abhängig.

Beispiel 3.2

Ist L = 200 µm, n = 3,6 und λ_a = 1,5 µm, so beträgt der Abstand der Moden in der Wellenlänge $|\,\delta\lambda_a\,|$ = 1,56 nm. Dies entspricht einem frequenzmäßigem Abstand von 208 GHz.

d) Spektrale Eigenschaften der emittierten Laserlichtwelle

Bild 3.6 zeigt zusammenfassend das Leistungsdichtespektrum des strahlenden Übergangs sowie das der verstärkten Laserlichtwelle. Weiterhin beinhaltet Bild 3.6 die ausbreitungsfähigen Resonatormoden. Die äußere Kurve zeigt das frequenzmäßig breite Leistungsdichtespektrum $L_{21}(f)$ des strahlenden Übergangs vom angeregten Energieniveau W_2 zum niedrigeren Energieniveau W_1. Die Linienform ist nach Gleichung (3.12) eine Lorentzkurve mit der Halbwertsbreite Δf_{21}. Infolge der frequenzabhängigen Lichtverstärkung ist das Leistungsdichtespektrum $L_V(f)$ der verstärkten Lichtwelle wesentlich schmaler als das Spektrum $L_{21}(f)$ des strahlenden Übergangs ($\Delta f_V << \Delta f_{21}$).

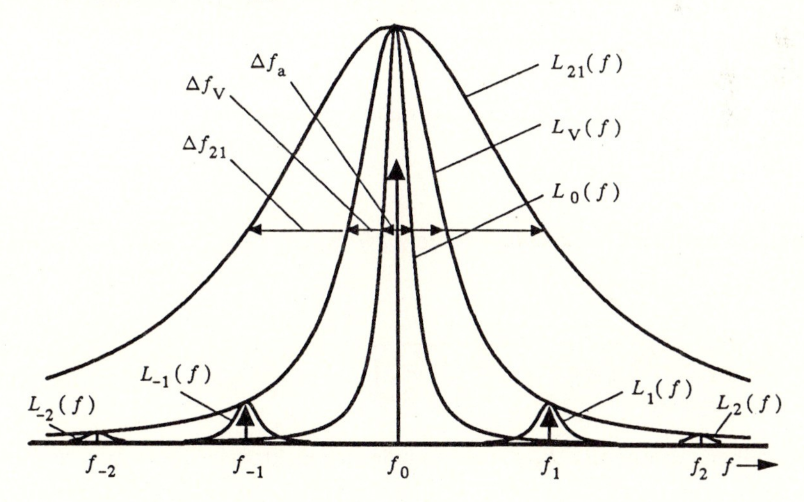

Bild 3.6: Spektrale Eigenschaften einer Laserlichtwelle

Im Frequenzbereich innerhalb des Spektrums $L_V(f)$ der verstärkten Laserlichtwelle sind infolge der definierten räumlichen Abmessungen des Resonators nur diskrete Moden ausbreitungs- bzw. existenzfähig. Ohne besondere Maßnahmen (Monomodelaser) schwingt ein Laser prinzipiell mit sehr vielen axialen und auch transversalen Moden. In Bild 3.6 sind die diskreten axialen bzw. longitudinalen Moden als Dirac-Funktionen dargestellt. Das emittierte Laserlicht ist nach Bild 3.6 also nicht monochromatisch. Infolge der spontanen Emissionsvorgänge wird den Lichtwellen der diskreten Moden ein zusätzliches regelloses Licht überlagert (Laserrauschen). Die Folge ist eine Verbreiterung der Spektrallinien der einzelnen Moden.

Die Ursache und die Entstehung des Laserrauschens, also des Laserphasenrauschens und des Laserintensitäts- bzw. Laseramplitudenrauschens, werden in den nachfolgenden Kapiteln 3.2 und 3.3 ausführlich behandelt. Es wird sich in diesem Zusammenhang zeigen, daß vor allem das Rauschen der Laserphase einen erheblichen Einfluß auf die Übertragungsqualität optischer Überlagerungssysteme hat.

Die Linienform der einzelnen Leistungsdichtespektren $L_a(f)$ der axialen Moden a ist ebenso wie die Linienform der Dichtespektren $L_{21}(f)$ und $L_V(f)$ eine Lorentzkurve (vgl. Abschnitt 3.3.4). Die zugehörige Halbwertsbreite bezeichnen wir mit Δf_a. Hinsichtlich der Größenordnung der in Bild 3.6 aufgeführten unterschiedlichen Halbwertsbreiten gilt die Relation:

$$\Delta f_a \ll \Delta f_V \ll \Delta f_{21} . \tag{3.19}$$

Beispiel 3.3

Für einen Halbleiterlaser ohne besondere technologische Maßnahmen zur Reduzierung der Linienbreite (vgl. Abschnitt 3.6) haben die oben erwähnten Halbwertsbreiten folgende typischen Werte:

$$\Delta f_a = 10^8 \text{ Hz}, \quad \Delta f_V = 10^{11} \text{ Hz} \quad \text{und} \quad \Delta f_{21} = 10^{13} \text{ Hz}.$$

Das Leistungsdichtespektrum, also das Emissionsspektrum, der emittierten Laserlichtwelle besitzt nach Bild 3.6 die mathematische Form

$$L(f) = \sum_a L_a(f) , \tag{3.20}$$

wobei die einzelnen Teildichtespektren $L_a(f)$ jeweils eine Lorentzkurve gemäß der Gleichung

$$L_a(f) = \hat{E}_a^2 \frac{2}{\pi \Delta f_a} \frac{1}{1 + \left(\frac{f - f_a}{\Delta f_a / 2} \right)^2} \tag{3.21}$$

beschreiben. Hierbei ist $\hat{E}_a$ die Amplitude der elektrische Feldstärke des axialen Modes a.

e) Monomodelaser

Die optimale Voraussetzung für optische Überlagerungssysteme sind ideal monochromatische Laser mit einer einzigen Spektrallinie der Halbwertsbreite Null (Dirac) im Emissionsspektrum. Der erste Schritt in Richtung monochromatischer Laser ist die Verwendung von Monomodelasern. Die emittierte Lichtwelle eines Monomodelasers beinhaltet im Gegensatz zum Vielmodelaser nach Bild 3.6 nur einen einzigen ausbreitungsfähigen axialen Mode. Soll ein Laser im Monomodebetrieb arbeiten, müssen die Länge des Resonators und die Lichtverstärkung bzw. die Pumpleistung P_p entsprechend klein sein.

Bild 3.7 veranschaulicht den Einfluß der Resonatorlänge und der Laserlichtverstärkung auf das Modenverhalten eines Lasers [169]. Wie dieses Bild zeigt, ist bei einer geringen Verstärkung die Selbsterregungsbedingung nur für eine einzige Frequenz erfüllt (vgl. Abschnitt 3.1.4b). Bei einer höheren Verstärkung schwingt dagegen der Laser in mehreren Moden. In einem kurzen Resonator liegen die möglichen Moden nach Gleichung (3.17) frequenzmäßig so weit auseinander, daß wiederum die Selbsterregungsbedingung nur für eine einzige Frequenz erfüllt ist. Bild 3.7 verdeutlicht auch, daß die ausbreitungsfähige Modenfrequenz f_0 des Monomodelasers nicht unbedingt mit der vom aktiven Lasermedium abhängigen Mittenfrequenz f_{21} des strahlenden Übergangs zusammenfallen muß.

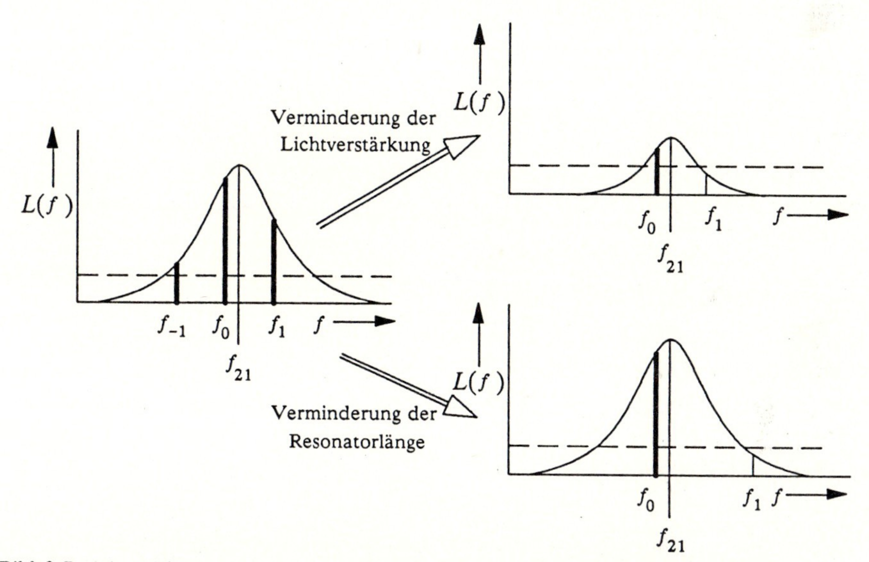

Bild 3.7: Auswirkung einer Resonatorlängen- bzw. Verstärkungsänderung im Laser

Besitzt ein Laser durch die oben beschriebenen Maßnahmen ein monomodales Verhalten, so ist dieser Laser, wegen der Linienverbreiterung infolge spontaner Emissionen aber noch nicht monochromatisch. Eine Verminderung der verbleibenden Linienbreite Δf_a ist insbesondere in kohärent-optischen Überlagerungssystemen unbedingt erforderlich. Durch geeignete Technologien (siehe Abschnitt 3.6) sind bei Halbleiterlasern Linienbreiten im kHz-Bereich erreichbar.

3.2 Ursache und Entstehung des Laserrauschens

In einem idealen Laser, d.h. in einem Laser ohne Laserrauschen, wird die abgestrahlte Lichtwelle nur durch induzierte Emission generiert. Spontane Emissionseffekte treten nicht auf. Der ideale Monomodelaser (vgl. Abschnitt 3.1.5) liefert demnach eine rein monochromatische Lichtwelle mit nur einer einzigen konstanten Lichtfrequenz $f_a \rightarrow f_0$ und einer konstanten, zeitunabhängigen Phase $\phi_a \rightarrow \phi_0$. Da in einem Monomodelaser lediglich ein Mode existiert, wird in der Nomenklatur die bisher verwendete Modennummer a als Index weggelassen und stattdessen der Index '0' als Synonym für ,,kein Laserrauschen'' eingeführt. Das Leistungsdichte- bzw Emissionspektrum $L_a(f) \rightarrow L_{E0}(f)$ der elektrischen Feldstärke $E_0(t)$ ist in diesem monochromatischen Idealfall durch eine Diracfunktion vollständig beschrieben (Bild 3.8a).

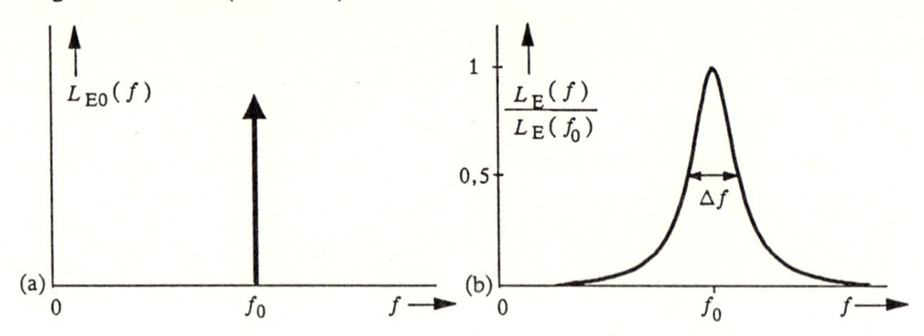

Bild 3.8: Emissionsspektrum eines (a) idealen und (b) realen Monomodelasers

Die zeitliche Abhängigkeit der elektrischen Feldstärke $E_0(t)$ des idealen Monomodelasers ist in der komplexen Darstellung durch die Schwingungsgleichung

$$\underline{E}_0(t) = \hat{E}_0 \, e^{j\phi_0} \, e^{j2\pi f_0 t} \tag{3.22}$$

gegeben. Die Ortsabhängigkeit der elektrischen Feldstärke (Polarisation, vgl. Gleichung 2.36) ist für die Beschreibung der Ursache und der Entstehung des Laserrauschens ohne Bedeutung und wird daher an dieser Stelle nicht betrachtet.

a) Ursache des Laserrauschens

Auf die Ursache des Laserrauschens bestehend aus Laserphasen- und Laserintensitäts- bzw. Laseramplitudenrauschen, wurde bereits im vorangegangenen Abschnitt 3.1 hingewiesen. Die Ursache des Laserrauschens in realen Halbleiterlasern sind die der induzierten Emission überlagerten spontanen Emissionen. In Gaslasern, welche hier nicht betrachtet werden, wird das Laserrauschen in erster Linie durch räumliche Schwankungen der Laserspiegel verursacht. Diese Schwankungen wiederum werden im wesentlichen durch äußere thermische und mechanische Störungen hervorgerufen.

Die Wirkung der spontanen Emissionen ist eine zeitabhängige Feldstärkeamplitude $|\underline{E}(t)|$ und ein zusätzlicher zeitabhängiger Phasenterm $\phi(t)$. Damit verbunden ist eine Verbreiterung des Emissionsspektrums entsprechend Bild 3.8b. Den regellosen Phasenterm $\phi(t)$ bezeichnen wir als *Laserphasenrauschen* und die zeitabhängige Feldstärkeamplitude $|\underline{E}(t)|$ als *Amplituden-* oder *Intensitätsrauschen* des Lasers. Die Entstehung des Laserrauschens, d.h. der Übergang von den spontanen Emissionen zu den zeitabhängigen, regellosen Größen $|\underline{E}(t)|$ und $\phi(t)$ ist Inhalt des folgenden Unterabschnittes. Die resultierende, durch Laserrauschen gestörte elektrische Feldstärke folgt in diesem nicht monochromatischen Realfall der Schwingungsgleichung

$$\underline{E}(t) = |\underline{E}(t)| e^{j(\phi_0 + \phi(t))} e^{j2\pi f_0 t} \tag{3.23}$$

Ein geeignetes Maß für die quantitative Beschreibung des Laserrauschens ist die bereits erwähnte Halbwerts- oder Laserlinienbreite $\Delta f_a \to \Delta f$. Ihre Definitionsgleichung lautet:

$$\boxed{L_E(f_0 \pm \Delta f/2) = 0{,}5\, L_E(f_0).} \tag{3.24}$$

b) Entstehung des Laserrauschens

Anhand eines einfachen Modells soll nun die Entstehung des Laserrauschens beschrieben werden [51 - 53]. In einem idealen Monomodelaser mit scharfem Energieübergang erzeugen entsprechend Abschnitt 3.1.1 sowohl die spontanen als auch die induzierten Emissionen ein Strahlungsfeld mit der Lichtmittenfrequenz f_0. Während jedoch bei der induzierten Emission die Phasen der generierten Lichtwellen identisch sind (phasengetreue Lichtverstärkung), sind die Phasen der spontan erzeugten Lichtwellen zufällig und miteinander völlig unkorreliert. Jeder einzelne spontane Emissionsvorgang überlagert der induzierten Grundwelle nach Gleichung (3.22) additiv eine spontane Emissionswelle mit der elektrischen Feldstärke $\underline{E}_{Si}(t) = \hat{E}_{Si} \cdot \sin(2\pi f_0 t + \phi_{Si})$

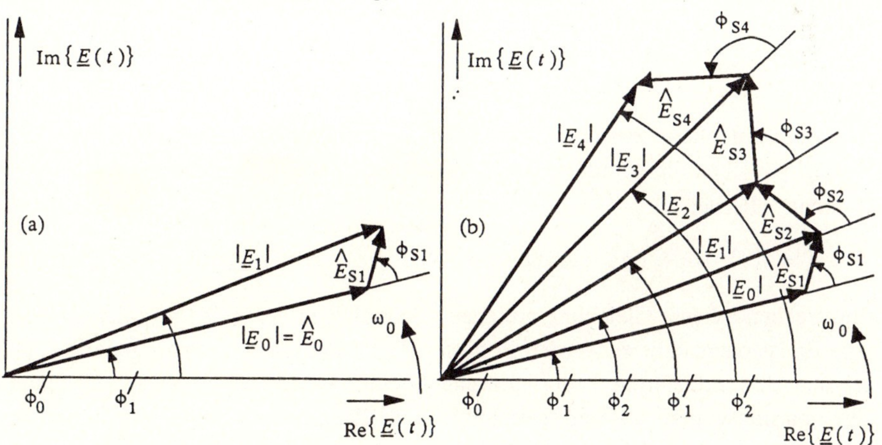

Bild 3.9: Störung der induzierten Lichtwelle durch (a) eine bzw. (b) vier spontane Emissionen (Modell für die Entstehung des Laserrauschens)

Bild 3.9a verdeutlicht diese Überlagerung anhand eines einzigen spontanen Emissionsvorganges. Dargestellt sind in der komplexen Ebene die komplexe elektrische Feldstärke $\underline{E}_0(t)$ der induzierten Grundwelle sowie die Feldstärke $\underline{E}_{S1}(t)$ der spontanen Emissionswelle. Die Phase ϕ_{S1} der spontanen Emission ist zufällig und kann mit gleicher Wahrscheinlichkeit jeden beliebigen Wert zwischen $-\pi$ und $+\pi$ annehmen. Bild 3.9b zeigt die sukzessive Zusammensetzung der resultierenden elektrischen Feldstärke $\underline{E}(t)$ aus vier aufeinanderfolgenden spontanen Emissionen. Aus den Bildern 3.9a und 3.9b geht hervor, daß die resultierende elektrische Feldstärke $\underline{E}(t)$ sowohl in der Amplitude (Amplituden- oder Intensitätsrauschen des Lasers) als auch in der Phase (Laserphasenrauschen) gestört wird. Da die spontan emittierten Lichtwellen nicht in dem Maße wie die induziert emittierten Lichtwellen im aktiven Lasermedium verstärkt werden, sind die Feldstärkeamplituden der spontanen Emission jedoch um einige Größenordnungen kleiner als die der induzierten Emission. Es gilt daher die Relation:

$$\hat{E}_{Si} \ll \hat{E}_0 ; \qquad i \in \mathrm{N} . \tag{3.25}$$

Das Amplituden- oder Intensitätsrauschen des Lasers ist daher praktisch meist vernachlässigbar ($|\underline{E}(t)| \approx \hat{E}_0$). Nicht vernachlässigen dürfen wir dagegen das Laserphasenrauschen $\phi(t)$. Gemäß Bild 3.9a erhalten wir unter Berücksichtigung der Relation (3.25) für die resultierende Laserphase ϕ_1 nach einer einzigen spontanen Emission der Ausdruck

$$\phi_1 = \phi_0 + \arctan\left(\frac{\hat{E}_{S1} \sin(\phi_{S1})}{\hat{E}_0 + \hat{E}_{S1} \cos(\phi_{S1})} \right) \approx \phi_0 + \frac{\hat{E}_{S1}}{\hat{E}_0} \sin(\phi_{S1}) . \tag{3.26}$$

Nach der I-ten spontanen Emission (vgl. Bild 3.9b) besitzt die resultierende Laserphase in guter Näherung den Wert

$$\phi_I \approx \phi_0 + \sum_{i=1}^{I} \frac{\hat{E}_{S1}}{\hat{E}_0} \sin(\phi_{Si}) \tag{3.27}$$

Den Zusammenhang zwischen der Anzahl I spontaner Emissionen und der Zeit t können wir über die spontane Emissionsrate R_S gemäß der Gleichung (3.3) bestimmen. Hierbei gilt:

$$I = I(t) = N_2(0) - N_2(t) = R_S t \qquad \text{mit } t \geq 0 . \tag{3.28}$$

Entsprechend dieser Gleichung ereignen sich während der Zeit t im Mittel I spontane Emissionen, d.h. es werden in dieser Zeit I Photonen spontan generiert. Die Störung der induzierten Laserlichtwelle beginnt entsprechend dieser Gleichung vereinbarungsgemäß ab dem Zeitpunkt $t = 0$. Zusammenfassend folgt unter Berücksichtigung der Gleichung (3.28) für die durch spontane Emissionen gestörte Laserlichtwelle der Ausdruck

$$\underline{E}(t) = \hat{E}_0 \, e^{j\phi_0} \, e^{j\phi(t)} \, e^{j2\pi f_0 t} \tag{3.29}$$

mit

$$\phi(t) = \sum_{i=1}^{I(t)} \frac{\hat{E}_{Si}}{\hat{E}_0} \sin(\phi_{Si}), \quad I(t) = R_S t \, . \tag{3.30}$$

Bild 3.10 zeigt abschließend als Ergebnis einer Rechnersimulation die Störung der induzierten Lichtwelle durch $I = 10^5$ spontane Emissionen. Dargestellt ist in der komplexen Ebene die elektrische Feldstärke $\underline{E}(t)$ der gestörten Laserlichtwelle. Das Verhältnis $\hat{E}_{Si}/\hat{E}_0$ der spontanen Feldstärkeamplitude zur Feldstärkeamplitude der induzierten Grundwelle ist hier als konstant angenommen und beträgt aus Darstellungsgründen 10^{-3}. In realisierten Halbleiterlasern ist dieses Verhältnis allerdings kleiner und liegt in der Größenordnung von 10^{-5}. Bei diesem Zahlenwert ergibt sich prinzipiell ein ähnliches Bild, nur werden bei der Rechnersimulation wesentlich mehr simulierte spontane Emissionen benötigt um eine erkennbare Störung in der induzierten Lichtwelle zu erhalten. Der Aufwand an Rechenzeit ist in diesem Fall außerordentlich hoch.

Bild 3.10: Störung der induzierten Lichtwelle durch spontane Emissionen (Simulation)

3.3 Statistische Lasereigenschaften

Im ersten Teil dieses Abschnitts werden neben den statistischen Eigenschaften des Laserphasenrauschens $\phi(t)$ (Abschnitt 3.3.1) auch die entsprechenden Eigenschaften der daraus abgeleiteten Rauschgrößen $\Delta\phi(t, \Delta T)$ (Abschnitt 3.3.2) und $d\phi(t)/dt$ (Abschnitt 3.3.3) hergeleitet. Hierbei wird der Zufallsprozeß $\Delta\phi(t, \Delta T)$ als *Phasenrauschdifferenz* und der Zufallsprozeß $d\phi(t)/dt$ als *Frequenzrauschen* des Lasers bezeichnet. Die relevanten statistischen Kenngrößen dieser Rauschprozesse sind der Erwartungswert (Mittelwert), die Varianz (Streuungsquadrat), die Wahrscheinlichkeitsdichtefunktion (WDF), die Autokorrelationsfunktion (AKF) und als Fouriertransformierte der AKF das Leistungsdichtespektrum (LDS). Von besonderer Bedeutung für die Berechnung optischer Überlagerungssysteme sind die Zufallsprozesse $\sin(\phi(t))$, $\cos(\phi(t))$ und $\exp(j\phi(t))$, also harmonische Zufallsprozesse mit dem Laserphasenrauschen als Argument, die im Abschnitt 3.3.4 ausführlich untersucht werden.

Hinsichtlich der Herleitung der statistischen Eigenschaften wird bewußt eine einfache, nachrichtentechnisch orientierte Betrachtungsweise gewählt. Die tiefergehende, laserphysikalische Betrachtung des Laserphasenrauschens ist für die in diesem Buch durchgeführte systemtheoretische Beschreibung optischer Überlagerungssysteme unzweckmäßig. Die in den folgenden Abschnitten gewonnenen Ergebnisse bezüglich der Statistik des Laserphasenrauschens und der abgeleiteten Rauschgrößen werden jeweils am Ende der einzelnen Unterabschnitte im Rahmen einer kleinen Formelsammlung zusammengefaßt. Im Hinblick auf die Berechnung optischer Überlagerungssysteme im Kapitel 5 wird sich diese Formelsammlung der Laserphasenstatistik als ein nützliches Hilfsmittel erweisen.

3.3.1 Statistik des Laserphasenrauschens

a) Erwartungswert

Ausgehend von der Gleichung (3.30) können wir für das Laserphasenrauschen $\phi(t)$ den Erwartungswert

$$E\{\phi(t)\} = \frac{1}{\hat{E}_0}\sum_{i=1}^{I(t)} E\{\hat{E}_{Si}\sin(\phi_{Si})\} = \frac{1}{\hat{E}_0}\sum_{i=1}^{I(t)} E\{\hat{E}_{Si}\}\,E\{\sin(\phi_{Si})\} = 0 \qquad (3.31)$$

bestimmen. Auf Grund der statistischen Unabhängigkeit der spontanen Emissionsphase ϕ_{Si} von der spontanen Feldstärkeamplitude $\hat{E}_{Si}$ dürfen wir entsprechend Gleichung (3.31) den Erwartungswert des Produktes (1. Gleichungsterm) in das Produkt der Erwartungswerte (2. Gleichungsterm) umwandeln. Da nun die spontane Emissionsphase ϕ_{Si} jeden beliebigen Wert zwischen $-\pi$ und $+\pi$ annehmen kann, ist die Zufallsgröße $\sin(\phi_{Si})$ symmetrisch um Null verteilt. Deshalb ist der Erwartungswert der Zufallsgröße $\sin(\phi_{Si})$ und folglich auch der Erwartungswert des Laserphasenrauschens $\phi(t)$ gleich Null.

b) Varianz

Unter Anwendung der allgemeingültigen Beziehung [126]

$$\sigma_\phi^2(t) = E\{\phi^2(t)\} - E^2\{\phi(t)\} \qquad (3.32)$$

berechnet sich die Varianz, also das Streuungsquadrat, des Phasenrauschens $\phi(t)$ zu

$$\sigma_\phi^2(t) = \frac{1}{\hat{E}_0^2} E\left\{\left[\sum_{i=1}^{I(t)} \hat{E}_{Si} \sin(\phi_{Si})\right]^2\right\} = \frac{1}{\hat{E}_0^2} \sum_{i=1}^{I(t)} \sum_{j=1}^{I(t)} E\left\{\hat{E}_{Si}\,\hat{E}_{Sj}\right\} E\left\{\sin(\phi_{Si})\sin(\phi_{Sj})\right\}$$

$$= \frac{1}{\hat{E}_0^2} \sum_{i=1}^{I(t)} E\left\{\hat{E}_{Si}^2\right\} E\left\{\sin^2(\phi_{Si})\right\} = \frac{1}{2}\,\frac{E\left\{\hat{E}_{Si}^2\right\}}{\hat{E}_0^2} R_S t = \underbrace{\frac{1}{2}\,\frac{P_{Sp}}{P_0} R_S}_{K_\phi} t = K_\phi t. \quad (3.33)$$

Der Übergang von der Doppelsumme zur Einfachsumme in Gleichung (3.33) ergibt sich aus der Tatsache, daß der Erwartungswert $E\{\sin(\phi_{Si})\sin(\phi_{Sj})\}$ für $i \neq j$ identisch Null ist. Bei der darauf folgenden Umwandlung, die schließlich zum endgültigen Ergebnis führt, wurde die Gleichung (3.28) sowie der Erwartungswert $E\{\sin^2(\phi_{Si})\} = 0{,}5$ verwendet. In der letzten Umformung der Gleichung (3.33) kennzeichnet die Größe P_{Sp} die relativ geringe mittlere Lichtleistung einer spontan generierten Lichtwelle und P_0 die wesentlich größere mittlere Lichtleistung der induzierten Grundwelle. Zwischen der Proportionalitätskonstanten K_ϕ und der Laserlinienbreite Δf (vgl. Bild 3.8 und Gleichung 3.24) besteht der Zusammenhang

$$K_\phi = 2\pi\Delta f. \quad (3.34)$$

Der Beweis für diese Beziehung erfolgt im Abschnitt 3.3.4. Physikalisch gesehen ist K_ϕ ein direktes Maß für die Stärke des Laserphasenrauschens.

Gemäß der Gleichung (3.33) ist die Varianz des Laserphasenrauschens eine zeitabhängige Größe. Das Laserphasenrauschen $\phi(t)$ ist demzufolge ein *instationärer Zufallsprozeß*. Bild 3.11 veranschaulicht diese Eigenschaft anhand dreier simulierter Musterprozesse. Betrachten wir die dargestellten Zeitverläufe zu zwei verschiedenen Zeitpunkten t_1 und $t_2 > t_1$, so wird bereits bei diesen drei Prozessen die Instationarität des Laserphasenrauschens $\phi(t)$ deutlich.

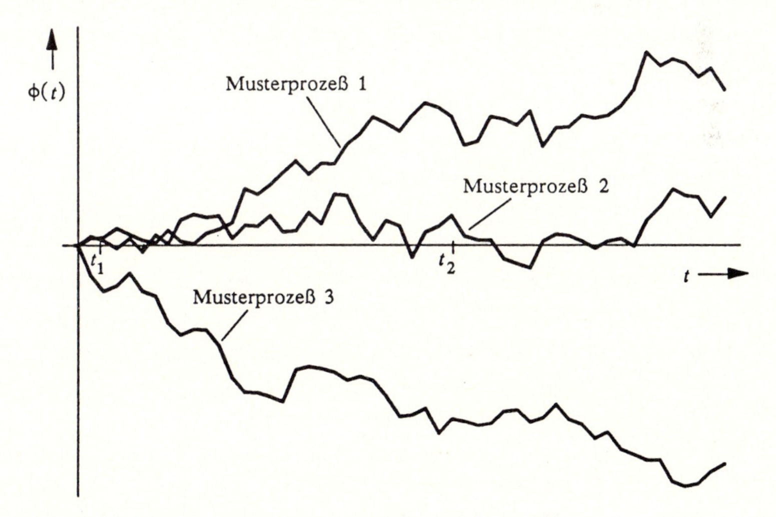

Bild 3.11: Typische Musterprozesse des Laserphasenrauschens $\phi(t)$

c) Wahrscheinlichkeitsdichtefunktion (WDF)

Das Laserphasenrauschen $\phi(t)$ entsteht nach Gleichung (3.30) formal aus einer Summe von Sinustermen mit den spontanen Laserphasen ϕ_{Si} als Argument. Diese sind nach Abschnitt 3.2 statistisch voneinander unabhängig und zwischen $-\pi$ und π gleichverteilt. Infolge der Nichtlinearität der Sinusfunktion besitzt die Zufallsgröße $\sin(\phi_{Si})$ eine andere, nicht mehr gleichförmige WDF, die im Abschnitt 3.3.4 berechnet wird.

Die Summenbildung nach Gleichung (3.30) ist durch zwei charakteristische Eigenschaften gekennzeichnet. Die erste Eigenschaft dieser Summe ist die sehr große Anzahl von Summengliedern. Für eine typische spontane Emissionsrate $R_s = 10^{12}\,s^{-1}$ beinhaltet diese Summe beispielsweise nach $t = 1$ ns bereits 1000 Summenglieder. Die zweite charakteristische Eigenschaft ist die Unabhängigkeit der einzelnen Summenglieder $\sin(\phi_{Si})$ aufgrund der statistischen Unabhängigkeit der spontanen Phasen ϕ_{Si}. Die beiden aufgeführten Eigenschaften dieser Summe bilden die Voraussetzungen für die Anwendung des zentralen Grenzwertsatzes der Statistik [126]. Dieser besagt, daß die resultierende WDF einer Summe in sehr guter Näherung gaußförmig ist, wenn die Summe aus einer großen Anzahl statistisch (nahezu) unabhängiger ähnlicher Zufallsgrößen gebildet wird. Angewandt auf das Laserphasenrauschen $\phi(t)$ folgt, daß es sich bei dieser Rauschgröße um einen *gaußverteilten Zufallsprozeß* handelt. Unter Berücksichtigung der Gleichungen (3.31), (3.33) und (3.34) erhalten wir somit für die zugehörige WDF den Ausdruck

$$f_\phi(\phi, t) = \frac{1}{2\pi\sqrt{\Delta f\, t}} \exp\left(-\frac{\phi^2}{4\pi\Delta f t}\right) \quad \text{mit } t \geq 0 . \tag{3.35}$$

Die WDF $f_\phi(\phi, t)$ des Laserphasenrauschens $\phi(t)$ ist wegen der zeitabhängigen Varianz $\sigma_\phi^2(t)$ ebenfalls eine Funktion der Zeit. Da die Varianz $\sigma_\phi^2(t)$ des Laserphasenrauschens mit zunehmender Zeit ansteigt (siehe Gleichung 3.33), wird folglich die gaußförmige WDF $f_\phi(\phi, t)$ mit steigender Zeit flacher und breiter.

Bild 3.12 veranschaulicht die Entstehung der gaußförmigen WDF des Laserphasenrauschens am Beispiel sechs aufeinander folgender spontaner Emissionen. Die dargestellten Dichtefunktionen beinhalten eine Normierung auf das als konstant angenommene Feldstärkeverhältnis $\hat{E}_{Si}/\hat{E}_0$. Hierdurch ist die dargestellte WDF $f_\phi(\phi, I(t))$ nach der ersten spontanen Emission ($I = 1$) identisch der WDF der Zufallsgröße $\phi_1 = \sin(\phi_{S1})$ (vgl. Gleichung 3.30). Diese ist auf $|\phi_1| \leq 1$ beschränkt und wegen der Nichtlinearität der Sinusfunktion keine Gaußverteilung. Alle anderen Dichtefunktionen ($I = 2$ bis $I = 6$) entstehen aus sukzessiver Faltung mit dieser „Start-WDF" für $I = 1$. Die Faltung der einzelnen Dichtefunktionen ist erlaubt, da es sich bei den zugehörigen additiv verknüpften Zufallsgrößen $\sin(\phi_{Si})$ um statistisch unabhängige Größen handelt. Eine anschauliche Herleitung der nicht-gaußförmigen „Start-WDF" erfolgt im Abschnitt 3.3.4. Bild 3.12 verdeutlicht, daß bereits nach nur sechs spontanen Emissionen die resultierende WDF nahezu gaußförmig ist und in sehr guter Näherung dem Verlauf nach Gleichung (3.35) entspricht.

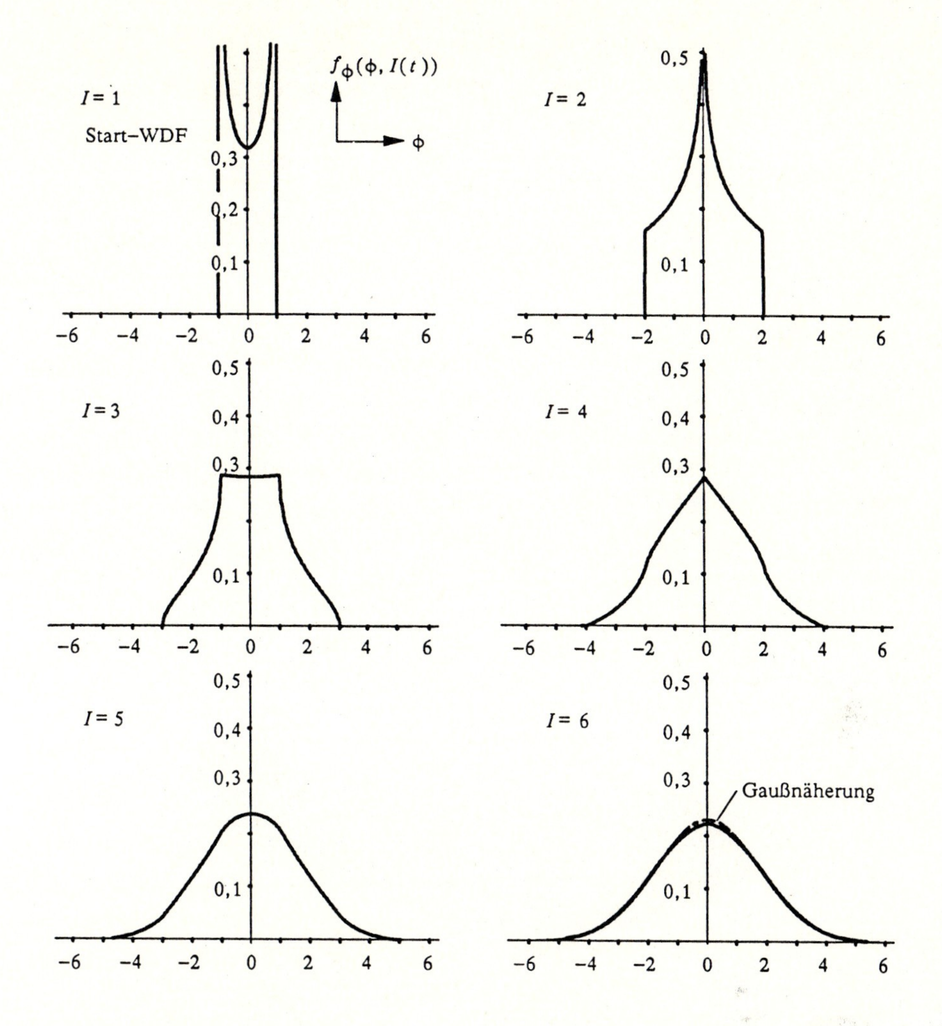

Bild 3.12: Wahrscheinlichkeitsdichtefunktion $f_\phi(\phi, I(t))$ des Laserphasenrauschens ϕ (normiert auf $\hat{E}_{si} / \hat{E}_0$) nach $I = R_S t$ spontanen Emissionen. Für die Gaußnäherung (strichlierte Kurve bei I = 6) wurde die Gleichung (3.35) mit $\sigma_\phi^2 = 2\pi\Delta f t = 0{,}5 R_S t = I/2 = 3$ verwendet

d) Autokorrelationsfunktion (AKF)

Infolge der Instationarität des Laserphasenrauschens ist die zugehörige AKF

$$l_\phi(t_1, t_2) = \mathrm{E}\{\phi(t_1)\,\phi(t_2)\} = 2\pi\Delta f \min(t_1, t_2); \qquad t_1,\ t_2 \geq 0 \qquad (3.36)$$

eine zweidimensionale Funktion von t_1 und t_2 (Bild 3.13). Sie kann nicht wie bei stationären Zufallsprozessen als eine eindimensionale Funktion hinsichtlich der Zeitdifferenz $\tau = |t_1 - t_2|$ dargestellt werden.

Beweis

Für $t_1 \leq t_2$ läßt sich der Erwartungswert von Gleichung (3.36) wie folgt umformen:

$$\begin{aligned} E\{\phi(t_1)\,\phi(t_2)\} &= E\{\phi(t_1)\,[\phi(t_2)-\phi(t_1)] + \phi^2(t_1)\} \\ &= E\{\phi(t_1)\,[\phi(t_2)-\phi(t_1)]\} + E\{\phi^2(t_1)\} \\ &= E\{\phi^2(t_1)\} = \sigma_\phi^2(t_1) = 2\pi\Delta f t_1\,. \qquad t_1 \leq t_2 \end{aligned} \tag{3.37}$$

Hierbei ist berücksichtigt, daß die einzelnen spontanen Emissionen statistisch voneinander unabhängig sind. Folglich ist die Phasendifferenz $\phi(t_2) - \phi(t_1)$ in Gleichung (3.37) unabhängig vom zeitlich vorangegangenem Phasenwert $\phi(t_1)$. Der Erwartungswert des Produktes in der zweiten Zeile von Gleichung (3.37) ist somit Null. Das Vertauschen der Zeitvariablen t_1 und t_2 ($t_1 \rightarrow t_2$, $t_2 \rightarrow t_1$) in Gleichung (3.37) liefert den Beweis der AKF $l_\phi(t_1, t_2)$ für $t_2 \leq t_1$.

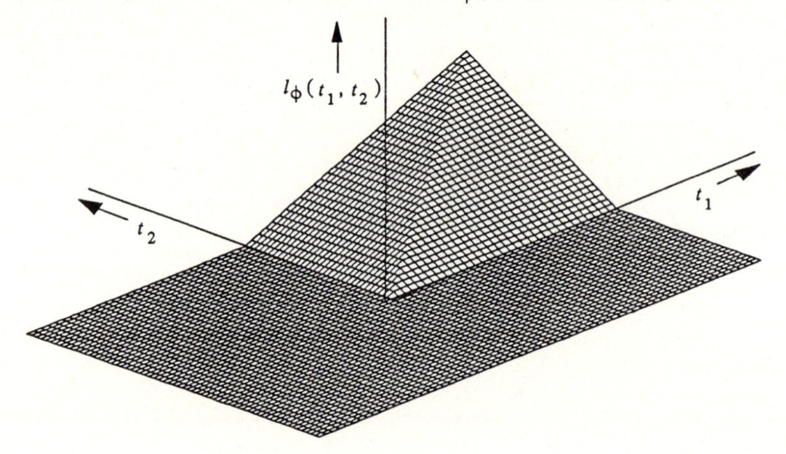

Bild 3.13: Autokorrelationsfunktion $l_\phi(t_1, t_2)$ des instationären Laserphasenrauschens $\phi(t)$.

e) Leistungsdichtespektrum (LDS)

Das Leistungsdichtespektrum $\underline{L}_\phi(f_1, f_2)$ des instationären Laserphasenrauschens $\phi(t)$ ist eine komplexe Größe und folgt aus der reellen AKF $l_\phi(t_1, t_2)$ durch zweidimensionale Fouriertransformation:

$$\underline{L}_\phi(f_1, f_2) \bullet\!\!-\!\!\circ\; l_\phi(t_1, t_2) \tag{3.38}$$

$$\underline{L}_\phi(f_1, f_2) = \int_{-\infty}^{+\infty}\int_{-\infty}^{+\infty} l_\phi(t_1, t_2)\, e^{-j2\pi f_1 t_1}\, e^{-j2\pi f_2 t_2}\, dt_1 dt_2$$

$$= \frac{\Delta f}{4\pi}\left[\frac{2}{f_1^2+f_2^2}\,\delta(f_1+f_2) - \frac{1}{f_2^2}\,\delta(f_1) - \frac{1}{f_1^2}\,\delta(f_2)\right] + j\frac{\Delta f}{4\pi}\,\frac{1}{f_1 f_2 (f_1+f_2)}\,.$$

Bild 3.14 zeigt den Verlauf von Real- und Imaginärteil des komplexen zweidimensionalen LDS $\underline{L}_\phi(f_1, f_2)$. Es wird deutlich, daß mit steigender Frequenz die Leistungsdichte des Laserphasenrauschens sehr rasch abfällt. Demnach besteht beim Laserphasenrauschen eine deutliche Dominanz der tiefen Frequenzen. Infolge des $1/f^2$-Abfalls und des Pols im Ursprung (siehe Gleichung 3.38) ist jedoch die Definition einer Rauschbandbreite weder über eine 3-dB-Grenze (Halbwertsbreite) noch über einen volumengleichen Zylinder oder Würfel möglich.

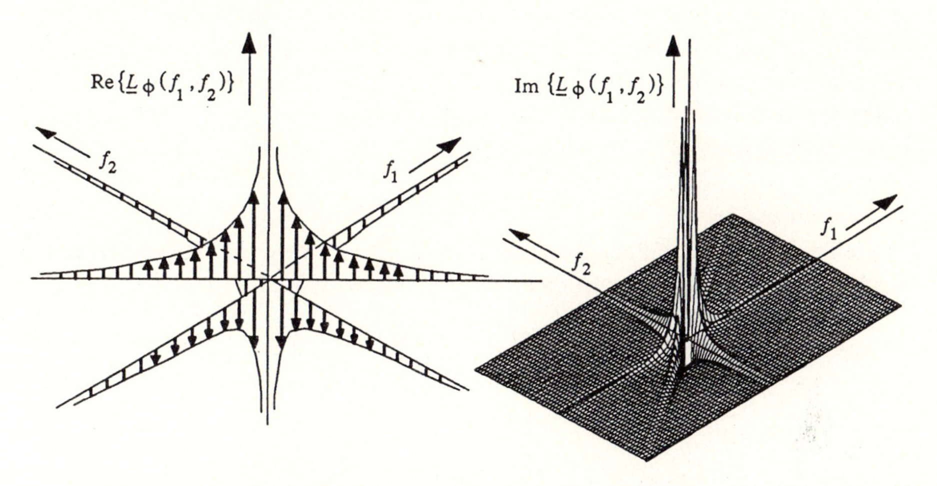

Bild 3.14: Komplexes Leistungsdichtespektrum $\underline{L}_\phi(f_1, f_2)$ des instationären Laserphasenrauschens $\phi(t)$

f) Zusammenfassung

Statistische Eigenschaften des Laserphasenrauschens $\phi(t)$:

1. instationär
2. Erwartungswert: $E\{\phi(t)\} = 0$,
3. Varianz: $\sigma_\phi^2(t) = 2\pi\Delta f t$ mit $t \geq 0$,
4. WDF: $f_\phi(\phi, t) = \frac{1}{2\pi\sqrt{\Delta f t}} \exp\left(-\frac{\phi^2}{4\pi\Delta f t}\right)$ mit $t \geq 0$,
5. AKF: $l_\phi(t_1, t_2) = 2\pi\Delta f \min(t_1, t_2)$ mit $t_1, t_2 \geq 0$,
6. LDS: $\underline{L}_\phi(f_1, f_2) \bullet\!\!-\!\!\circ\; l_\phi(t_1, t_2)$.

Anmerkung: Die statistischen Eigenschaften des Laserphasenrauschens sind identisch den statistischen Eigenschaften der *Brownschen Bewegung* von Molekularteilchen [126].

3.3.2 Statistik der Phasenrauschdifferenz

Der durch die Differenzbildung

$$\Delta\phi(t, \Delta T) = \phi(t+\Delta T) - \phi(t) \tag{3.39}$$

definierte Zufallsprozeß wird als Phasenrauschdifferenz bezeichnet. Es handelt sich hierbei um eine rein formale Rauschgröße und nicht um eine neue, zusätzliche Systemstörung. Die Größe ΔT kennzeichnet hierbei eine beliebige Zeitdifferenz. Kenntnisse über die statistischen Eigenschaften der Phasenrauschdifferenz $\Delta\phi(t, \Delta T)$ sind insbesondere für die Herleitung der statistischen Kenngrößen des Laserfrequenzrauschens $d\phi(t)/dt$ (Abschnitt 3.3.3) und für die Berechnung optischer DPSK-Überlagerungssysteme (Abschnitt 5.3.3) von Bedeutung.

a) Erwartungswert

Die Phasenrauschdifferenz $\Delta\phi(t, \Delta T)$ besitzt ebenso wie das mittelwertfreie Laserphasenrauschen $\phi(t)$ einen Erwartungswert identisch Null:

$$\mathrm{E}\{\Delta\phi(t, \Delta T)\} = \mathrm{E}\{\phi(t+\Delta T)\} - \mathrm{E}\{\phi(t)\} = 0. \tag{3.40}$$

b) Varianz

Unter Berücksichtigung der Gleichungen (3.33) und (3.36) berechnet sich die Varianz (Streuungsquadrat) der Phasenrauschdifferenz $\Delta\phi(t, \Delta T)$ zu

$$\begin{aligned} \sigma^2_{\Delta\phi} &= \mathrm{E}\{[\phi(t+\Delta T) - \phi(t)]^2\} \\ &= \mathrm{E}\{\phi^2(t+\Delta T)\} - 2\mathrm{E}\{\phi(t+\Delta T)\,\phi(t)\} + \mathrm{E}\{\phi^2(t)\} \\ &= 2\pi\Delta f\left[(t+\Delta T) - 2\min(t+\Delta T,\ t) + t\right] = 2\pi\Delta f|\Delta T|. \end{aligned} \tag{3.41}$$

Im Gegensatz zur Varianz des Phasenrauschens $\phi(t)$ (vgl. Gleichung 3.33) ist die Varianz der Phasenrauschdifferenz $\Delta\phi(t, \Delta T)$ keine Funktion der Zeit t, sondern lediglich von der Zeitdifferenz ΔT abhängig. Da die Angabe eines Phasenwertes streng genommen immer der Angabe einer Phasendifferenz entspricht (absolute Phasenwerte gibt es nicht), ist letztendlich auch das Laserphasenrauschen $\phi(t)$ eine Phasenrauschdifferenz, welche in diesem Fall immer auf die Referenzphase $\phi(0)$ zum Zeitpunkt $t = 0$ bezogen ist. Die eigentliche Zeitvariable ist also hier die Zeitdifferenz ΔT. Es gilt demnach der einfache Zusammenhang:

$$\phi(t) = \phi(t) - \phi(0) = \Delta\phi(0, t). \tag{3.42}$$

c) Wahrscheinlichkeitsdichtefunktion (WDF)

In Abschnitt 3.3.1 wurde für das Phasenrauschen $\phi(t)$ eine gaußverteilte WDF ermittelt. Demzufolge ist auch die Phasenrauschdifferenz $\Delta\phi(t, \Delta T)$ als lineare

Kombination zweier Phasenwerte ein *gaußverteilter Zufallsprozeß*. Die zugehörige WDF lautet:

$$f_{\Delta\phi}(\Delta\phi) = \frac{1}{2\pi\sqrt{\Delta f |\Delta T|}} \exp\left(-\frac{\Delta\phi^2}{4\pi\Delta f |\Delta T|}\right). \tag{3.43}$$

Der Vergleich mit Gleichung (3.35) verdeutlicht auch hier wieder den engen Zusammenhang zwischen der Phasenrauschdifferenz $\Delta\phi(t, \Delta T)$ und dem Laserphasenrauschen $\phi(t)$.

d) Autokorrelationsfunktion (AKF)

Die AKF der Phasenrauschdifferenz $\Delta\phi(t, \Delta T)$ berechnet sich gemäß der Gleichung

$$\begin{aligned} l_{\Delta\phi}(t_1, t_2) &= \mathrm{E}\{\Delta\phi(t_1, \Delta T)\,\Delta\phi(t_2, \Delta T)\} \\ &= 2\pi\Delta f \begin{cases} |\Delta T| - |\tau| & \text{für } |\tau| = |t_2 - t_1| \leq \Delta T \\ 0 & \text{für } |\tau| \quad > \Delta T \end{cases} \\ &= l_{\Delta\phi}(\tau) = l_{\Delta\phi}(-\tau). \end{aligned} \tag{3.44}$$

Beweis

Unter Verwendung der Gleichungen (3.36) und (3.39) und unter Berücksichtigung der Linearität der Erwartungswertbildung kann man den Erwartungswert in Gleichung (3.44) zunächst auf die Form

$$\begin{aligned} l_{\Delta\phi}(t_1, t_2) &= \mathrm{E}\{[\phi(t_1+\Delta T) - \phi(t_1)][\phi(t_2+\Delta T) - \phi(t_2)]\} \\ &= 2\pi\Delta f\,[\min(t_1+\Delta T, t_2+\Delta T) - \min(t_1+\Delta T, t_2) \\ &\quad - \min(t_2+\Delta T, t_1) + \min(t_1, t_2)] \end{aligned} \tag{3.45}$$

bringen. Für die weitere Beweisführung sind nun im einzelnen alle möglichen Größenverhältnisse bzw. Relationen zwischen den vorkommenden Zeitpunkten t_1, $t_1 + \Delta T$, t_2 und $t_2 + \Delta T$ zu berücksichtigen (Fallunterscheidungen). Die Auswertung der Gleichung (3.45) in Bezug auf alle vorkommenden Fälle liefert schließlich als Ergebnis die AKF $l_{\Delta\phi}(t_1, t_2)$ gemäß Gleichung (3.44).

Im Gegensatz zur AKF $l_\phi(t_1, t_2)$ des instationären Phasenrauschens $\phi(t)$ ist die AKF $l_{\Delta\phi}(t_1, t_2) = l_{\Delta\phi}(t_2 - t_1) = l_{\Delta\phi}(\tau)$ der Phasenrauschdifferenz $\Delta\phi(t, \Delta T)$ nur noch von der Zeitdifferenz $\tau = |t_2 - t_1|$ abhängig und somit als eine eindimensionale Funktion von τ darstellbar. Die Phasenrauschdifferenz $\Delta\phi(t, \Delta T)$ ist folglich ein *stationärer Zufallsprozeß*. Bild 3.15a zeigt den typischen dreieckförmigen Verlauf der AKF $l_{\Delta\phi}(\tau)$.

e) Leistungsdichtespektrum (LDS)

Wegen der Stationarität der Phasenrauschdifferenz $\Delta\phi(t, \Delta T)$ erhalten wir das zugehörige LDS $L_{\Delta\phi}(f)$ aus der eindimensionalen Fouriertransformation der AKF $l_{\Delta\phi}(\tau)$:

$$L_{\Delta\phi}(f) \quad \bullet\!\!-\!\!\circ \quad l_{\Delta\phi}(\tau)$$

$$L_{\Delta\phi}(f) = 2\pi\,\Delta f \Delta T^2\,\mathrm{si}^2(\pi f \Delta T). \tag{3.46}$$

Bild 3.15b zeigt den Verlauf des LDS $L_{\Delta\phi}(f)$. Es wird deutlich, daß auch bei der Phasenrauschdifferenz eine ausgeprägte Dominanz bei den tiefen Frequenzen vorhanden ist.

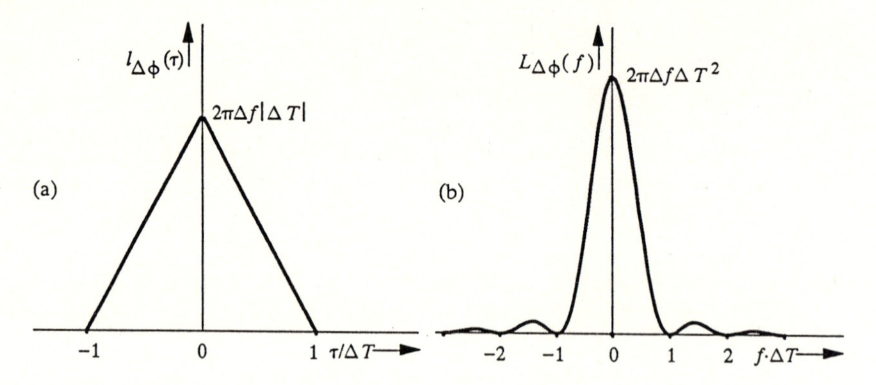

Bild 3.15: Autokorrelationsfunktion $l_{\Delta\phi}(\tau)$ (a) und Leistungsdichtespektrum $L_{\Delta\phi}(f)$ (b) der Phasenrauschdifferenz $\Delta\phi(t, \Delta T)$

f) Zusammenfassung

Statistische Eigenschaften der Phasenrauschdifferenz

$$\Delta\phi(t, \Delta T) = \phi(t+\Delta T) - \phi(t):$$

1. stationär
2. Erwartungswert: $E\{\Delta\phi\} = 0,$
3. Varianz: $\sigma^2_{\Delta\phi} = 2\pi\,\Delta f|\Delta T|,$
4. WDF: $f_{\Delta\phi}(\Delta\phi) = \dfrac{1}{2\pi\sqrt{\Delta f|\Delta T|}}\exp\left(-\dfrac{\Delta\phi^2}{4\pi\Delta f|\Delta T|}\right),$
5. AKF: $l_{\Delta\phi}(\tau) = 2\pi\,\Delta f\begin{cases} |\Delta T| - |\tau| & \text{für } |\tau| \le T, \\ 0 & \text{für } |\tau| > T, \end{cases}$
6. LDS: $L_{\Delta\phi}(f) = 2\pi\,\Delta f \Delta T^2\,\mathrm{si}^2(\pi f \Delta T).$

Anmerkung: Die statistische Unabhängigkeit zweier zeitlich nicht überlappender Phasendifferenzen $\Delta\phi(t, \Delta T)$ und $\Delta\phi(t + \Delta T, \Delta T)$ erweist sich als sehr vorteilhaft für die Rechnersimulation des instationären Laserphasenrauschens $\phi(t)$. Ausgehend von einer Startphase (z.B.: $\phi(0) = 0$) erhält man nämlich im diskreten Zeitraster ΔT die folgenden Phasenwerte $\phi(\mathrm{n}\Delta T)$ durch einfache fortgesetzte Addition gaußverteilter unabhängiger Phasendifferenzen, also $\phi((\mathrm{n}+1)\Delta T) = \phi(\mathrm{n}\Delta T) + \Delta\phi(\mathrm{n}\Delta T, \Delta T)$. Anwendung findet dieses Verfahren zum Beispiel bei der Simulation optischer Überlagerungssysteme am Rechner [85]. So wurden u.a. die im Kapitel 6 dargestellten Augenmuster und verschiedene im Kapitel 5 dargestellte Dichtefunktionen mit dieser Methode erstellt.

3.3.3 Statistik des Laserfrequenzrauschens

Als Frequenzrauschen eines Lasers wird im folgenden die zeitliche Ableitung $\mathrm{d}\phi(t)/\mathrm{d}t = \dot{\phi}(t)$ des Laserphasenrauschens bezeichnet. Da die Ableitung über den Differentialquotienten $\Delta\phi(t, \Delta T)/\Delta T$ mit $\Delta T \rightarrow 0$ definiert ist, folgt aus der Stationarität der Phasenrauschdifferenz $\Delta\phi(t, \Delta T)$ direkt die Stationarität des Frequenzrauschens. Das Frequenzrauschen $\dot{\phi}(t)$ ist also ebenfalls ein *stationärer Zufallsprozeß*. Die spontanen Emissionen als Ursache für das Laserphasenrauschen $\phi(t)$ im Halbleiterlaser sind auch für das Laserfrequenzrauschen $\dot{\phi}(t)$ verantwortlich. Langsame Schwankungen der Lasermittenfrequenz f_0 infolge Temperatur- und Stromschwankungen sind somit nicht im Frequenzrauschen $\dot{\phi}(t)$ beinhaltet. Es wird in diesem Buch vorausgesetzt, daß die Mittenfrequenz f_0 durch geeignete regelungstechnische Maßnahmen hinreichend stabil ist [27].

a) Erwartungswert

Auf Grund der Tatsache, daß die zeitliche Ableitung $\mathrm{d}\phi(t)/\mathrm{d}t$ eine lineare Operation ist, folgt aus der mittelwertfreien Phasenrauschdifferenz $\Delta\phi(t, \Delta T)$ ein ebenfalls mittelwertfreies Frequenzrauschen $\dot{\phi}(t)$; d.h.:

$$\mathrm{E}\{\dot{\phi}(t)\} = 0 . \tag{3.47}$$

b) Varianz

Eine direkte Berechnung der Varianz über die Erwartungswertbildung in Analogie zu den Gleichungen (3.33) und (3.41) ist beim Frequenzrauschen nicht möglich. Eine geeignete Alternative ist die Ermittlung der Varianz über die Fläche unterhalb des LDS $L_{\dot{\phi}}(f)$ des Frequenzrauschens $\dot{\phi}(t)$. Da diese Fläche jedoch unbegrenzt ist (siehe e), folgt für die Varianz:

$$\sigma_{\dot{\phi}}^2 \rightarrow \infty . \tag{3.48}$$

c) Wahrscheinlichkeitsdichtefunktion (WDF)

Aus der gaußförmigen WDF der Phasenrauschdifferenz und dem linearen Zusammenhang zwischen der Phasenrauschdifferenz und dem Frequenzrauschen folgt, daß das Frequenzrauschen ebenfalls ein gaußverteilter Zufallsprozeß ist. Da jedoch die Varianz entsprechend der Beziehung (3.48) unendlich groß ist, ist eine formelmäßige, explizite Darstellung der WDF nicht sinnvoll.

d) Autokorrelationsfunktion (AKF)

Die AKF $l_{\dot{\phi}}(\tau)$ als auch das LDS $L_{\dot{\phi}}(f)$ (siehe e) des Frequenzrauschens $\dot{\phi}(t)$ können prinzipiell direkt aus den entsprechenden statistischen Eigenschaften des Laserphasenrauschens $\phi(t)$ ermittelt werden. Wegen der Instationarität des Laserphasenrauschens $\phi(t)$ gestaltet sich dieser Weg jedoch äußerst umfangreich und schwierig. Wesentlich einfacher wird dagegen die Herleitung der AKF und des LDS, wenn wir anstatt vom Phasenrauschen $\phi(t)$ von der Phasenrauschdifferenz $\Delta\phi(t, \Delta T)$ ausgehen. Darüber hinaus ist es rechnerisch von Vorteil, die Berechnung des LDS der Berechnung der AKF vorzuziehen. Für die AKF $l_{\dot{\phi}}(\tau)$ folgt daraus als Fourierrücktransformierte des LDS $L_{\dot{\phi}}(f)$ die Diracfunktion (Bild 3.16a)

$$l_{\dot{\phi}}(\tau) = \mathrm{E}\{\dot{\phi}(t)\,\dot{\phi}(t+\tau)\} = 2\pi\Delta f\,\delta(\tau) \circ\!\!-\!\!\bullet\ L_{\dot{\phi}}(f)\,. \tag{3.49}$$

e) Leistungsdichtespektrum (LDS)

Für das LDS $L_{\dot{\phi}}(f)$ (Bild 3.16b) des Frequenzrauschens $\dot{\phi}(t)$ gilt die Gleichung

$$L_{\dot{\phi}}(f) = 2\pi\Delta f\,. \tag{3.50}$$

Das Frequenzrauschen ist folglich ein *weißes Rauschen*, welches alle Frequenzanteile gleichermaßen beinhaltet.

Beweis

Ausgehend von der Gleichung

$$\Delta\dot{\phi}(t,\Delta T)\,\Delta\dot{\phi}(t+\tau,\Delta T) = \big(\dot{\phi}(t+\Delta T)-\dot{\phi}(t)\big)\big(\dot{\phi}(t+\tau+\Delta T)-\dot{\phi}(t+\tau)\big) \tag{3.51}$$

folgt nach Erwartungswertbildung beider Gleichungsseiten die Fourier-Zuordnung

$$\begin{array}{ccccccc} l_{\Delta\dot{\phi}}(\tau) & = & 2\,l_{\dot{\phi}}(\tau) & - & l_{\dot{\phi}}(\tau+\Delta T) & - & l_{\dot{\phi}}(\tau-\Delta T) \\ \circ\!\!|\!\!\bullet & & \circ\!\!|\!\!\bullet & & \circ\!\!|\!\!\bullet & & \circ\!\!|\!\!\bullet \\ |\mathrm{j}2\pi f|^2 L_{\Delta\phi}(f) & = & 2\,L_{\dot{\phi}}(f) & - & L_{\dot{\phi}}(f)\,\mathrm{e}^{\mathrm{j}2\pi f\Delta T} & - & L_{\dot{\phi}}(f)\,\mathrm{e}^{-\mathrm{j}2\pi f\Delta T} \end{array} \tag{3.52}$$

Der Term $\mathrm{j}2\pi f$ innerhalb der Betragsstriche auf der linken Gleichungsseite des LDS entspricht der Übertragungsfunktion eines Differenzierers, der den Zufallsprozeß $\Delta\phi(t, \Delta T)$ in den differenzierten Prozeß $\Delta\dot{\phi}(t)$ überführt. Nach einigen mathematischen Umformungen und Einsetzen von $L_{\Delta\phi}(f)$ nach Gleichung (3.46) folgt hieraus für das LDS $L_{\dot{\phi}}(f)$ schließlich der Ausdruck gemäß Gleichung (3.50).

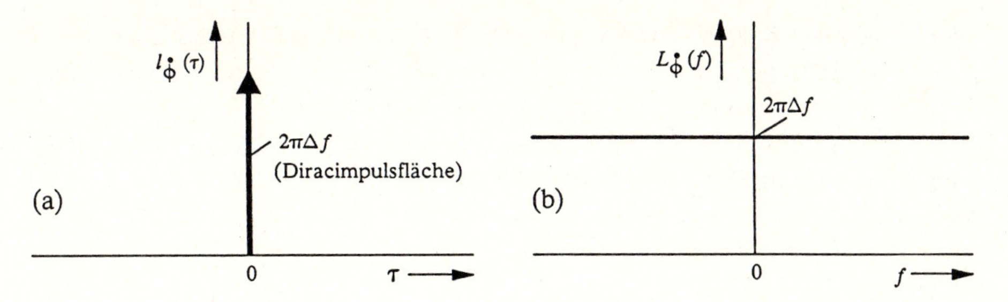

Bild 3.16: Autokorrelationsfunktion $l_{\dot\phi}(\tau)$ (a) und Leistungsdichtespektrum $L_{\dot\phi}(f)$ (b) des Frequenzrauschens $\dot\phi(t)$

Vergleichen wir das Leistungsdichtespektrum des Frequenzrauschens $\dot\phi(t)$ und das des Phasenrauschens $\phi(t)$ (Bild 3.16b und Bild 3.14), so erkennen wir eine zunächst überraschende charakteristische Eigenschaft des Laserrauschens: Obwohl beim Laserfrequenzrauschen $\dot\phi(t)$ alle Frequenzanteile gleich stark vertreten sind (weißes Rauschen), besitzt das Laserphasenrauschen $\phi(t)$ eine deutliche Dominanz bei den tiefen Frequenzen (niederfrequentes farbiges Rauschen). Ursache hierfür ist der integrale Zusammenhang

$$\phi(t) = \int_0^t \dot\phi(\tau)\,\mathrm{d}\tau \tag{3.53}$$

zwischen Frequenz- und Phasenrauschen, der hinsichtlich des Frequenzrauschens einem Tiefpaßverhalten gleichkommt. Die hohen Frequenzanteile des Frequenzrauschens $\dot\phi(t)$ werden also gesperrt und die tiefen Frequenzanteile durchgelassen. Nach Gleichung (3.53) entsteht das Phasenrauschen aus einer Integration über ein weißes Rauschen und entspricht somit der bereits im Abschnitt 3.3.2 beschriebenen sukzessiven Addition statistisch unabhängiger gaußverteilter Phasendifferenzen.

f) Zusammenfassung

Statistische Eigenschaften des Frequenzrauschens $\dot\phi(t)$:		
1.	stationär und weiß	
2.	Erwartungswert:	$E\{\dot\phi\} = 0$,
3.	Varianz:	$\sigma^2_{\dot\phi} \to \infty$,
4.	WDF:	gaußverteilt,
5.	AKF:	$l_{\dot\phi}(\tau) = 2\pi\Delta f\,\delta(\tau)$,
6.	LDS:	$L_{\dot\phi}(f) = 2\pi\Delta f$.

3.3.4 Statistik von harmonischen Schwingungen mit Phasenrauschen

Ziel dieses Abschnitts ist die Berechnung der statistischen Kenngrößen Erwartungswert, Varianz, WDF, AKF und LDS für den Zufallsprozeß

$$w(t) = \cos(2\pi f_0 t + \phi_0 + \phi(t)) = \cos(\psi(t)) = \cos(\eta_\psi(t) + \phi(t)). \qquad (3.54)$$

Phasenverrauschte Schwingungen dieser Form treten an vielen Stellen innerhalb eines optischen Überlagerungssystems auf. Die statistischen Eigenschaften dieser Schwingungen sind daher im Hinblick auf die Systemberechnung (Kapitel 5) von großer Bedeutung. Je nach Auftrittsort der Schwingung $w(t)$ im Übertragungssystem sind die Mittenfrequenz f_0, die konstante Phase ϕ_0 und das Phasenrauschen $\phi(t)$ entsprechend ihrer lokalen Bedeutung zu substituieren (Tabelle 3.1).

Der zeitabhängige Phasenterm $2\pi f_0 t + \phi_0$ in Gleichung (3.54) ist im Gegensatz zum Phasenrauschen $\phi(t)$ ein deterministisches Signal und somit kein Zufallsprozeß. Für die nachfolgenden Berechnungen kann daher dieser Phasenterm formal als zeitabhängiger Erwartungswert $\eta_\psi(t)$ der Gesamtphase $\psi(t) = \eta_\psi(t) + \phi(t)$ interpretiert werden. Das Phasenrauschen $\phi(t)$ selbst ist, wie bereits im Abschnitt 3.3.1 nachgewiesen wurde, ein mittelwertfreier gaußverteilter Zufallsprozeß.

Tabelle 3.1: Phasenrauschen in Überlagerungssystemen

Signal	$\phi(t)$	$\eta_\psi(t)$	$\sigma_\psi^2(t) = \sigma_\phi^2(t)$	Bemerkung
Trägerlichtwelle des Sendelasers	$\phi_T(t)$	$2\pi f_T t + \phi_{T0}$	$2\pi \Delta f_T t$	$\phi_T(t)$ ist das Laserphasenrauschen des Sendelasers
Lichtwelle des Lokallasers	$\phi_L(t)$	$2\pi f_L t + \phi_{L0}$	$2\pi \Delta f_L t$	$\phi_L(t)$ ist das Laserphasenrauschen des Lokallasers
ZF-Signal im Heterodynempfänger	$\phi_T(t) - \phi_L(t)$	$2\pi(f_T - f_L)t + \phi_{T0} - \phi_{L0}$	$2\pi(\Delta f_T + \Delta f_L)t$	$\phi_T(t) = \phi_E(t)$ (vgl. Abschnitt 2.4.2)
Basisbandsignal im Homodynempfänger	$[\phi_T(t) - \phi_L(t)] - \phi_{LR}(t)$	0	$\sigma_\phi \neq \sigma_\phi(t)$ siehe Abschnitt 4.1.3	$\phi_{LR}(t)$ ist die geregelte Phase des Lokallasers

Um den folgenden Berechnungen eine übersichtliche Form zu geben wird auf die Angabe der Zeitabhängigkeit bei den oben aufgeführten Zufallsprozessen soweit als möglich verzichtet (d.h.: $\phi(t) \to \phi$, $\psi(t) \to \psi$, $\eta_\psi(t) \to \eta_\psi$, $\sigma_\psi(t) \to \sigma_\psi$, $\sigma_\phi(t) \to \sigma_\phi$ u.s.w.).

a) Erwartungswert

Unter Berücksichtigung der gaußförmigen WDF für die Zufallsgröße ϕ bzw. ψ berechnet sich der Erwartungswert der neuen Zufallsgröße $w = \cos(\psi)$ zu

$$\eta_w = \mathrm{E}\{w\} = \mathrm{E}\{\cos(\psi)\} = \int_{-\infty}^{+\infty} \cos(\psi)\, f_\psi(\psi)\, d\psi$$

$$= \frac{1}{\sqrt{2\pi}\,\sigma_\phi} \int_{-\infty}^{+\infty} \cos(\psi) \exp\left[-\frac{(\psi-\eta_\psi)^2}{2\sigma_\phi^2}\right] d\psi = \cos(\eta_\psi) \exp\left(-\tfrac{1}{2}\sigma_\phi^2\right). \quad (3.55)$$

Gemäß dieser Gleichung wächst der Erwartungswert η_w monoton mit abnehmender Phasenstreuung $\sigma_\phi = \sigma_\psi$ und erreicht seinen Maximalwert $\eta_w = \cos(\eta_\psi)$ im unverrauschten Idealfall $\sigma_\phi = 0$. Im Gegensatz zu einem additiven Gaußrauschen, welches ein gegebenes Signal zu einem bestimmten Zeitpunkt sowohl vergrößern als auch verkleinern kann (zweiseitige Störung), verursacht das Phasenrauschen $\phi(t)$ also immer eine Verkleinerung des Signals (einseitige Störung). Besonders deutlich wird diese typische Eigenschaft bei Betrachtung eines phasenverrauschten Augenmusters (Kapitel 6). Aus Gleichung (3.55) können wir die folgenden wichtigen Spezialfälle ableiten:

$$\eta_\psi = 0: \quad w = \cos(\phi) \quad \rightarrow \quad \eta_w = e^{-\frac{1}{2}\sigma_\phi^2} \quad (3.56)$$

$$\eta_\psi = -\frac{\pi}{2}: \quad w = \sin(\phi) \quad \rightarrow \quad \eta_w = 0 \quad (3.57)$$

$$w = e^{j\phi} \quad \rightarrow \quad \eta_w = e^{-\frac{1}{2}\sigma_\phi^2}. \quad (3.58)$$

b) Varianz

Für die Varianz der Zufallsgröße w erhalten wir mit Gleichung (3.55) den Ausdruck

$$\sigma_w^2 = \mathrm{E}\{w^2\} - \eta_w^2 = \frac{1}{\sqrt{2\pi}\,\sigma_\phi} \int_{-\infty}^{+\infty} \cos^2(\psi) \exp\left[-\frac{(\psi-\eta_\psi)^2}{2\sigma_\phi^2}\right] d\psi - \eta_w^2$$

$$= \frac{1}{2}\left[1 - e^{-\sigma_\phi^2}\right]\left[1 - \cos(2\eta_\psi)\, e^{-\sigma_\phi^2}\right]. \quad (3.59)$$

Als Spezialfälle sind hierbei die Varianzen

$$\eta_\psi = 0: \quad w = \cos(\phi) \quad \rightarrow \quad \sigma_w^2 = \frac{1}{2}\left[1 - e^{-\sigma_\phi^2}\right]^2 \quad (3.60)$$

$$\eta_\psi = -\frac{\pi}{2}: \quad w = \sin(\phi) \quad \rightarrow \quad \sigma_w^2 = \frac{1}{2}\left[1 - e^{-\sigma_\phi^2}\right]\left[1 + e^{-\sigma_\phi^2}\right] \quad (3.61)$$

$$w = e^{j\phi} \quad \rightarrow \quad \sigma_w^2 = \left[1 - e^{-\sigma_\phi^2}\right] \quad (3.62)$$

von Bedeutung. Die Varianz der Zufallsgröße $w = \sin(\phi)$ ist für endliche Phasenstreuungen σ_ϕ wegen der Mittelwertfreiheit von ϕ und der maximalen Steigung der Sinusfunktion bei $\phi = 0$ stets größer als die entsprechende Varianz der Zufallsgröße $w = \cos(\phi)$. Für $\sigma_\phi \to \infty$ sind dagegen die Varianzen dieser beiden Zufallsgrößen gleich. Der zugehörige Grenzwert beträgt in diesem Fall $\sigma_w^2 = 0{,}5$ und entspricht der mittleren Leistung einer Cosinus- bzw. Sinusschwingung. Dieser Wert ergibt sich auch, wie sich leicht nachweisen läßt, bei einer Gleichverteilung der Zufallsgröße ϕ zwischen $-\pi$ und π (oder zwischen 0 und 2π). Im Hinblick auf eine geringe Störwirkung des Phasenrauschens ϕ sollte σ_w möglichst klein sein. Der erwünschte, aber nie erreichbare Idealfall $\sigma_w = 0$ wird gemäß den Gleichungen (3.60) bis (3.62) wie zu erwarten mit $\sigma_\phi = 0$ erreicht.

c) Wahrscheinlichkeitsdichtefunktion (WDF)

Die Berechnung der WDF $f_w(w)$ erfolgt am einfachsten unter Anwendung des aus der Statistik bekannten Transformationsgesetzes für Zufallsgrößen [126]. Angewandt auf die Zufallsgröße $w = \cos(\psi) = \cos(\eta_\psi + \phi)$ erhalten wir für die WDF dieser Größe den Ausdruck

$$f_w(w) = f_\phi(\phi) \frac{1}{\left| \dfrac{d[\cos(\eta_\psi + \phi)]}{d\phi} \right|}, \quad \text{mit} \quad \phi = \arccos(w) - \eta_\psi . \tag{3.63}$$

Wegen der Periodizität der Zufallsgröße $w = \cos(\psi)$ ist das Transformationsgesetz allerdings in dieser einfachen Form nicht anwendbar, da Gleichung (3.63) nur für Funktionen mit eindeutiger Umkehrfunktion gilt, die Cosinusfunktion aber eine mehrdeutige Umkehrfunktion besitzt. Zur Vermeidung dieser Mehrdeutigkeit müssen wir die Zufallsgröße w, wie in Bild 3.17 dargestellt ist, zunächst in eindeutige Bereiche unterteilen. Hierzu setzen wir vereinfachend den Mittelwert η_ψ vorerst Null, d.h. wird ermitteln zunächst die WDF der Zufallsgröße $w = \cos(\phi)$, die bei der Berechnung von optischen Überlagerungssystemen sehr häufig benötigt wird.

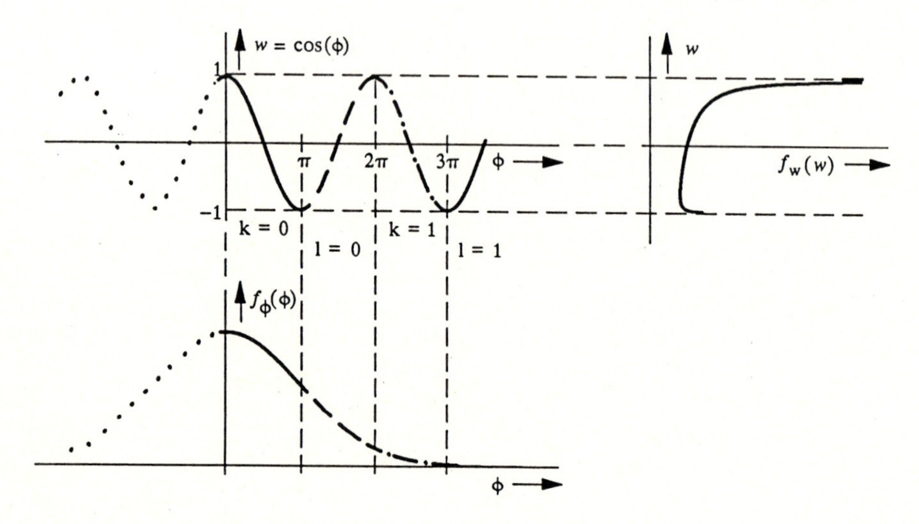

Bild 3.17: Zur Berechnung der WDF $f_w(w)$ der Zufallsgröße $w = \cos(\phi)$

Nach Bild 3.17 gilt:

$$\phi_k = \arccos(w) + k2\pi \qquad \text{mit } k \in \mathrm{N}, \tag{3.64}$$

$$\phi_l = -\arccos(w) + (l+1)2\pi \qquad \text{mit } l \in \mathrm{N}. \tag{3.65}$$

Setzen wir nun diese Gleichungen in den Nenner des Transformationsgesetzes (3.63) ein, so erhalten wir mit $\eta_\psi = 0$:

$$\left|\frac{d[\cos(\phi)]}{d\phi}\right|_{\phi=\phi_k} = \left|\frac{d[\cos(\phi)]}{d\phi}\right|_{\phi=\phi_l} = \sqrt{1-w^2}\,. \tag{3.66}$$

Für die Berechnung der WDF $f_w(w)$ wenden wir nun das Transformationsgesetz nach Gleichung (3.63) auf jeden eindeutigen Bereich nach Bild 3.17 getrennt an. Die daraus resultierenden Dichtefunktionen werden anschließend aufsummiert. Auf diese Weise erhalten wir für die gesuchte WDF $f_w(w)$ folgenden Ausdruck:

$$f_w(w) = \frac{1}{\sqrt{1-w^2}}\left[\sum_{k=-\infty}^{+\infty} f_\phi(k2\pi + \arccos(w)) + \sum_{l=-\infty}^{+\infty} f_\phi((l+1)2\pi - \arccos(w))\right]. \tag{3.67}$$

Nach einigen mathematischen Umformungen erhalten wir hieraus die Gleichung

$$f_w(w) = \frac{2\cdot(1+r(w))}{\sqrt{2\pi(1-w^2)}\,\sigma_\phi}\exp\left[-\frac{\arccos^2(w)}{2\sigma_\phi^2}\right] \tag{3.68}$$

mit

$$r(w) = 2\cdot\sum_{m=1}^{+\infty}\exp\left[-2\left(\frac{m\pi}{\sigma_\phi}\right)^2\right]\cosh\left[\frac{m2\pi\arccos(w)}{\sigma_\phi^2}\right]. \tag{3.69}$$

als Restfunktion [36].

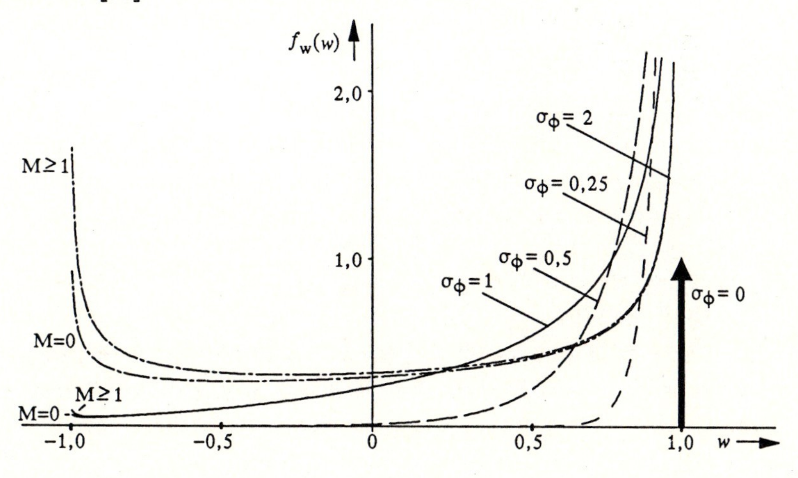

Bild 3.18: Wahrscheinlichkeitsdichtefunktion $f_w(w)$ der häufig benötigten Zufallsgröße $w = \cos(\phi)$

Bild 3.18 zeigt den Verlauf der WDF $f_w(w)$ in Abhängigkeit von der Phasenstreuung σ_ϕ. Der Index M bezeichnet die Anzahl der berücksichtigten Summenterme aus der Restfunktion $r(w)$. Für Phasenstreuungen $\sigma_\phi < 1$ ist nach Bild 3.18 der Beitrag der Restfunktion $r(w)$ nahezu Null ($r(w) << 1$); die Restfunktion $r(w)$ kann in diesem Fall vernachlässigt werden ($M = 0$). Bei optischen Homodynsystemen mit Phasenregelung werden beispielsweise für Fehlerwahrscheinlichkeiten kleiner als 10^{-10} Phasenstreuungen $\sigma_\phi < 0{,}25$ benötigt (Kapitel 5). Die Vernachlässigung der Restfunktion $r(w)$ ist also hier praktisch immer erlaubt.

Durch die Substitution $\arccos(w) \rightarrow \arccos(w) - \eta_\psi$ in der Gleichung (3.67) kann nun wieder der bisher vernachlässigte Mittelwert η_ψ berücksichtigt werden. Nach einigen mathematischen Umformungen erhalten wir hierdurch

$$f_w(w) = \frac{2}{\sqrt{2\pi(1-w^2)}\,\sigma_\phi} \exp\left[-\frac{\arccos^2(w)}{2\sigma_\phi^2}\right] \cdot \sum_{m=-\infty}^{+\infty} \exp\left[-\frac{(m2\pi-\eta_\psi)^2}{2\sigma_\phi^2}\right] \cosh\left[\frac{(m2\pi-\eta_\psi)\arccos(w)}{\sigma_\phi^2}\right]. \tag{3.70}$$

Aus dieser allgemeingültigen Gleichung lassen sich folgende Grenzfälle ableiten:

$$w = \cos(\phi) \quad \rightarrow \quad f_w(w) = \begin{cases} \delta(w-1) & \text{für } \sigma_\phi = 0\,, \\ \dfrac{1}{\pi\sqrt{1-w^2}} & \text{für } \sigma_\phi \rightarrow \infty\,, \end{cases} \tag{3.71}$$

$$w = \sin(\phi) \quad \rightarrow \quad f_w(w) = \begin{cases} \delta(w) & \text{für } \sigma_\phi = 0\,, \\ \dfrac{1}{\pi\sqrt{1-w^2}} & \text{für } \sigma_\phi \rightarrow \infty\,. \end{cases} \tag{3.72}$$

Für sehr große Phasenstreuungen ($\sigma_\phi \rightarrow \infty$) sind nach Gleichung (3.71) und (3.72) die Wahrscheinlichkeitsdichtefunktionen der beiden Zufallsgrößen $\cos(\phi)$ und $\sin(\phi)$ identisch. Die Form der WDF $f_w(w)$ ist in diesem Fall äquivalent der WDF, die sich aus einer zwischen $-\pi$ und π (oder zwischen 0 und 2π) gleichverteilten Phase ϕ ergeben würde (vgl. „Start-WDF" in Bild 3.12).

Anmerkung: Ist die Phase $\phi = \phi(t)$ das ungeregelte instationäre Laserphasenrauschen mit der zeitabhängigen Varianz $\sigma_\phi^2 = \sigma_\phi^2(t) = 2\pi\Delta f t$ (siehe Abschnitt 3.3.1), so ist die WDF $f_w(w)$ der Zufallsgröße $w = \cos(\psi) = \cos(\eta_\psi + \phi)$ ebenfalls zeitabhängig. Die Form der WDF $f_w(w)$ ändert sich in diesem Fall für kleine Zeiten zunächst sehr stark. Der Zufallsprozeß $w(t)$ zeigt in diesem Bereich ein instationäres Verhalten. Für große Zeiten mit zugehörigen großen Phasenstreuungen σ_ϕ bleibt dagegen die Form der WDF ab $\sigma_\phi > 2$ nahezu konstant, so daß der Zufallsprozeß $w(t)$ nun als stationärer Prozeß betrachtet werden kann. Für eine Laserlinienbreite von beispielsweise $\Delta f = 1$ MHz wird diese Streuung ($\sigma_\phi = 2$) bereits nach einer Zeit $t = 4/(2\pi\Delta f) \approx 0{,}64$ µs erreicht.

d) Autokorrelationsfunktion (AKF)

Unabhängig davon, ob der Zufallsprozeß $w(t)$ stationär oder instationär ist, können wir die AKF von $w(t)$ nach der Gleichung

$$l_w(t_1,t_2) = E\{\cos(\eta_\psi(t_1) + \phi(t_1))\cos(\eta_\psi(t_2) + \phi(t_2))\} \tag{3.73}$$

$$= \frac{1}{2}E\{\cos(\underbrace{\eta_\psi(t_1)+\eta_\psi(t_2)+\phi(t_1)+\phi(t_2)}_{u})\} + \frac{1}{2}E\{\cos(\underbrace{\eta_\psi(t_1)-\eta_\psi(t_2)+\phi(t_1)-\phi(t_2)}_{v})\}$$

$$= \frac{1}{2}\left[\cos(\eta_\psi(t_1)+\eta_\psi(t_2))\exp\left(-\frac{1}{2}\sigma_u^2\right) + \cos(\eta_\psi(t_1)-\eta_\psi(t_2))\exp\left(-\frac{1}{2}\sigma_v^2\right)\right]$$

bestimmen. Die neu eingeführten Varianzen σ_u^2 und σ_v^2 der ebenfalls gaußverteilten Zufallsgrößen u und v berechnen sich hierbei zu

$$\sigma_u^2 = \sigma_\phi^2(t_1)+\sigma_\phi^2(t_2)+2E\{\phi(t_1)\phi(t_2)\} \tag{3.74}$$
$$= l_\phi(t_1,t_1)+l_\phi(t_2,t_2)+2\,l_\phi(t_1,t_2),$$

$$\sigma_v^2 = \sigma_\phi^2(t_1)+\sigma_\phi^2(t_2)-2E\{\phi(t_1)\phi(t_2)\} \tag{3.75}$$
$$= l_\phi(t_1,t_1)+l_\phi(t_2,t_2)-2\,l_\phi(t_1,t_2).$$

Wir können nun die Gleichungen (3.74) und (3.75) in die AKF nach Gleichung (3.73) einsetzen und erhalten somit für die gesuchte AKF den Ausdruck

$$l_w(t_1,t_2) = \frac{1}{2}\exp\left[-\frac{1}{2}\left(l_\phi(t_1,t_1) + l_\phi(t_2,t_2)\right)\right] \tag{3.76}$$
$$\cdot\left[\cos(\eta_\psi(t_1) + \eta_\psi(t_2))\exp\left(-l_\phi(t_1,t_2)\right)\right.$$
$$\left.+ \cos(\eta_\psi(t_1) - \eta_\psi(t_2))\exp\left(+l_\phi(t_1,t_2)\right)\right].$$

Die Gleichung (3.76) gilt allgemein für stationäres als auch für instationäres Phasenrauschen $\phi(t)$. Für den Spezialfall des stationären Phasenrauschens $\phi(t)$, wie zum Beispiel des nicht ausregelbaren Restphasenrauschens in Homodynempfängern oder in kohärenten Heterodynempfängern, können wir die Gleichung (3.76) mit $\eta_\psi = 0$ (vgl. Tabelle 3.1 Zeile 4) vereinfachen zu

$$l_w(t_1,t_2) = l_w(t_2-t_1) = l_w(\tau)$$
$$= \frac{1}{2}\exp\left(-l_\phi(0)\right)\left[\exp\left(+l_\phi(\tau)\right) + \exp\left(-l_\phi(\tau)\right)\right]$$
$$= \exp\left(-\sigma_\phi^2\right)\cosh\left(l_\phi(\tau)\right). \tag{3.77}$$

Wie in den vorangegangenen Unterabschnitten sollen auch hier die speziellen Zufallsprozesse $\cos(\phi(t))$ d.h. $\eta_\psi = 0$, $\sin(\phi(t))$ d.h. $\eta_\psi = -\pi/2$ und $\exp(j\phi(t))$ näher untersucht werden. Das Phasenrauschen $\phi(t)$ kann dabei sowohl stationär als auch instationär sein. Für den instationären Fall setzen wir für das Phasenrauschen $\phi(t)$ wieder die statistischen Eigenschaften des Laserphasenrauschens nach Abschnitt 3.3.1 voraus. Danach gilt:

$$l_\phi(t_1, t_2) = K_\phi \min(t_1, t_2) \quad \text{mit } K_\phi = 2\pi\Delta f. \tag{3.78}$$

Hierbei ist je nach physikalischer Bedeutung der Zufallsgröße w für die Laserlinienbreite Δf die Linienbreite Δf_T, Δf_L oder $\Delta f_T + \Delta f_L$ einzusetzen.

Verwenden wir zur Berechnung der AKF für die oben aufgeführten Zufallsprozesse die Gleichungen (3.76) (instationäres Phasenrauschen) und (3.77) (stationäres Phasenrauschen), so erhalten wir nach einigen Umformungen folgende Gleichungen

$\phi(t)$	$w(t)$	$l_w(t_1, t_2)$	$l_w(\tau);\ \tau = t_2 - t_1$	
instationär $E\{\phi(t)\} = 0$ $\sigma_\phi^2 = K_\phi t$	$\cos(\phi(t))$	$e^{-\frac{1}{2}K_\phi(t_1+t_2)} \cosh(K_\phi \min(t_1, t_2))$ $\xrightarrow[t_2\to\infty]{t_1\to\infty}$	$\frac{1}{2} e^{-\frac{1}{2}K_\phi \lvert\tau\rvert}$	(3.79)
	$\sin(\phi(t))$	$e^{-\frac{1}{2}K_\phi(t_1+t_2)} \sinh(K_\phi \min(t_1, t_2))$ $\xrightarrow[t_2\to\infty]{t_1\to\infty}$	$\frac{1}{2} e^{-\frac{1}{2}K_\phi \lvert\tau\rvert}$	(3.80)
	$\exp(j\phi(t))$	———	$e^{-\frac{1}{2}K_\phi \lvert\tau\rvert}$	(3.81)
stationär $E\{\phi(t)\} = 0$ $\sigma_\phi^2 \neq \sigma_\phi^2(t)$	$\cos(\phi(t))$	———	$e^{-\sigma_\phi^2} \cosh(l_\phi(\tau))$	(3.82)
	$\sin(\phi(t))$	———	$e^{-\sigma_\phi^2} \sinh(l_\phi(\tau))$	(3.83)
	$\exp(j\phi(t))$	———	$e^{-\sigma_\phi^2} e^{l_\phi(\tau)}$	(3.84)

Hinsichtlich der Zeiten t_1 und t_2 in den Gleichungen (3.79) und (3.80) müssen wir beachten, daß diese immer auf den Zeitpunkt des Lasereinschaltens und somit auf den Beginn des Phasenrauschens durch spontane Emissionen bezogen sind. Die Zeiten t_1 und t_2 sind also immer positiv. Die durch das Laserphasenrauschen $\phi(t)$ gestörten Schwingungen $w = \cos(\phi(t))$ und $w = \sin(\phi(t))$ sind auf Grund der Instationarität von $\phi(t)$ ebenfalls instationär. Die zugehörige AKF ist daher zeitabhängig (siehe Gleichung 3.79 und 3.80). Im Grenzfall t_1, $t_2 \to \infty$, d.h.: „lange Zeit" nach dem Einschalten des Lasers, gehen die zunächst instationären Zufallsprozesse $w = \cos(\phi(t))$ und $w = \sin(\phi(t))$ in stationäre Zufallsprozesse über (vgl. hierzu die Anmerkung am Ende des Unterabschnitts c). Die Stationarität ist dabei bereits für t_1, $t_2 >> 1/(2\pi\Delta f)$ ausreichend erfüllt. Die AKF der phasenverrauschten

Zufallsprozesse $w = \cos(\phi(t))$ und $w = \sin(\phi(t))$ sind in diesem Fall nur noch von der Zeitdifferenz $\tau = | t_2 - t_1 |$ abhängig.

Der komplexe Zufallsprozeß $\exp(j\phi(t))$ ist immer stationär, unabhängig davon, ob das Phasenrauschen $\phi(t)$ selbst stationär oder instationär ist (Gleichung 3.81 und 3.84). Die Gültigkeit dieser Aussage beweist folgende einfache Rechnung:

$$w = \exp(j\,\phi(t)) \;\rightarrow\; l_w(t_1,t_2) = E\{\exp(j\,\phi(t_1))\exp^{\star}(j\phi(t_2))\}$$

$$= E\{\exp(j\,[\phi(t_1)-\phi(t_2)]\} = E\{\exp(j\,\Delta\phi)\} = \exp\left(-\frac{1}{2}\sigma^2_{\Delta\phi}\right)$$

$$= \exp\left(-\frac{1}{2}K_\phi|t_2-t_1|\right) = \exp\left(-\frac{1}{2}K_\phi|\tau|\right). \tag{3.85}$$

Die Information der Instationarität der beiden reellen Zufallsprozesse $w = \cos(\phi(t))$ und $w = \sin(\phi(t))$ geht also bei der komplexen Rechnung verloren. Der Verlauf der AKF $l_w(\tau)$ für $w = \exp(j\phi(t))$ ist in Bild 3.19a dargestellt.

e) Leistungsdichtespektrum (LDS)

Das LDS $L_w(f)$ bei Stationarität bzw. $L_w(f_1, f_2)$ bei Instationarität erhält man aus der eindimensionalen bzw. zweidimensionalen Fouriertransformation der AKF $l_w(\tau)$ bzw. $l_w(t_1, t_2)$. Als wichtigster Spezialfall wollen wir hier nur das häufig benötigte LDS $L_w(f)$ des komplexen Zufallsprozesses $w = \exp(j\phi(t))$ mit instationärem Laserphasenrauschen $\phi(t)$ berechnen. Die physikalische Repräsentation dieses Zufallsprozesses ist das Emissions- bzw. Lichtleistungsdichtespektrum der phasenverrauschten Laserlichtwelle $\underline{E}(t)$ nach Gleichung (3.29) mit $f_0 = 0$ und $\phi_0 = 0$. Dieses Spektrum ist also hier um die Lichtträgerfrequenz f_0 nach links in den Frequenznullpunkt verschoben und liegt somit symmetrisch um $f = 0$. Mit Gleichung (3.81) folgt

$$L_w(f) = \int_{-\infty}^{+\infty} e^{-\frac{1}{2}K_\phi|\tau|}\, e^{-j2\pi f\tau} d\tau = \frac{4}{K_\phi}\,\frac{1}{1+\left(\frac{4\pi f}{K_\phi}\right)^2}\,. \tag{3.86}$$

Die 3dB- oder Halbwertsbandbreite dieses Leistungsdichtespektrums beträgt

$$\Delta f = \frac{K_\phi}{2\pi} = \frac{1}{4\pi}\frac{P_{Sp}}{P_0}R_S\,, \quad \text{mit } L_w(\Delta f/2) = 0{,}5\,L_w(0) \tag{3.87}$$

und wird als *Laserlinienbreite* bezeichnet. Nach (3.87) ist die Konstante K_ϕ durch $K_\phi = 2\pi\Delta f$ gegeben. Dieser Zusammenhang wurde bereits in den vorangegangenen Abschnitten mehrmals verwendet (vgl. Gleichung 3.34). Die in Gleichung (3.87) zusätzlich angegebene Abhängigkeit der Laserlinienbreite Δf von der mittleren Laserlichtleistung P_0, der mittleren Lichtleistung P_S der spontanen Emission und der spontanen Emissionsrate R_S folgt aus der Gleichung (3.33) die bereits im Abschnitt 3.3.1 hergeleitet wurde. Setzen wir nun Gleichung (3.87) in (3.86) ein, so erhalten wir:

$$L_w(f) = \frac{2}{\pi \Delta f} \frac{1}{1 + \left(\frac{f}{\Delta f/2}\right)^2} \,. \tag{3.88}$$

Gleichung (3.88) beschreibt das um die Lichtfrequenz f_0 (d.h. in den Frequenznullpunkt) verschobene Emissionspektrum eines Lasers mit Phasenrauschen und wird in der Literatur häufig als *Lorentzkurve* bezeichnet (vgl. auch [161]). Das Emissionsspektrum $L_w(f)$ und die zugehörige AKF $l_w(\tau)$ sind im Bild 3.19 graphisch dargestellt.

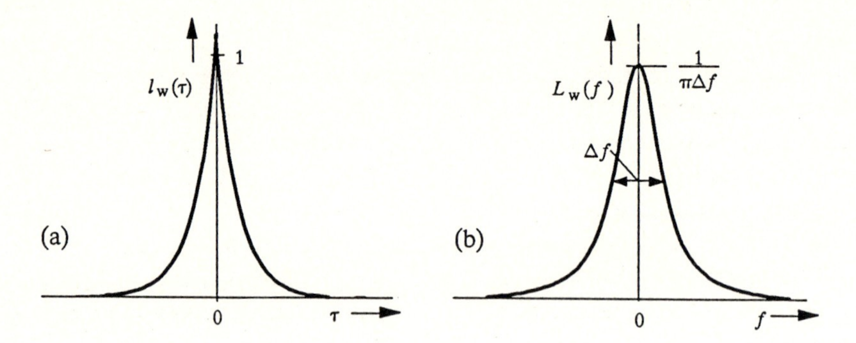

Bild 3.19: Autokorrelationsfunktion $l_w(\tau)$ (a) und Leistungsdichtespektrum $L_w(f)$ (b) des komplexen Zufallsprozesses $w(t) = \exp(j\phi(t))$

Für einen AlGaAs-Injektionshalbleiterlaser wurde die Lorentzkuve erstmals 1981 von Fleming und Mooradian gemessen [34]. Die Laserlinienbreite Δf variierte bei dieser Messung, wie in Gleichung (3.87) angegeben, proportional zum Kehrwert der emittierten Laserlichtleistung P_0. Die Laserlinienbreite Δf wird also um so schmaler, je größer die Lichtleistung P_0 ist. Die typischen Eigenschaften eines Halbleiterlasers sind somit identisch den Eigenschaften von Gaslasern [87] und gelten generell für alle Laserarten. Die von Fleming und Mooradian gemessene Laserlinienbreite war allerdings überraschenderweise um etwa 50 mal größer als die Linienbreite, die sich aus Gleichung (3.87) ergeben würde. Eine Erklärung hierfür erfolgt im nächsten Abschnitt.

3.4 Relaxationsschwingungen

In den vorangegangenen Abschnitten 3.2 und 3.3 wurden anhand eines einfachen Modells (Bild 3.9) die Entstehung des Laserphasenrauschens erläutert und die zugehörigen statistischen Kenngrößen berechnet. Die Rechtfertigung für dieses einfache Modell ist - unter Berücksichtigung einer noch durchzuführenden Modifikation - die gute Übereinstimmung der aus dem Modell gewonnenen Ergebnissen mit den Resultaten aus der exakten Lasertheorie (z.B. [53]) sowie die ebenfalls gute Übereinstimmung mit Meßergebnissen (z.B. [115, 144]). Unter exakter Lasertheorie ist hierbei die Lösung der gekoppelten Differentialgleichungen mit den beiden Variablen „Laserphase" und „Laserintensität" zu verstehen.

Analog zu anderen physikalischen Modellen - beispielsweise zum Atommodell von Niels Bohr - können aus dem einfachen Modell für das Laserphasenrauschen sehr schnell prinzipielle Zusammenhänge erkannt und formelmäßig erfaßt werden. Eine Aussage über die im System tatsächlich ablaufenden mikroskopischen Prozesse erhalten wir aus diesen einfachen Modellen allerdings nicht. Für die Berechnung und Konzipierung optischer Überlagerungssysteme sind solche Detailkenntnisse jedoch auch nicht erforderlich. Hierzu ist das einfache Modell nach Abschnitt 3.2 (Bild 3.9) vollkommen ausreichend und auch weitaus effektiver als eine wellentheoretische oder quantentheoretische Beschreibung des Lasers.

Parallel zur Entwicklung optischer Überlagerungssysteme haben intensive praktische und theoretische Untersuchungen auf dem Gebiet des Halbleiterlasers zu einer Reihe interessanter Erkenntnisse hinsichtlich des spektralen Verhaltens von Halbleiterlasern geführt. So wurden bei sorgfältig durchgeführten Messungen des Laseremissionsspektrums einerseits eine sehr viel größere Linienbreite als die der klassischen Lasertheorie entsprechende Breite festgestellt [34] (vgl. Abschnitt 3.3.4) und andererseits auch Abweichungen des Spektrums von der Lorentzkurve entdeckt [20]. Die Abweichungen äußern sich hierbei in einem Auftreten von Satellitenschwingungen (*satelite peaks*) im Emissionsspektrum des Lasers.

Ziel dieses Abschnitts ist es, die Ursache der zusätzlichen Linienverbreiterung sowie die Entstehung der Satellitenschwingungen in anschaulicher Weise zu erläutern und eine entsprechende Modifikation des bisher verwendeten Modells durchzuführen. Eine ausführliche mathematische Beschreibung soll im Rahmen dieses Buches nicht erfolgen [20, 52, 53, 130, 162, 176, 180].

Bisher sind wir stets davon ausgegangen, daß das Amplitudenrauschen und das Phasenrauschen eines Lasers zwei statistisch voneinander unabhängige Zufallsprozesse sind. Dies ist jedoch nicht der Fall, sondern es besteht vielmehr eine enge Kopplung zwischen diesen beiden Rauschprozessen (Bild 3.20).

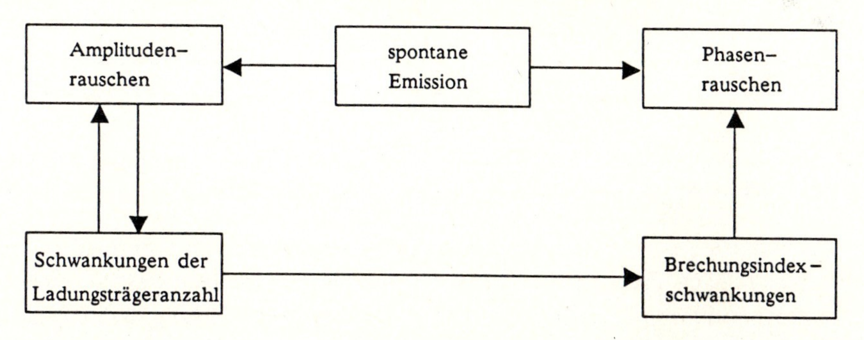

Bild 3.20 Modell für die Verkopplung Phasenrauschen und Amplitudenrauschen in einem Laser

Verantwortlich für das Amplituden- und Phasenrauschen eines Lasers ist nach Bild 3.20 die spontane Emission. Jedes spontan emittierte Photon verursacht auf

Grund seiner beliebigen (gleichverteilten) Phase eine *direkte Phasenstörung* in der Laserlichtwelle (vgl. Abschnitt 3.2, Bild 3.9). Neben dieser direkten Phasenstörung entsteht eine *zusätzliche verzögerte Phasenstörung* als Antwort auf die ebenfalls verursachte direkte Amplitudenstörung. Zur Wiederherstellung der ursprünglichen Amplitude bzw. Intensität vollführt nämlich der Laser *Relaxationschwingungen*, die etwa 1 ns andauern. Während dieser Zeit variiert sowohl der Realteil $\mathrm{Re}\{\underline{n}\}$ als auch der Imaginärteil $\mathrm{Im}\{\underline{n}\}$ des komplexen Brechungsindexes $\underline{n}$ des aktiven Lasermediums. Ursache hierfür sind Schwankungen in der Ladungsträgeranzahl, welche wiederum durch das Amplitudenrauschen hervorgerufen werden. Über die spontane Emission, die neben dem Laserphasenrauschen auch das Amplitudenrauschen verursacht, schließt sich der Kreis (Bild 3.20).

Der Imaginärteil $\mathrm{Im}\{\underline{n}\}$ des komplexen Brechungsindexes $\underline{n}$ ist ein Maß für den Gewinn bzw. Verlust im aktiven Lasermedium und somit ein Maß für die Verstärkung der aktiven Zone. Die Veränderung des Imaginärteils $\mathrm{Im}\{\underline{n}\}$ bewirkt somit über die Verstärkungsänderung die Regeneration der Intensität bzw. der Amplitude. Nach Ablauf der Relaxationsschwingungen ist die ursprüngliche Intensität wieder hergestellt. Als Folge der Relaxationsschwingungen erscheinen im Emissionsspektrum des Lasers Satellitenschwingungen im Abstand $k \cdot f_R$ ($|k| \in \mathbb{N}$) von der Lasermittenfrequenz f_0 (Bild 3.21). Die Frequenz f_R wird als *Relaxationsfrequenz* bezeichnet und liegt in der Größenordnung von 1 GHz bis 2 GHz [52].

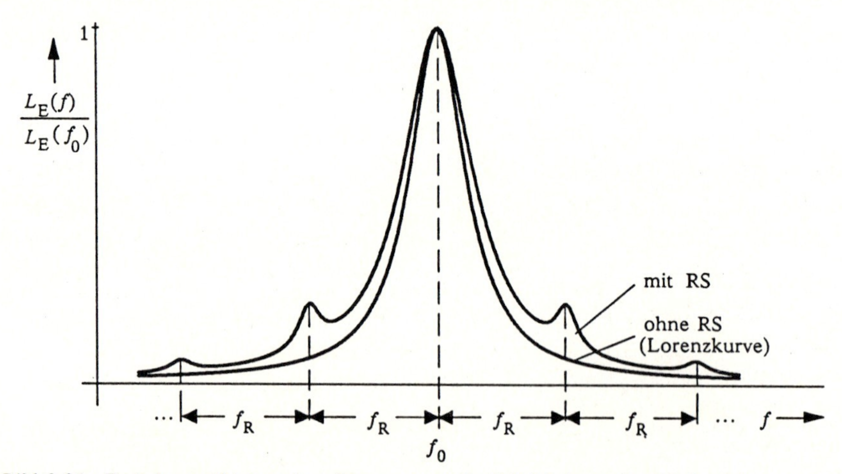

Bild 3.21: Emissionsspektrum eines Lasers unter Berücksichtigung der Verkopplung zwischen Phasen- und Amplitudenrauschen (RS: Relaxationsschwingungen)

Der Realteil $\mathrm{Re}\{\underline{n}\}$ ist ein Maß für die Dispersion im aktiven Lasermedium und bestimmt folglich Frequenz und Phase der ausbreitungsfähigen Resonatorwellen. Er entspricht somit dem bisher als reell angenommenen Brechungsindex n (siehe Gleichung 3.16). Die Veränderung des Realteils $\mathrm{Re}\{\underline{n}\}$ ist verantwortlich für eine zusätzliche, verzögerte Phasenänderung und somit für ein zusätzliches Phasenrauschen. Die Folge ist eine weitere unerwünschte Linienverbreiterung. Eine mathematische Erklärung für den hier in Worten beschriebenen laserinternen Prozeß erfolgt zum Beispiel in [52, 53]. Das Ergebnis der dort durchgeführten umfangreichen Berechnungen ist in Bild 3.22 graphisch dargestellt. Bild 3.22a zeigt den qualitativen Verlauf der Varianz des instationären Laserphasenrauschens $\phi(t)$ für die Fälle mit (ohne) zusätzliche Linienverbreiterung und mit (ohne) Relaxationsschwingungen. Die zeitabhängige Varianz wächst aufgrund der Kopplung zwischen Laserphasen- und Laseramplitudenrauschen und der dadurch bedingten zusätzlichen verzögerten Phasenstörung wesentlich schneller als bei alleiniger Berücksichtigung der direkten Phasenstörung. Die Relaxationsschwingungen führen darüber hinaus zu einer oszillierenden Phasenvarianz unmittelbar nach dem Einschalten des Lasers.

Bild 3.22b zeigt das LDS $L_{\dot{\phi}}(f)$ des Laserfrequenzrauschens $\dot{\phi}(t)$. Hier bewirkt die Phasen-Amplitudenkopplung erstens eine Vergrößerung des konstanten Anteils der Rauschleistungsdichte und zweitens eine zusätzliche Erhöhung bei etwa der Relaxationsfrequenz f_R [130].

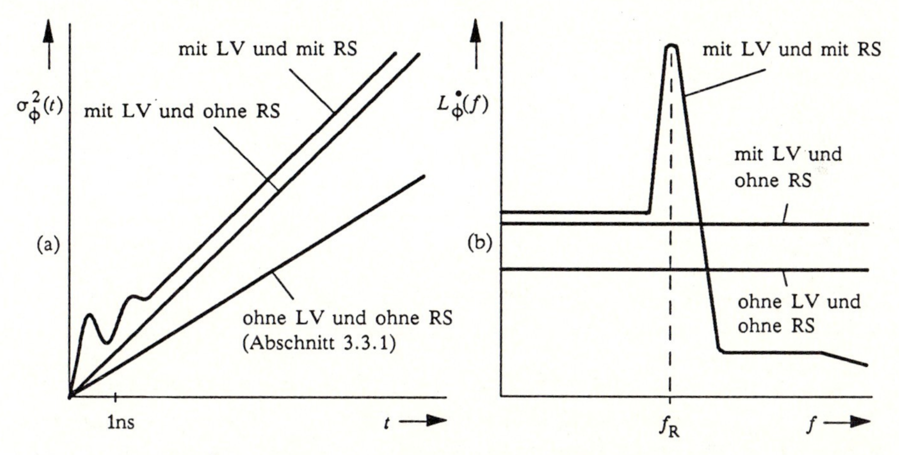

Bild 3.22: Varianz σ_ϕ^2 des Laserphasenrauschens (a) und Leistungsdichtespektrum $L_{\dot{\phi}}(f)$ des Laserfrequenzrauschens (b) unter Berücksichtigung der Phasen-Amplitudenkopplung (RS: Relaxationsschwingungen, LV: Linienverbreiterung)

Da die Relaxationsfrequenz f_R sehr hoch ist und eine weitere Erhöhung durch geeignete technologische Maßnahmen durchaus vorstellbar ist, können die Auswirkungen der Relaxationsschwingungen auf die Übertragungsqualität des optischen Überlagerungssystems meist vernachlässigt werden. Den durch die Phasen-Amplitudenkopplung hervorgerufene Anstieg in der Phasenstreuung und somit in der Laserlinienbreite dürfen wir dagegen keinesfalls unbeachtet lassen.

Die notwendige Modifizierung des bisher verwendeten Modells für das Laserphasenrauschen ist bei Vernachlässigung der Relaxationsschwingungen sehr einfach. Die grundsätzliche Modellstruktur bleibt unverändert. Modifizieren müssen wir lediglich die Linienbreite Δf nach Gleichung (3.87), welche bisher nur die direkte Phasenstörung der spontanen Emission berücksichtigt hat. Nach [52] ist die folgende Substitution durchzuführen:

$$\Delta f \rightarrow \Delta f(1+\alpha^2), \quad \text{mit} \quad \alpha = \frac{\mathrm{Re}\{\Delta \underline{n}\}}{\mathrm{Im}\{\Delta \underline{n}\}}. \tag{3.89}$$

Die dimensionslose Größe α ($\alpha \approx 6$; Verhältnis der mittleren Real- zur Imaginärteiländerung von $\underline{n}$) wird im englischen als *enhancement factor* bezeichnet und ist ein direk- tes Maß für die Vergrößerung der Laserlinienbreite Δf.

3.5 Einfluß von Filtern auf das Laserphasenrauschen

Jedes Nachrichtensystem - ob analog oder digital - wird immer durch unvermeidbares Rauschen in seiner Übertragungsqualität beeinträchtigt. Zur Minderung dieser Rauschstörungen werden sowohl in analogen als auch in digitalen Systemen Filter verwendet. Die Aufgabe der statistischen Systemtheorie ist es, die statistischen Eigenschaften des verbleibenden Rauschens am Filterausgang zu beschreiben und den störenden Einfluß des Rauschens auf das Nutzsignal quantitativ zu erfassen. In den konventionellen Übertragungssystemen - also in Systemen, bei denen das Phasenrauschen nicht auftritt oder vernachlässigbar ist - kann diese Aufgabe verhältnismäßig einfach gelöst werden. Das durch Rauschen gestörte und zu filternde Signal besitzt bei diesen Systemen (z.B. beim optischen Geradeaussystem) folgende Struktur:

Signalstruktur bei *herkömmlichen Übertragungssystemen*:

Filtereingangssignal = $K \cdot$ Nachricht + Gaußrauschen

Im Fall des *Geradeaussystems* ($K = R \cdot M \cdot P_E$) entspricht das gestörte Filtereingangssignal dem Signal vor dem Tiefpaß in Bild 2.1a. Unter der Voraussetzung eines linearen Filters können wir die Filterantwort auf Nachricht und Rauschen des Eingangssignals unabhängig voneinander berechnen. Da das Rauschen am Filtereingang meist als gaußverteilt angenommen werden kann, erhalten wir für das ausgangsseitige Rauschsignal ebenfalls eine Gaußverteilung. Zur vollständigen Beschreibung der ausgangsseitigen WDF genügt in diesem einfachen Fall die Bestimmung von Erwartungswert (häufig 0) und Streuung des gefilterten Rauschsignals. Die entsprechenden Gleichungen sind in Bild 3.23a angegeben.

Erheblich schwieriger ist die Ermittlung der ausgangsseitigen WDF bei einer nicht-gaußförmigen WDF am Filtereingang (Bild 3.23b). Dieser Fall ist z.B. bei *optischen Überlagerungssystemen* gegeben, die zusätzlich durch Laserphasenrauschen gestört werden.

Signalstruktur bei *optischen Übertragungssystemen mit Überlagerungsempfang*:

Filtereingangssignal = $K \cdot$ Nachricht $\cdot$ Phasenrauschterm + Gaußrauschen

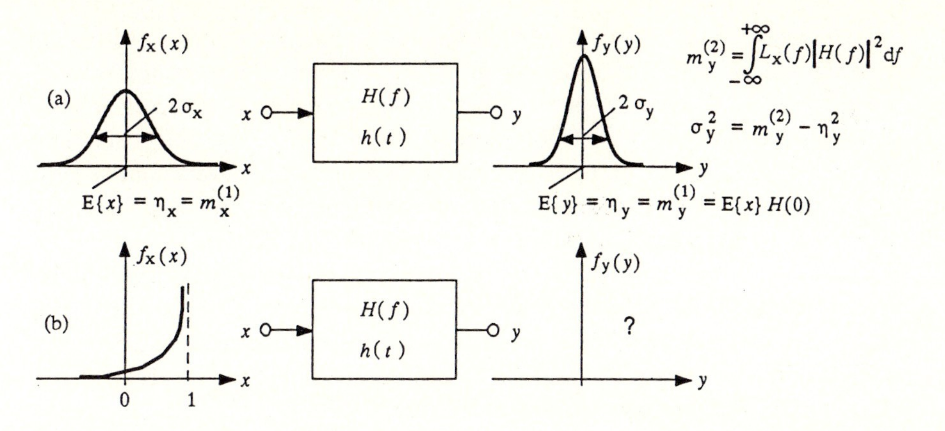

Bild 3.23: Wahrscheinlichkeitsdichtefunktion am Ausgangs eines Filters bei gaußförmigem (a) und nicht-gaußförmigem Eingangsprozeß (b)

Im Gegensatz zu den herkömmlichen Übertragungssystemen tritt bei den optischen Überlagerungssystemen ($K \sim \sqrt{P_E P_L}$) ein zusätzlicher *Phasenrauschterm* auf. Dieser Term ist *multiplikativ* zur Nachricht und außerdem *nicht gaußverteilt.*

Bei kohärenten Überlagerungssystemen (z.B. bei den Homodynsystemen) ist das gestörte Filtereingangssignal ein Basisbandsignal und entspricht dem Eingangssignal des Basisbandfilters (Tiefpaß) in Bild 2.1b. Der Phasenrauschterm wird hier mathematisch durch den Cosinus des Phasenrauschens, also $\cos(\phi(t))$, gebildet (Abschnitt 5.1). Die nicht-gaußförmige WDF dieses Terms ist eine Folge der Nichtlinearität der Cosinusfunktion und wurde bereits im Abschnitt 3.3.4 berechnet. Bei den Homodynsystemen besitzt der Zufallsprozeß $\cos(\phi(t))$ infolge der in diesem System stets notwendigen Phasenregelung sehr enge statistische Bindungen und ist dadurch ein stark korrelierter Zufallsprozeß. Die Lösung des Filterproblems - also die Berechnung der ausgangsseitigen WDF bei nicht-gaußförmiger WDF am Eingang - kann für diesen Spezialfall näherungsweise umgangen werden. Der Phasenrauschterm $\cos(\phi(t))$ kann nämlich hier, da er sich wegen der starken Korrelation nur sehr langsam verändert, vor das zur Berechnung des Filterausgangssignals notwendige Faltungsintegral gezogen werden (siehe Abschnitt 5.1).

Bei inkohärenten Überlagerungssystemen (z.B. beim ASK-Heterodynsystem mit Hüllkurvendemodulation) entspricht das gestörte Filtereingangssignal dem Signal am Eingang des ZF-Filters. Der Phasenrauschterm kann hier in der komplexen Form $\exp(j\phi(t)) = \cos(\phi(t)) + j\sin(\phi(t))$ dargestellt werden. Da inkohärente Systeme keine Phasenregelung benötigen, ist hier der Phasenrauschterm im allgemeinen ein relativ unkorrelierter Zufallsprozeß. Bei der Berechnung des Filterausgangssignals mittels Faltung ist daher ein Herausziehen dieses Terms aus dem Integranden des Faltungsintegrals nicht erlaubt. Die zumindest näherungsweise Berechnung der ausgangsseitigen WDF als Antwort auf den relativ unkorrelierten und nicht-gaußverteilten Filtereingangsprozeß ist hier also unumgänglich (siehe Abschnitt 5.3).

Im Gegensatz zu gaußverteilten Prozessen werden bei nicht-gaußverteilten Prozessen durch die Filterung nicht nur die beiden Parameter Erwartungswert und Streuung der WDF, sondern auch ihre grundsätzliche Form verändert. Zur vollständigen Beschreibung dieser WDF werden daher neben Erwartungswert und Streuung - diese Werte genügen zur Beschreibung einer Gaußverteilung - auch alle Momente höherer Ordnung benötigt. Genau hierin liegt aber unter anderem die Schwierigkeit in der Berechnung der ausgangsseitigen WDF.

Im folgenden werden verschiedene Methoden zur analytischen Lösung des Filterproblems vorgestellt. Da der numerische Aufwand bei allen Methoden sehr groß ist, werden in diesem Buch nur die wichtigsten Zusammenhänge erläutert. Hinsichtlich einer Vertiefung wird auf die entsprechende Literatur verwiesen [18, 19, 50, 92]. Für das Verständnis der nachfolgenden Kapitel sind bis auf wenige Ausnahmen die teilweise schwierigen Ableitungen dieses Kapitels nicht unbedingt erforderlich und können daher vom Leser auch übergangen werden.

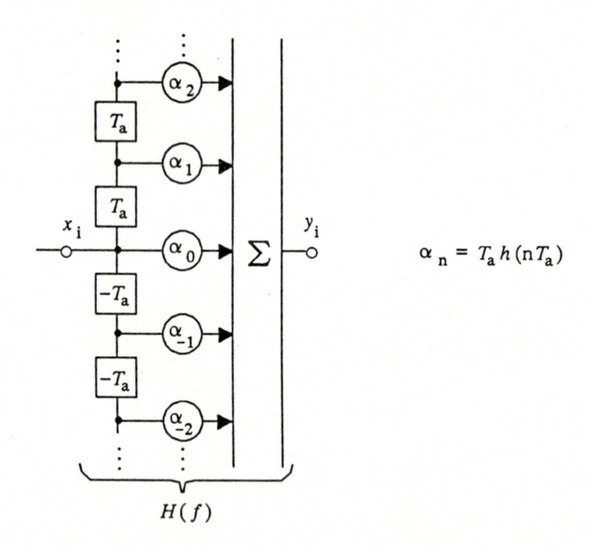

Bild 3.24: Digitalisierung des Filters $H(f)$

Grundlage aller Verfahren ist die Anwendung des Abtasttheorems bzw. die Digitalisierung des betreffenden Filters [100]. Unter Vernachlässigung von Laufzeiten lautet das Filterausgangssignal zum Zeitpunkt iT_a in digitaler Form (vgl. Bild 3.24):

$$y(iT_a) = y_i = \sum_{n=-\infty}^{+\infty} x_{i-n}\,\alpha_n \tag{3.90}$$

Hierbei bezeichnet T_a die zur Erfüllung des Abtasttheorems erforderliche Abtastzeit, $\alpha_n = T_a h(nT_a)$ die abgetaste und mit T_a gewichtete Impulsantwort des

Filters und $x_{i-n} = x([i-n]T_a)$ einen Abtastwert des nicht-gaußverteilten Filtereingangssignals. Damit in Gleichung (3.90) das Abtasttheorem erfüllt ist und somit die Ausgangsgröße y_i mit ihrem tatsächlichen Wert zum Zeitpunkt iT_a übereinstimmt, müssen sowohl die Systemfunktion $H(f)$ des Filters als auch das Filtereingangssignal $x(t)$ bandbegrenzt sein. Da dies in der Regel jedoch nicht erfüllt ist, muß mit Rücksicht auf eine gewünschte Genauigkeit eine willkürliche Bandgrenze festgesetzt werden.

Die verschiedenen Verfahren, welche im folgenden zur Lösung des Filterproblems erläutert werden, gelten sowohl für stationäre als auch für instationäre Filtereingangsprozesse. Um die Beschreibung dieser Verfahren nicht unnötig zu erschweren, soll im weiteren immer ein stationäres Eingangssignal angenommen werden. Die statistischen Eigenschaften der Zufallsgrößen x_{i-n} und y_i sind dann unabhängig vom Zeitpunkt $(i-n)T_a$ bzw. iT_a. Für instationäre Eingangssignale kann die Berechnung der ausgangsseitigen, zeitabhängigen WDF in gleicher Weise erfolgen. Die hierzu notwendigen Modifikationen können relativ leicht durchgeführt werden.

a) Methode der charakteristischen Funktion

Für den besonderen Fall, daß die Abtastwerte x_{i-n} *statistisch unabhängig* sind, können wir die ausgangsseitige WDF $f_y(y)$ mittels der charakteristischen Funktion $\Phi_x(\omega)$ des Eingangssignals $x(t)$ berechnen. Wir erhalten:

$$\boxed{\begin{aligned} f_y(y) &= \frac{1}{2\pi}\int_{-\infty}^{+\infty} \prod_{n=-N}^{+N} \Phi_x(\alpha_n\,\omega)\, e^{-j\omega y}\, d\omega \\ &= \frac{1}{|\alpha_{-N}|} f_x\left(\frac{y}{\alpha_{-N}}\right) * \cdots * \frac{1}{|\alpha_N|} f_x\left(\frac{y}{\alpha_N}\right), \quad \text{mit } N \to \infty. \end{aligned}} \tag{3.91}$$

Die charakteristische Funktion $\Phi_x(\omega)$ ist dabei über die Gleichung

$$\Phi_x(\omega) = \int_{-\infty}^{+\infty} f_x(x)\, e^{j\omega x}\, dx \tag{3.92}$$

definiert [126]. Entsprechend der Gleichung (3.91) erhalten wir also die ausgangsseitige WDF $f_y(y)$, indem wir zunächst die charakteristischen Funktionen der mit α_n gewichteten Zufallsgrößen x_{i-n} berechnen, anschließend alle charakteristischen Funktionen multiplizieren (dies entspricht der fortgesetzten Faltung der zugehörigen Dichtefunktionen) und schließlich die Fourierrücktransformation zur Berechnung der gesuchten WDF $f_y(y)$ vollziehen. Dieser relativ einfache Weg ist indes nicht mehr möglich, wenn die Abtastwerte x_{i-n} des Eingangsrauschens statistische Bindungen aufweisen. Die praktischen Schwierigkeiten in der Auswertung der Gleichung (3.91) mittels einem Rechner liegen in der dazu erforderlichen hohen Rechenzeit. Diese kann allerdings wieder teilweise reduziert werden, wenn man anstatt der unendlich vielen Summenglieder in Gleichung (3.90) nur eine endliche Anzahl ($-N \leq n \leq N$) zur Berechnung heranzieht. Hierdurch veringert sich jedoch die Rechengenauigkeit. Die auf diesem Weg erzielten Näherungsergebnisse sind dabei umso besser, je schneller die Impulsantwort $h(nT_a)$ mit der Zeit abnimmt bzw. je breitbandiger das Filter $H(f)$ ist.

b) Methode der Schmalbandnäherung

Ein weiterer Sonderfall (Grenzfall) ist gegeben, wenn das Filter $H(f)$ sehr viel schmalbandiger ist als der Eingangsprozeß. Die Impulsantwort $h(t)$ des Filters klingt also sehr langsam und die AKF $l_x(\tau)$ sehr schnell ab. In diesem Grenzfall beinhaltet die Summe in Gleichung (3.90) innerhalb der Impulsantwort eine sehr große Anzahl von Abtastwerten x_{i-n}, die darüberhinaus nur schwach korreliert sind. Für diesen insbesondere bei *schmalbandigen Filtern* gegebenen Fall ist der zentrale Grenzwertsatz der Statistik erfüllt, so daß die ausgangsseitige WDF $f_y(y)$ in sehr guter Näherung gaußförmig ist [126]. Die zur Beschreibung dieser Gaußverteilung benötigten Größen η_y (Erwartungswert) und σ_y (Streuung) können in gewohnter Weise aus Leistungsdichtespektrum $L_x(f)$ und der Systemfunktion $H(f)$ des Filters berechnet werden. Damit der zentrale Grenzwertsatz beispielsweise in einem Heterodynsystem erfüllt ist, wird eine ZF-Filterbandbreite $B << \Delta f$ benötigt (Δf: Laserlinienbreite). Diese Relation ist allerdings in der Praxis häufig nicht erfüllt.

c) Momentenmethode

Ziel der Momentenmethode ist es, alle ausgangsseitigen Momente $m_y^{(k)} = E\{y^k\}$, $k \in \mathbb{N}$, des Zufallsprozesses $y(t)$ zu bestimmen und damit unter Anwendung geeigneter Reihenentwicklungen die WDF $f_y(y)$ zu berechnen. Hierbei sind drei Fälle zu unterscheiden:

Ist der eingangsseitige Zufallsprozeß $x(t)$ *gaußverteilt* und liefert *statistisch unabhängige* Abtastwerte (1. Fall), so ist dieser Weg sehr einfach, da hierbei die ausgangsseitigen Momente nur von den bekannten eingangsseitigen Momenten gleicher Ordnung (also gleiches k) sowie den Filterkoeffizienten α_n abhängen [18]. Weil aber eine gaußverteilte Eingangsgröße $x(t)$ bekannterweise immer eine gaußverteilte Ausgangsgröße $y(t)$ bedingt, genügt in diesem einfachen Fall die Bestimmung der Momente erster und zweiter Ordnung (vgl. Bild 3.23a). Der ausgangsseitige Zufallsprozeß $y(t)$ ist hier auch durch die AKF $l_y(\tau)$ bzw. das LDS $L_y(f)$ vollständig beschrieben. Beide Parameter der gaußförmigen WDF $f_y(y)$, nämlich Erwartungswert $\eta_y = m_y^{(1)}$ und Varianz $\sigma_y^2 = m_y^{(2)} - \eta_y^2$, können aus diesen beiden Funktionen berechnet werden.

Ist der Zufallsprozeß $x(t)$ *nicht gaußverteilt*, die Abtastwerte aber *statistisch unabhängig* (2. Fall), so ist das ausgangsseitige Moment k-ter Ordnung eine Funktion der Filterkoeffizienten α_n sowie aller Eingangsmomente k-ter *und* niedrigerer Ordnung. Die Anwendung der Momentenmethode ist also auch für diesen Fall verhältnismäßig einfach [18]. Die alleinige Angabe der AKF $l_y(\tau)$ bzw. des LDS $L_y(f)$ ist hier zur vollständigen Beschreibung des Zufallsprozesses $y(t)$ nicht mehr ausreichend.

Für den Fall, daß der Filtereingangsprozeß *weder gaußverteilt* noch *statistisch unabhängig* ist (3. Fall), kann die Momentenmethode im allgemeinen nicht angewandt werden, da neben den einfachen Momenten erster bis k-ter Ordnung auch Kenntnisse über weiterreichende statistische Bindungen (zum Beispiel der Erwartungswert: $E\{x(t_1)^k \cdot x(t_2)^l\}$) erforderlich sind. AKF $l_y(\tau)$ bzw. LDS $L_y(f)$ sind auch hier nicht mehr ausreichend, um den Zufallsprozeß $y(t)$ vollständig zu beschreiben. Ein solcher Prozeß ist im allgemeinen nur dann vollständig bestimmt, wenn seine sämtlichen - also auch die nichtlinearen - Bindungen bekannt sind. Deshalb müssen neben der AKF auch die höheren Korrelationsfunktionen gegeben sein. Aber auch wenn diese verallgemeinerten Funktionen bekannt sind, erhält man auf diese Weise nur für ganz wenige und einfache Sonderfälle praktische Ergebnisse (vgl. [18] und [19]).

Ein solcher Sonderfall ist beispielsweise durch den eingangsseitigen Zufallsprozeß $x(t) = \cos(\phi(t))$ gegeben, der aus dem gaußförmigen Prozeß $\phi(t)$ durch eine nichtlineare Transformation (Cosinusbildung) entsteht. Anhand dieses bei Überlagerungssystemen sehr häufig vorkommenden Sonderfalls soll nun die Momentenmethode näher erläutert werden.

Für die Eingangsmomente k-ter Ordnung des eingangsseitigen Zufallsprozesses $x(t) = \cos(\phi(t))$ gilt:

$$\boxed{\begin{aligned} m_x^{(k)} &= E\{x^k\} = E\{\cos^k(\phi)\} = \frac{1}{\sqrt{2\pi}\,\sigma_\phi}\int_{-\infty}^{+\infty}\cos^k(\phi)\,\exp\left(-\frac{\phi^2}{2\sigma_\phi^2}\right)d\phi \\ &= \left(\frac{1}{2}\right)^k \sum_{j=0}^{j=k}\binom{k}{j}\exp\left(-\frac{(k-2j)^2\sigma_\phi^2}{2}\right) \end{aligned}} \tag{3.93}$$

Als weitere Größe des Eingangsprozesses $x(t)$ wird seine AKF

$$l_x(\tau) = \frac{1}{2}e^{-\sigma_\phi^2}\left[e^{l_\phi(\tau)} + e^{-l_\phi(\tau)}\right] = e^{-\sigma_\phi^2}\cosh\big(l_\phi(\tau)\big) \tag{3.94}$$

benötigt, die bereits im Abschnitt 3.3.4 hergeleitet wurde (siehe Gleichung 3.77). Der nicht gaußverteilte Zufallsprozeß $x(t) = \cos(\phi(t))$ wurde dort mit $w(t)$ bezeichnet. Zur Vereinfachung der weiteren Berechnung führen wir folgende Abkürzung ein:

$$l_\phi([i-n]T_a) := l_\phi(i-n)\,. \tag{3.95}$$

Das ausgangsseitige *Moment 1. Ordnung* erhalten wir über den Erwartungswert:

$$m_y^{(1)} = E\left\{\sum_{n=-\infty}^{+\infty} x_{i-n}\,\alpha_n\right\} = \sum_{n=-\infty}^{+\infty} E\{x_{i-n}\}\,\alpha_n = m_x^{(1)}\sum_{n=-\infty}^{+\infty}\alpha_n = m_x^{(1)}H(0)\,. \tag{3.96}$$

Wegen der vorausgesetzten Stationarität des Eingangsprozesses $x(t)$ sind sowohl das Moment $m_x^{(1)} = \eta_x$ als auch das Moment $m_y^{(1)} = \eta_y$ unabhängig vom Zeitpunkt iT_a. Die Größe $H(0)$ in Gleichung (3.96) bezeichnet die Systemfunktion des Filters $H(f)$ an der Stelle $f = 0$ (vgl. Bild 3.23). Mit Gleichung (3.93) und k = 1 folgt

$$m_y^{(1)} = e^{-\frac{1}{2}\sigma_\phi^2} H(0) . \tag{3.97}$$

Das ausgangsseitige *Moment 2. Ordnung* berechnet sich zu

$$m_y^{(2)} = \int_{-\infty}^{+\infty} L_x(f) \left| H(f) \right|^2 df, \quad \text{mit} \quad L_x(f) \bullet\!\!-\!\!\circ \; l_x(\tau) . \tag{3.98}$$

Beziehen wir die Berechnung des Momentes 2. Ordnung nicht wie in (3.98) auf das LDS $L_x(f)$ bzw. auf die AKF $l_x(\tau)$ des Eingangszufallsprozesses $x(t) = \cos(\phi(t))$, sondern auf die AKF $l_\phi(\tau)$ der Zufallsphase $\phi(t)$, so folgt:

$$m_y^{(2)} = \frac{1}{2} e^{-\sigma_\phi^2} \sum_{n=-\infty}^{+\infty} \sum_{m=-\infty}^{+\infty} \left[e^{l_\phi(n-m)} + e^{-l_\phi(n-m)} \right] \alpha_n \alpha_m . \tag{3.99}$$

Für das ausgangsseitige *Moment 3. Ordnung* erhalten wir in gleicher Weise unter zusätzlicher Benutzung trigonometrischer Beziehungen den bereits relativ umfangreichen Ausdruck [18]:

$$m_y^{(3)} = \frac{1}{4} e^{-\frac{3}{2}\sigma_\phi^2} \sum_{n=-\infty}^{+\infty} \sum_{m=-\infty}^{+\infty} \sum_{i=-\infty}^{+\infty} p(n,m,i)\, \alpha_n \alpha_m \alpha_i$$

mit

$$\begin{aligned} p(n,m,i) = {} & \exp\left[+l_\phi(n-m)+l_\phi(n-i)+l_\phi(m-i)\right] + \exp\left[+l_\phi(n-m)-l_\phi(n-i)-l_\phi(m-i)\right] \\ & + \exp\left[-l_\phi(n-m)-l_\phi(n-i)+l_\phi(m-i)\right] + \exp\left[-l_\phi(n-m)+l_\phi(n-i)-l_\phi(m-i)\right] . \end{aligned} \tag{3.100}$$

Prinzipiell kann die Berechnung der *Momente höherer Ordnung* in gleicher Weise erfolgen. Allerdings ist das in dieser Form nicht mehr sinnvoll, da die benötigte Rechenzeit bereits ab dem Moment 4. Ordnung beträchtlich ist. Betrachten wir die Bestimmungsgleichung für das ausgangsseitige Moment 3. Ordnung genauer, so fällt auf, daß die dort benötigten Größen $l_\phi(n-m)$, $l_\phi(n-i)$ und $l_\phi(m-i)$ bei der fortlaufenden Summation über n, m und i (Moment 3. Ordnung) sehr oft die gleichen Zahlenwerte annehmen. Der nächste hier durchzuführende Schritt wäre daher die Beseitigung der in hohem Maße vorhandenen Redundanz in den Ausdrücken der Ausgangsmomente. Im Rahmen dieses Buches soll hierauf jedoch nicht eingegangen werden.

Die gesuchte ausgangsseitige WDF $f_y(y)$ erhalten wir aus den Ausgangsmomenten durch Reihenentwicklung. Hierzu stehen verschiedene Entwicklungen zur Verfügung. Als ein Beispiel sei an dieser Stelle die durch die Taylor-Entwicklung der charakteristischen Funktion entstandene Reihe

$$\Phi_y(\omega) = 1 + \sum_{k=1}^{+\infty} \frac{m_y^{(k)}}{k!} (j\omega)^k, \qquad f_y(y) = \frac{1}{2\pi} \int_{-\infty}^{+\infty} \Phi_y(\omega)\, e^{-j\omega y}\, d\omega \tag{3.101}$$

aufgeführt [126]. Die Konvergenz dieser Taylor-Reihe ist allerdings nur unzureichend. Besser geeignet sind dagegen die Gram-Charlier- [17], die Edgeworth- [24] oder die Cornish-Fisher-Entwicklung [30]. Eine detaillierte Erläuterung dieser Reihen soll hier nicht erfolgen. Intensiv untersucht und verglichen werden die aufgeführten Reihenentwicklungen beispielsweise in [18].

d) Formfiltermethode

Die Idee der Formfiltermethode ist, den korrelierten Filtereingangsprozeß $x(t)$ mit statistisch abhängigen Abtastwerten x_i mittels eines zusätzlichen Filters - dem Formfilter - auf einen Prozeß $u(t)$ mit bandbegrenztem weißem LDS $L_u(f)$ und statistisch voneinander unabhängigen Abtastwerten u_i zurückzuführen (Bild 3.25).

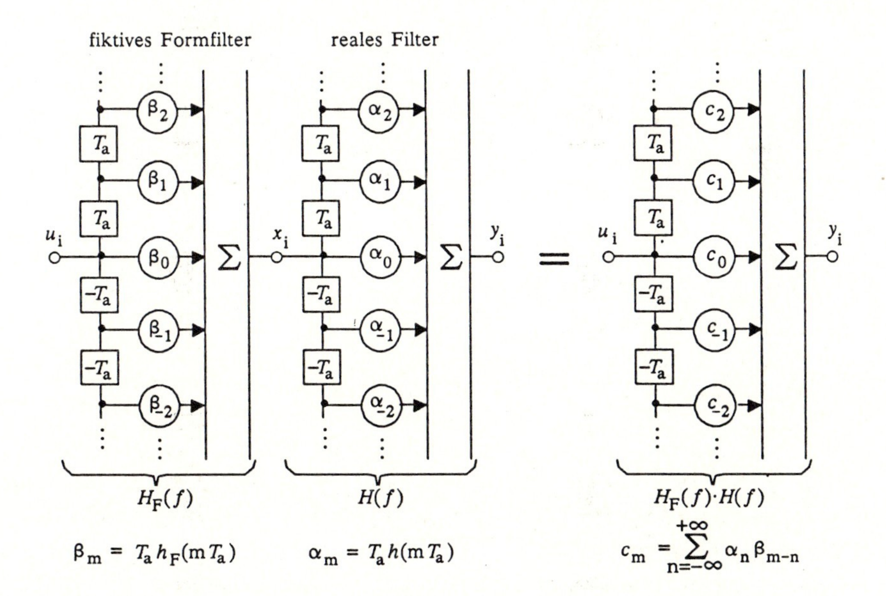

Bild 3.25: Filtermodell zur Berechnung der Wahrscheinlichkeitsdichtefunktion $f_y(y)$

Das Formfilter $H_F(f)$ dient hier lediglich als mathematisches Hilfsmittel zur Berechnung der gesuchten WDF $f_y(y)$ am Ausgang des realen Filters $H(f)$. Es ist im Gegensatz zum Filter $H(f)$ in Überlagerungssystemen nicht als physikalisches Filter real vorhanden. Wir bezeichnen dieses Filter daher als *fiktives Formfilter*.
Unter der Voraussetzung, daß ein solches (fiktives) Formfilter existiert, kann die gesuchte WDF $f_y(y)$ am Ausgang des realen Filters $H(f)$ mit Hilfe der Momentenmethode (Abschnitt c, Fall 2) verhältnismäßig einfach und schnell bestimmt werden. Voraussetzung für die Anwendbarkeit der Momentenmethode ist die statistische Unabhängigkeit der filtereingangsseitigen Abtastwerte. In Bild 3.25 sind dies die Abtastwerte u_i, die vereinbarungsgemäß diese Eigenschaft besitzen. Zum besseren Verständnis der nachfolgenden Betrachtungen sind in der Tabelle 3.2 nochmals die Eigenschaften der beiden realen Zufallsprozesse $x(t)$ und $y(t)$ sowie die des fiktiven Zufallsprozesses $u(t)$ aufgeführt.

Tabelle 3.2: Eigenschaften der Zufallsprozesse $u(t)$, $x(t)$ und $y(t)$

Zufallsprozeß	Eigenschaften
$u(t)$	– fiktiver Zufallsprozeß – statistisch unabhängige Abtastwerte – nicht gaußverteilt – korreliert – AKF entspricht der eines bandbegrenzten weißen Rauschens (siehe Gleichung 3.102 und Bild 3.26)
$x(t)$, $y(t)$	– realer Zufallsprozeß – statistisch abhängige Abtastwerte – nicht gaußverteilt – korreliert – AKF von $x(t)$ siehe Gleichung (3.94) – AKF von $y(t)$: $l_y(\tau) \circ\!\!-\!\!\bullet L_x(f)\cdot\lvert H(f)\rvert^2$

Durch die beiden oben aufgeführten Forderungen, nämlich daß der fiktive Filtereingangsprozeß $u(t)$ ein bandbegrenztes weißes LDS besitzt und seine Abtastwerte u_i statistisch voneinander unabhängig sind, ist der Verlauf seiner AKF $l_u(\tau)$ bzw. seines LDS $L_u(f)$ festgelegt (siehe Bild 3.26). Es gilt:

$$l_u(\tau) = \sigma_u^2 \operatorname{si}(\pi\tau / T_a) \circ\!\!-\!\!\bullet L_u(f) = \begin{cases} \sigma_u^2 T_a & \text{für } |f| \leq 1/(2T_a), \\ 0 & \text{sonst} \end{cases} . \tag{3.102}$$

Der Zufallsprozeß $u(t)$ ist, da er wegen der Bandbegrenzung auf $|f| \leq 1/(2T_a)$ das Abtasttheorem erfüllt [100], durch seine äquidistanten Abtastwerte $u_i = u(iT_a)$ vollständig beschrieben. Die zur Unabhängigkeit der Zufallsgrößen u_i notwendige Unkorreliertheit folgt aus den äquidistanten Nullstellen seiner AKF $l_u(\tau)$ im Abstand T_a (siehe Bild 3.26a).

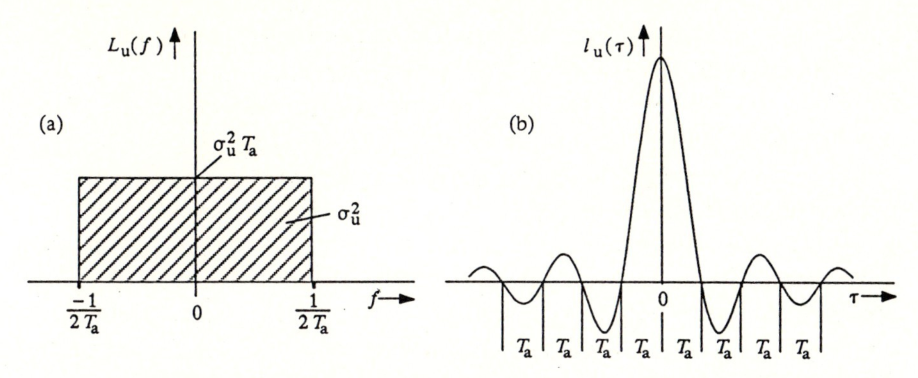

Bild 3.26: Leistungsdichtespektrum (a) und Autokorrelationsfunktion (b) des fiktiven Zufallsprozesses $u(t)$ beim Filtermodell nach Bild 3.25

Unbestimmte Größen im Filtermodell nach Bild 3.25 sind die Filterkoeffizienten β_m des Formfilters $H_F(f)$ sowie die WDF $f_u(u)$ bzw. die Momente $m_u^{(k)}$ des eingangsseitigen Zufallsprozesses $u(t)$. Die Formfilterkoeffizienten β_m können aus dem Amplitudengang $|H_F(f)|$ des Formfilters berechnet werden, der über die Leistungsdichtespektren $L_u(f)$ und $L_x(f)$ eindeutig bestimmt ist. Es gilt:

$$|H_F(f)| = \sqrt{L_x(f)/L_u(f)} \longrightarrow h'_F(t) \circ\!\!-\!\!\bullet |H_F(f)| \longrightarrow \beta'_m = T_a h'_F(mT_a). \quad (3.103)$$

Über den Phasengang des Formfilters liefern dagegen die Leistungsdichtespektren $L_u(f)$ und $L_x(f)$ des Filtereingangs- bzw. des Filterausgangsprozesses keine Aussage. Dieser bleibt weiterhin unbestimmt. Die Impulsantwort $h_F(t)$ des Formfilters und somit seine Filterkoeffizienten β_m sind deshalb nicht eindeutig bestimmbar. In Gleichung (3.103) wurden diese Größen daher mit einem Strich versehen. Diese Größen legen also nur den Amplituden-, nicht aber den Phasengang des Formfilters fest. Ist der eingangsseitige Zufallsprozeß $u(t)$ beispielsweise gaußverteilt, so kann der Phasengang beliebig gewählt werden, da dieser in diesem Fall keinen Einfluß auf die statistischen Eigenschaften des Filtereingangsprozesses ausübt.

Die weiterhin noch unbestimmten Momente $m_u^{(k)}$ des Zufallsprozesses $u(t)$ erhalten wir aus den bekannten Momenten $m_x^{(k)}$ des Prozesses $x(t)$ sowie den Filterkoeffizienten β_m bzw. β'_m des Formfilters. Wegen der statistischen Unabhängigkeit der Abtastwerte u_i des Zufallsprozesses $u(t)$ ist dies mit der Momentenmethode (Unterabschnitt c, Fall 2) sehr schnell möglich, da in diesem Sonderfall die unbekannten eingangsseitigen Momente $m_u^{(k)}$ nur von den bekannten ausgangsseitigen Momenten $m_x^{(k)}$ gleicher Ordnung (also gleiches k) sowie den Filterkoeffizienten β_m bzw. β'_m abhängen.

Die ausgangsseitigen Momente $m_y^{(k)}$ und somit die gesuchte WDF $f_Y(y)$ der Filterausgangsgröße

$$y_i = \sum_{m=-\infty}^{+\infty} u_m \, c_{i-m} \quad \text{mit } c_{i-m} = \sum_{n=-\infty}^{+\infty} \alpha_n \, \beta_{i-n-m} . \quad (3.104)$$

erhalten wir in gleicher Weise aus den nunmehr bekannten Eingangsmomenten $m_u^{(k)}$ des Prozesses $u(t)$ sowie den Gesamtfilterkoeffizienten c_m (siehe Bild 3.25). Durch eine Reihenentwicklung, z.B. die Gram–Charlier–Entwicklung, erhält man aus den Momenten $m_y^{(k)}$ schließlich die gesuchte WDF $f_y(y)$.

Eine quantitative Auswertung der Formfiltermethode zeigt als zunächst ungewohntes Ergebnis eine Abhängigkeit der gesuchten ausgangsseitigen WDF $f_y(y)$ vom Phasengang des Formfilters [18, 19]. Für den Sonderfall von gaußverteilten Zufallsgrößen ist eine solche Abhängigkeit nicht gegeben. Dies bedeutet, daß im allgemeinen die Momente höherer Ordnung ($k > 2$) im Gegensatz zu den Momenten erster und zweiter Ordnung (diese genügen zur vollständigen Beschreibung einer Gaußverteilung) eine Funktion der Formfilterphase sind. Die nicht gaußförmige WDF $f_y(y)$ kann also nicht eindeutig bestimmt werden, wenn vom Eingangsprozeß $x(t)$ außer der nicht gaußförmigen WDF $f_x(x)$ nur die AKF $l_x(\tau)$ bzw. das LDS $L_x(f)$ bekannt sind. Aus diesen Funktionen kann man nämlich mit der Gleichung (3.104) nur den Betrag $|H_F(f)|$ des Formfilters bestimmen, nicht jedoch seinen Phasengang. AKF und LDS liefern nur Informationen über den Wert der Momente erster und zweiter Ordnung. Da allerdings diese beiden phasenunabhängigen Momente bei der Formgebung und der Lage der WDF dominant sind, ist der Einfluß der Formfilterphase auf die gesuchte ausgangsseitige WDF $f_y(y)$ (infolge der Momente höherer Ordnung) wie [18] zeigt, relativ gering.

e) Integralmethode

Bei der Integralmethode wird die Berechnung der ausgangsseitigen WDF $f_y(y)$ auf eine Integration über eine noch zu bestimmende mehrdimensionale Verbunddichtefunktion oder kurz Verbund-WDF zurückgeführt. Hierzu ist zunächst ein Gleichungssystem mit (2N+1) Gleichungen aufzustellen, wobei (2N+1) der Anzahl von Zufallsgrößen auf der rechten Gleichungsseite von

$$y_i = \sum_{n=-N}^{+N} x_{i-n} \, \alpha_n \tag{3.105}$$

entspricht. Die Größe von N ist dabei gemäß der Gleichung (3.90) im allgemeinen unendlich. Unter der Voraussetzung einer zeitlich abklingenden Impulsantwort $h(t)$ kann jedoch ein endlicher Wert für N festgesetzt werden. Die Rechengenauigkeit nimmt hierdurch allerdings ab. Im Hinblick auf eine übersichtliche Berechnung der WDF $f_y(y)$ sind insbesondere solche Gleichungssysteme geeignet, welche bei Umkehrung – also nach Auflösen des Gleichungssystems nach den Variablen der rechten Gleichungsseite – eine eindeutige Lösung liefern. Hierauf ist besonders beim Zufallsprozeß $x(t) = \cos(\phi(t))$ zu achten, der ja bekannterweise eine mehrdeutige Umkehrfunktion aufweist (vgl. Abschnitt 3.3.4). Durch Einführung der Hilfsgrößen h_{-N+1} bis h_N erhalten wir beispielsweise folgendes Gleichungssystem (Anmerkung: Es existieren eine Vielzahl möglicher Gleichungssysteme):

$$
\begin{aligned}
y_i &= \sum_{n=-N}^{+N} x_{i-n}\,\alpha_n\,, \\
h_{-N+1} &= x_{-N+1}\,, \\
&\;\vdots \\
h_0 &= x_0\,, \\
&\;\vdots \\
h_N &= x_N\,.
\end{aligned}
\tag{3.106}
$$

Auf beiden Seiten dieses Gleichungssystems befinden sich nun (2N+1) Zufallsvariable. Entsprechend dem Transformationsgesetz für mehrdimensionale Zufallsgrößen [126] erhalten wir daraus die mehrdimensionale Verbunddichtefunktion

$$
f_{y,h_{-N+1}\cdots h_N}\left(y, h_{-N+1}\cdots h_N\right) = \tag{3.107}
$$

$$
\frac{f_{x_{-N}\cdots x_N}\left(x_{-N}^{(1)}\cdots x_N^{(1)}\right)}{\left|\det J\left(x_{-N}^{(1)}\cdots x_N^{(1)}\right)\right|} + \cdots + \frac{f_{x_{-N}\cdots x_N}\left(x_{-N}^{(k)}\cdots x_N^{(k)}\right)}{\left|\det J\left(x_{-N}^{(k)}\cdots x_N^{(k)}\right)\right|}\,.
$$

Hierbei sind die Größen $x_n^{(1)}\cdots x_n^{(k)}$ mit $-N \leq n \leq N$ die Lösungen des bereits erwähnten Umkehrgleichungssystems, also die Umstellung des Systems (3.106) nach den (2N+1) Zufallsvariablen der rechten Gleichungsseite. Im Fall der eindeutigen Lösung des Umkehrgleichungssystems besteht die Verbund-WDF nur aus einem einzigen Summanden. Die Nenner der einzelnen Summanden werden durch die Determinante der Jacobi-Matrix

$$
J = \begin{bmatrix} \dfrac{\delta y}{\delta x_{-N}} & \cdots & \dfrac{\delta y}{\delta x_N} \\ \vdots & & \vdots \\ \dfrac{\delta h_N}{\delta x_{-N}} & \cdots & \dfrac{\delta h_N}{\delta x_N} \end{bmatrix}
\tag{3.108}
$$

gebildet [126] . Als Folge der geschickten Wahl des Gleichungssystems (3.106) ist das zugehörige Umkehrgleichungssystem eindeutig lösbar und der Betrag der Determinanten det J der Jacobi-Matrix ist identisch 1. Dadurch folgt für die Verbund-WDF der relativ einfache Ausdruck

$$
f_{y,h_{-N+1}\cdots h_N}\left(y, h_{-N+1}\cdots h_N\right) = f_{x_{-N}\cdots x_N}\left(\frac{1}{\alpha_{-N}}\left[y - \sum_{n=-N+1}^{N} x_n\,\alpha_n\right], h_{-N+1}\cdots h_N\right).
\tag{3.109}
$$

Durch Integration - daher der Name Integralmethode - über die Zufallsgrößen h_{-N+1} bis h_N erhalten wir schließlich als Ergebnis

$$
\boxed{
\begin{aligned}
&f_y(y) = \\
&\underbrace{\int_{-\infty}^{+\infty}\cdots\int_{-\infty}^{+\infty}}_{2N} f_{x_{-N}\cdots x_N}\left(\frac{1}{\alpha_{-N}}\left[y - \sum_{n=-N+1}^{N} x_n\,\alpha_n\right], h_{-N+1}\cdots h_N\right) \mathrm{d}h_{-N+1}\cdots \mathrm{d}h_N.
\end{aligned}
}
\tag{3.110}
$$

Die Schwierigkeit in der Auswertung dieser Gleichung liegt in der Ermittlung der im Integranden benötigten mehrdimensionalen Verbund-WDF bezüglich den Zufallsgrößen x_{-N} bis x_N. Für den Sonderfall $x(t) = \cos(\phi(t))$ ist dies jedoch wieder verhältnismäßig einfach. Beschreiben wir nämlich ausgehend von einer „*Startphase*" z.B. $\phi([i-(-N)]T_a)\ ) = \phi_{i+N}$ alle anderen Phasen durch sukzessive Addition von Phasendifferenzen, also $\phi_{i-n+1} = \phi_{i-n} + \Delta\phi_{i-n}$, so können wir die in der Gleichung (3.110) benötigte Verbund-WDF durch eine Verbund-WDF mit $\Delta\phi$-Größen ersetzen. Da nun aber nach Abschnitt 3.3.2 die Phasendifferenzen $\Delta\phi_{i-n}$ statistisch voneinander unabhängig sind, erhält man die zugehörige Verbund-WDF aus dem Produkt unabhängiger Einzeldichtefunktionen. Auf diese Weise bekommen wir eine kompakte analytische Lösung für die gesuchte WDF $f_Y(y)$ am Ausgang des Filters $H(f)$. Am Beispiel des ASK-Heterodynsystems wird dieses Verfahren im Abschnitt 4.3.1 nochmals ausführlich beschrieben. Zwischen der Integralmethode und der Momentenmethode, also der Bestimmung der Momente am Filterausgang, besteht der formale Zusammenhang

$$m_y^{(k)} = \underbrace{\int_{-\infty}^{+\infty} \cdots \int_{-\infty}^{+\infty}}_{2N+1} \left(\sum_{n=-N}^{N} x_n \alpha_n \right)^k f_{x_{-N} \cdots x_N}\left(x_{-N} \cdots x_N\right) \mathrm{d}x_{-N} \cdots \mathrm{d}x_N . \qquad (3.111)$$

Da wir aus dieser Gleichung die ausgangsseitigen Momente wieder nur dann erhalten, wenn die mehrdimensionale Verbund-WDF bezüglich den Zufallsvariablen x_{-N} bis x_N gegeben ist, ist auch dieser Weg nur in Sonderfällen gangbar.

3.6 Reduktion des Laserphasenrauschens

Optische Überlagerungssysteme sind sehr empfindlich gegenüber dem Phasenrauschen von Sende- und Lokallaser (vgl. Kapitel 5 und 6). Die Anforderungen an die Laserlinienbreite sind hierbei vor allem bei den kohärenten Überlagerungssystemen besonders hoch. Technologische Maßnahmen zur Reduzierung der Linienbreite bzw. des Laserphasenrauschens sind daher unerläßlich. In diesem Abschnitt sollen kurz verschiedene Verfahren zur Reduktion der Linienbreite in Halbleiterlasern vorgestellt werden. Für eine Vertiefung wird auf die bereits zahlreich erschienenen Veröffentlichungen verwiesen, z.B. [27, 33, 47, 88].

DFB- und DBR-Laser

Große Anstrengungen werden in der Entwicklung von DFB- und DBR-Monomodehalbleiterlasern mit großer Lichtleistung unternommen. Die beiden Abkürzungen DFB und DBR stehen für die englischen Bezeichnungen *distributed feedback* und *distributed bragg reflector*. In beiden Laserarten werden anstatt spiegelnder Resonatorendflächen (die Spiegel sind im allgemeinen spektral sehr breitbandig) periodisch gestörte Wellenleiter als Reflektoren verwendet. Im DFB-Laser wird das aktive Lasermedium selbst und im DBR-Laser das an die aktive Zone angrenzende Medium periodisch gestört. Beide Laser zeigen eine hohe Wellenlängenstabilität. Die Verringerung der Laserlinienbreite wird durch eine Erhöhung der Laserlichtleistung herbeigeführt (vgl. Gleichung 3.87). Die dadurch erreichbare minimale Laserlinienbreite beträgt etwa 6 MHz [88].

Laser mit externen Resonatoren

Das derzeit effektivste Verfahren zur Verringerung der Laserlinienbreite ist die Verwendung eines zusätzlichen externen passiven Resonators. Die Linienbreite dieser Laser ist dabei um so geringer, je größer das Verhältnis von passiver zu aktiver Resonatorlänge ist. Um ein Monomodeverhalten des Lasers zu gewährleisten, wird ein Brechungsgitter als externer Resonatorspiegel verwendet. Bei Benutzung eines 20 cm langen externen Resonators wurden auf diesem Wege eine minimale Linienbreite von 10 kHz erzielt [88]. Die Nachteile dieses Verfahrens sind akusto-optische Störungen im externen Resonator. Eine in sich abgeschlossene Lasereinheit, eventuell im Rahmen einer zukünftigen integrierten Optik, minimiert die thermischen und akusto-optischen Effekte.

Laser mit optischer Rückkopplung

Wird das emittierte Licht eines optischen Resonators zum Teil wieder in den Resonator reflektiert, so kann dies zu einer Verbreiterung aber auch zu einer Verringerung der Linienbreite führen. Maßgebend ist hierbei die Phasenbeziehung zwischen emittierter und reflektierter Lichtwelle. Bei optimaler Phasenanpassung sind Linienbreiten in der Größenordnung von einigen 100 kHz erreichbar. Als Reflektor können Spiegel, Brechungsgitter aber auch die Glasfaser selbst verwendet werden.

Laser mit gekoppelten Resonatoren

Herkömmliche Laser verwenden zur Generierung der Lichtwelle einen einzelnen optischen Resonator. Prinzipiell besteht aber die Möglichkeit, den Resonator in zwei Teil-Resonatoren aufzuspalten und diese miteinander zu verkoppeln (*cleaved coupled cavity laser* oder kurz C^3-Laser). Dieser Laser beinhaltet zwei durch einen kleinen Spalt getrennte aktive Laser-Sektionen mit je einem optischen Resonator. Die Gesamtlänge beider Resonatoren entspricht dabei etwa der Länge des Resonators von konventionellen Lasern. Die räumlichen Abmessungen von Lasern mit gekoppelten Resonatoren sind daher um vieles kleiner als bei Verwendung von externen Resonatoren (siehe oben).

Infolge konstruktiver Interferenzen zwischen den Feldern der beiden gekoppelten Resonatoren erreicht man eine verbesserte Wellenlängenstabilität und eine kleinere Linienbreite. Maßgeblich sind hierfür in erster Linie die Abmessungen des Spaltes zwischen den Resonatoren. Die Realisierung und Reproduzierung definierter Spaltgrößen ist allerdings schwierig. Die derzeit auf diesem Wege erzielten Linienbreiten liegen bei etwa 2 MHz.

4 Polarisationsschwankungen

In der konventionellen optischen Nachrichtentechnik in Form von Lichtleistungsmodulation und direktem Empfang hat die Polarisation der Trägerlichtwelle keinen Einfluß auf die Übertragungsqualität des Systems. Bei Überlagerungssystemen ist dagegen die Polarisation von großer Bedeutung. Schwankungen der Polarisation führen hier direkt zu unerwünschten Schwankungen im Nutzanteil des Photodiodenstroms und können diesen mitunter sogar vollständig auslöschen. Eine Stabilisierung oder Regelung der Polarisation ist deshalb in optischen Überlagerungssystemen unumgänglich. Eine Ausnahme bilden hier lediglich diejenigen Systeme, die einen Polarisationsdiversitätsempfänger beinhalten (Abschnitt 4.3.3).

Das Auffinden geeigneter Lösungen, die zu einer stabilen Polarisation führen, erfordert Kenntnisse über die Schwankungsursachen und ihre Wirkungen auf die Polarisation der Lichtwelle. In den folgenden Abschnitten 4.1 und 4.2 wird hierauf ausführlich eingegangen. Um dabei das Verständnis dieser beiden theoretisch schwierigeren Abschnitte zu erleichtern, - diese Abschnitte können vom Leser auch übersprungen werden - wird in diesem Buch soweit als möglich eine ebene elektromagnetische Lichtwelle vorausgesetzt.

An dieser Stelle sei angemerkt, daß diese elektromagnetische Lichtwelle auf Grund ihrer in optischen Übertragungssystemen üblichen Wellenlänge im Bereich von 800 nm bis etwa 1,5 μm unsichtbar ist. In diesem Buch soll aber auch für die elektromagnetischen Wellen dieses Wellenlängenbereiches die Kurzbezeichnung „Licht" verwendet werden.

Im Abschnitt 4.3 werden Maßnahmen, welche zu einer Stabilisierung der Polarisation führen, vorgestellt. In diesem Zusammenhang wird auch die Funktionsweise des bereits oben erwähnten Polarisationsdiversitätsempfängers erläutert, der eine Alternative zur Polarisationsregelung darstellt.

4.1 Polarisationsübertragung der Monomodefaser

4.1.1 Eigenmoden

Eine ideal kreisförmige Monomodefaser - andere Faserarten, wie zum Beispiel die Gradientenfaser, sind für Überlagerungssysteme ungeeignet und werden hier nicht betrachtet - kann immer zwei voneinander unabhängige *entartete Moden*, nämlich die beiden orthogonalen Polarisationen, übertragen. Diese Moden nennen wir entartet, da sie beide die gleiche Ausbreitungskonstante bzw. -geschwindigkeit haben. Im allgemeinen Fall setzt sich das elektrische Feld einer sich ausbreitenden Faserlichtwelle immer aus einer linearen Superposition dieser zwei *Eigenpolarisationsmoden* oder kurz *Eigenmoden* zusammen. Eigenmoden sind immer voneinander unabhängig, d.h. sie breiten sich sich ohne gegenseitige Beeinflussung aus.

In einer realen Monomodefaser werden wir im Gegensatz zur idealen Faser stets Unsymmetrien vorfinden, wie beispielsweise einen nichtkreisförmigen Faserkern oder unsymmetrische seitliche Drücke. Die Entartung der beiden Eigenmoden wird hierdurch aufgehoben. Dies hat zur Folge, daß sich die beiden voneinander unabhängigen Eigenmoden nunmehr mit unterschiedlichen Geschwindigkeiten ausbreiten.

Neben den beiden bereits genannten Faserstörungen treten entlang einer Faserstrecke meist noch eine Reihe weiterer unterschiedlicher Störungen auf, die eine Faserverformung verursachen und dadurch die Ausbreitungsgeschwindigkeiten der beiden Eigenmoden beeinflussen. Typische Faserstörungen sind geometrische Unsymmetrien des Faserkerns und/oder des Fasermantels, Krümmungen und Verdrehungen (Torsion) der Faser, axial unsymmetrische Brechzahlverteilungen sowie unsymmetrische interne und externe mechanische Druckverteilungen. Auch die Temperatur kommt als wesentlicher Störfaktor hinzu, wenn man die unterschiedlichen Temperaturausdehnungskoeffizienten von Faserkern und -mantel beachtet, welche wiederum unsymmetrische Spannungen in der Faser hervorrufen.

Zusätzlich zur Änderung der Ausbreitungsgeschwindigkeiten der beiden Eigenmoden verursachen die genannten Faserstörungen meist auch eine unerwünschte Verkopplung dieser beiden Moden. In diesem Fall findet zwischen den beiden Moden ein wechselseitiger Energieaustausch statt. Sie beeinflussen sich nun gegenseitig und ihre Unabhängigkeit wird dadurch aufgehoben. Wir bezeichnen diese beiden miteinander verkoppelten Moden nun nicht mehr als Eigenmoden, da Eigenmoden vereinbarungsgemäß immer voneinander unabhängig sind (siehe oben). Es kann jedoch gezeigt werden (Abschnitt 4.1.2), daß auch bei einer solchermaßen gestörten Faser (also eine Faser, die Modenkopplung verursacht) wiederum zwei orthogonale Polarisationen gefunden werden können, die auch in diesem Fall eine voneinander unabhängige Ausbreitung zweier Eigenmoden erlaubt. Die charakteristischen orthogonalen Richtungen dieser beiden neuen Polarisationen, die sogenannten *Hauptachsen* (engl: *principial axis*), sind nunmehr allerdings eine andere als bei der Faser, die keine Modenverkopplung verursachte. Haben wir beispielsweise eine Monomodefaser mit einem elliptischen Kern, so kann gezeigt werden, daß diese Hauptachsen identisch mit der kleinen und großen Halbachse des elliptischen Faserkernquerschnitts sind (vgl. Abschnitt 4.3).

In diesem Abschnitt vernachlässigen wir die Modenkopplung und untersuchen vorerst nur die Auswirkungen unterschiedlicher Ausbreitungsgeschwindigkeiten bei den beiden voneinander unabhängigen Eigenmoden der Monomodefaser. Hierzu legen wir die den beiden Eigenmoden zugeordneten orthogonalen Hauptachsen in die x- bzw. y-Achse eines rechtwinkligen kartesischen Koordinatensystems. Die beiden unterschiedlichen Ausbreitungskonstanten der Eigenmoden bezeichnen wir entsprechend diesen Hauptachsen mit β_x und β_y. Die Faserachse und somit die Ausbreitungsrichtung der beiden Eigenmoden sei die z–Achse. Weiterhin wird angenommen, daß sich die axiale Unsymmetrie der Monomodefaser als Ursache für die unterschiedlichen Ausbreitungskonstanten nicht mit der Ortsvariablen z ändert.

Eine maßgebende Größe für die Beurteilung der Polarisationserhaltung bzw. Polarisationsveränderung in einer Monomodefaser ist die Differenz

$$\Delta\beta = \beta_x - \beta_y \tag{4.1}$$

zwischen den beiden Ausbreitungskonstanten β_x und β_y [119]. Normieren wir diese Differenz auf $2\pi/\lambda$, wobei λ die Lichtwellenlänge ist, so erhalten wir die als *Doppelbrechung* bezeichnete dimensionslose Größe

$$D = \frac{\Delta\beta\,\lambda}{2\pi} \quad . \tag{4.2}$$

In der englischsprachigen Literatur wird für diese Größe der Ausdruck *birefringence* verwendet. Monomodefasern mit unterschiedlichen Ausbreitungskonstanten bei den beiden Eigenmoden nennen wir dementsprechend *doppelbrechende Fasern* oder *birefringent fibers*.

Im weiteren soll nun untersucht werden, wie sich die Polarisation der Faserlichtwelle in Abhängigkeit von der Ortsvariablen z und der Differenz $\Delta\beta$ der Ausbreitungskonstanten ändert, wenn beispielsweise ein ebenes linear polarisiertes Licht mit der komplexen elektrischen Feldstärke

$$\vec{\underline{E}}(t) = \begin{pmatrix} \underline{E}_x(t) \\ \underline{E}_y(t) \end{pmatrix} = \hat{E}\, e^{j2\pi f t} \begin{pmatrix} \cos(\theta) \\ \sin(\theta) \end{pmatrix} = \hat{E}\, e^{j2\pi f t}\, \vec{e} \tag{4.3}$$

$$= \underbrace{\hat{E}\cos(\theta)\, e^{j2\pi f t}\, \vec{e}_x}_{\text{Eigenmode } x} + \underbrace{\hat{E}\sin(\theta)\, e^{j2\pi f t}\, \vec{e}_y}_{\text{Eigenmode } y}$$

in die Faser bei $z = 0$ eingespeist wird. Hierbei ist $\hat{E}$ die als konstant angenommene Feldstärkeamplitude (Laserphasen- und Laserintensitätsrauschen treten hier also nicht auf) und $f = c/\lambda$ die Lichtfrequenz. Die lineare Polarisation der Eingangslichtwelle $\vec{\underline{E}}(t)$ ist durch den konstanten *Polarisationseinheitsvektor* $\vec{e}$ festgelegt, wobei $|\vec{e}|$ identisch 1 ist. Den Winkel θ bezeichnen wir als *Polarisationswinkel* des linear polarisierten Lichtes. Die beiden zueinander orthogonalen Vektoren $\vec{e}_x$ und $\vec{e}_y$ sind die Einheitsvektoren in x– bzw. y–Richtung.

Bild 4.1 zeigt die Ortskurve (d.h. die Polarisation) des reellen elektrischen Feldstärkevektors $\mathrm{Re}\{\vec{\underline{E}}(t)\}$ in der xy–Ebene. Entsprechend seiner linearen Polarisation beschreibt dieser Vektor am Fasereingang ($z = 0$) eine Gerade in Abhängigkeit von der Zeit t.

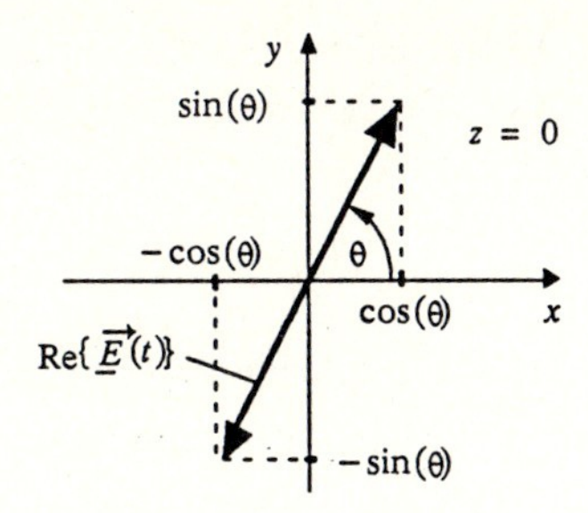

Bild 4.1: Ortskurve des reellen Feldstärkevektors $\mathrm{Re}\{\underline{\vec{E}}(t)\}$ einer linear polarisierten Lichtwelle in der xy–Ebene bei $z = 0$ (Fasereingang)

Betrachten wir nun den Verlauf der Ortskurve an einem beliebigen anderen Faserort z, so ist hier das Licht im allgemeinen nicht mehr linear, sondern elliptisch polarisiert. Die zugehörige Lichtwelle mit dem komplexen elektrischen Feldstärkevektor

$$\underline{\vec{E}}(z,t) = \begin{pmatrix} \underline{E}_x(z,t) \\ \underline{E}_y(z,t) \end{pmatrix} = \hat{E}\, e^{j2\pi f t} \begin{pmatrix} \cos(\theta)\, e^{-j\beta_x z} \\ \sin(\theta)\, e^{-j\beta_y z} \end{pmatrix} = \hat{E}\, e^{j2\pi f t}\, \underline{\vec{e}}(z) \tag{4.4}$$

$$= \underbrace{\hat{E}\cos(\theta)\, e^{j2\pi f t}\, e^{-j\beta_x z}\, \vec{e}_x}_{\text{Eigenmode } x} + \underbrace{\hat{E}\sin(\theta)\, e^{j2\pi f t}\, e^{-j\beta_y z}\, \vec{e}_y}_{\text{Eigenmode } y}$$

bezeichnen wir als *elliptisch polarisiertes Licht*. Im Gegensatz zur Gleichung (4.3) ist hier der Polarisationseinheitsvektor $\underline{\vec{e}}(z)$ komplex und eine Funktion der Ortsvariablen z.

Bild 4.2 zeigt die Ortskurve dieser elliptisch polarisierten Lichtwelle, die sogenannte *Polarisationsellipse*. Sie wird vom Feldstärkevektor $\mathrm{Re}\{\underline{\vec{E}}(t)\}$ periodisch mit der Periodendauer $1/f$ umlaufen.

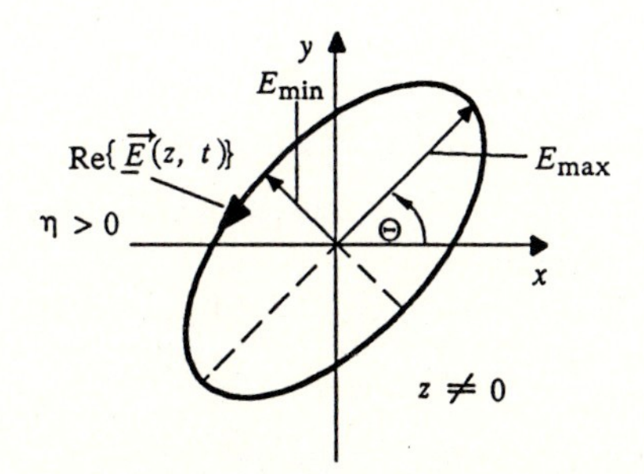

Bild 4.2: Ortskurve des reellen Feldstärkevektors $\mathrm{Re}\{\underline{\vec{E}}(z,t)\}$ einer elliptisch polarisierten Lichtwelle in der xy–Ebene bei $z \neq 0$

Charakteristische Größen der in Bild 4.2 dargestellten Polarisationsellipse sind der *Erhebungswinkel* Θ zwischen x-Achse und großer Ellipsenhalbachse sowie der

Elliptizitätswinkel η. Dieser Winkel ist definiert als der Arcustangens des Halbachsenverhältnisses E_{min}/E_{max}. Mit der resultierenden ortsabhängigen Phasendifferenz

$$\Phi(z) = \Delta\beta\, z \tag{4.5}$$

zwischen den beiden orthogonalen komplexen Feldstärkekomponenten $\underline{E}_x(z, t)$ und $\underline{E}_y(z, t)$ am Faserort z erhalten wir unter Anwendung verschiedener trigonometrischer Beziehungen für die aufgeführten Kenngrößen η und Θ die folgenden Bestimmungsgleichungen [35]:

$$\eta = \pm\arctan\left[\frac{E_{min}}{E_{max}}\right] = \pm\arctan\left[\frac{\sin(2\theta)\sin(\Phi(z))}{1+\sqrt{1-\sin^2(2\theta)\sin^2(\Phi(z))}}\right], \tag{4.6}$$

$$\Theta = \frac{1}{2}\arctan\left[\frac{\sin(2\theta)\cos(\Phi(z))}{\cos(2\theta)}\right]. \tag{4.7}$$

Der Wertebereich dieser Kenngrößen ist $-\pi/2 \leq \Theta \leq +\pi/2$ bzw. $-\pi/4 \leq \eta \leq +\pi/4$. Die Größe η ist dabei positiv definiert, wenn wie im Bild 4.2 dargestellt, die Polarisationsellipse linksdrehend ist. Rechtsdrehende Polarisationsellipsen haben ein negatives η. Die Blickrichtung des Betrachters sei hierbei auf die entgegenkommende Lichtwelle gerichtet. Über den Elliptizitätswinkel η ist eine weitere wichtige Kenngröße der Polarisationsellipse, nämlich der *Polarisationsgrad P*, festgelegt. Seine Definitionsgleichung lautet:

$$P = \frac{1-\tan^2(\eta)}{1+\tan^2(\eta)} = \sqrt{1-\sin^2(2\theta)\sin^2(\Phi(z))}\ . \tag{4.8}$$

Der Wertebereich dieser Kenngröße erstreckt sich von $P = 0$ (kreisförmige bzw. zirkulare Polarisation) über $0 < P < 1$ (elliptische Polarisation) bis $P = 1$ (lineare Polarisation).

Betrachten wir nun die Kenngrößen η, Θ und P genauer, so erkennt man, daß diese bezüglich der Ortsvariablen z periodisch sind. Die zugehörige Periodendauer L_b, ein Längenmaß, beträgt

$$L_b = \frac{2\pi}{\Delta\beta} \tag{4.9}$$

und wird als *Schwebungslänge* (engl.: *beatlength*) bezeichnet. Jeweils nach einem Faserabschnitt der Länge L_b ist demnach die Polarisation der Faserlichtwelle identisch der Eingangspolarisation bei $z = 0$. Dies wiederholt sich über die gesamte Faserlänge, vorausgesetzt, daß keine weiteren Störungen auftreten.

Bild 4.3 zeigt als ein typisches Beispiel die Veränderung der Polarisation längs einer Faserstrecke der Länge L_b, wenn am Fasereingang ein linear polarisiertes

Licht derart eingespeist wird, daß beide Eigenmoden gleichmäßig angeregt werden. Der Polarisationswinkel θ dieses linear polarisierten Eingangslichtes beträgt hier demnach π/4.

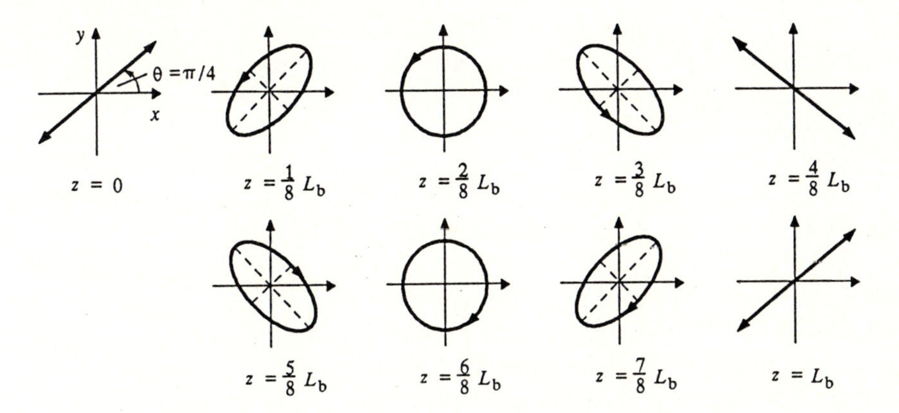

Bild 4.3: Polarisation der Faserlichtwelle an verschiedenen Faserorten z für $\theta = \pi/4$

Wird einer der beiden Eigenmoden am Fasereingang ($z = 0$) stärker angeregt als der andere, zum Beispiel derjenige der x-Achse (d.h. $\theta < \pi/4$), so erhalten wir die in Bild 4.4 dargestellten Polarisationen. Auffallend ist hier, daß sich die Form der Polarisationsellipse innerhalb des betrachteten Faserstücks ($0 < z < L_b$) weniger stark verändert als in Bild 4.3. Eine zirkulare (kreisförmige) Polarisation tritt hier im Gegensatz zu Bild 4.3 nicht mehr auf.

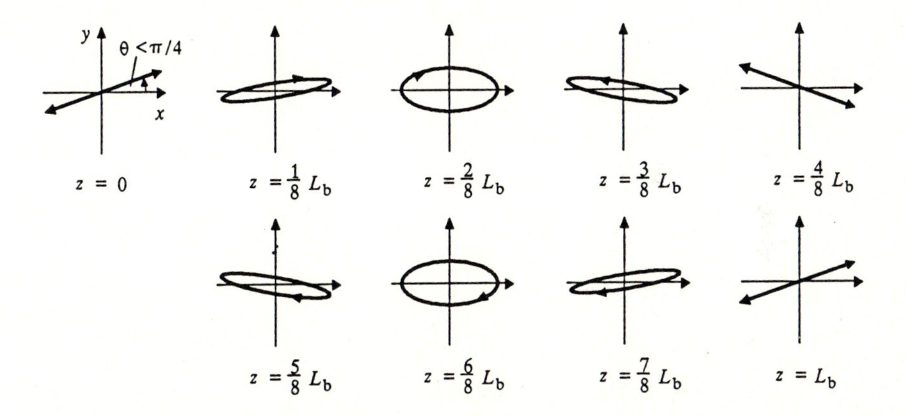

Bild 4.4: Polarisation der Faserlichtwelle an verschiedenen Faserorten z für $\theta < \pi/4$

Ein besonderer Fall liegt dann vor, wenn nur einer der beiden Eigenmoden am Fasereingang angeregt wird. Der zugehörige Polarisationswinkel θ des linear polarisierten Eingangslichtes beträgt folglich:

$$\theta = k\frac{\pi}{2} \quad \text{mit} \quad k \in \{\cdots -1, 0, 1 \cdots\} . \tag{4.9}$$

Für diesen Spezialfall sind die oben definierten Kenngrößen η, Θ und P unabhängig von der Ortsvariablen z. Dies bedeutet, daß dieses linear polarisierte Licht am Fasereingang über die gesamte Faser hinweg linear polarisiert bleibt, sofern natürlich keine weiteren Störungen auftreten. Durch die beiden orthogonalen Eigenmoden sind demnach zwei besondere orthogonale Richtungen (nämlich die bereits erwähnten Hauptachsen) ausgezeichnet, die prinzipiell die Erhaltung der Polarisation entlang der Faser ermöglichen. Dies gilt jedoch nur unter der Annahme, daß lediglich einer der beiden orthogonalen Eigenmoden am Fasereingang angeregt wird, d.h. daß Gleichung (4.9) erfüllt ist.

Wie bereits zu Beginn dieses Abschnitt aufgeführt wurde, können entlang einer Faserstrecke zahlreiche verschiedenartige Störungen auftreten, die eine Verformung der Faser bedingen. Alle diese Störungen haben immer eine Richtungsänderung der Hauptachsen zur Folge. Erreicht man beispielsweise am Fasereingang die exakte Anregung nur eines Eigenmodes, so kommt es spätestens am Ort der ersten auftretenden Faserstörung zur Anregung beider Moden, da hier die Hauptachsen meist nicht mehr mit denjenigen am Fasereingang übereinstimmen. Eine stabile Polarisationsübertragung durch die Anregung nur eines einzigen Eigenmodes, ist deshalb in der Praxis ohne zusätzliche Maßnahmen (Abschntt 4.3) nicht möglich.

Tabelle 4.1 zeigt zusammenfassend nochmals typische Polarisationen und ihr Zusammenhang mit den Kenngrößen Erhebungswinkel Θ, Elliptizitätswinkel η und Polarisationsgrad P. Maßgebend für die Form der Polarisationsellipse und somit für die Zahlenwerte dieser Kenngrößen ist dabei immer der Polarisationseinheitsvektor $\vec{\underline{e}}(z, t)$. In seiner allgemeinsten Darstellung

$$\vec{\underline{e}}(z,t) = \begin{pmatrix} \underline{e}_x(z,t) \\ \underline{e}_y(z,t) \end{pmatrix} = \begin{pmatrix} |\underline{e}_x(z,t)|\, e^{j\psi_x(z,t)} \\ |\underline{e}_y(z,t)|\, e^{j\psi_y(z,t)} \end{pmatrix} \tag{4.10}$$

ist dieser sowohl orts- als auch zeitabhängig. Er besitzt folgende Eigenschaft:

$$\vec{\underline{e}}(z,t)\,\vec{\underline{e}}^{\,*}(z,t) = |\underline{e}_x(z,t)|^2 + |\underline{e}_y(z,t)|^2 = 1. \tag{4.11}$$

Den Zusammenhang des Polarisationseinheitsvektors $\vec{\underline{e}}(z, t)$ mit den Kenngrößen η, Θ und P der Polarisationsellipse erhält man mit Hilfe der Substitutionen

$$\theta = \arccos\big(|\underline{e}_x(z,t)|\big) = \arcsin\big(|\underline{e}_y(z,t)|\big), \tag{4.12}$$

$$\Phi = \psi_x(z,t) - \psi_y(z,t), \tag{4.13}$$

direkt aus den entsprechenden Definitionsgleichungen (4.6) bis (4.8). Mit dem Polarisationseinheitsvektor $\vec{\underline{e}}(z, t)$ nach Gleichung (4.10) kann jede beliebige Polarisation der Faserlichtwelle

$$\vec{\underline{E}}(z,t) = \begin{pmatrix} \underline{E}_x(z,t) \\ \underline{E}_y(z,t) \end{pmatrix} = \hat{\underline{E}}\, e^{j2\pi f t}\, \vec{\underline{e}}(z,t) \tag{4.14}$$

unabhängig von Art und Anzahl der auftretenden Faserstörungen beschrieben werden.

Beispiel 4.1

Für den auf den vorangegangenen Seiten beschriebenen Sonderfall der linear polarisierten Eingangslichtwelle und der quasi ungestörten Faser (die einzige Stö–rung ist auf die unterschiedlichen Ausbreitungskonstanten der beiden Eigenmoden zurückzuführen) nimmt der Polarisationseinheitsvektor $\vec{\underline{e}}(z, t)$ folgende Form an:

$$\vec{\underline{e}}(z,t) = \begin{pmatrix} \underline{e}_x(z,t) \\ \underline{e}_y(z,t) \end{pmatrix} = \begin{pmatrix} \cos(\theta)\, e^{-j\beta_x z} \\ \sin(\theta)\, e^{-j\beta_y z} \end{pmatrix} = \vec{\underline{e}}(z), \quad \text{(vgl. Gleichung 4.4)}$$

d.h.: $|\underline{e}_x(z,t)| = \cos(\theta)$, $|\underline{e}_y(z,t)| = \sin(\theta)$, $\psi_x(z,t) = \beta_x z$, $\psi_y(z,t) = \beta_y z$.

Tabelle 4.1: Typische Polarisationen und ihre Zuordnung zu den Kenngrößen η, Θ und P (ψ_0: beliebiger konstanter Winkel)

	Polarisations–ellipse $\mathrm{Re}\{\vec{\underline{E}}(t)\}$	Polarisations–einheitsvektor $\vec{\underline{e}}$	Elliptizi–tätswinkel η	Erhebungs–winkel Θ	Polarisa–tionsgrad P	Poincaré–Koordinaten $(S_1;\ S_2;\ S_3)$
(1)	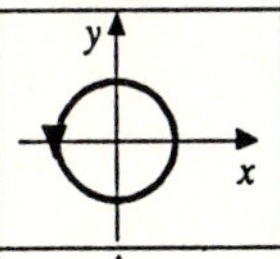	$\begin{pmatrix} \frac{1}{\sqrt{2}}\, e^{j\psi_0} \\ \frac{1}{\sqrt{2}}\, e^{j(\psi_0-90^\circ)} \end{pmatrix}$	45° links–drehend	unbestimmt	0	$(0;\ 0;\ 1)$
(2)	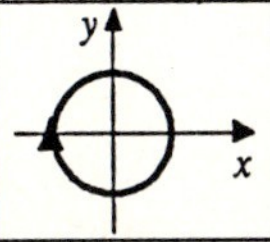	$\begin{pmatrix} \frac{1}{\sqrt{2}}\, e^{j\psi_0} \\ \frac{1}{\sqrt{2}}\, e^{j(\psi_0+90^\circ)} \end{pmatrix}$	– 45° rechts–drehend	unbestimmt	0	$(0;\ 0\ -1)$
(3)	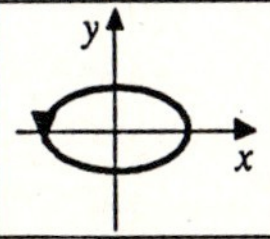	$\begin{pmatrix} \frac{\sqrt{3}}{2}\, e^{j\psi_0} \\ 0{,}5\, e^{j(\psi_0-90^\circ)} \end{pmatrix}$	30°	0°	0,5	$(0{,}5;\ 0;\ \frac{\sqrt{3}}{2})$
(4)	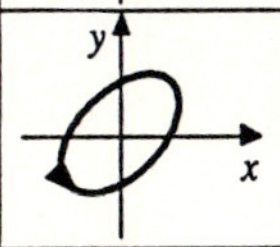	$\begin{pmatrix} \frac{1}{\sqrt{2}}\, e^{j\psi_0} \\ \frac{1}{\sqrt{2}}\, e^{j(\psi_0-45^\circ)} \end{pmatrix}$	22,5°	45°	$\frac{1}{\sqrt{2}}$	$(0;\ \frac{1}{\sqrt{2}};\ \frac{1}{\sqrt{2}})$
(5)	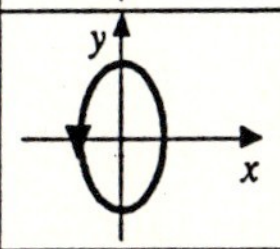	$\begin{pmatrix} 0{,}5\, e^{j\psi_0} \\ \frac{\sqrt{3}}{2}\, e^{j(\psi_0-90^\circ)} \end{pmatrix}$	30°	90°	0,5	$(-0{,}5;\ 0;\ \frac{\sqrt{3}}{2})$
(6)	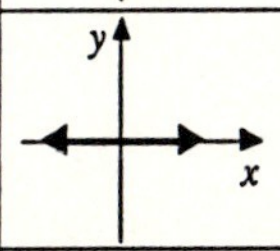	$\begin{pmatrix} 1\, e^{j\psi_0} \\ 0 \end{pmatrix}$	0°	0°	1	$(1;\ 0;\ 0)$
(7)	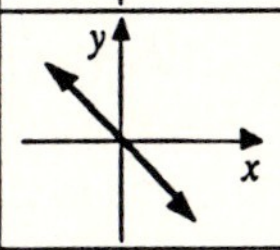	$\begin{pmatrix} -\frac{1}{\sqrt{2}}\, e^{j\psi_0} \\ \frac{1}{\sqrt{2}}\, e^{j\psi_0} \end{pmatrix}$	0°	– 45°	1	$(0;\ 1;\ 0)$
(8)	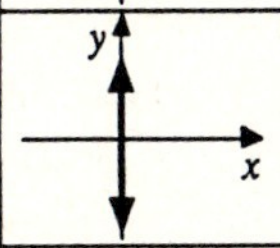	$\begin{pmatrix} 0 \\ 1\, e^{j\psi_0} \end{pmatrix}$	0°	90°	1	$(-1;\ 0;\ 0)$

Für den optischen Überlagerungsempfang ist die Polarisation der Empfangslichtwelle (also die Polarisation am Ende der Faserstrecke) von besonderer Bedeutung. Der maßgebende Ort $z = L$ (Länge der Faser) ist hier eindeutig festgelegt und kann daher in der Gleichung (4.10) als Konstante betrachtet werden. Auf eine explizite Angabe des Ortes kann in diesem Fall, wie zum Beispiel in Abschnitt 2.4 geschehen, auch ganz verzichtet werden. Die verbleibende Zeitabhängigkeit des Polarisationseinheitsvektors $\vec{\underline{e}}(z, t)$ folgt aus der Zeitabhängigkeit verschiedener Faserstörungen. Beispiele hierfür sind wechselnde mechanische Beanspruchungen der Faser sowie zeitliche Temperaturänderungen. Neben diesen zeitabhängigen Störungen treten auch zeitunabhängige Faserstörungen auf, wie zum Beispiel ein elliptischer Faserkern.

Selbst wenn alle Einflußgrößen als zeitlich konstant angenommen werden und somit der Polarisationseinheitsvektor $\vec{\underline{e}}(z, t)$ und die Form der Polarisationsellipse unverändert bleiben, ist die Richtung des Feldstärkevektors $\vec{\underline{E}}(z, t)$ am Eingang des Überlagerungsempfängers ($z = L$) immer noch nicht konstant. Wie zu Beginn dieses Abschnitts bereits erläutert wurde, beschreibt dieser Vektor exakt seine im allgemeinen elliptische Ortskurve und verändert demzufolge auch seine Richtung und seine Länge. In optischen Überlagerungsempfängern ist daher auch in diesem idealisierten Fall eine Anpassung von Lokallaserpolarisation und Polarisation der Empfangslichtwelle mit Hilfe geeigneter polarisationsbeeinflussender Einrichtungen nötig.

Zum Schluß dieses Abschnitts soll noch eine weitere, insbesondere für die Konzipierung von Polarisationsregeleinrichtungen hilfreiche Darstellung des Polarisationsstatus auf der Faser vorgestellt werden, nämlich die Darstellung auf der sogenannten *Poincaré-Kugel* (Bild 4.5). Entsprechend den vorangegangenen Überlegungen ist die im allgemeinen Fall vorhandene Polarisationsellipse durch ihre Kenngrößen Erhebungswinkel Θ und Elliptizitätswinkel η eindeutig bestimmt. Der Polarisationsgrad P nach Gleichung (4.8) ist eine zusätzliche, jedoch nicht notwendige Kenngröße. Mit Hilfe der normierten Stokes-Parameter

$$S_1 = |\underline{e}_x(z,t)|^2 - |\underline{e}_y(z,t)|^2 = \cos(2\eta)\cos(2\Theta), \qquad (4.15)$$

$$S_2 = \underline{e}_x(z,t)\,\underline{e}_y^*(z,t) + \underline{e}_x^*(z,t)\,\underline{e}_y(z,t) = \cos(2\eta)\sin(2\Theta), \qquad (4.16)$$

$$S_3 = -\mathrm{j}\big(\underline{e}_x(z,t)\,\underline{e}_y^*(z,t) - \underline{e}_x^*(z,t)\,\underline{e}_y(z,t)\big) = \sin(2\eta) \qquad (4.17)$$

können diese Kenngrößen eindeutig als Punkt auf der Poincaré-Kugel, abgebildet werden [135]. Jeder möglichen Polarisation der Faserlichtwelle entspricht demnach genau einem Punkt $\mathcal{P} := \mathcal{P}(S_1, S_2, S_3) = \mathcal{P}(2\eta, 2\Theta)$ auf der Oberfläche dieser Kugel (Bild 4.5).

Alle Punkte linear polarisierter Lichtwellen ($\eta = 0$) liegen auf dem „Äquator" der Poincaré-Kugel, wobei die Punkte H und V der horizontalen bzw. vertikalen Polarisation und die Punkte P und M den linearen Polarisationen mit einem Erhebungswinkel von ±45° entsprechen. Lichtwellen mit zirkularer Polarisation befinden sich am "Nordpol" N (linksdrehend) bzw. am "Südpol" S (rechtsdrehend) der

Poincaré-Kugel. Elliptisch polarisierte Lichtwellen mit gleichem Erhebungswinkel Θ liegen auf einem Längenkreis und solche mit gleicher Elliptizität η auf einem Breitenkreis. Sind zwei Polarisationszustände $\vec{\underline{e}}_1(z, t)$ und $\vec{\underline{e}}_2(z, t)$ zueinander orthogonal, d.h. es gilt $\vec{\underline{e}}_1(z, t) \cdot \vec{\underline{e}}_2^*(z, t) = 0$, so liegen sie auf der Poincaré-Kugel einander diametral gegenüber.

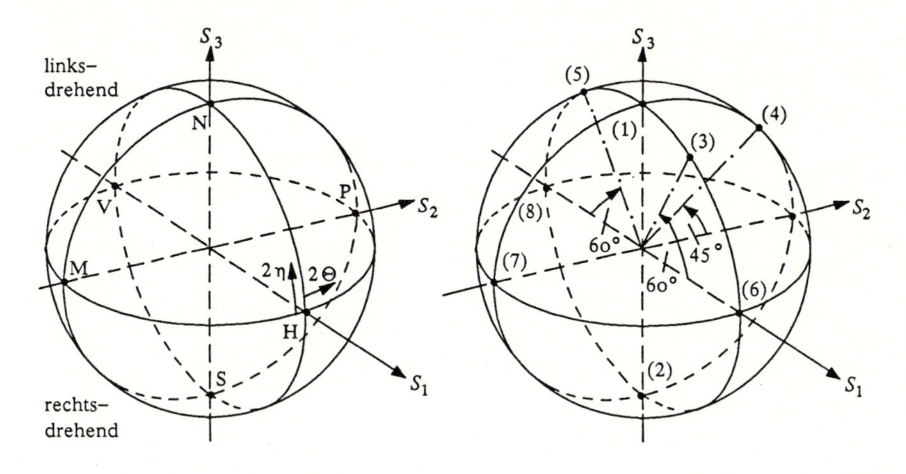

Bild 4.5: Darstellung des Polarisationszustandes auf der Poincaré-Kugel. Links: charakteristische Polarisationszustände, rechts: Polarisationszustände von Tabelle 4.1

Die Übertragungsqualität optischer Überlagerungssysteme wird entscheidend durch die meist unterschiedlichen Polarisationen der Empfangslichtwelle $\vec{\underline{E}}_E(t)$ und der lokalen Laserlichtwelle $\vec{\underline{E}}_L(t)$ beeinflußt. Der für die Übertragungsqualität günstigste Fall ist dann gegeben, wenn die Polarisationen dieser beiden Lichtwellen identisch und zeitunhängig (stabil) sind. Nach Kapitel 2 äußern sich Abweichungen von diesem Idealfall in Amplitudenschwankungen $a_P(t)$ und Phasenschwankungen $\phi_P(t)$ beim Photodiodenstrom $i_{PD}(t)$ (siehe Bild 2.3 und Gleichung 2.60). Für den oben beschriebenen Idealfall sind diese beiden Schwankungsgrößen konstant und nehmen die Werte $\phi_P(t) = 0$ bzw. $a_P(t) = a_{P,max} = 1$ an. Hierbei ist zu beachten, daß die Größe $a_P(t)$ im Photodiodenstrom $i_{PD}(t)$ als multiplikativer Faktor auftritt, der im Hinblick auf eine große Strom- bzw. Nutzsignalamplitude ebenfalls möglichst groß sein sollte. Ein kleinerer Wert als $a_{P,max} = 1$ entspricht somit einer Dämpfung des Photodiodenstroms. Diese Dämpfung ist allerdings in der Praxis auf Grund der zeitlichen Schwankungen von $a_P(t)$ eine ebenfalls schwankende, zeitabhängige Größe. Im ungünstigsten Fall ($a_P(t) = 0$) sind die Polarisationen der beiden zu überlagernden Lichtwellen $\vec{\underline{E}}_E(t)$ und $\vec{\underline{E}}_L(t)$ zueinander orthogonal und der Nutzanteil des Photodiodenstroms $i_{PD}(t)$ wird vollständig ausgelöscht (vgl. Gleichung 2.60).

Die Phasenschwankungen $\phi_P(t)$ infolge der Polarisationsschwankungen treten in optischen Überlagerungssystemen immer zusätzlich (additiv) zum Phasenrauschen $\phi(t)$ von Lokal- und Sendelaser auf. In der Praxis, wo entweder mit Hilfe eines

Polarisationsreglers eine Anpassung der beiden Polarisationen durchgeführt werden muß oder ein Polarsationsdiversitätsempfänger verwendet wird, können diese zusätzlich auftretenden (meist sehr langsamen) Phasenschwankungen $\phi_P(t)$ gegenüber dem Laserphasenrauschen $\phi(t)$ im allgemeinen vernachlässigt werden.

Nach Kapitel 2 (Gleichung 2.58) berechnen sich die verbleibenden Amplitudenschwankungen $a_P(t)$ aus dem Betrag des Skalarprodukts $\vec{\underline{e}}_L \cdot \vec{\underline{e}}_E^*(t)$, wobei $\vec{\underline{e}}_L$ und $\vec{\underline{e}}_E(t)$ nach Gleichung (2.44) bzw. (2.47) die Polarisationseinheitsvektoren der Lokallaserlichtwelle $\vec{\underline{E}}_L(t)$ und der Empfangslichtwelle $\vec{\underline{E}}_E(t)$ sind. Vereinbarungsgemäß betrachten wir den Polarisationseinheitsvektor $\vec{\underline{e}}_L$ als konstante, zeitunabhängige Größe. Der Polarisationseinheitsvektor $\vec{\underline{e}}_E(t)$ ist dagegen infolge verschiedener zeitabhängiger Faserstörungen eine regellos schwankende, d.h. eine ebenfalls zeitabhängige Größe.

Mit Hilfe der Poincaré-Kugel können die Amplitudenschwankungen $a_P(t)$ auf eine anschauliche Weise schnell und einfach berechnet werden. Hierzu stellt man die maßgebenden Polarisationseinheitsvektoren $\vec{\underline{e}}_L$ und $\vec{\underline{e}}_E(t)$ unter Anwendung der Gleichungen (4.15) bis (4.17) als je einen Punkt, nämlich die beiden Punkte

$$\mathcal{P}_L = \mathcal{P}_L\big(S_{1L}, S_{2L}, S_{3L}\big) \quad \text{und} \quad \mathcal{P}_E(t) = \mathcal{P}_E\big(S_{1E}(t), S_{2E}(t), S_{3E}(t)\big) \qquad (4.18)$$

auf der Poincaré-Kugel dar (Bild 4.6). Der zum Einheitsvektor $\vec{\underline{e}}_E(t)$ gehörende Punkt $\mathcal{P}_E(t)$ wandert dabei entsprechend seiner Zeitabhängigkeit auf der Oberfläche dieser Kugel.

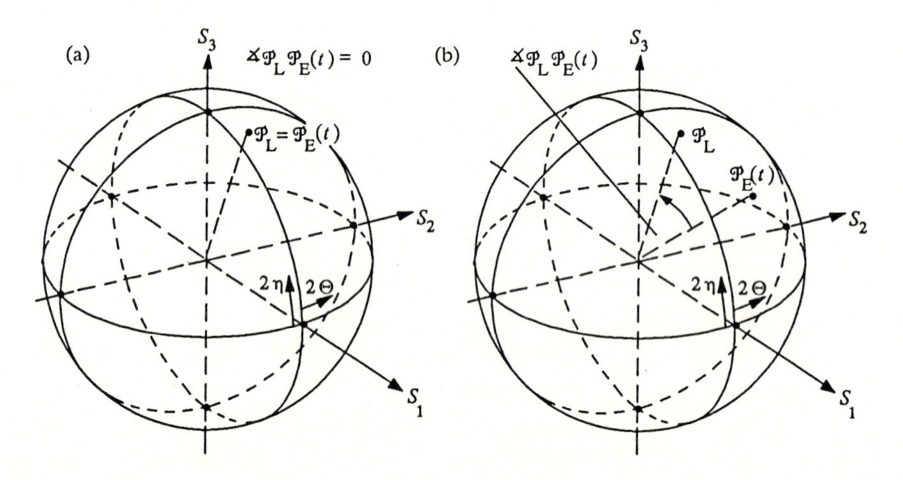

Bild 4.6: Darstellung der Polarisation von Empfangslichtwelle und lokaler Laserlichtwelle auf der Poincaré-Kugel. (a): Idealfall, (b): Realfall

Der Abstand der beiden Punkte $\mathcal{P}_L$ und $\mathcal{P}_E(t)$, d.h. der sphärische Winkel $\measuredangle \mathcal{P}_L \mathcal{P}_E(t)$ zwischen diesen beiden Punkten, ist ein direktes Maß für die Stärke der Amplitudenschwankungen $a_P(t)$. Wie sich nach einigen mathematischen Umformungen zeigen läßt, gilt folgender einfacher Zusammenhang:

$$a_P(t) = \left|\vec{\underline{e}}_E(t)\vec{\underline{e}}_L^{\,*}\right| = \cos\left(\frac{1}{2}\measuredangle \mathcal{P}_E(t)\mathcal{P}_L\right), \tag{4.19}$$

mit

$$\measuredangle \mathcal{P}_E(t)\mathcal{P}_L = S_{1L}S_{1E}(t) + S_{2L}S_{2E}(t) + S_{3L}S_{3E}(t). \tag{4.20}$$

Die Beeinträchtigung der Übertragungsqualität optischer Überlagerungssysteme infolge der durch die Polarisationsschwankungen verursachten Amplitudenschwankungen $a_P(t)$ ist entsprechend Gleichung (4.19) umso stärker, je größer der sphärische Winkel $\measuredangle \mathcal{P}_L\mathcal{P}_E(t)$ zwischen den Punkten $\mathcal{P}_L$ und $\mathcal{P}_E(t)$ ist. Dieser wiederum ist umso größer, je mehr sich die Polarisationen der beiden zu überlagernden Licht- wellen $\vec{\underline{E}}_L(t)$ und $\vec{\underline{E}}_E(t)$ voneinander unterscheiden.

Sind diese beiden Polarisationen identisch, d.h. ist $\vec{\underline{e}}_E(t) = \vec{\underline{e}}_L$, so liegen die beiden maßgebenden Punkte $\mathcal{P}_L$ und $\mathcal{P}_E(t)$ auf der Oberfläche der Poincaré-Kugel übereinander (Bild 4.6a). Die Größe $a_P(t)$ erreicht hierbei ihren optimalen Wert $a_{P,max} = 1$. Die absolute Lage des gemeinsamen Punktes auf der Kugeloberfläche spielt dabei keine Rolle.

Tabelle 4.2: Einfluß unterschiedlicher Polarisationen bei der Empfangslichtwelle und der lokalen Laserlichtwelle auf die Größe a_P

$\measuredangle \mathcal{P}_L\mathcal{P}_E$	a_P	Anmerkungen
0°	1	Idealzustand identische Polarisationen
10°	0,996	sehr geringe Beeinträchtigung
15°	0,991	"
20°	0,985	geringe Beeinträchtigung
50°	0,906	"
90°	0,707	starke Beeinträchtigung
180°	0	Auslöschung des Nutzanteils von $i_{PD}(t)$ orthogonale Polarisationen

Die Tabelle 4.2 verdeutlicht für verschiedene konstant angenommene Sphärenwinkel $\measuredangle \mathcal{P}_L\mathcal{P}_E := \measuredangle \mathcal{P}_L\mathcal{P}_E(t)$ den Einfluß dieses Winkels auf die Größe $a_P := a_P(t)$. Entsprechend dieser Tabelle sind demnach die Auswirkungen unterschiedlicher Polarisationen bei den zu überlagernden Lichtwellen $\vec{\underline{E}}_E(t)$ und $\vec{\underline{E}}_L(t)$ vernachlässigbar klein, solange der Sphärenwinkel $\measuredangle \mathcal{P}_L\mathcal{P}_E$ kleiner als etwa 15° bleibt. In diesem Fall ist die Abweichung der Größe a_P von ihrem Maximalwert $a_{P,max} = 1$ kleiner als 1%. Selbst bei einem relativ großen Sphärenwinkel von 50° ist diese

Abweichung immer noch kleiner als 10%. Ist dagegen der Sphärenwinkel $\measuredangle \mathcal{P}_{\mathrm{L}}\mathcal{P}_{\mathrm{E}}(t)$ größer als 50°, was in verlegten Glasfasern auf Grund der vielfältigen Faserstörungen durchaus der Fall sein kann, so sind die Auswirkungen unterschiedlicher Polarisationen bei den beiden Lichtwellen $\vec{\underline{E}}_{\mathrm{E}}(t)$ und $\vec{\underline{E}}_{\mathrm{L}}(t)$ bereits erheblich. Die Verwendung eines Polarisationsdiversitätsempfängers oder die Anpassung der beiden maßgebenden Polarisationen durch eine Polarisationsregelung ist in diesem Fall unumgänglich.

4.1.2 Theorie der Modenkopplung

Im vorigen Abschnitt haben wir gesehen, wie sich die Polarisation der Faserlichtwelle entlang der Faserstrecke ändert, wenn sich die beiden orthogonalen Eigenmoden der Monomodefaser mit unterschiedlichen Geschwindigkeiten ausbreiten. Verantwortlich für diese unterschiedlichen Ausbreitungsgeschwindigkeiten waren geometrische Faserstörungen wie beispielsweise ein elliptischer Faserkern. Eine Verkopplung der beiden Moden wurde in Abschnitt 4.1.1 durch diese Faserstörungen vereinbarungsgemäß noch nicht verursacht.

In diesem Abschnitt werden wir nun die Auswirkungen von Modenkopplungen untersuchen, die zum Beispiel durch zusätzliche, in Abschnitt 4.1.1 noch nicht vorhandene Faserstörungen hervorgerufen werden. Bedingt durch diese Verkopplung findet jetzt ein wechselseitiger Energieaustausch zwischen den beiden Moden statt. Die Unabhängigkeit dieser Moden (eine Voraussetzung von Abschnitt 4.1.1) wird dadurch aufgehoben. Die nun miteinander verkoppelten Moden sind demnach keine Eigenmoden mehr, da sich solche vereinbarungsgemäß unabhängig voneinander ausbreiten müßten.

Ein wesentlicher Punkt dieses Abschnitts ist die Beantwortung der Frage, ob es möglich ist, unabhängig von der Art der zusätzlichen Faserstörungen wieder zwei neue orthogonale Polarisationen zu finden, die sich auch jetzt wieder unabhängig voneinander ausbreiten können. Existieren diese neuen Eigenmoden, so ist weiterhin zu untersuchen, welche Richtungen nun die den beiden neuen Eigenmoden zugeordneten Hauptachsen haben und mit welcher Geschwindigkeit sich diese beiden neuen Eigenmoden ausbreiten. Sowohl die beiden ausgezeichneten Richtungen als auch die beiden charakteristischen Ausbreitungsgeschwindigkeiten werden dabei in erster Linie durch die Eigenschaften der Faser und ihren jeweiligen geometrischen Faserstörungen bestimmt sein [104].

Zur Vereinfachung der nachfolgenden Betrachtungen wird angenommenen, daß infolge einer ersten geometrischen Faserstörung (beispielsweise ein elliptischer Faserkern) bereits zwei Eigenmoden existieren, die sich unterschiedlich schnell und voneinander unabhängig ausbreiten. Die beiden Hauptachsen dieser Eigenmoden seien wie im vorherigen Abschnitt identisch mit der x– bzw. y–Achse eines rechtwinkligen kartesischen Koordinatensystems. Die für die unterschiedlichen

Ausbreitungsgeschwindigkeiten dieser beiden Eigenmoden maßgebenden Ausbreitungskonstanten bezeichnen wir wieder mit β_x und β_y.

Durch eine zweite (oder mehrere) zusätzliche Faserstörung(en) erfolge nun in diesem Abschnitt eine weitere Verformung des lichtführenden Faserkerns. Die beiden bisher unabhängigen Moden (nämlich Mode x und Mode y) werden dadurch miteinander verkoppelt und sind deshalb keine Eigenmoden mehr.

Sowohl die erste Faserstörung (also der oben als Beispiel aufgeführte elliptische Faserkern) als auch die weiteren nun zusätzlich auftretenden Faserstörungen seien unabhängig von der Ortsvariablen z (Faserachse). Die Ergebnisse der folgenden Betrachtungen gelten somit nur für ein bestimmtes (meist kurzes) Faserstück mit konstanter ortsunabhängiger Faserstörung.

Die Gleichungen (4.21) und (4.22) verdeutlichen als eine Wiederholung von Abschnitt 4.1.1 nochmals die lineare Zusammensetzung (Superposition) der Faserlichtwelle aus Mode x und Mode y:

$$\underline{\vec{E}}(z,t) = \begin{pmatrix} \underline{E}_x(z,t) \\ \underline{E}_y(z,t) \end{pmatrix} = \underline{E}_x(z,t)\vec{e}_x + \underline{E}_y(z,t)\vec{e}_y \tag{4.21}$$

$$= \underbrace{\hat{\underline{E}}_x \underline{a}(z) e^{j2\pi f t} \vec{e}_x}_{\text{Mode } x} + \underbrace{\hat{\underline{E}}_y \underline{b}(z) e^{j2\pi f t} \vec{e}_y}_{\text{Mode } y},$$

Mode x ⟵ abhängig ⟶ Mode y

$$\underline{\vec{H}}(z,t) = \begin{pmatrix} \underline{H}_x(z,t) \\ \underline{H}_y(z,t) \end{pmatrix} = \underbrace{\hat{\underline{H}}_y \underline{a}(z) e^{j2\pi f t} \vec{e}_y}_{\text{Mode } x} - \underbrace{\hat{\underline{H}}_x \underline{b}(z) e^{j2\pi f t} \vec{e}_x}_{\text{Mode } y} \tag{4.22}$$

$$= \underline{H}_y(z,t)\vec{e}_y - \underline{H}_x(z,t)\vec{e}_x .$$

Gleichung (4.21) beschreibt hierbei den elektrischen und Gleichung (4.22) den dazugehörigen magnetischen Feldstärkevektor, der aus den beiden Moden resultierenden Faserlichtwelle. Die Wahl der Bezeichung Mode x bzw. Mode y orientiert sich dabei an den Richtungen $\vec{e}_x$ und $\vec{e}_y$ der *elektrischen* Feldstärkekomponenten $\underline{E}_x(z, t)$ und $\underline{E}_y(z, t)$.

Ebenso wie im vorherigen Abschnitt 4.1.1 wird auch hier wieder eine ebene Wellenstruktur bei Mode x und Mode y vorausgesetzt. Die Ausbreitung dieser beiden Moden erfolge in z-Richtung, d.h in Richtung der Faserachse. Elektrischer und magnetischer Feldstärkevektor sind somit sowohl beim Mode x als auch beim Mode y zueinander orthogonal (vgl. Bild 4.7b auf Seite 102), liegen in der xy-Ebene und sind Funktionen der Ortsvariablen z und der Zeit t. Sie sind jedoch keine Funktionen der Ortsvariablen x und y.

Da der lichtführende Faserkern in seinen räumlichen Abmessungen immer begrenzt und von einem Fasermantel mit kleinerem Brechungsindex als der des Kerns umgeben ist (dies ist eine Grundbedingung für die Lichtführung einer Faser), entspricht die Annahme der ebenen Welle im Faserkern nicht ganz der

Realität. Dies gilt insbesondere beim Übergang vom Faserkern zum Fasermantel. Für das prinzipielle Verständnis der Modenkopplung (dies zu vermitteln ist Ziel des vorliegenden Abschnitts) ist jedoch diese Verletzung der Wellenebenheit nur von untergeordneter Bedeutung, so daß wir weiterhin die Vorteile der ebenen Wellenstruktur nutzen können.
Der wegen der Modenkopplung stattfindende gegenseitige Energieaustausch zwischen Mode x und Mode y wird in den beiden Gleichungen (4.21) und (4.22) durch die beiden noch unbekannten Terme $\underline{a}(z)$ und $\underline{b}(z)$ beschrieben. Diese Terme sind komplex, da sie zusätzlich zur Energieaufteilung auch die mit z periodische Ortsabhängigkeit der Faserlichtwelle beschreiben. Die beiden ortsabhängigen Terme $\underline{a}(z)$ und $\underline{b}(z)$ seien so gewählt, daß der resultierende Lichtleistungsfluß

$$\vec{S} = \frac{1}{2}\mathrm{Re}\{\vec{\underline{E}}(z,t) \times \vec{\underline{H}}^*(z,t)\} = \vec{S}_x(z) + \vec{S}_y(z) = (S_x(z) + S_y(z))\vec{e}_z \tag{4.23}$$

$$= \Big(|\underline{a}(z)|^2 \underbrace{\tfrac{1}{2}\hat{E}_x \hat{H}_y}_{S_{x,max}} + |\underline{b}(z)|^2 \underbrace{\tfrac{1}{2}\hat{E}_y \hat{H}_x}_{S_{y,max}}\Big)\vec{e}_z = \underbrace{\left(|\underline{a}(z)|^2 + |\underline{b}(z)|^2\right)}_{\text{identisch } 1} S\,\vec{e}_z$$

$$= S\,\vec{e}_z \neq \vec{S}(z)$$

innerhalb des betrachteten Faserabschnitts konstant, d.h. keine Funktion der Ortsvariabeln z ist. Daß heißt, die Faser wird als verlustlos angenommen. Das Symbol „x" in Gleichung (4.23) kennzeichnet das vektorielle Produkt [15]. Der resultierende Lichtleistungsfluß $\vec{S}$ der Faser besitzt die Einheit AV/m^2 und entspricht physikalisch der mittleren Wirklichtleistung, die durch eine senkrecht zur Ausbreitungsrichtung (hier senkrecht zur z-Achse) orientierte Einheitsfläche strömt [142]. Nach Gleichung (4.23) spaltet sich dieser in die beiden Lichtleistungsflüsse $\vec{S}_x(z)$ und $\vec{S}_y(z)$ der beiden miteinander verkoppelten Moden, nämlich der Mode x und der Mode y, auf.

Die maximal möglichen Lichtleistungsflüsse $S_{x,max}$ und $S_{y,max}$ dieser beiden Moden sind gleich. Da aber $S_{x,max}$ und $S_{y,max}$ nie größer werden können als der maximale Lichtleistungsfluß S der anregenden Lichtwelle $\vec{\underline{E}}(0, t)$ am Fasereingang ($z = 0$), sind $S_{x,max}$ und $S_{y,max}$ indentisch S ($S_{x,max} = S_{y,max} = S$).

Das Ziel der nun durchzuführenden Berechnungen ist zunächst die Ermittlung der beiden noch unbekannten komplexen Terme $\underline{a}(z)$ und $\underline{b}(z)$ in Abhängigkeit von den vorhandenen geometrischen Faserstörungen. Sind diese Größen bekannt, so werden sie in die Feldgleichungen (4.21) und (4.22) der Faserlichtwelle eingesetzt. In einem zweiten Schritt soll dann anschließend untersucht werden, ob die resultierende Faserlichtwelle $\vec{\underline{E}}(z, t)$ in zwei neue Moden aufgespaltet werden kann, die nun allerdings wieder unverkoppelte Eigenmoden darstellen und die sich somit wieder voneinander unabhängig ausbreiten können (siehe Bild 4.7a). Hierzu wird für den elektrischen und den magnetischen Feldstärkevektor nach Gleichung (4.21) bzw. (4.22) zunächst folgender äquivalenter Ansatz aufgestellt:

$$\underline{\vec{E}}(z,t) = \underbrace{\hat{\underline{E}}_u e^{-j\beta_u z} e^{j2\pi f t} \vec{e}_u}_{\text{Eigenmode } u} + \underbrace{\hat{\underline{E}}_v e^{-j\beta_v z} e^{j2\pi f t} \vec{e}_v}_{\text{Eigenmode } v} \tag{4.24}$$

Eigenmode u ← unabhängig → Eigenmode v

$$= \underline{E}_u(z,t)\vec{e}_u + \underline{E}_v(z,t)\vec{e}_v ,$$

$$\underline{\vec{H}}(z,t) = \underbrace{\hat{\underline{H}}_v e^{-j\beta_u z} e^{j2\pi f t} \vec{e}_v}_{\text{Eigenmode } u} - \underbrace{\hat{\underline{H}}_u e^{-j\beta_v z} e^{j2\pi f t} \vec{e}_u}_{\text{Eigenmode } v} \tag{4.25}$$

Eigenmode u ← unabhängig → Eigenmode v

$$= \underline{H}_v(z,t)\vec{e}_v - \underline{H}_u(z,t)\vec{e}_u .$$

Unbekannt sind in diesen Gleichungen die beiden orthogonalen Richtungen $\vec{e}_u$ und $\vec{e}_v$ der den beiden neuen Eigenmoden zugeordneten Hauptachsen sowie die beiden Ausbreitungskonstanten β_u und β_v dieser neuen Eigenmoden. Die Ermittlung dieser unbekannten Größen erfolgt durch eine Gegenüberstellung der beiden Feldgleichungen (4.21) und (4.24) im Anschluß an das Einsetzen von $\underline{a}(z)$ und $\underline{b}(z)$ in die Feldgleichung (4.21).

Die elektrischen Feldstärkeamplituden $\hat{\underline{E}}_u$ und $\hat{\underline{E}}_v$ hängen von der anregenden Lichtwelle am Eingang des betrachteten Faserstücks ab. Diese beiden Größen sind somit über die sogenannten Randbedingungen eindeutig festgelegt (Abschnitt 4.2). Die magnetischen Feldstärkeamplituden $\hat{\underline{H}}_u$ und $\hat{\underline{H}}_v$ können dagegen direkt aus den entsprechenden elektrischen Feldstärkeamplituden $\hat{\underline{E}}_u$ und $\hat{\underline{E}}_v$ ermittelt werden, da zwischen elektrischer und magnetischer Feldstärkeamplitude einer sich ausbreitenden Lichtwelle immer ein festes und nur von den Eigenschaften der Faser abhängiges Verhältnis besteht.

Eigenmode u und Eigenmode v sind ebenso wie die beiden miteinander verkoppelten Moden (nämlich Mode x und Mode y) ebene Wellen, die sich nur in z-Richtung ausbreiten. Die zugehörigen Feldvektoren liegen daher wieder in der xy-Ebene und sind außer von der Zeitvariablen t nur noch von der Ortsvariablen z abhängig.

Bild 4.7a verdeutlicht die Zerlegung des elektrischen Feldstärkevektors $\underline{\vec{E}}(z,t)$ in seine beiden abhängigen Komponenten $\underline{E}_x(z,t)\vec{e}_x$ und $\underline{E}_y(z,t)\vec{e}_y$ entsprechend Gleichung (4.21) sowie in seine beiden unabhängigen Komponenten $\underline{E}_u(z,t)\vec{e}_u$ und $\underline{E}_v(z,t)\vec{e}_v$ nach Gleichung (4.24). Die Orthogonalität von Mode x und Mode y bzw. von Eigenmode u und Eigenmode v veranschaulicht Bild 4.7b. Der Punkt ($\odot$) im Ursprung der in Bild 4.7 dargestellten Achsenkreuze symbolisiert die Pfeilspitze der beiden Einheitsvektoren $\vec{e}_z$ und $\vec{e}_w$, die senkrecht auf der Blattebene stehen und aus dieser herausgerichtet sind. Die Ausbreitung der Faserlichtwelle erfolgt somit in der Darstellung nach Bild 4.7 in Richtung Leser, d.h. ebenfalls aus der Blattebene heraus.

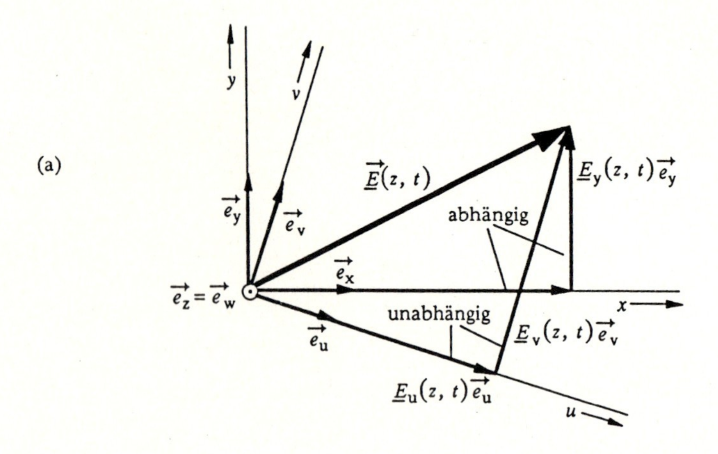

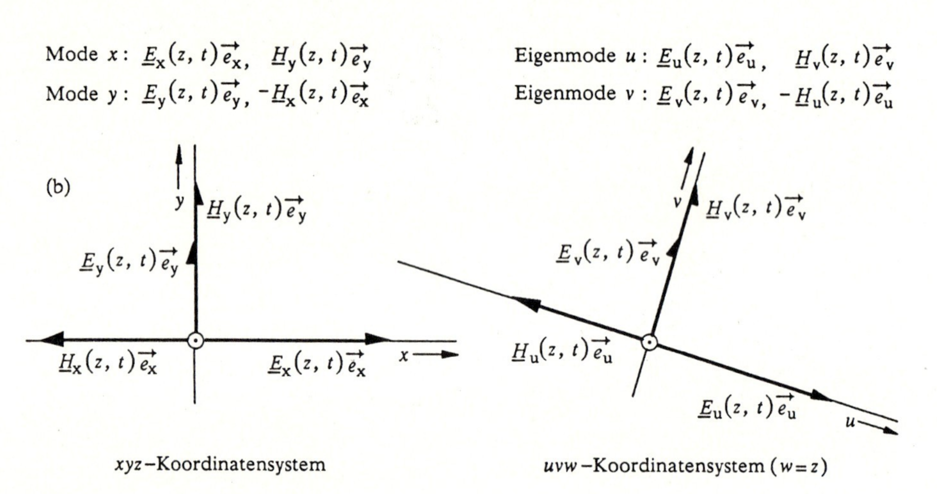

Bild 4.7: (a) Zerlegung des elektrischen Feldstärkevektors $\vec{E}(z, t)$ in Mode x und Mode y bzw. in Eigenmode u und Eigenmode v, (b) Orthogonalität der Moden

Die in Bild 4.7 aufgeführten Einheitsvektoren sind zueinander orthonormiert, d.h. sie besitzen die folgenden Eigenschaften:

$$\vec{e}_x \cdot \vec{e}_y = \vec{e}_x \cdot \vec{e}_z = \vec{e}_y \cdot \vec{e}_z = \vec{e}_u \cdot \vec{e}_v = \vec{e}_u \cdot \vec{e}_w = \vec{e}_v \cdot \vec{e}_w = 0, \tag{4.26}$$

$$\vec{e}_x \times \vec{e}_y = \vec{e}_z = \vec{e}_u \times \vec{e}_v = \vec{e}_w, \tag{4.27}$$

$$|\vec{e}_x| = |\vec{e}_y| = |\vec{e}_z| = |\vec{e}_u| = |\vec{e}_v| = |\vec{e}_w| = 1. \tag{4.28}$$

Hierbei beschreiben die beiden Symbole „x" und „•" das vektorielle bzw. das skalare Vektorprodukt [15].

Zur Berechnung der beiden noch unbekannten Terme $\underline{a}(z)$ und $\underline{b}(z)$ setzen wir nun zunächst den elektrischen und den magnetischen Feldstärkevektor aus Gleichung (4.21) bzw. (4.22) unter Beachtung der beiden Materialgleichungen [142]

$$\underline{\vec{D}}(z,t) = \epsilon\, \underline{\vec{E}}(z,t) = \epsilon_r\, \epsilon_0\, \underline{\vec{E}}(z,t)\,, \tag{4.29}$$

$$\underline{\vec{B}}(z,t) = \mu\, \underline{\vec{H}}(z,t) = \mu_0\, \underline{\vec{H}}(z,t) \tag{4.30}$$

in die Maxwellschen Gleichungen

$$\mathrm{rot}\big(\underline{\vec{E}}(z,t)\big) = -\frac{\delta \underline{\vec{B}}(z,t)}{\delta t}\,, \tag{4.31}$$

$$\mathrm{rot}\big(\underline{\vec{H}}(z,t)\big) = \frac{\delta \underline{\vec{D}}(z,t)}{\delta t} \tag{4.32}$$

ein. Die Feldgrößen $\underline{\vec{D}}(z, t)$ und $\underline{\vec{B}}(z, t)$ kennzeichnen die elektrische bzw. die magnetische Flußdichte. Sowohl die angegebenen Materialgleichungen als auch die Maxwellschen Gleichungen sind bereits auf einen dielektrischen Wellenleiter (Glasfaser) zugeschnitten. Das heißt, die Gleichung (4.30) berücksichtigt ein nicht magnetisches Material ($\mu_r = 1$) und Gleichung (4.31) beinhaltet keine elektrische Stromkomponente [142].

In völlig isotropen Materialien ist die relative Dielektrizitätszahl ϵ_r eine reelle (verlustloses Material) bzw. komplexe Größe (verlustbehaftetes Material). In diesem Fall weisen der elektrische Feldstärkevektor $\underline{\vec{E}}(z, t)$ und die elektrische Flußdichte $\underline{\vec{D}}(z, t)$ in die gleiche Richtung, d.h. sie sind zueinander parallel.

Die in diesem Kapitel betrachtete unsymmetrische Monomodefaser hat jedoch einen anisotropen, d.h. richtungsabhängigen Charakter. Die relative Dielektrizitätszahl ϵ_r ist in diesem Fall kein Skalar, sondern ein Tensor [15, 134]. Ein solcher Tensor beschreibt die Richtungsabhängigkeit des anisotropen Faserkernmaterials. Mathematisch gesehen drückt der Tensor eine lineare Abhängigkeit der Komponenten eines Vektors, in unserem Fall die Komponenten von $\underline{\vec{D}}(z, t)$, von denen eines anderen Vektors, hier $\underline{\vec{E}}(z, t)$, aus. Durch die Richtungsabhängigkeit des anisotropen Faserkernmaterials weisen der elektrische Feldstärkevektor $\underline{\vec{E}}(z, t)$ und die elektrische Flußdichte $\underline{\vec{D}}(z, t)$ im allgemeinen nicht mehr in die gleiche Richtung. Sie sind nun nicht mehr zueinander parallel.

Für den Leser dieses Buches ist es nicht notwendig, sich in die Thematik der Tensorrechnung einzuarbeiten. Es ist für das Verständnis der folgenden Überlegungen vollkommen ausreichend zu wissen, daß der hier benötigte Dielektrizitätstensor $[\epsilon]_r$ ähnlich einer 3x3–Matrix aus neun (komplexen) Zahlen besteht [134], die Addition zweier Tensoren entsprechend der Matrizenaddition erfolgt und die Produktbildung eines Tensors mit einem Vektor ebenso ausgeführt wird wie die Produktbildung bei der Matrizenrechnung. Das Ergebnis dieser Produktbildung ist wieder ein Vektor.

Die neun Komponenten des Dielektrizitätstensors gelten nur für ein bestimmtes Koordinatensystem, in unserem Fall für das rechtwinklige kartesische *xyz*–Koordinatensystem. Wird dieses Koordinatensystem beispielsweise gedreht, so ändern sich auch die Zahlenwerte der neun Tensorkomponenten. Der Dielektrizitätstensor ist demnach variant gegenüber einem Wechsel des Koordinatensystems. Dieses Verhalten wird unmittelbar einsichtig, wenn man beachtet, daß die Lichtwelle in einer Faser unabhängig von der Wahl eines mathematischen Koordinatensystems sein muß und somit ihre Feldvektoren $\vec{\underline{E}}(z, t)$ und $\vec{\underline{D}}(z, t)$ in jedem Koordinatensystem immer die gleiche unveränderte Richtung und Länge besitzen müssen. Auf die beim Koordinatensystemwechsel notwendige Transformation der Tensorelemente soll hier nicht eingegangen werden. Eine tiefergehende Beschreibung der Tensorrechnung findet man beispielsweise in [15, 134].

Für die folgenden Berechnungen ist es sinnvoll, den Dielektrizitätstensor $[\epsilon]_r$ entsprechend

$$[\epsilon]_r = [\epsilon]_o + [\epsilon]_m \tag{4.33}$$

in zwei Teiltensoren aufzuspalten. Hierbei beschreibt

$$[\epsilon]_o = \begin{bmatrix} \epsilon_{xx} & 0 & 0 \\ 0 & \epsilon_{yy} & 0 \\ 0 & 0 & \epsilon_{zz} \end{bmatrix} \tag{4.34}$$

den Tensoranteil der Faser ohne Modenkopplung und

$$[\epsilon]_m = \begin{bmatrix} \epsilon'_{xx} & \epsilon_{xy} & \epsilon_{xz} \\ \epsilon_{yx} & \epsilon'_{yy} & \epsilon_{yz} \\ \epsilon_{zx} & \epsilon_{zy} & \epsilon'_{zz} \end{bmatrix} \tag{4.35}$$

den für die Modenkopplung veranwortlichen Tensoranteil. Entsprechend der zu Beginn dieses Abschnitts getroffenen Vereinbarung beschreibt somit der Anteil $[\epsilon]_o$ die erste Faserstörung (also beispielsweise die des elliptischen Faserkerns) und $[\epsilon]_m$ alle zusätzlich auftretenden Faserstörungen. Um die drei Diagonalkomponenten von $[\epsilon]_m$ von denen der ersten Störung (also von $[\epsilon]_o$) unterscheiden zu können, wurde diese in Gleichung (4.35) mit einem Strich versehen. Dielektrizitätstensoren sind im allgemeinen symmetrisch, d.h. es gilt: $\epsilon_{xy} = \epsilon_{yx}$, $\epsilon_{xz} = \epsilon_{zx}$ und $\epsilon_{yz} = \epsilon_{zy}$.

Nach dieser kurzen Beschreibung des Dielektrizitätstensors wird nun das bereits oben angekündigte Einsetzen der Feldgleichungen (4.21) und (4.22) in die Maxwellschen Gleichungen (4.31) und (4.32) durchgeführt. Als Ergebnis erhalten wir nach einigen mathematischen Umformungen für die beiden komplexen ortsabhängigen Terme $\underline{a}(z)$ und $\underline{b}(z)$ das gekoppelte Differentialgleichungssystem [35]

$$\frac{d}{dz}\begin{bmatrix} \underline{a}(z) \\ \underline{b}(z) \end{bmatrix} = -j \begin{bmatrix} N_{11} & N_{12} \\ N_{21} & N_{22} \end{bmatrix} \cdot \begin{bmatrix} \underline{a}(z) \\ \underline{b}(z) \end{bmatrix}. \tag{4.36}$$

Bei diesem Differentialgleichungssystem (DGL-System) handelt es sich um ein gewöhnliches lineares und homogenes DGL-System [15]. Die vier Koeffizienten N_{11}, N_{12}, N_{21} und N_{22} (diese können je nach Art der geometrischen Faserstörung reell oder komplex sein) berechnen sich als eine Folge des oben beschriebenen Einsetzens zu:

$$N_{11} = \pi f \left(\epsilon_0 \frac{\hat{E}_x}{\hat{H}_y} \vec{e}_x^{\,*} [\epsilon]_r \vec{e}_x + \mu_0 \frac{\hat{H}_y}{\hat{E}_x} \right) = \beta_x \sqrt{1 + \frac{\vec{e}_x^{\,*} [\epsilon]_m \vec{e}_x}{\vec{e}_x^{\,*} [\epsilon]_o \vec{e}_x}}$$

$$= \beta_x \sqrt{1 + \frac{\epsilon'_{xx}}{\epsilon_{xx}}} = \beta'_x , \qquad (4.37)$$

$$N_{12} = \pi f \epsilon_0 \frac{\hat{E}_y}{\hat{H}_y} \vec{e}_x^{\,*} [\epsilon]_r \vec{e}_y = 0{,}5 \sqrt{\beta'_x \beta'_y} \frac{\vec{e}_x^{\,*} [\epsilon]_m \vec{e}_y}{\sqrt{(\vec{e}_x^{\,*} [\epsilon]_r \vec{e}_x)(\vec{e}_y^{\,*} [\epsilon]_r \vec{e}_y)}}$$

$$= 0{,}5 \sqrt{\beta'_x \beta'_y} \frac{\epsilon_{xy}}{\sqrt{(\epsilon_{xx} + \epsilon'_{xx})(\epsilon_{yy} + \epsilon'_{yy})}} , \qquad (4.38)$$

$$N_{21} = \pi f \epsilon_0 \frac{\hat{E}_x}{\hat{H}_x} \vec{e}_y^{\,*} [\epsilon]_r \vec{e}_x = 0{,}5 \sqrt{\beta'_x \beta'_y} \frac{\vec{e}_y^{\,*} [\epsilon]_m \vec{e}_x}{\sqrt{(\vec{e}_x^{\,*} [\epsilon]_r \vec{e}_x)(\vec{e}_y^{\,*} [\epsilon]_r \vec{e}_y)}}$$

$$= 0{,}5 \sqrt{\beta'_x \beta'_y} \frac{\epsilon_{yx}}{\sqrt{(\epsilon_{xx} + \epsilon'_{xx})(\epsilon_{yy} + \epsilon'_{yy})}} = N_{12}^{*} , \qquad (4.39)$$

$$N_{22} = \pi f \left(\epsilon_0 \frac{\hat{E}_y}{\hat{H}_x} \vec{e}_y^{\,*} [\epsilon]_r \vec{e}_y + \mu_0 \frac{\hat{H}_x}{\hat{E}_y} \right) = \beta_y \sqrt{1 + \frac{\vec{e}_y^{\,*} [\epsilon]_m \vec{e}_y}{\vec{e}_y^{\,*} [\epsilon]_o \vec{e}_y}}$$

$$= \beta_y \sqrt{1 + \frac{\epsilon'_{yy}}{\epsilon_{yy}}} = \beta'_y , \qquad (4.40)$$

Bei der Ermittlung dieser vier Koeffizienten wurde berücksichtigt, daß die beiden Vektoroperationen $\vec{e}_x^{\,*}[\epsilon]_o\vec{e}_y$ und $\vec{e}_y^{\,*}[\epsilon]_o\vec{e}_x$ den Wert Null ergeben.

Die in den Gleichungen (4.37) bis (4.40) aufgeführten Koeffizienten N_{11}, N_{12}, N_{21} und N_{22} des DGL-Systems (4.36) sind im wesentlichen durch die Elemente der beiden Dielektrizitätstensoren $[\epsilon]_o$ und $[\epsilon]_m$, d.h. vom Faserkernmaterial und von der Art der geometrischen Faserstörungen bestimmt. Darüber hinaus sind sie auch Funktionen der Lichtfrequenz f. Die beiden Ausbreitungskonstanten β_x und β_y in den Gleichungen (4.37) und (4.40) sind, wie noch gezeigt werden wird, ebenfalls nur von den Fasereigenschaften abhängig. Für eine Reihe von verschiedenen Störungen, wie elliptischer Faserkern, Verdrehung (Torsion) oder Krümmung der Faser, transversaler Druck und axiale Spannungen, wurden diese vier Koeffizienten beispielsweise in [114, 147] quantitativ bestimmt.

Verantwortlich für die Modenkopplung sind die beiden Koeffizienten N_{12} und N_{21}. Diese sind reell und außerdem identisch, wenn die Komponenten des Dielektrizitätstensors $[\epsilon]_r$ ebenfalls reell sind. Sind die Komponenten von $[\epsilon]_r$ dagegen komplex, so sind die beiden Koeffizienten N_{12} und N_{21} ebenfalls komplex und es gilt die in der Gleichung (4.39) angegebene Beziehung $N_{21} = N_{12}^{*}$.

Für den Spezialfall, daß die beiden Tensorkomponenten ϵ_{xy} und ϵ_{yx} und somit auch die Koeffizienten N_{12} und N_{21} Null sind, tritt keine Modenkopplung zwischen Mode x und Mode y auf. Diese beiden Moden bleiben somit für $N_{12} = N_{21} = 0$ weiterhin die charakteristischen Eigenmoden der Monomodefaser. Allerdings breiten sich diese beiden Eigenmoden wegen der drei Diagonalkomponenten ϵ'_{xx}, ϵ'_{yy} und ϵ'_{zz} nun mit einer anderen Geschwindigkeit als bei alleiniger Anwesenheit der ersten, durch $[\epsilon]_o$ beschriebenen Faserstörung aus. Maßgebend sind jetzt nicht mehr die beiden Ausbreitungskonstanten β_x und β_y, sondern die beiden neuen Ausbreitungskonstanten β'_x und β'_y, die entsprechend den Gleichungen (4.37) und (4.40) indentisch den beiden Koeffizienten N_{11} und N_{22} des gekoppelten DGL-Systems (4.36) sind. Für $N_{12} = N_{21} = 0$ kann dieses DGL-System in zwei voneinander unabhängige Gleichungen aufgespalten werden. Die erste Gleichung beinhaltet in diesem Fall nur den Term $\underline{a}(z)$ während die zweite Gleichung nur den Term $\underline{b}(z)$ als einzige unbekannte Funktion enthält.

Die sechs Tensorelemente ϵ_{zz}, ϵ'_{zz}, ϵ_{xz}, ϵ_{zx}, ϵ_{yz} und ϵ_{zy} haben hier keinen Einfluß auf die Koeffizienten des DGL-Systems und somit auch nicht auf die Ausbreitung der Faserlichtwelle. Der Grund hierfür ist, daß die beiden Moden der Faserlichtwelle ebene Wellen sind, die sich nur in z-Richtung ausbreiten. Die maßgebenden Feldstärkevektoren dieser Moden haben folglich keine Komponente in z-Richtung.

Zwischen den Ausbreitungskonstanten β_x, β_y, β'_x und β'_y sowie den Feldamplitudenverhältnissen $\hat{E}_x/\hat{H}_y$ und $\hat{E}_y/\hat{H}_x$ besteht folgender Zusammenhang:

$$\beta'_x = 2\pi f\, \mu_0 \frac{\hat{H}_y}{\hat{E}_x} = 2\pi f\, \epsilon_0\, \vec{e}_x [\epsilon]_r\, \vec{e}_x \frac{\hat{E}_x}{\hat{H}_y} = 2\pi f\, \epsilon_0 (\epsilon_{xx} + \epsilon'_{xx}) \frac{\hat{E}_x}{\hat{H}_y}$$

$$= 2\pi f \sqrt{\mu_0\, \epsilon_0 (\epsilon_{xx} + \epsilon'_{xx})} = \underbrace{2\pi f \sqrt{\mu_0\, \epsilon_0\, \epsilon_{xx}}}_{\beta_x} \sqrt{(1 + \epsilon'_{xx}/\epsilon_{xx})}\,, \qquad (4.41)$$

$$\beta'_y = 2\pi f\, \mu_0 \frac{\hat{H}_x}{\hat{E}_y} = 2\pi f\, \epsilon_0\, \vec{e}_y [\epsilon]_r\, \vec{e}_y \frac{\hat{E}_y}{\hat{H}_x} = 2\pi f\, \epsilon_0 (\epsilon_{yy} + \epsilon'_{yy}) \frac{\hat{E}_y}{\hat{H}_x}$$

$$= 2\pi f \sqrt{\mu_0\, \epsilon_0 (\epsilon_{yy} + \epsilon'_{yy})} = \underbrace{2\pi f \sqrt{\mu_0\, \epsilon_0\, \epsilon_{yy}}}_{\beta_y} \sqrt{(1 + \epsilon'_{yy}/\epsilon_{yy})}\,. \qquad (4.42)$$

Wie diese Gleichungen zeigen, beziehen sich die beiden Ausbreitungskonstanten β_x und β_y nur auf die erste, durch $[\epsilon]_o$ beschriebene Faserstörung, während die beiden Ausbreitungskonstanten β'_x und β'_y auch alle weiteren, durch $[\epsilon]_m$ charakterisierten Faserstörungen berücksichtigen. Für $[\epsilon]_m = 0$ gilt: $\beta_x = \beta'_x$ und $\beta_y = \beta'_y$.

Zur Lösung des gekoppelten DGL-Systems (4.36) führt der Exponentialansatz

$$\begin{bmatrix} \underline{a}(z) \\ \underline{b}(z) \end{bmatrix} = C_i \, e^{-j\beta_i z} \begin{bmatrix} e_{ix} \\ e_{iy} \end{bmatrix} = C_i \, e^{-j\beta_i z} \, \vec{e_i} \,, \tag{4.43}$$

wobei C_i eine zunächst beliebige Konstante ist, die erst durch die Berücksichtigung von Randbedingungen einen festen Wert zugewiesen bekommt. Setzen wir diesen Ansatz in das DGL-System (4.36) ein, so erhalten wir als Ergebnis zwei voneinander unabhängige, völlig gleichwertige Lösungen, die beide das gekoppelte DGL-System (4.36) erfüllen. Die allgemeine Lösung ergibt sich dann aus der linearen Superposition dieser beiden unabhängigen Einzellösungen:

$$\begin{aligned} \begin{bmatrix} \underline{a}(z) \\ \underline{b}(z) \end{bmatrix} &= C_1 \, e^{-j\beta_1 z} \begin{bmatrix} e_{1x} \\ e_{1y} \end{bmatrix} + C_2 \, e^{-j\beta_2 z} \begin{bmatrix} e_{2x} \\ e_{2y} \end{bmatrix} \\ &= C_1 \, e^{-j\beta_1 z} \, \vec{e_1} + C_2 \, e^{-j\beta_2 z} \, \vec{e_2} \,. \end{aligned} \tag{4.44}$$

Die beiden Konstanten β_1 und β_2 werden als *Eigenwerte* und die beiden Einheitsvektoren $\vec{e_1}$ und $\vec{e_2}$ als *Eigenvektoren* des gekoppelten DGL-Systems bezeichnet. Für die Polarisationsübertragung einer realen Monomodefaser sind diese Größen von ganz entscheidender Bedeutung, da sie (wie noch nachgewiesen wird) genau den gesuchten charakteristischen Kenngrößen β_u, β_v, $\vec{e_u}$ und $\vec{e_v}$ der beiden neuen Eigenmoden $\underline{E}_u(z, t)\,\vec{e_u}$ und $\underline{E}_v(z, t)\,\vec{e_v}$ nach Gleichung (4.24) entsprechen. Für diese vier Größen ergeben sich als Folge des Einsetzens des Exponentialansatzes (4.43) in das DGL-System (4.36) folgende Ausdrücke:

$$\beta_1 = \beta_u = \frac{1}{2}\left[\left(N_{11} + N_{22}\right) + \sqrt{\left(N_{11} - N_{22}\right)^2 + 4\left|N_{12}\right|^2} \,\right], \tag{4.45}$$

$$\beta_2 = \beta_v = \frac{1}{2}\left[\left(N_{11} + N_{22}\right) - \sqrt{\left(N_{11} - N_{22}\right)^2 + 4\left|N_{12}\right|^2} \,\right], \tag{4.46}$$

$$\vec{e_1} = \vec{e_u} = \frac{1}{\left[1 + \left| \dfrac{\beta_u - N_{11}}{N_{12}} \right|^2 \right]^{1/2}} \begin{bmatrix} 1 \\ \dfrac{\beta_u - N_{11}}{N_{12}} \end{bmatrix}, \tag{4.47}$$

$$\vec{e_2} = \vec{e_v} = \frac{1}{\left[1 + \left| \dfrac{\beta_v - N_{11}}{N_{12}} \right|^2 \right]^{1/2}} \begin{bmatrix} 1 \\ \dfrac{\beta_v - N_{11}}{N_{12}} \end{bmatrix}. \tag{4.48}$$

Die beiden Eigenvektoren $\vec{e}_1 = \vec{e}_u$ und $\vec{e}_2 = \vec{e}_v$ sind orthonormiert, d.h. sie sind zueinander orthogonal und besitzen die normierte Länge 1. Mathematisch wird diese Eigenschaft durch die Gleichung

$$\vec{e}_i \cdot \vec{e}_j = \delta_{ij} = \begin{cases} 1 \text{ für } i = j \\ 0 \text{ für } i \neq j \end{cases} \quad i \in \{1, 2\};\ j \in \{1, 2\} \tag{4.49}$$

beschrieben, wobei δ_{ij} das Kroneckersymbol bezeichnet [15].

Zwischen den beiden Ausbreitungskonstanten β_u und β_v sowie den Koeffizienten N_{11}, N_{12} , N_{21} und N_{22} des gekoppelten DGL-System (4.36) besteht folgender Zusammenhang:

$$\frac{\beta_u - N_{11}}{N_{12}} = \frac{N_{21}}{\beta_u - N_{22}} \quad , \quad \frac{\beta_v - N_{11}}{N_{12}} = \frac{N_{21}}{\beta_v - N_{22}} \ . \tag{4.50}$$

Wichtige Kenngrößen zur Beurteilung der Stabilität bzw. der Instabilität der Polarisationsübertragung einer Monomodefaser sind wieder die Differenz

$$\Delta\beta_{uv} = \beta_u - \beta_v = \sqrt{(N_{11} - N_{22})^2 + 4|N_{12}|^2} = \sqrt{\Delta\beta'^2 + 4|N_{12}|^2} \tag{4.51}$$

zwischen den beiden neuen Ausbreitungskonstanten β_u und β_v sowie die Schwebungslänge

$$L_b = \frac{2\pi}{\Delta\beta_{uv}} \ . \tag{4.52}$$

Im Gegensatz zur Differenz $\Delta\beta = \beta_x - \beta_y$ nach Gleichung (4.1) beinhaltet die Differenz $\Delta\beta_{uv}$ nach Gleichung (4.51) auch die für die Modenkopplung verantwortlichen Faserstörungen.

Aus Gleichung (4.51) wird deutlich, daß die störenden Auswirkungen von Modenkopplungen (beschrieben durch den Koeffizienten N_{12}) umso geringer sind, je größer die Differenz $\Delta\beta'$ ist. Diese wiederum wird beispielsweise dann groß, wenn auch die Differenz $\Delta\beta$ entsprechend groß ist. Für sehr große Werte von $\Delta\beta'$ (bzw. $\Delta\beta$) gilt unter der Voraussetzung $\Delta\beta' \gg |2N_{12}|$ die Näherung

$$\Delta\beta_{uv} \approx \Delta\beta' . \tag{4.53}$$

Bei der Herstellung von polarisationserhaltenden Fasern wird man demnach bestrebt sein, ein möglichst großes Verhältnis $|\Delta\beta'/(2N_{12})|$ zu erzielen, um dadurch die störende Modenkopplung zu verringern. Praktisch erreichen kann man dies durch eine gezielt herbeigeführte (erste) Faserverformung, die ein sehr großes $\Delta\beta$ (und somit auch ein sehr großes $\Delta\beta'$) aufweist und somit dominant gegenüber (fast) allen weiteren unerwünschten Faserstörungen ist (Abschnitt 4.3). Nur wenn das Verhältnis $|\Delta\beta'/(2N_{12})|$ sehr groß ist, bleibt die Polarisation der Faserlichtwelle über die gesamte Faserstrecke hinweg nahezu unverändert. Vorrausetzung hierfür ist allerdings, daß am Fasereingang nur einer der beiden Eigenmoden angeregt wird. Ist dagegen das Verhältnis $|\Delta\beta'/(2N_{12})|$ klein, so verursacht die nun während der Ausbreitung des einen angeregten Eigenmodes stattfindende Modenkopplung auch die Anregung des zweiten Eigenmodes. Wie bereits in den beiden Bildern 4.3 und 4.4 gezeigt wurde, hat dies dann wieder eine sich ändernde, ortsabhängige Polarisation der Faserlichtwelle zur Folge.

Die Bilder 4.8a bis 4.8f verdeutlichen die Aufteilung des in der Faser konstanten Lichtleistungsflusses S auf die beiden miteinander verkoppelten Moden (nämlich Mode x und Mode y) in Abhängigkeit von der Ortsvariablen z sowie der beiden Koeffizienten $N_{12} = N_{21}^*$ und N_{22}. Aufgetragen sind in diesen sechs Bildern jeweils die beiden ortsabhängigen Lichtleistungsflüsse $S_x(z) = |\underline{a}(z)|^2 S_{x,max}$ und $S_y(z) = |\underline{b}(z)|^2 S_{y,max}$ des Mode x und des Mode y, bezogen auf den resultierenden (konstanten) Lichtleistungsfluß $S = S_x(z) + S_y(z)$.

Der Koeffizient N_{11} ist für Bild 4.8 als konstant vorausgesetzt und dient ebenfalls als Normierungsgröße. Außerdem wird in allen Bildern eine gleichmäßige Anregung des Mode x und des Mode y am Fasereingang vorausgesetzt, so daß gilt: $S_x(0) = S_y((0) = S/2$. Für die Modenkopplung ist der Koeffizient N_{12} verantwortlich. Dieser ist bei den drei rechten Bildern (Bild 4.8b, 4.8d und 4.8f) jeweils um den Faktor drei größer als bei den drei linken Bildern (Bild 4.8a, 4.8c, 4.8e), d.h. die Modenkopplung ist bei den rechten Bildern deutlich stärker als bei den linken Bildern.

In den beiden oberen Bildern 4.8a und 4.8b ist $N_{22} = N_{11}$. Das Verhältnis $|\Delta\beta'/(2N_{12})|$, das nach obigen Überlegungen für eine polarisationserhaltende Monomodefaser möglichst groß sein sollte, nimmt hier seinen Minimalwert Null an. Die Modenkopplung kommt daher in diesen beiden Bildern voll zur Auswirkung. Innerhalb der Schwebungslänge L_b wird die Energie in den beiden miteinander verkoppelten Moden (Mode x und Mode y) zweimal vollständig ausgetauscht. Im Abstand $z = nL_b + L_b/4$ ($n = 0, 1, 2, 3, \cdots$) zum Faseranfang ($z = 0$) erreicht in diesen beiden Bildern der Lichtleistungsfluß des Mode y seinen maximalen Wert $S_y(z) = S$ und derjenige des Mode x seinen minimalen Wert $S_x(z) = 0$. Am Faserort $z = nL_b + 3L_b/4$ ($n = 0, 1, 2, 3, \cdots$) ist dagegen der Lichtleistungsfluß des Mode x maximal und derjenige des Mode y gleich Null. Die Aufteilung des gesamten Lichtleistungsflusses auf die beiden Moden ist für $z = nL_b/2$ jeweils gleich derjenigen am Fasereingang.

Wie die beiden Bilder 4.8a und 4.8b deutlich zeigen, vollzieht sich der vollständige Energieaustausch zwischen den beiden Moden in umso kürzeren Abständen, je größer der für die Modenkopplung verantwortliche Koeffizient N_{12} ist. Zu beachten ist hierbei, daß für den bezüglich der Ortsvariablen z periodischen Energieaustausch zwischen Mode x und Mode y nicht die Schwebungslänge nach Gleichung (4.9), sondern die Schwebungslänge $L_b = 2\pi/\Delta\beta_{uv}$ entsprechend Gleichung (4.51) maßgebend ist.

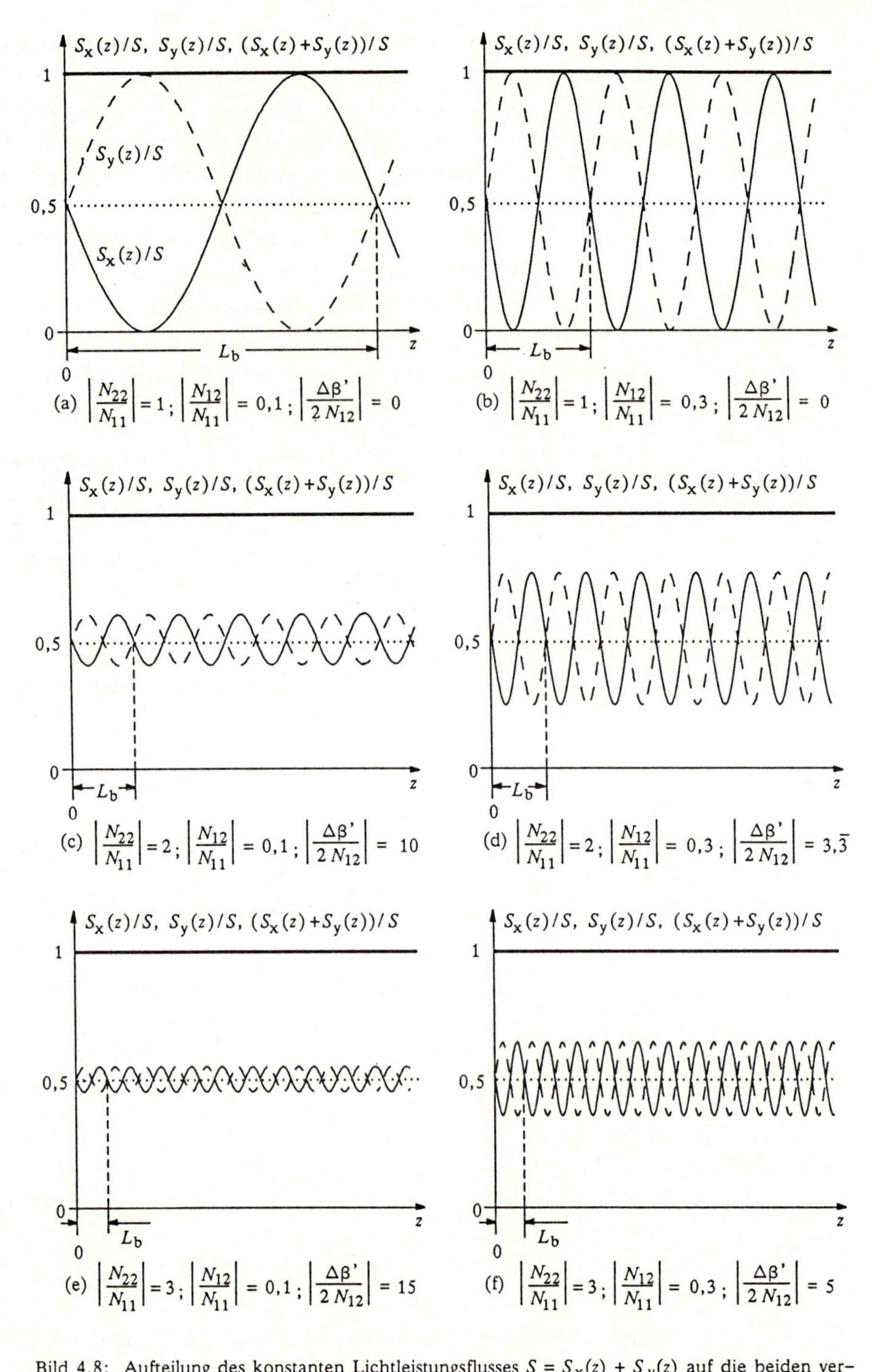

Bild 4.8: Aufteilung des konstanten Lichtleistungsflusses $S = S_x(z) + S_y(z)$ auf die beiden verkoppelten orthogonalen Moden (Polarisationen) einer Monomodefaser

Bei den vier folgenden Bildern 4.8c bis 4.8f sind die beiden Koeffizienten N_{11} und N_{22} verschieden und das Verhältnis $|\Delta\beta'/(2N_{12})|$ nimmt deshalb einen endlichen Wert ungleich Null an. Dies hat zur Folge, daß bei diesen vier Bildern die Auswirkungen der Modenkopplung geringer sind als bei den beiden oberen Bidern 4.8a und 4.8b. Im Gegensatz zu den beiden ersten Bildern findet bei den Bildern 4.8c bis 4.8f kein vollständiger, sondern nur noch ein teilweiser Energieaustausch zwischen den beiden miteinander verkoppelten Moden statt. Die Lichtleistungsflüsse in den beiden Moden erreichen daher weder den theoretisch möglichen Maximalwert S noch den Minimalwert Null. Voraussetzung hierfür ist allerdings eine gleichmäßige Anregung der beiden Moden am Fasereingang ($z = 0$), was für die dargestellten Bilder zutrifft (vgl.: [138]).

Der wechselseitige Energieaustausch zwischen den beiden miteinander verkoppelten Moden ist umso geringer, je größer das Verhältnis $|\Delta\beta'/(2N_{12})|$ ist. Die jeweiligen Amplituden der bezüglich z periodischen Lichtleistungsflüsse $S_x(z)$ und $S_y(z)$ sind demnach umso geringer, je kleiner der für die Modenkopplung verantwortliche Koeffizient N_{12} ist. Ein Vergleich der beiden rechten Bilder 4.8d und 4.8f mit den beiden linken Bildern 4.8c und 4.8e verdeutlicht diesen Sachverhalt. Der Energieaustausch zwischen den beiden verkoppelten Moden kann andererseits auch durch eine Vergrößerung von $\Delta\beta'$ (bzw. $\Delta\beta$) verringert werden, was durch einen Vergleich der beiden oberen Bilder 4.8a und 4.8b mit den beiden unteren Bildern 4.8e und 4.8f deutlich wird.

Am geringsten ist der wechselseitige Energieaustausch im Bild 4.8e, da hier das Verhältnis $|\Delta\beta'/(2N_{12})|$ am größten ist. Die beiden Moden sind hier nur noch sehr schwach miteinander verkoppelt und die Lichtleistungsflüsse der beiden verkoppelten Moden schwanken nur noch sehr geringfügig um ihren Mittelwert $S/2$. Der wechselseitige Energieaustausch ist hier bereits fast vernachlässigbar klein.

Im praktisch nie erreichbaren Idealfall $|\Delta\beta'/(2N_{12})| \to \infty$ bzw. $|\Delta\beta/(2N_{12})| \to \infty$ findet keine Modenkopplung mehr statt und die Lichtleistungsflüsse in den beiden verkoppelten Moden bleiben konstant. Bei gleichmäßiger Anregung am Fasereingang nehmen sie beide den Wert $S/2$ an. Regt man statt dessen nur einen der beiden Moden am Fasereingang an, beispielsweise den Mode x, so behält dieser Mode entlang der gesamten Faserstrecke seinen konstanten, maximalen Lichtleistungsfluß $S_x(z) = S_{x,max} = S$. Währenddessen bleibt der andere, nicht angeregte Mode y auch weiterhin unangeregt ($S_y(z) = 0$).

Nachdem nun die beiden Terme $\underline{a}(z)$ und $\underline{b}(z)$ ermittelt worden sind und somit der ortsabhängige Energieaustausch zwischen Mode x und Mode y vollständig beschrieben ist, setzen wir diese Terme in die Ausgangsgleichung (4.21) zur Berechnung der Faserlichtwelle $\underline{\vec{E}}(z, t)$ ein und vergleichen diese mit der entsprechenden Ansatzgleichung (4.24). Auf diese Weise können die beiden charakteristischen Eigenmoden der Monomodefaser ermittelt werden. Im folgenden wird zunächst die allgemeine Lösung für die Faserlichtwelle und ihre beiden Eigenmoden näher untersucht und diskutiert. Anschließend erfolgt dann eine Auswertung verschiedener Spezialfälle, welche die Ergebnisse dieses Abschnitts verdeutlichen sollen.

a) Allgemeine Lösung

Setzen wir Lösung (4.43) des gekoppelten DGL-Systems (4.36) in die Gleichung (4.21) für den elektrischen Feldstärkevektor $\vec{\underline{E}}(z,t)$ der Faserlichtwelle ein, so erhalten wir nach einigen Umformungen einen Ausdruck, der genau unserem Ansatz nach Gleichung (4.24) entspricht:

$$\begin{aligned}\vec{\underline{E}}(z,t) &= \underline{C_1 \hat{E}_x}\, e^{-j\beta_1 z}\, e^{j2\pi f t}\, \vec{e}_1 + \underline{C_2 \hat{E}_y}\, e^{-j\beta_2 z}\, e^{j2\pi f t}\, \vec{e}_2 \\ &= \hat{E}_u\, e^{-j\beta_u z}\, e^{j2\pi f t}\, \vec{e}_u + \hat{E}_v\, e^{-j\beta_v z}\, e^{j2\pi f t}\, \vec{e}_v \\ &= \underline{\underline{E}_u(z,t)\vec{e}_u} + \underline{\underline{E}_v(z,t)\vec{e}_v}\,.\end{aligned} \tag{4.54}$$

Eigenmode u ← unabhängig → Eigenmode v

Die Übereinstimmungen zwischen den Eigenwerten β_1 und β_2 und den Eigenvektoren $\vec{e}_1$ und $\vec{e}_2$ des gekoppelten DGL-Systems (4.36) mit den entsprechenden charakteristischen Größen β_u, β_v, $\vec{e}_u$ und $\vec{e}_v$ der beiden neuen Eigenmoden wird hier unmittelbar deutlich (vgl. auch Gleichung 4.24). Die bisher noch freien Konstanten C_1 und C_2 können mit den ebenfalls noch frei wählbaren elektrischen Feldstärkeamplituden $\hat{E}_x$ und $\hat{E}_y$ zu den neuen Feldstärkeamplituden $\hat{E}_u$ und $\hat{E}_v$ zusammengefaßt werden. Einen konkreten Zahlenwert bekommen diese Größen erst durch die Auswertung von Randbedingungen, zum Beispiel durch eine fest vorgegebene Lichtwelle am Eingang der Faser bei $z = 0$.

Zwischen den elektrischen Feldstärkeamplituden in Gleichung (4.54) und den magnetischen (vgl. Gleichung 4.25) besteht folgender Zusammenhang:

$$\frac{\hat{E}_u}{\hat{H}_v} = \frac{2\pi f \mu_0}{\beta_u}\,, \quad \frac{\hat{E}_v}{\hat{H}_u} = \frac{2\pi f \mu_0}{\beta_v}\,. \tag{4.55}$$

Wie das Ergebnis (4.54) beweist, ist es demnach prinzipiell immer möglich zwei voneinander unabhängige Eigenmoden zu finden, die sich in einer beliebig gestörten Faser (bzw. Faserstück) unabhängig voneinander (also ohne Modenkopplung) ausbreiten können. Die charakteristischen Größen dieser Eigenmoden, nämlich die beiden Einheitsvektoren $\vec{e}_u$ und $\vec{e}_v$ sowie die beiden Ausbreitungskonstanten β_u und β_v sind dabei über die Gleichungen (4.45) bis (4.48) durch die Materialeigenschaften der Faser, die Art der Faserstörung und die Lichtfrequenz eindeutig bestimmt. Die zu Beginn dieses Abschnitts gestellte Frage nach der Existenz solcher charakteristischen Eigenmoden der Monomodefaser kann somit an dieser Stelle bejahend beantwortet werden.

Bisher wurde immer angenommen, daß die vier Koeffizienten N_{11}, N_{12}, N_{21} und N_{22} des gekoppelten DGL-Systems (4.36) reelle Größen sind. In diesem Fall sind die Einheitsvektoren $\vec{e}_u$ und $\vec{e}_v$ der beiden neuen Eigenmoden (Eigenmode u und Eigenmode v) nach Gleichung (4.47) und (4.48) ebenfalls reell. Zwischen den beiden reellen Komponenten dieser Vektoren besteht somit keine Phasendifferenz. Dies gilt sowohl für den Einheitsvektor $\vec{e}_u$ als auch für $\vec{e}_v$. Wir bezeichnen die beiden Eigenmoden der Faserlichtwelle in diesem Fall als *linear polarisierte Eigenmoden*. Betrachtet man nämlich den zeitlichen Verlauf des elektrischen Feldstärkevektors $\underline{E}_u(z, t)\,\vec{e}_u$ von Eigenmode u an einem beliebigen Faserort z, so bewegt sich dieser stets auf einer linearen Ortskurve (daher die Bezeichnung „linear polarisiert"), die exakt auf der u-Achse des rechtwinkligen uv-Koordinatensystems liegt. Die ebenfalls lineare Ortskurve des elektrischen Feldstärkevektors $\underline{E}_v(z, t)\,\vec{e}_v$ von Eigenmode v ist orthogonal zur Ortskurve von $\underline{E}_u(z, t)\,\vec{e}_u$ und liegt deshalb auf der v- Achse dieses Koordinatensystems (Bild 4.9).

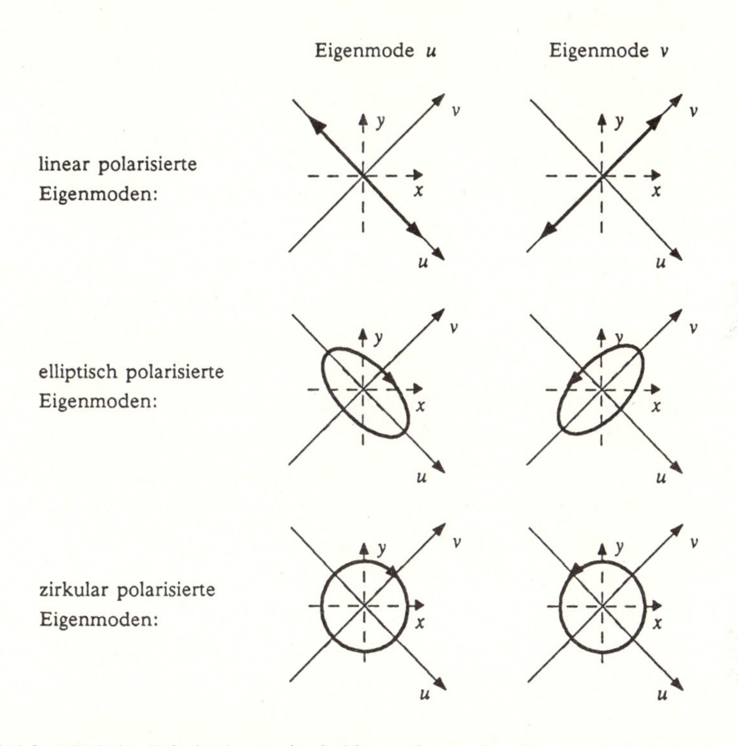

Bild 4.9: Mögliche Polarisationen der beiden orthogonalen Eigenmoden einer Monomodefaser

Die aus der Superposition von zwei linearen Eigenmoden entstehende Faserlichtwelle $\vec{\underline{E}}(z, t)$ muß nicht notwendigerweise ebenfalls linear polarisiert sein. Da zwischen den beiden komplexen Feldvektoren $\underline{E}_u(z, t)\,\vec{e}_u$ und $\underline{E}_v(z, t)\,\vec{e}_v$ der beiden Eigenmoden die ortsabhängige Phasendifferenz von $\Phi(z) = \Delta\beta_{uv} z$ besteht (vgl. Gleichung 4.5), ändert sich die Polarisation der aus beiden Eigenmoden superponierten Faserlichtwelle mit dem Ort z. Dieses Verhalten wurde bereits im Abschnitt 4.1.1 ausführlich diskutiert (vgl. Bilder 4.3 und 4.4). Dort waren die beiden linear polarisierten Eigenmoden der Eigenmode x sowie der Eigenmode y und die zugehörigen Ortskurven der elektrischen Feldstärken dieser Eigenmoden lagen auf der x- bzw. auf der y-Achse des xy-Koordinatensystems.

Die Orientierung des rechtwinkligen xy-Koordinatensystems auf der Querschnittsfläche des Faserkerns (xy-Ebene) ist völlig willkürlich und kann somit frei gewählt werden. Im Gegensatz dazu ist die zur xy-Ebene orthogonale z-Achse eindeutig durch die Faserachse festgelegt. Die x- und y-Achse können nun beispielsweise so gedreht werden, daß diese mit den beiden charakteristischen Hauptachsen der Faser, nämlich der u- und der v-Achse, zur Deckung kommen. In diesem Fall sind Eigenmode u gleich Eigenmode x und Eigenmode v gleich Eigenmode y. Der Vorteil dieser Koordinatendrehung ist der, daß nun alle Gleichungen aus Abschnitt 4.1.1 auch für die aus den beiden neuen Eigenmoden resultierenden Faserlichtwelle $\underline{\vec{E}}(z, t)$ dieses Abschnitts gültig werden. So können zum Beispiel unter Verwendung der beiden Substitutionen $\Delta\beta_{uv} \rightarrow \Delta\beta$ und $\Phi(z) = \Delta\beta z \rightarrow \Phi(z) = \Delta\beta_{uv} z$ mit Gleichung (4.6) der Erhebungswinkel Θ, mit Gleichung (4.7) der Elliptizitätswinkel η und mit Gleichung (4.8) der Polarisationsgrad P der zur Faserlichtwelle $\underline{\vec{E}}(z, t)$ gehörenden Polarisationsellipse berechnet werden. Beim Erhebungswinkel Θ nach Gleichung (4.6) ist dabei allerdings zu beachten, daß dieser nun nicht mehr die Neigung der Polarisationsellipse zur ursprünglichen horizontalen x-Achse angibt, sondern ihre Neigung zur neuen gedrehten x-Achse (also die Neigung zur u-Achse). Auf diese Weise können auch alle anderen Gleichungen aus Abschnitt 4.1.1 auf die in diesem Abschnitt berechnete Faserlichtwelle angewandt werden, so daß hier auf eine explizite Angabe der entsprechend modifizierten Gleichungen verzichtet werden kann.

Bei der Ermittlung der vier Koeffizienten N_{11}, N_{12}, N_{21} und N_{22} des DGL-Systems (4.36) wurde bereits darauf hingewiesen, daß diese Koeffizienten auch komplex sein können. Dies hat zur Folge, daß auch die beiden Einheitsvektoren $\vec{e}_u$ und $\vec{e}_v$ der beiden neuen Eigenmoden (Eigenmode u und Eigenmode v) komplex werden. Zwischen den beiden komplexen Komponenten von $\vec{e}_u$ bzw. $\vec{e}_v$ besteht nun eine von Null verschiedene Phasendifferenz. Die Eigenmoden sind somit nicht mehr linear, sondern elliptisch polarisiert und werden daher als *elliptisch polarisierte Eigenmoden* bezeichnet. Auch in diesem Fall sind die beiden Eigenmoden wieder zueinander orthogonal (Bild 4.9).

Ist die Phasendifferenz zwischen den beiden komplexen Komponenten des Einheitsvektors $\vec{e}_u$ bzw. $\vec{e}_v$ gleich $\pi/2$, so beschreibt dieser in der uv-Ebene einen Kreis. Die beiden zugehörigen Eigenmoden bezeichnet man daher als *zirkular polarisierte Eigenmoden* (Bild 4.9).

Anmerkung: Bei der Ermittlung der charakteristischen Eigenmoden einer Monomodefaser über die Lösung des gekoppelten DGL-Systems (4.36) wurden die vier Koeffizienten N_{11}, N_{12}, N_{21} und N_{22} dieses DGL-Systems stets als konstant vorausgesetzt. Sind diese Koeffizienten dagegen eine Funktion der Ortsvariablen z, was der Fall ist, wenn sich die geometrische Faserstörung entlang des betrachteten Faserstücks ändert (d.h. nicht achsensymmetrisch ist), so wird die Lösung des gekoppelten DGL-Systems (4.36) erheblich aufwendiger und schwieriger. Sie kann in diesem Fall meist nur unter Anwendung von Näherungen mit Hilfe eines Rechners ermittelt werden. Etwas einfacher gestaltet sich dagegen das Auffinden der Lösung, wenn die Störungen periodischer Natur sind, wie zum Beispiel eine gleichmäßige Krümmung oder Torsion der Faser (Abschnitt 4.3).

b) Modenkopplungsfreie Faser ($N_{12} = 0$)

Bei der modenkopplungsfreien Faser sind nur die drei Diagonalkomponenten ϵ'_{xx}, ϵ'_{yy} und ϵ'_{zz} des für die Modenkopplung verantwortlichen Dielektrizitätstensors $[\epsilon]_m$ ungleich Null. Dagegen sind die anderen sechs Komponenten Null. In diesem Fall sind also auch die für die Modenkopplung verantwortlichen Koeffizienten N_{12} und N_{21} ebenfalls gleich Null (siehe Gleichungen 4.38 und 4.39) und das gekoppelte DGL-System (4.36) geht in zwei voneinander unabhängige Differentialgleichungen über, die nun getrennt voneinander mit je einem Exponentialansatz gelöst werden können. Als Ergebnis erhalten wir für die beiden Terme $\underline{a}(z)$ und $\underline{b}(z)$ die Ausdrücke

$$\underline{a}(z) = C_1 \, e^{-j\beta_1 z} \, \vec{e}_1 , \tag{4.56}$$

$$\underline{b}(z) = C_2 \, e^{-j\beta_2 z} \, \vec{e}_2 . \tag{4.57}$$

Dieses Ergebnis ist ein Spezialfall der allgemein gültigen Lösung nach Gleichung (4.44). Für die Eigenwerte und Eigenvektoren des DGL-Systems (4.36) gelten weiterhin die Gleichungen (4.45) bis (4.48), die sich allerdings wegen $N_{12} = 0$ wie folgt vereinfachen:

$$\beta_1 = \beta_u = N_{11} = \beta'_x , \tag{4.58}$$

$$\beta_2 = \beta_v = N_{22} = \beta'_y , \tag{4.59}$$

$$\vec{e}_1 = \vec{e}_u = \vec{e}_x , \tag{4.60}$$

$$\vec{e}_2 = \vec{e}_v = \vec{e}_y . \tag{4.61}$$

Setzen wir nun wieder die beiden Terme $\underline{a}(z)$ und $\underline{b}(z)$ nach Gleichung (4.56) bzw. (4.57) unter Berücksichtigung der nunmehr vereinfachten Eigenwerte (Gleichungen 4.58 und 4.59) und Eigenvektoren (Gleichungen 4.60 und 4.61) in die Feldgleichung (4.21) ein, so folgt:

$$\underline{\vec{E}}(z,t) = \underbrace{\hat{\underline{E}}_x \, e^{-j\beta'_x z} \, e^{j2\pi f t} \, \vec{e}_x}_{\substack{\text{Eigenmode u} \\ = \text{Eigenmode x}}} + \underbrace{\hat{\underline{E}}_y \, e^{-j\beta'_y z} \, e^{j2\pi f t} \, \vec{e}_x}_{\substack{\text{Eigenmode v} \\ = \text{Eigenmode y}}} . \tag{4.62}$$

Eigenmode u ← unabhängig → Eigenmode v

Diese Gleichung ist bis auf die beiden neuen Ausbreitungskonstanten β'_x und β'_y indentisch der Ausgangsgleichung (4.21). Werden also durch die in diesem Abschnitt zusätzlich berücksichtigten Faserstörungen keine Modenkopplungen verursacht, so bleiben die bisherigen Eigenmoden der Faser (nämlich Mode *x* und Mode *y*) weiterhin die charakteristischen Eigenmoden der Faser. Eine Richtungsänderung der Hauptachsen dieser Moden erfolgt in diesem Fall nicht (siehe Gleichungen 4.60 und 4.61). Allerdings werden durch die zusätzlich auftretenden Störungen (beschrieben durch ϵ'_{xx}, ϵ'_{yy} und ϵ'_{zz}) die Ausbreitungskonstanten und somit die Ausbreitungsgeschwindigkeiten dieser beiden Moden geändert, d.h. $\beta_x \rightarrow \beta'_x = N_{11}$ und $\beta_y \rightarrow \beta'_y = N_{22}$.

c) Störungsfreie Faser

Unter einer störungsfreien Faser soll hier eine Faser verstanden werden, die neben einer ersten, meist erwünschten Faserstörung (beispielsweise der schon häufig erwähnte elliptische Faserkern) keine weiteren unerwünschten Faserstörungen aufweist. Die Bezeichnung „störungsfrei" bezieht sich hier demnach nur auf den Tensor $[\epsilon]_m$, dessen neun Tensorelemente im störungsfreien Fall alle identisch Null sind. Dadurch tritt weder eine Modenkopplung auf noch werden die beiden Ausbreitungskonstanten von Mode *x* und Mode *y* verändert. Die beiden in Gleichung (4.21) aufgeführten Moden bleiben folglich weiterhin unverändert die Eigenmoden der Faser. Die beiden maßgebenden Ausbreitungskonstanten β_x und β_y dieser Eigenmoden sind entsprechend den Gleichungen (4.41) und (4.42) eine Funktion der Lichtfrequenz und der Diagonalkomponenten des Tensors $[\epsilon]_0$. Die Gleichung zur Berechnung des elektrischen Feldstärkevektors $\vec{\underline{E}}(z, t)$ der Faserlichtwelle ist somit identisch der Gleichung (4.21):

$$\boxed{\vec{\underline{E}}(z,t) = \underbrace{\hat{\underline{E}}_x\, e^{-j\beta_x z}\, e^{j2\pi f t}\, \vec{e}_x}_{\text{Eigenmode x}} + \underbrace{\hat{\underline{E}}_y\, e^{-j\beta_y z}\, e^{j2\pi f t}\, \vec{e}_y}_{\text{Eigenmode y}}\,.} \qquad (4.63)$$

Eigenmode x ←— unabhängig —→ Eigenmode y

d) Anregung nur eines Eigenmodes

Treten infolge zusätzlicher Faserstörungen Modenkopplungen zwischen dem Mode *x* und dem Mode *y* auf, so können, wie in diesem Abschnitt gezeigt wurde, zwei neue Eigenmoden gefunden werden, die sich nun wieder unabhängig voneinander, d.h. ohne störende Modenkopplung ausbreiten. Diese neuen Eigenmoden (Eigenmode *u* und Eigenmode *v*) sind durch die Eigenwerte und die Eigenvektoren des gekoppelten DGL-Systems (4.36) eindeutig charakterisiert.

Regt man nun am Fasereingang ($z = 0$) nur einen dieser beiden Eigenmoden an, zum Beispiel den Eigenmode *u*, so breitet sich entlang der gesamten Faserstrecke immer nur dieser eine Mode aus. Eine Anregung des Eigenmodes *v* infolge Modenkopplung erfolgt während der Ausbreitung des Eigenmodes *u* nicht. Die elektrische Feldstärke $\underline{\vec{E}}(z, t)$ der Faserlichtwelle ist in diesem Fall identisch der elektrischen Feldstärke $\underline{E}_u(z, t)\,\vec{e}_u$ des Eigenmodes u. Wird dagegen am Fasereingang nur der Eigenmode v angeregt, so gilt $\underline{\vec{E}}(z, t) = \underline{E}_v(z, t)\,\vec{e}_v$. Zusammenfassend gilt demnach:

$$\underline{\vec{E}}(z, t) = \begin{cases} \hat{\underline{E}}_u\, e^{-j\beta_u z}\, e^{j2\pi f t}\, \vec{e}_u & \text{falls Eigenmode } u \text{ angeregt wird,} \\ \hat{\underline{E}}_v\, e^{-j\beta_v z}\, e^{j2\pi f t}\, \vec{e}_v & \text{falls Eigenmode } v \text{ angeregt wird.} \end{cases} \tag{4.64}$$

Die Polarisation der Faserlichtwelle $\underline{\vec{E}}(z, t)$ ist somit immer gleich der Polarisation des angeregten Eigenmodes. Da sich diese jedoch nicht mit der Ortsvariablen z ändert, bleibt demnach auch die Polarisation der Faserlichtwelle über die gesamte Faserstrecke hinweg konstant. Dies gilt allerdings nur unter der Voraussetzung, daß neben den durch die beiden Tensoren $[\epsilon]_0$ und $[\epsilon]_m$ bereits berücksichtigten Störungen keine weiteren Störungen mehr auftreten.

Praktisch nicht durchführbar ist dagegen diese Art der stabilen Polarisationsübertragung, wenn die Faserverformungen zeitabhängig sind und sich somit die Hauptachsen $\vec{e}_u$ und $\vec{e}_v$ der beiden Eigenmoden ständig ändern. Allerdings läßt sich auch diese Problematik umgehen, wenn man (wie bereits erwähnt) gezielt eine erste, zeitunabhängige dominante Faserstörung erzeugt, wie zum Beispiel einen stark elliptischer Faserkern oder eine gleichmäßige Torsion der Faser (Abschnitt 4.3). Alle anderen zusätzlich auftretenden zeitabhängigen Störungen sind dann gegenüber dieser ersten dominanten Störung (meist) vernachlässigbar klein.

4.2 Polarisationsübertragungsmatrix

In diesem Abschnitt sollen nun die Randwertbedingungen, die durch eine gegebene Lichtwelle am Fasereingang ($z = 0$) eindeutig festgelegt sind, berücksichtigt werden. Die anregende Faserlichtwelle lautet:

$$\underline{\vec{E}}(0, t) = \begin{pmatrix} \underline{E}_x(0, t) \\ \underline{E}_y(0, t) \end{pmatrix} = \begin{pmatrix} \underline{E}_{x0} \\ \underline{E}_{y0} \end{pmatrix} e^{j2\pi f t} . \tag{4.65}$$

Setzen wir diese Gleichung in die allgemeine Lösung für den elektrischen Feldstärkevektor nach Gleichung (4.54) ein, so folgt nach einigen mathematischen Umformungen [35]:

$$\underline{\vec{E}}(z, t) = \begin{pmatrix} \underline{E}_x(z, t) \\ \underline{E}_y(z, t) \end{pmatrix} = \underbrace{\begin{pmatrix} m_{11} & m_{12} \\ m_{21} & m_{22} \end{pmatrix}}_{(m_{ij})} \begin{pmatrix} \underline{E}_{x0} \\ \underline{E}_{y0} \end{pmatrix} e^{-j\,0{,}5\,(N_{11} + N_{22})z}\, e^{j2\pi f t} . \tag{4.66}$$

Die in dieser Gleichung vorkommende Matrix (m_{ij}) wird als *Polarisationsübertragungsmatrix* (engl.: *polarization propagation matrix*) bezeichnet. Ihre vier Koeffizienten erhält man durch Einsetzen von Gleichung (4.65) in (4.54):

$$m_{11} = \cos\left(0{,}5\,\Delta\beta_{uv} z\right) - j\frac{\Delta\beta_{uv}}{\Delta\beta'}\sin\left(0{,}5\,\Delta\beta_{uv} z\right) = m_{22}^{*}, \tag{4.67}$$

$$m_{12} = -j\frac{2N_{12}}{\Delta\beta_{uv}}\sin\left(0{,}5\,\Delta\beta_{uv} z\right) = -m_{21}^{*}. \tag{4.68}$$

Mit der Polarisationsübertragungsmatrix (m_{ij}) ist es nun möglich, die Faserlichtwelle $\vec{\underline{E}}(z, t)$ am Ort z direkt aus der gegebenen Lichtwelle am Fasereingang zu ermitteln. Sobald $\vec{\underline{E}}(z, t)$ bekannt ist, können dann wieder analog zu Abschnitt 4.1.1 die zugehörige Polarisationsellipse sowie ihre Kenngrößen Erhebungswinkel, Elliptizitätswinkel und Polarisationsgrad bestimmt werden.

Mit Hilfe der Polarisationsübertragungsmatrix (m_{ij}) kann die Monomodefaser als Viertor dargestellt werden, das mittels seiner vier Koeffizienten m_{11}, m_{12}, m_{21} und m_{22} sowie dem komplexen Gewichtungsfaktor $\exp(-j0{,}5[N_{11} + N_{22}]z)$ alle in der Faser auftretenden geometrischen Faserstörungen berücksicht (Bild 4.10).

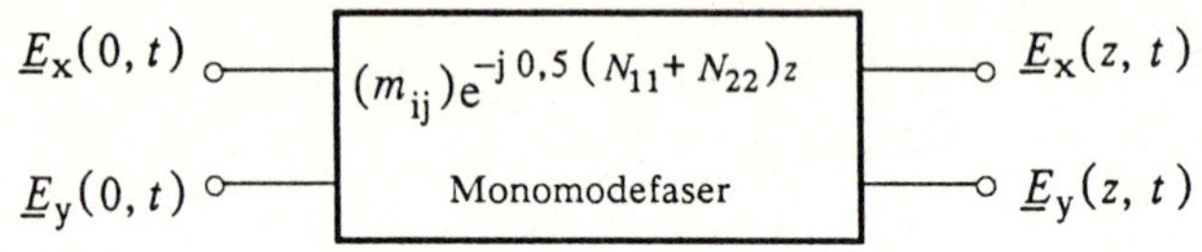

Bild 4.10: Darstellung der Monomodefaser als Viertor

4.3 Reduktion der Polarisationsschwankungen

4.3.1 Polarisationserhaltende Monomodefaser

Die vorangegangenen Abschnitte haben gezeigt, daß für die Polarisationsänderung entlang einer Faserstrecke im wesentlichen zwei (meist voneinander abhängige) Ursachen verantwortlich sind, nämlich:

- unterschiedliche Ausbreitungsgeschwindigkeiten bei den beiden orthogonalen Eigenmoden (Abschnitt 4.1.1) und die
- Modenkopplung (Abschnitt 4.1.2).

Eine stabile Polarisationsübertragung ist prinzipiell immer dann möglich, wenn am Fasereingang nur einer der beiden Eigenmoden angeregt wird. Tritt dann allerdings während der Ausbreitung dieses einen Modes eine Modenkopplung auf, so wird nun auch der zweite Mode angeregt und die Polarisation ändert sich mit der Ortsvariablen z. Typische Beispiele für diese Ortsabhängigkeit der Polarisation zeigen die Bilder 4.3 und 4.4.

Im Abschnitt 4.1.2 wurde nachgewiesen, daß auch bei einer Modenkopplung verursachenden Faser zwei orthogonale Eigenmoden existieren, die sich voneinander unabhängig ausbreiten können und somit wieder prinzipiell eine stabile Polarisationsübertragung ermöglichen. Voraussetzungen hierfür sind allerdings, daß nur einer der beiden Eigenmoden am Fasereingang angeregt wird und daß die für die Modenkopplung verantwortlichen geometrischen Faserstörungen zeitunabhängig sind. Ist dies nicht der Fall, so ändern sich die Richtungen der den beiden orthogonalen Eigenmoden zugeordneten Hauptachsen ebenfalls mit der Zeit. Die Folge ist, daß dann wieder beide Moden angeregt werden und die Polarisation sich mit dem Ort z und auch mit der Zeit ändert. Eine stabile Polarisationsübertragung ist demnach in diesem Fall nicht mehr gewährleistet.

Das Ziel der Herstellung von polarisationserhaltenden Monomodefasern (engl.: *s*ingle *m*ode *s*ingle *p*olarisation fibers bzw. abgekürzt: SMSP-fibers) ist entsprechend den Überlegungen der vorangegangenen Abschnitte einerseits die Minimierung aller unerwünschten Störeinflüsse entlang der Faser (also die Minimierung des für die Modenkopplung verantwortlichen Koeffizienten N_{12}) und andererseits die Maximierung der Differenz $\Delta\beta$ nach Gleichung (4.1) [127]. Die Maximierung von $\Delta\beta$ bzw. (was gleichbedeutend ist) die Minimierung der Schwebungslänge L_b nach Gleichung (4.9) erreicht man praktisch durch eine gezielt erzeugte, d.h. erwünschte Faserstörung. Beispiele hierfür sind der schon mehrmals erwähnte stark elliptische Faserkern oder die gleichmäßige Torsion der Faser. Die Eigenschaften dieser Faserverformungen werden mathematisch durch den Tensor $[\epsilon]_0$ nach Gleichung (4.34) beschrieben. Die gezielt durchgeführte (erste) Faserverformung sollte möglichst zeit- und ortsunabhängig sein sowie dominant im Vergleich zu allen anderen zufälligen Faserstörungen. Nur für diesen speziellen Fall sind nämlich alle zusätzlich auftretenden unerwünschten Faserstörungen gegenüber der erwünschten dominanten Faserverformung vernachlässigbar klein und die Polarisationsübertragung bei Anregung nur eines einzigen Eigenmodes stabil.

Jenachdem, mit welcher Vorverformung die Polarisationübertragung der Faser gezielt beeinflußt wird, ergeben sich unterschiedlich geartete Eigenwerte und Eigenvektoren (Gleichung 4.45 bis 4.48) bzw. unterschiedlich polarisierte Eigenmoden. Es werden daher bei den polarisationserhaltenden Fasern folgende Fasertypen unterschieden:

(a) Monomodefasern mit linear polarisierten Eigenmoden infolge eines
  - axial unsymmetrischen Faserkerns oder eines
  - axial unsymmetrischen Druckes auf die Faser,

(b) Monomodefasern mit zirkular polarisierten Eigenmoden infolge einer Torsion der Faser,

(c) absolut polarisationserhaltende Monomodefasern.

Im folgenden sollen diese genannten Fasertypen näher beschrieben werden.

(a): *Monomodefasern mit linear polarisierten Eigenmoden* (linearly birefringent fibers) erhält man durch eine gezielte Verformung des Faserkerns, wie zum Beispiel durch einen elliptischen Faserkern. Erstmals untersucht wurden Fasern mit nicht-kreisförmigem Faserquerschnitt im Jahre 1978 [136]. Weitere Untersuchungen befaßten sich in erster Linie mit elliptischen Faserkernen [2, 25, 91, 167]. Die theoretischen Ergebnisse der aufgeführten Arbeiten zeigen, daß die zu minimisierende Schwebungslänge L_b proportional zu $(\Delta n)^{-2}$ ist, wobei $\Delta n = (n_1^2 - n_2^2)/(2n_1^2)$ die relative Differenz der Brechungsindezes von Faserkern (n_1) und -mantel (n_2) angibt [45]. Die Schwebungslänge L_b wird folglich umso kleiner, je größer Δn wird. Eine Erhöhung von Δn bringt allerdings zwei entscheidende Nachteile mit sich: Die Faserdämpfung wird größer und der notwendige Kernradius für die Monomodefaser kleiner, was insbesonders zu Problemen bei der Verbindungstechnik führt. Die praktisch erreichbaren Schwebungslängen liegen in der Größenordnung von 1 mm. Herkömmliche, nicht polarisationserhaltende Monomodefasern haben dagegen eine Schwebungslänge, die im Bereich von einigen 10 cm bis 100 cm liegen. Dieser Bereich gilt somit auch für die unvermeidbaren zusätzlich auftretenden unerwünschten Faserverformungen. In erster Näherung ergibt sich hieraus für das charakteristische Verhältnis $|\Delta\beta/(2N_{12})|$ einer polarisationserhaltenden Faser ein Wertebereich von etwa 100 bis 1000 (vgl. Bild 4.8)

Bessere Ergebnisse, vor allem bezüglich der Faserdämpfung, werden bei Fasern mit axial unsymmetrischem Druck erzielt [60, 65, 68, 137, 152, 158, 164]. Diesen transversalen Druck erzielt man durch unterschiedliche Temperaturausdehnungskoeffizienten bei Faserkern und -mantel. Die dabei erzielbaren Schwebungslängen liegen in der Größenordnung von denjenigen mit elliptischen Faserkernen. Die Dämpfungswerte sind dagegen deutlich niedriger.

Monomodefasern mit linear polarisierten Eigenmoden haben den Nachteil, daß bei der Verbindung zweier Fasern die Hauptachsen exakt übereinander liegen müssen. Andernfalls werden in der Anschlußfaser beide Moden angeregt, was wieder zu Schwankungen in der Polarisation der Faserlichtwelle führt.

(b): Wesentlich bessere Eigenschaften haben *Fasern mit zirkular polarisierten Eigenmoden* (circulary birefringent fibers) die im folgenden genauer untersucht werden sollen [6, 64, 94, 105, 172]. Erreicht werden zirkular polarisierte Eigenmoden einer Monomodefaser durch eine gleichmäßige Verdrehung der Faser (Bild 4.11). Diese Verdrehung (Torsion) sei so groß, daß alle anderen zusätzlich auftretenden Faserstörungen gegenüber dieser erwünschten Verformung der Faser vernachlässigbar klein sind.

Die vier Koeffizienten N_{11}, N_{12}, N_{21} und N_{22} des gekoppelten DGL-Systems (4.36) berechnen sich für eine ideal kreisrunde Monomodefaser mit gleichmäßiger Torsion zu [147]:

$$N_{11} = N_{22} = \beta_0 = 2\pi f \sqrt{\mu_0 \epsilon_0}\,, \tag{4.69}$$

$$N_{12} = -jc\gamma = N_{21}^{*}\,. \tag{4.70}$$

Hierbei ist β_0 die Ausbreitungskonstante einer ideal kreisrunden Faser ohne Torsion. Die Größe γ (Einheit: rad/m) gibt zusammen mit der dimensionslosen

Proportionalitätskonstanten c ($c \approx 0{,}07$, [141, 172]) die Verdrehung der Faser pro Faserlänge an.

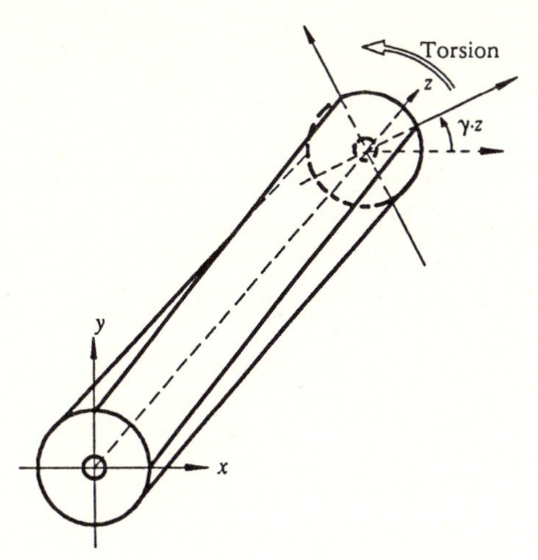

Bild 4.11: Torsion einer ideal kreisrunden Monomodefaser

Auffallend an der Gleichung (4.70) ist, daß die beiden für die Modenkopplung maßgebenden Koeffizienten N_{12} und N_{21} nicht reell, sondern rein imaginär sind. Dies hat zur Folge, daß zwischen den Komponenten der charakteristischen Eigenvektoren $\vec{e}_u$ und $\vec{e}_v$ nach Gleichung (4.47) und (4.48) sowohl bei $\vec{e}_u$ als auch bei $\vec{e}_v$ exakt eine Phasendifferenz von $\pi/2$ entsteht (siehe unten). Die zu diesen beiden Eigenvektoren zugehörigen Eigenmoden der Monomodefaser erhalten auf diese Weise die hier gewünschte zirkulare Polarisation.

Setzt man nun zur Ermittlung der Eigenwerte und der Eigenvektoren die vier Koeffizienten nach Gleichung (4.69) und (4.70) in die Bestimmungsgleichungen (4.45) bis (4.48) ein, so folgt:

$$\beta_1 = \beta_u = \beta_0 + c\gamma, \tag{4.71}$$

$$\beta_2 = \beta_v = \beta_0 - c\gamma, \tag{4.72}$$

$$\vec{e}_1 = \vec{e}_u = \frac{1}{\sqrt{2}}\begin{bmatrix} 1 \\ +j \end{bmatrix}, \tag{4.73}$$

$$\vec{e}_2 = \vec{e}_v = \frac{1}{\sqrt{2}}\begin{bmatrix} 1 \\ -j \end{bmatrix}. \tag{4.74}$$

Mit diesen vier charakteristischen Größen bzw. mit den vier Koeffizienten N_{11}, N_{12}, N_{21} und N_{22} des gekoppelten DGL-System (4.36) erhält man für die Polarisationsübertragungsmatrix (m_{ij}) der verdrehten Monomodefaser den Ausdruck:

$$(m_{ij}) = \begin{bmatrix} m_{11} & m_{12} \\ m_{21} & m_{22} \end{bmatrix} = \begin{bmatrix} \cos(c\gamma z) & -\sin(c\gamma z) \\ \sin(c\gamma z) & \cos(c\gamma z) \end{bmatrix} \tag{4.75}$$

Anschaulich repräsentiert diese Matrix eine Transformationsmatrix, die eine Drehung des aktuellen Koordinatensystems, hier des xy-Koordinatensystems, um einen Winkel $c\gamma z$ bewirkt. Praktisch bedeutet dies, daß die Polarisation der anregenden Lichtwelle am Fasereingang ($z = 0$) während der Ausbreitung in der Faser lediglich um einen vom Ort z abhängigen Winkel gegenüber der Fasereingangslage gedreht wird. Die Form der Polarisationsellipse bleibt dabei unverändert (siehe Bild 4.12), d.h.: $\eta \neq \eta(z)$ und $P \neq P(z)$.

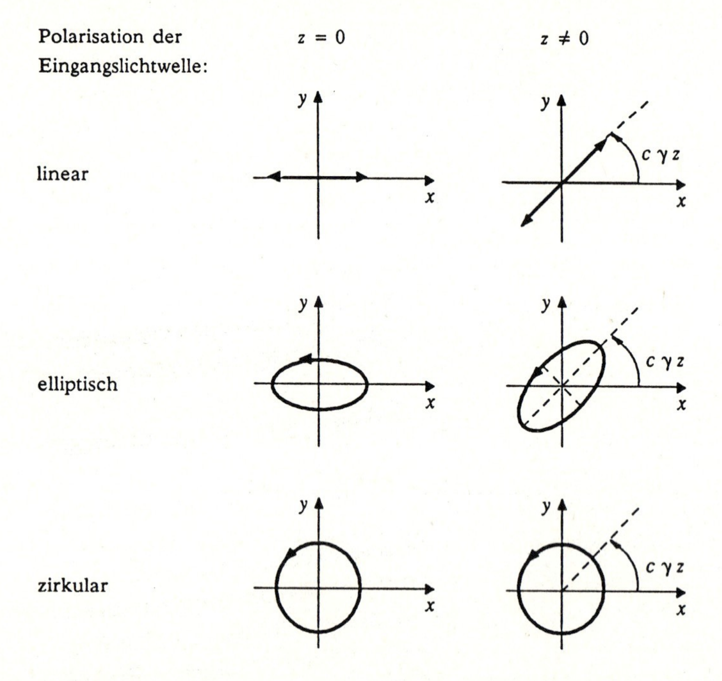

Bild 4.12: Polarisationsübertragung einer Monomodefaser mit zirkular polarisierten Eigenmoden bei unterschiedlich polarisierten Eingangslichtwellen

Der Vorteil von Fasern mit zirkular polarisierten Eigenmoden liegt insbesondere in der Verbindungstechnik, da im Gegensatz zu den Fasern mit linear polarisierten Eigenmoden keine Orientierung der Hauptachsen vorgenommen werden muß [102]. Ein weiterer Vorteil ist die hohe Stabilität der Polarisationsübertragung, d.h. zusätzliche unerwünschte Faserstörungen machen sich hier deutlich weniger bemerkbar als bei den Fasern mit linear polarisierten Eigenmoden. Die Herstellung von Fasern mit zirkular polarisierten Eigenmoden ist ebenfalls einfacher.

Aus praktischen Gesichtspunkten kann die Torsion der Faser allerdings nicht immer so groß gemacht werden, daß alle anderen zusätzlich auftretenden Faserstörungen gegenüber der Torsion vernachlässigt werden können. In verschiedenen

Arbeiten [147 - 151] wird beispielsweise eine Monomodefaser mit Torsion untersucht, die zusätzlich auch einen elliptischen Faserkern aufweist. In diesem Fall sind im Gegensatz zur Gleichung (4.69) die Koeffizienten N_{11} und N_{22} nicht mehr identisch. N_{12} und N_{21} können jedoch weiterhin mit Gleichung (4.70) bestimmt werden.

(c): *Absolute polarisationserhaltende Monomodefasern* haben nur einen einzigen ausbreitungsfähigen Eigenmode. Der zweite, theoretisch mögliche Eigenmode wird hier unterdrückt, indem man ihn jenseits einer *cut-off-Frequenz* bringt, auf die hier jedoch nicht näher eingegangen werden soll [59, 116]. Der Nachteil von absoluten SPSM-Fasern ist, daß die beiden charakteristischen cut-off-Frequenzen der beiden Eigenmoden sehr nahe beieinander liegen. Dies hat zur Folge, daß bereits bei einer kleinen zufällig auftretenden Störung nicht nur ein Eigenmode unterdrückt wird, sondern beide. In diesem Fall breitet sich gar keine Lichtwelle in der Faser aus. Die Herstellung dieses Fasertyps ist daher äußerst schwierig. Absolute SPSM-Fasern sind somit praktisch ohne große Bedeutung.

Ein Problem, das gerade bei polarisationserhaltenden Fasern besonders zum Tragen kommen kann, ist die Verbreiterung und die Verformung der zu übertragenden Lichtimpulse (z. B. die rechteckförmigen Impulse einer ASK-modulierten Trägerlichtwelle) infolge der unterschiedlichen Ausbreitungsgeschwindigkeiten bei den beiden Eigenmoden. Impulsverbreiterungen auf Grund unterschiedlicher Laufzeiten werden in der digitalen Übertragungstechnik als Dispersion bezeichnet. Da es sich hier speziell um die Laufzeiten der beiden Eigenpolarisationsmoden handelt, sprechen wir hier von der *Polarisationsdispersion*.

Jede Impulsverbreiterung verschlechtert die Übertragungsqualität eines digitalen Übertragungssystems, da es bei den verbreiterten Impulsen im allgemeinen zu unerwünschtem Impulsnebensprechen kommt (vgl. Abschnitt 5.1.1). Dieses Impulsnebensprechen ist umso größer, je schneller die Einzelimpulse aufeinanderfolgen. Aus diesem Grund wirkt sich die Polarisationsdispersion gerade bei sehr hohen Bitraten nachteilig aus. Wertet man verschiedene durchgeführte Messungen der Polarisationsdispersion in Monomodefasern aus [16, 61, 101, 103, 106, 107, 132, 133], so ergibt sich eine Bitrate von etwa 4 GBit/s und mehr, ab der die Polarisationsdispersion zu nicht mehr vernachlässigbarem Impulsnebensprechen führt.

Die nachteiligen Auswirkungen der Polarisationsdispersion werden ebenfalls umso gravierender, je größer der Laufzeitunterschied zwischen den beiden Eigenmoden bzw. je größer die Differenz $\Delta\beta$ zwischen den maßgebenden Ausbreitungskonstanten ist. Dies ist der Grund dafür, daß sich die Polarisationsdispersion gerade bei polarisationserhaltenden Fasern besonders stark auswirkt. Allerdings gilt dies nur dann, wenn am Fasereingang ungewollt beide Moden angeregt wurden, oder (was häufiger vorkommt) die Anregung beider Eigenmoden durch eine zufällig auftretende Faserstörung verursacht werden.

Zusammenfassend können die aufgeführten polarisationserhaltenden Fasern wie folgt charakterisiert werden: Die Faserdämpfung von polarisationserhaltenden Monomodefasern (SPSM-Fasern) ist immer höher als bei einer normalen, d.h.

nicht polarisationserhaltenden Faser. Der durch den Einsatz optischer Überlagerungssysteme erzielbare hohe Zuwachs an regeneratorfreier Übertragungsstrecke wird dadurch wieder etwas verringert. Die Schwierigkeiten, die insbesondere beim Spleißen von SPSM-Fasern auftreten, sind ein weiterer entscheidender Nachteil polarisationserhaltender Fasern. So müssen im Gegensatz zu normalen Fasern beim Spleißen nicht nur die beiden Faserkerne der zu verbindenden Fasern exakt aufeinanderpassen, sondern die beiden Fasern müssen darüber hinaus so zueinander gedreht werden, daß die charakteristischen Hauptachsen der Eigenmoden genau übereinander zu liegen kommen. Dies erfordert jedoch eine extrem genaue Justierung der beiden zu verbindenden Monomodefasern. Die gleichen Schwierigkeiten treten selbstverständlich auch bei steckbaren Verbindungen von SPSM-Fasern auf. Eine Ausnahme bilden hier lediglich die Fasern mit zirkular polarisierten Eigenmoden. Die zur Herstellung von SPSM-Fasern erforderlichen technologischen Verfahren sind erheblich diffiziler und wesentlich aufwendiger als die von normalen Fasern. Falls es bei einer polarisationserhaltenden Faser infolge einer zufällig auftretenden Störung ungewollt zur Anregung beider Eigenmoden kommt, hat dies eine Impulsverbreiterung zur Folge, deren Auswirkungen wesentlich stärker sind als bei einer normalen Monomodefaser. Weiterführende Informationen über die in diesem Buch vorgestellten SPSM-Fasern findet man beispielsweise in den Arbeiten [66, 94, 113, 120, 121, 127, 140].

4.3.2 Polarisationsregelung

Verzichtet man bei optischen Überlagerungssystemen auf den Einsatz polarisationserhaltender Monomodefasern, so muß die notwendige Anpassung der Lokallaserpolarisation an die Polarisation der Empfangslichtwelle auf anderem Weg erfolgen. Eine Möglichkeit diese erforderliche Anpassung zu erreichen, ist die Regelung der Polarisation mittels polarisationsbeeinflussender optischer Bauelemente. Man nennt diese Bauelemente *Retarder*. Mit Retardern ist es möglich, die Polarisation einer Lichtwelle gezielt zu verändern. Dabei ist es prinzipiell gleich, ob man mit dem Retarder die Lokallaserpolarisation oder die Polarisation der Empfangslichtwelle verändert. Aus praktischen Gesichtspunkten ist es aber sinnvoll, die dämpfungsbehafteten Retarder in den Lichtpfad des Lokallasers zu legen, da dessen Lichtleistung wesentlich höher ist als diejenige der Empfangslichtwelle. Die Auswirkungen der Retarderdämpfung auf die Übertragungsqualität des Systems sind in diesem Fall geringer als bei einer Anordnung der Retarder im Pfad der Empfangslichtwelle.

Als Retarder kommen in Frage: elektro-optische Retarder, Retarder nach dem Faraday-Prinzip sowie Retarder, die die Polarisation der Lichtwelle durch einen von außen zugeführten mechanischen Druck auf die Glasfaser verändern. Dieser externe Druck, der eine gezielte Faserverformung verursacht, kann beispielsweise durch Piezoelemente oder durch Elektromagnete erzeugt werden, zwischen denen die Glasfaser eingespannt wird [171].

Für die Polarisationsregelung ist es notwendig, eine bestimmte gegebene Polarisation (zum Beispiel diejenige des Lokallasers) in eine beliebige andere Polarisation (zum Beispiel in diejenige der Empfangslichtwelle) umzuwandeln. Die Polarisationsbeeinflussung der oben genannten Retarder muß deshalb gezielt durchführbar sein. Bei den elektro-optischen und den Faraday-Retardern erreicht man dies durch eine Veränderung des elektrischen Stromes, der in diesen beiden Retardern das erforderliche elektrische bzw. magnetische Feld erzeugt [78, 84]. Die anderen Retarder, die mittels mechanischem Faserdruck die Polarisation der Faserlichtwelle beeinflussen, werden ebenfalls über einen Strom gesteuert. Hierbei wird je nach Stromstärke eine mehr oder weniger große Kraft auf das betreffende Faserstück ausgeübt und somit mehr oder weniger starke Faserverformungen hervorgerufen.

Ein weiterer Retarder, der ebenfalls eine gezielte Faserverformung zur Einstellung der gewünschten Ausgangspolarisation bei beliebiger Eingangspolarisation verwendet, ist der Lefevre-Polarisator [89]. Bei diesem Retarder wird die Faser nacheinander mit wenigen Windungen um drei zylindrische Körper geführt. Die dadurch verursachte Biegung der Faser beeinflußt die Polarisation der Faserlichtwelle. Die einstellbaren Freiheitsgrade dieser Anordnung sind der Durchmesser der zylindrischen Körper, also der Durchmesser der Faserwicklungen, die jeweilige Anzahl der Windungen sowie die Neigung der Zylinderachsen, die eine zusätzliche geringfüge Drehung der Faser (und somit der Hauptachsen) ermöglicht. Da dieser Retarder nicht direkt über eine elektrische Größe steuerbar ist, sondern nur per Hand eingestellt werden kann, eignet sich dieser Retarder nur zur Umwandlung einer gegebenen nicht schwankenden Polarisation in eine gewünschte andere, ebenfalls konstante Polarisation. Für den Einsatz in einer Polarisationsregelung ist er dagegen nicht geeignet.

Die Retarder sind die Stellglieder einer Polarisationsregelung. Zur Regelung der Polarisation wird darüber hinaus noch ein Maß für die Stärke der Abweichung von Lokallaserpolarisation und Polarisation der Empfangslichtwelle benötigt. Hierzu dient der von der Überlagerungswelle generierte Photodiodenstrom $i_{PD}(t)$. Dieser wird nach den Überlegungen des Abschnitts 4.1.1 immer dann maximal, wenn die Polarisationen der beiden zu überlagernden Lichtwellen (also der Lokallaser- und der Empfangslichtwelle) exakt übereinstimmen. Auf der Poincaré-Kugel äußert sich dieser Idealfall durch das Übereinanderliegen der beiden maßgebenden Poincaré-Koordinaten $\mathcal{P}_E(t) = (S_{1E}(t), S_{2E}(t), S_{3E}(t))$ und $\mathcal{P}_L = (S_{1L}, S_{2L}, S_{3L})$, wie in Bild 4.6a dargestellt ist. Jede Abweichung von diesem Idealfall verursacht eine Verringerung des Nutzanteils des Photodiodenstroms $i_{PD}(t)$ nach Gleichung (2.60). Im ungünstigsten Fall, d.h. wenn die Polarisationen der beiden zu überlagernden Lichtwellen zueinander orthogonal sind, wird dieser Nutzanteil sogar vollständig ausgelöscht.

Das Ziel der Polarisationsregelung ist die Maximierung des Photodiodenstroms $i_{PD}(t)$ nach Gleichung (2.60) bzw. die Maximierung und Stabilisierung seiner schwankenden Amplitude $a_P(t) \cdot \hat{i}_{PD}$. Wird beispielsweise diese Stromamplitude kleiner, so muß mit Hilfe der Retarder die Polarisation der Lokallaserlichtwelle so lange nachgeregelt werden, bis diese wieder mit derjenigen der Empfangslichtwelle übereinstimmt. In diesem Fall sind die beiden maßgebenden Poincaré-Koordinaten $\mathcal{P}_E(t)$ und $\mathcal{P}_L$ deckungsgleich und der Faktor $a_P(t)$ erreicht seinen Maximalwert 1. Hierzu ist allerdings eine bestimmte Regelzeit erforderlich. Da sich die Polarisation jedoch zeitlich nur sehr langsam ändert, sind die Anforderung an die Schnelligkeit des Polarisationsreglers nicht sonderlich hoch.

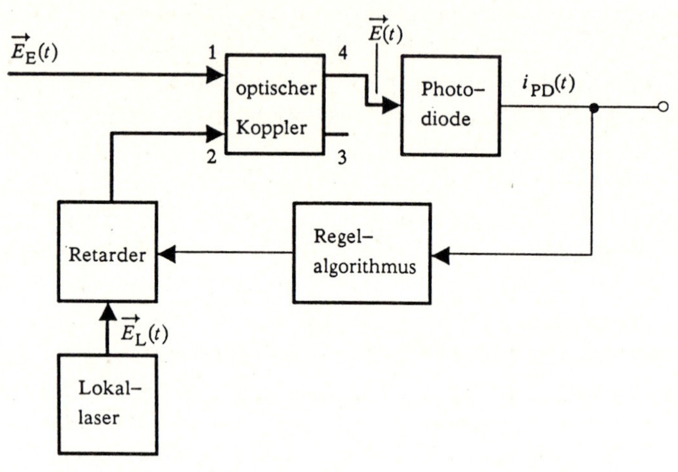

Bild 4.13: Blockschaltbild eines Polarisationsreglers mit einem Eindiodenempfänger

Für eine Polarisationsregelung werden mindestens zwei Retarder benötigt, da ein einzelner Retarder nur einen begrenzten Stellbereich hat und somit nicht jede beliebige Polarisationsabweichung zwischen Lokallaser- und Empfangslichtwelle ausgeregelt werden kann. Die Mindestanzahl von zwei Retardern gilt allerdings nur unter der Voraussetzung, daß die Polarisation des Lokallasers stabil ist und somit nur die Polarisation der Empfanglichtwelle Schwankungen unterlegen ist. Diese Schwankungen dürfen allerdings nicht zu groß sein, wenn eine stetige Polarisationsregelung erreicht werden soll [109].

Verwendet man statt dessen bei einer weiterhin konstanten Lokallaserpolarisation drei Polarisationsstellglieder, so ist es möglich, eine sogenannte Endlospolarisationsregelung aufzubauen [95, 96, 109, 110, 111]. Diese ist einerseits in der Lage, jede beliebige Abweichung zwischen den Poincaré-Koordinaten $\mathcal{P}_E(t)$ und $\mathcal{P}_L$ auszugleichen. Andererseits kann diese Endlospolarisationsregelung jeder Änderung in der Polarisation der Empfangslichtwelle bzw. in $\mathcal{P}_E(t)$ stetig folgen, auch wenn $\mathcal{P}_E(t)$ im Laufe der Zeit mehrfach um die Poincaré-Kugel wandert. Gerade dies ist aber in der Praxis sehr häufig der Fall. Ist darüber hinaus die Polarisation der Lokallaserlichtwelle ebenfalls instabil, so kann dies mit einem vierten Retarder ausgeglichen werden.

Die Ansteuerung der zwei (oder mehr) Retarder erfordert einen aufwendigen Regelalgorithmus, der aus dem Photodiodenstrom $i_{PD}(t)$ die entsprechend aufeinander abgestimmten Steuerströme für die benötigten Retarder ableitet. Diese Aufgabe kann in der Praxis beispielsweise mit einem Mikroprozessor gelöst werden, der den notwendigen Regelalgorithmus in Form eines Softwareprogramms beinhaltet [109].

Polarisationsregler haben den Nachteil, daß die Regelung der Lichtwellenpolarisation naturgemäß im optischen Frequenzbereich erfolgen muß. Es werden also stets optische Bauelemente (hier Retarder) benötigt, deren Handhabung und Herstellung immer aufwendiger ist als bei elektrischen Bauelementen. Darüber hinaus verursachen Polarisationsregeleinrichtungen, die mittels einer Faserverformung die Polarisation der Faserlichtwelle beeinflussen, immer eine nachteilige mechanische Beanpruchung der Faser, die schließlich auch zum Brechen der Faser führen kann.

4.3.3 Polarisationsdiversitätsempfänger

Der Polarisationsdiversitätsempfänger verlagert die Problematik, die bei der Polarisationsregelung durch die Verwendung optischer Bauelemente entstehen, in den elektrischen Frequenzbereich. Die störenden Auswirkungen von Polarisationsschwankungen in der Empfangslichtwelle werden hier durch den getrennten Empfang der Vertikalkomponente $\underline{E}_x(t)$ und der Horizontalkomponente $\underline{E}_y(t)$ der Überlagerungslichtwelle $\vec{\underline{E}}(t)$ verringert. Dazu werden sowohl für den Vertikal- als auch für den Horizontalanteil von $\vec{\underline{E}}(t)$ je ein optischer Überlagerungsempfänger benötigt (siehe Bild 4.14). Die Ausgangsströme dieser beiden Empfänger werden dann später zusammengeführt. Hierdurch erfolgt im Idealfall eine vollständige Eliminierung des Einflusses der Polarisationsschwankungen.

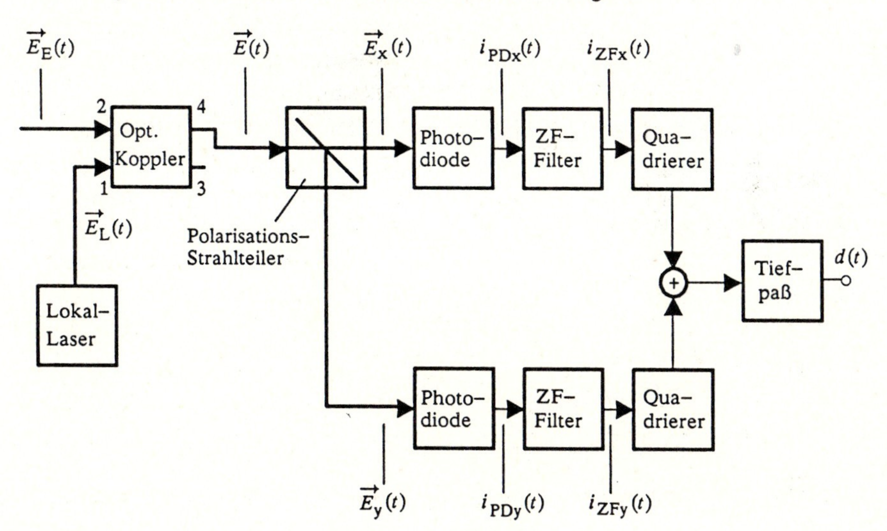

Bild 4.14: Blockschaltbild eines Polarisationsdiversitätsempfängers

Gegenüber dem Polarisationsregler erfordert der Diversitätsempfänger insgesamt einen geringeren Aufwand an optischen, aber einen Mehraufwand an elektrischen Bauelementen. Bild 4.14 zeigt als ein Beispiel das Blockschaltbild eines ASK-Polarisationsdiversitätsempfängers in seiner einfachsten Ausführung. Dieser beinhaltet einen Lokallaser, einen optischen Koppler, einen Polarisationsstrahlteiler, zwei Photodioden, zwei identische elektrische Signalzweige (x-Zweig und y-Zweig), einen Addierer und einen Tiefpaß. Das Detektionssignal $d(t)$ am Ausgang des Tiefpasses wird wie bei allen anderen Überlagerungsempfängern im Bittakt abgetastet und schließlich einem Entscheider zugeführt (vgl. beispielsweise Bild 2.3).

Die Funktion des in Bild 4.14 dargestellten ASK-Polarisationsdiversitätsempfängers erfordert eine stabile lineare Polarisation bei der Lokallaserlichtwelle, die gegenüber der horizontalen x-Achse um 45° geneigt ist. Die x- und die y-Komponente des elektrischen Feldstärkevektors $\vec{E}_L(t)$ sind somit gleich. Unter Benutzung der im Kapitel 2 angegebenen Gleichungen (2.62) und (2.63) für den Photodiodenstrom $i_{PD}(t)$ berechnen sich die beiden ZF-Signale $i_{ZFx}(t)$ und $i_{ZFy}(t)$ in reller Darstellung zu:

$$i_{ZFx}(t) = a_{Px}(t)\, R \sqrt{P_E\, P_L}\; s(t) \cos(2\pi f_{ZF}\, t + \phi_{Px}(t)) \tag{4.76}$$

$$i_{ZFy}(t) = a_{Py}(t)\, R \sqrt{P_E\, P_L}\; s(t) \cos(2\pi f_{ZF}\, t + \phi_{Py}(t)) \tag{4.77}$$

Zur Vereinfachung wurde in diesen beiden Gleichungen sowohl das Laserphasenrauschen als auch das additive Gaußrauschen (Schrotrauschen und thermisches Rauschen) vernachlässigt. Weiterhin wurde angenommen, daß das ZF-Filter keinen Einfluß auf die Signalform des Filtereingangssignals ausübt, sondern lediglich die unerwünschten Basisbandanteile des Photodiodenstroms eliminiert (vgl. Gleichung 2.60). Der Kopplungsfaktor k der beiden gleichen optischen Koppler wurde zu 0,5 angenommen.

Werden nun die beiden ZF-Signale $i_{ZFx}(t)$ und $i_{ZFy}(t)$ nach Gleichung (4.76) bzw. (4.77) entsprechend dem Blockschaltbild 4.14 quadriert, addiert und schließlich tiefpaßgefiltert (hierbei fallen die Anteile mit der doppelten ZF weg), so erhält man das Detektionssignal

$$d(t) = \frac{1}{2} K_Q\, R^2\, P_E\, P_L\, s^2(t) \underbrace{\left(a_{Px}^2(t) + a_{Py}^2(t)\right)}_{\text{identisch } 1/2} \tag{4.78}$$

$$= \frac{1}{4} K_Q\, R^2\, P_E\, P_L\, s^2(t)\,.$$

Die Größe K_Q (Einheit: 1/A) in dieser Gleichung ist die Proportionalitätskonstante des Quadrierers. Sie ist bei beiden Quadrierern als gleich groß angenommen. Das normierte Nachrichtensignal $s(t)$ erscheint im Dektektionsignal $d(t)$ als Quadrat.

Dies bleibt hier jedoch ohne Auswirkungen, da es sich bei $s(t)$ um ein unipolares binäres ASK-Signal handelt, das nach Gleichung (2.30) entweder 0 oder 1 ist.

Die quadratische Addition der beiden durch Polarisationsschwankungen verursachten Amplitudenrauschterme $a_{Px}(t)$ und $a_{Py}(t)$ ergibt nach Gleichung (4.78) den konstanten Wert 1/2. Dies sei kurz bewiesen:

Beweis:

Die Polarisationeinheitsvektoren $\vec{e}_E(t)$ und $\vec{e}_L$ von Empfangslichtwelle und Lokallaserlichtwelle sind entsprechend Abschnitt 2.4.3 durch die beiden Gleichungen

$$\underline{\vec{e}}_E(t) = \begin{bmatrix} \underline{e}_{Ex}(t) \\ \underline{e}_{Ey}(t) \end{bmatrix} \quad \text{mit} \quad \underline{\vec{e}}_E(t)\,\underline{\vec{e}}_E^*(t) = |\underline{e}_{Ex}(t)|^2 + |\underline{e}_{Ey}(t)|^2 = 1, \tag{4.79}$$

$$\underline{\vec{e}}_L = \begin{bmatrix} \underline{e}_{Lx} \\ \underline{e}_{Ly} \end{bmatrix} = \begin{bmatrix} \frac{1}{\sqrt{2}} \\ \frac{1}{\sqrt{2}} \end{bmatrix} \quad \text{mit} \quad \underline{\vec{e}}_L\,\underline{\vec{e}}_L^* = 1 \tag{4.80}$$

bestimmt. Maßgebend für den oberen Zweig des in Bild 4.14 dargestellten Überlagerungsempfängers sind die x-Komponente von $\vec{e}_E(t)$ sowie die x-Komponente von $\vec{e}_L$. Für den unteren Zweig sind dagegen die y-Komponente von $\vec{e}_E(t)$ sowie die y-Komponente von $\vec{e}_L$ maßgebend. Zur Berechnung der beiden Amplitudenschwankungsterme $a_{Px}(t)$ und $a_{Py}(t)$ wenden wir nun die Gleichung (2.58) sowohl für den x-Zweig als auch für den y-Zweig an. Auf diese Weise erhalten wir:

$$\left.\begin{aligned} a_{Px}^2(t) &= \tfrac{1}{2}|\underline{e}_{Ex}(t)|^2 \\ a_{Py}^2(t) &= \tfrac{1}{2}|\underline{e}_{Ey}(t)|^2 \end{aligned}\right\} \quad a_{Px}^2(t) + a_{Py}^2(t) = 1/2. \tag{4.81}$$

Polarisationsschwankungen in der Empfangslichtwelle $\underline{\vec{E}}_E(t)$ können demnach durch den im Bild 4.14 dargestellten Diversitätsempfänger im Idealfall vollständig elimiert werden. Bezieht man das additive Gaußrauschen in die Berechnungen mit ein, so folgt am Empfängerausgang ein Signalrauschverhältnis, das nur geringfügig niedriger ist als beim entsprechenden inkohärenten ASK-Heterodynempfänger ohne Diversitätsprinzip [58]. Ähnliche Ergebnisse erhält man auch, wenn von einem anderen Modulationsverfahren (zum Beispiel FSK, DPSK oder PSK) ausgegangen wird [83].

Untersuchungen, die störenden Polarisationsschwankungen in der Empfangslichtwelle mit Hilfe anderer hier nicht vorgestellter Schaltungen oder mittels modifizierter Verfahren zu verringern, werden beispielsweise in den Arbeiten [46, 57, 75, 76, 122, 170] durchgeführt.

5 Systemberechnung und Optimierung

Schwerpunkte dieses Kapitels sind die Berechnung und die Optimierung verschiedener optischer Überlagerungssysteme. Die Unterscheidungsmerkmale der betrachteten Systeme sind dabei die jeweils zugrundeliegenden Modulations- und Demodulationsverfahren. Im einzelnen werden folgende Systemvarianten untersucht:

- die kohärenten ASK- und PSK-Homodynsysteme (Abschnitt 5.1),
- die kohärenten ASK-, FSK- und PSK-Heterodynsysteme (Abschnitt 5.2),
- die inkohärenten ASK-, FSK- und DPSK-Heterodynsysteme (Abschnitt 5.3)

und als Vergleichssystem das konventionelle optische Geradeaussystem mit Lichtleistungsmodulation und -demodulation (Abschnitt 5.4).

Als Störgrößen werden das Phasenrauschen von Sende- und Lokallaser, das Schrotrauschen der Photodioden sowie das thermische Rauschen der Verstärker und der Schaltungswiderstände berücksichtigt. Außerdem wird der Einfluß des Zwischenfrequenzfilters bzw. des Basisbandfilters auf das Nutzsignal (Impulsinterferenzen) und auf die genannten Rauschsignale in die Berechnung mit einbezogen.

Ein wesentlicher Bestandteil der *Systemberechnung* ist die Ermittlung der Fehlerwahrscheinlichkeit als Maß für die Übertragungsqualität eines Systems und als das entscheidende Kriterium für den Systemvergleich (Kapitel 6). Hierzu müssen zunächst die Signalverläufe des Übertragungssystems in Abhängigkeit vom Modulationsverfahren und von den Störgrößen berechnet werden (siehe Kapitel 2). Besondere Bedeutung kommt hierbei dem Detektionssignal $d(t)$ am Eingang der Abtast- und Entscheidungseinrichtung zu, das in diesem Kapitel für die oben aufgeführten Systemvarianten eingehend untersucht wird. Dieses Signal ist maßgebend für die Fehlerwahrscheinlichkeit und somit letztendlich verantwortlich für die Übertragungsqualität eines jeden Übertragungssystems.

Von besonderem Interesse ist dabei die Wahrscheinlichkeitsdichtefunktion (WDF) der Detektionsabtastwerte $d(\nu T + t_0)$ als Grundlage für die Berechnung der Fehlerwahrscheinlichkeit. Diese Dichtefunktion und ihre statistischen Kenngrößen Mittelwert und Streuung ermöglichen darüber hinaus einen sehr guten Einblick in die teilweise komplizierten Zusammenhänge in einem optischen Überlagerungssystem. Die Auswirkungen von Änderungen der Systemparameter können anhand dieser Dichtefunktion und ihrer Kennwerte oft sehr viel schneller und besser beurteilt werden als durch eine Auswertung der meist umfangreichen Gleichungen für die Fehlerwahrscheinlichkeit. Die unterschiedlichen Auswirkungen der oben aufgeführten Rauschgrößen werden in der WDF und ihren Kenngrößen Mittelwert und Streuung ebenfalls besonders deutlich.

Ein geeignetes Hilfsmittel der Systemberechnung ist die Darstellung des Detektionssignals $d(t)$ in Form eines Augenmusters. Dieses kann am Rechner relativ einfach berechnet bzw. simuliert werden und vermittelt ein gutes Bild über typische Systemeigenarten sowie über die Auswirkungen der im Detektionssignal $d(t)$ auftretenden Impulsinterferenzen.

Die *Systemoptimierung* wird in diesem Buch hinsichtlich minimaler Fehlerwahrscheinlichkeit durchgeführt. Eine exakte, analytische Optimierung ist dabei in vielen Fällen nicht möglich. Die Optimierung erfolgt dann unter Anwendung geeigneter numerischer Iterationsverfahren am Rechner. Zur Verminderung des Rechenaufwands werden soweit als möglich Näherungen entwickelt.

5.1 Homodynsysteme

In optischen Übertragungssystemen mit Homodynempfang wird das optische Empfangssignal mittels Richtkoppler, lokalem Laser und Photodiode direkt ins elektrische Basisband transformiert. Hierzu müssen die lokale Laserlichtwelle und die Trägerlichtwelle des Empfangssignals in Frequenz und Phase exakt übereinstimmen, d.h. sie müssen zueinander synchron sein. Um dies zu erreichen, wird in Homodynempfängern immer ein *optischer Phasenregelkreis* benötigt. Auf die prinzipielle Funktionsweise eines solchen Regelkreises wird im Abschnitt 5.1.3 noch näher eingegangen.

Das Heruntersetzen eines modulierten Trägersignals ins Basisband unter Verwendung eines synchron zugesetzten lokalen Trägersignals wird in der Literatur häufig als Synchrondemodulation bezeichnet. Da es sich bei Homodynsystemen sowohl beim Empfangssignal als auch beim Synchronträger (Lokallaserlichtwelle) um optische Signale handelt, sprechen wir hier von optischer Synchrondemodulation. Homodynsysteme sind daher *kohärent-optische Übertragungssysteme* (vgl. Bild 6.1).

Die Bezeichnung „kohärent" bezieht sich hier also allein auf die Synchrondemodulation, welche stets einen lokalen Träger benötigt, der synchron (d.h. kohärent) zum Träger des Empfangssignals sein muß. Hiervon abweichend werden optische Überlagerungssysteme auf Grund der Notwendigkeit (nahezu) kohärenter Lichtquellen, unabhängig davon, ob das Demodulationsverfahren kohärent oder inkohärent ist, oftmals generell als kohärent-optische Übertragungssysteme bezeichnet (vgl. [125]). In diesem Buch werden wir jedoch immer die erste Definition verwenden, die sich allein auf die Art der verwendeten Demodulation bezieht.

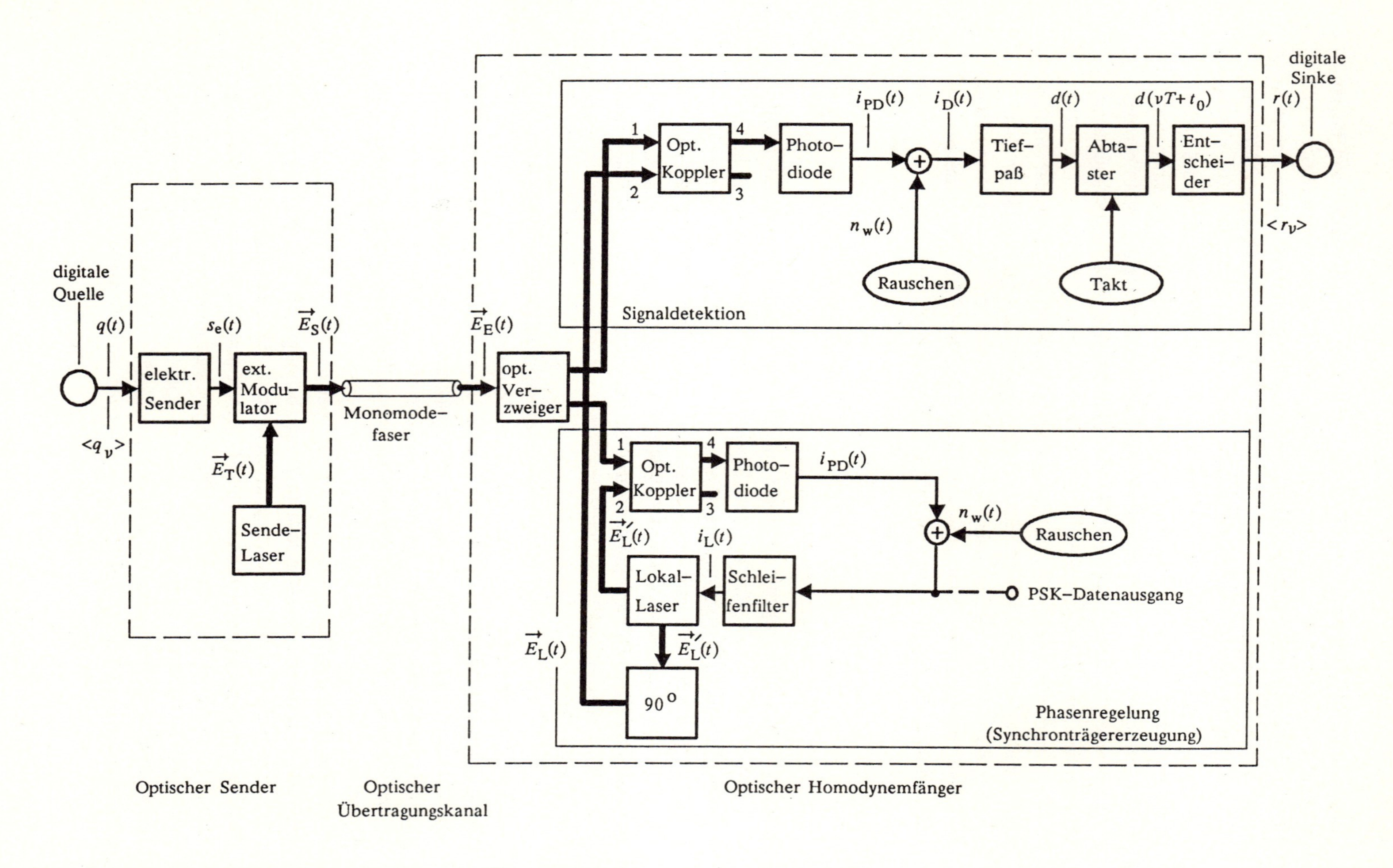

Bild 5.1: Blockschaltbild eines kohärenten optischen Übertragungssystems mit Homodynempfang

Bild 5.1 zeigt das Blockschaltbild eines optischen ASK- bzw. PSK-Homodynsystems. Hierzu ist anzumerken, daß phasenmodulierte Signale im allgemeinen nicht synchron demoduliert werden können, da eine Frequenzverschiebung des zugehörigen hochfrequenten Spektrums ins Basisband im allgemeinen nicht das Nachrichtenspektrum ergibt. Infolge der unipolaren Phasenumtastung bei der digitalen PSK-Modulation sind jedoch PSK-modulierte Signale identisch bipolar modulierten ASK-Signalen ($\cos(\omega_E t + 0) = +\cos(\omega_E t)$, $\cos(\omega_E t + \pi) = -\cos(\omega_E t)$). Nur durch diesen speziell bei der Digitalübertragung gegebenen Zusammenhang wird die Synchrondemodulation eines PSK-modulierten Signals erst möglich. Im Gegensatz dazu ist ein optisches FSK-Homodynsystem nicht realisierbar. In diesem Fall führt selbst bei einer digitalen Signalübertragung die Basisbandtransformation des optischen FSK-Spektrums nicht zum gewünschten Nachrichtenspektrum.

Die einzelnen Funktionsgruppen eines Homodynsystems sind entsprechend dem Blockschaltbild 5.1 der Sender, der Übertragungskanal (Monomodefaser) und der Überlagerungsempfänger. Dieser Empfänger wiederum beinhaltet die Baugruppen *Signaldetektor* (oberer Zweig) und *Phasenregelung* (unterer Zweig). Der Phasenregelkreis hat die Aufgabe, die Frequenz und die verrauschte Phase der Empfangslichtwelle nachzubilden und somit das direkte, kohärente Heruntermischen in das Basisband zu ermöglichen (Abschnitt 5.1.3).

Nach Bild 5.1 kann das demodulierte Nachrichtensignal beim PSK-System auch direkt dem Phasenregelkreis entnommen und einer Abtast- und Entscheidungseinrichtung zugeführt werden (strichlierter Datenausgang). Der obere Signalzweig könnte in diesem Fall mit Ausnahme des Abtasters und des Entscheiders entfallen. Aus Gründen der Übersicht und der Anschaulichkeit wird jedoch eine Aufteilung in Signaldetektion und Phasenregelung bevorzugt. Vernachlässigt man den Leistungsverlust des optischen Verzweigers, so sind beide Schaltungsalternativen in Funktionsweise und Übertragungsqualität (Fehlerwahrscheinlichkeit) äquivalent.

5.1.1 ASK-Homodynsystem

a) Detektionssignal $d(t)$ und Detektionsabtastwerte $d(\nu T + t_0)$

Die Signale des optischen Senders sowie die verschiedenen optischen und elektrischen Signale im Empfänger wurden bereits im Kapitel 2 ausführlich beschrieben. Im folgenden werden wir das Detektionssignal $d(t)$ bzw. dessen Abtastwerte $d(\nu T + t_0)$ für einen ASK-Homodynempfänger (Bild 5.1) berechnen.

Den Photodiodenstrom im Signalzweig des optischen ASK-Homodynempfängers können wir entsprechend Kapitel 2 (vgl. Gleichungen 2.34 und 2.62) durch die Gleichung

$$\begin{aligned} \underline{i}_{PD}(t) &= \hat{i}_{PD}\, \underline{s}(t)\, e^{j\phi(t)} \qquad (5.1) \\ &= \hat{i}_{PD} \sum_{\nu=-\infty}^{\infty} s_\nu \operatorname{rect}\left(\frac{t-\nu T}{T}\right) e^{j\phi(t)} \qquad \text{mit } s_\nu \in \{0,1\} \end{aligned}$$

angeben. Die Stromamplitude $\hat{i}_{PD}$ ist dabei durch Gleichung (2.63) bestimmt. Das Phasenrauschen

$$\phi(t) = \left[\phi_T(t) - \phi_L(t)\right] - \phi_{LR}(t) \tag{5.2}$$

beinhaltet neben den eigentlichen Laserphasenrauschtermen $\phi_T(t)$ und $\phi_L(t)$ von Sende- und Lokallaser zusätzlich die geregelte, unverrauschte Lokallaserphase $\phi_{LR}(t)$ (Abschnitt 5.1.3). Im nie erreichbaren Idealfall ist die Regelphase $\phi_{LR}(t)$ identisch $[\phi_T(t) - \phi_L(t)]$ und somit das verbleibende Phasenrauschen $\phi(t)$ gleich Null. In der Praxis ist dagegen ein Restphasenrauschen $\phi(t) \neq 0$ unvermeidbar. Für die noch durchzuführende Ermittlung der statistischen Kenngrößen der Detektionsabtastwerte $d(\nu T + t_0)$ und für die Berechnung der Fehlerwahrscheinlichkeit sind die statistischen Eigenschaften des Restphasenrauschens $\phi(t)$ erforderlich. Als ein Ergebnis von Abschnitt 5.1.3 sei an dieser Stelle vorweggenommen: das Restphasenrauschen $\phi(t)$ ist *mittelwertfrei, gaußverteilt* und *stationär.* Die Streuung σ_ϕ des Restphasenrauschens $\phi(t)$ ist dabei eine Funktion der Laserlinienbreiten Δf_T und Δf_L von Sende- und Lokallaser, der konstanten Rauschleistungsdichte $L_Ü$ des Schrotrauschens und des thermischen Rauschens und natürlich auch eine Funktion der Regelkreisparameter (siehe Gleichung 5.57 in Abschnitt 5.1.3).

Das Detektionssignal $d(t)$ am Ausgang des Tiefpasses (siehe Bild 5.1) verläuft in reeller Darstellung gemäß der Gleichung

$$\begin{aligned} d(t) &= i_{PD}(t) * h_B(t) + n(t) \\ &= \hat{i}_{PD} \int_{-\infty}^{+\infty} s(\tau) \cos(\phi(\tau))\, h_B(t-\tau)\, d\tau + n(t)\,. \end{aligned} \tag{5.3}$$

Hierbei sind $h_B(t)$ die Impulsantwort des Basisbandfilters, $s(t)$ das reelle normierte ASK-Sendesignal, also die eigentliche Nachricht (siehe Gleichung 2.34) und $n(t)$ das farbige gaußverteilte Rauschen am Filterausgang herrührend vom Schrotrauschen und vom thermischen Rauschen. Die Streuung $\sigma_n = \sigma_{Hom}$ dieses additiven Rauschsignals ist über Gleichung (2.78) bestimmt.

Die Detektionsabtastwerte $d(\nu T + t_0)$ am Ausgang des Abtasters bzw. am Eingang des Entscheiders sind auf Grund der beiden Rauschgrößen $n(\nu T + t_0)$ und $\cos(\phi(\nu T + t_0))$ Zufallsvariable. Beide Rauschgrößen können als stationär angenommen werden (vgl. Abschnitt 3.3.4). Ihre statistischen Eigenschaften sind folglich unabhängig vom Zeitpunkt $\nu T + t_0$, so daß es genügt, die weiteren Betrachtungen zu einem beliebigen festen Zeitpunkt (z.B.: $t = t_0$) durchzuführen. Die daraus gewonnenen Ergebnisse sind dann für jeden Abtastzeitpunkt $\nu T + t_0$ gültig.

Vergleichen wir für praktisch sinnvolle Systemparameter die systemtheoretische (äquivalente) Impulsbreite Δt_B der Tiefpaßimpulsantwort $h_B(t)$ mit der entsprechenden Breite Δt_w (Korrelationsdauer) der Autokorrelationsfunktion $l_w(\tau)$ des Zufallsprozesses $w(t) = \cos(\phi(t))$, so erhalten wir die Relation [31]

$$\Delta t_B = \frac{1}{h_B(0)} \int_{-\infty}^{+\infty} h_B(t)\,dt \quad << \quad \Delta t_w = \frac{1}{l_w(0)} \int_{-\infty}^{+\infty} l_w(\tau)\,d\tau . \tag{5.4}$$

Der Zufallsprozeß $w(t) = \cos(\phi(t))$ ist demnach innerhalb der äquivalenten Impulsdauer Δt_B des Tiefpasses nahezu völlig korreliert. Er kann somit während dieser Zeit als zeitunabhängige, konstante Zufallsgröße betrachtet werden (d.h. $\phi(t) \rightarrow \phi(t_0)$) und folglich vor das Faltungsintegral in Gleichung (5.3) gesetzt werden. Für den Detektionsabtastwert $d(t_0)$ folgt dadurch der einfache Ausdruck

$$d(t_0) = \hat{i}_{PD}\, a(t_0) \cos(\phi(t_0)) + n(t_0) . \tag{5.5}$$

Hierbei entspricht

$$a(t_0) = \int_{-\infty}^{+\infty} s(\tau) h_B(t_0 - \tau)\,d\tau \qquad \text{mit} \quad 0 \leq a(t_0) \leq 1 \tag{5.6}$$

dem auf den Maximalwert $\hat{i}_{PD}$ normierten Abtastwert $d(t_0)$ des unverrauschten Detektionssignals $d(t)$, d.h: $n(t) = 0$ und $\phi(t) = 0$. Als Funktion der Impulsantwort $h_B(t)$ und des binären ASK-Nachrichtensignals $s(t)$ bzw. der zugehörigen Quellensymbolfolge $<q_\nu>$ (vgl. Abschnitt 2.4) ist dieser Abtastwert abhängig von *Impulsinterferenzen,* d.h. abhängig von der Beeinflussung benachbarter Symbole [160]. Der in Gleichung (5.6) angegebene Wertebereich für $a(t_0)$ bezieht sich auf das gaußförmige Basisbandfilter $H_B(f)$ nach Gleichung (2.77).

Zur Vereinfachung der weiteren Berechnungen führen wir nun folgende Substitutionen und Normierungen durch:

$$d := d(t_0)/\hat{i}_{PD}, \quad a := a(t_0), \quad \phi := \phi(t_0),$$
$$n := n(t_0)/\hat{i}_{PD} \quad \rightarrow \quad \sigma := \sigma_n/\hat{i}_{PD} = \sigma_{Hom}/\hat{i}_{PD}.$$

Die Gleichung (5.5) erhält somit die übersichtliche Form:

$$d = a \cos(\phi) + n = a\, w + n \qquad \text{mit } |w| \leq 1 \text{ und } 0 \leq a \leq 1. \tag{5.7}$$

- n: additives gaußverteiltes Rauschen
- $\cos(\phi)$: multiplikativer Phasenrauschterm
- a: unverrauschter Abtastwert, durch Impulsinterferenzen gestört (beinhaltet die Nachricht)
- d: normierter Detektionsabtastwert

Der normierte Detektionsabtastwert d ist nach dieser Gleichung eine Funktion von zwei unabhängigen Zufallsgrößen, nämlich von w und n, sowie über den normierten unverrauschten Abtastwert a auch eine Funktion der Nachricht (Qellensymbolfolge $<q_\nu>$).

b) Wahrscheinlichkeitsdichtefunktion (WDF) $f_{\mathrm{d}}(d)$

Wegen der statistischen Unabhängigkeit der Zufallsgrößen w (Phasenrauschterm) und n (additives Gaußrauschen) können wir die WDF $f_{\mathrm{d}}(d)$ des Detektionsabtastwertes d über das Faltungsintegral

$$f_{\mathrm{d}}(d) = \frac{1}{|a|} f_{\mathrm{w}}\left(\frac{d}{a}\right) * f_{\mathrm{n}}(d)$$

$$= \int_{-a}^{+a} \frac{1}{|a|} f_{\mathrm{w}}\left(\frac{w}{a}\right) f_{\mathrm{n}}(d-w)\,\mathrm{d}w = \int_{-1}^{+1} f_{\mathrm{w}}(w) f_{\mathrm{n}}(d-aw)\,\mathrm{d}w \qquad (5.8)$$

bestimmen. Hierbei ist zu beachten, daß die WDF $f_{\mathrm{w}}(w)$ auf $|w| \leq 1$ begrenzt ist (siehe Bild 3.18). Für $a = 0$ geht die Dichtefunktion $(1/|a|) f_{\mathrm{w}}(w/a)$ in die Diracfunktion $\delta(w)$ über. In diesem Fall ist die gesuchte WDF $f_{\mathrm{d}}(d)$ identisch der WDF $f_{\mathrm{n}}(n)$ des farbigen gaußverteilten Rauschens n. Setzen wir nun die WDF $f_{\mathrm{w}}(w)$ nach (3.68) und die WDF $f_{\mathrm{n}}(n)$ nach (2.72) in Gleichung (5.8) ein, so erhalten wir nach einigen mathematischen Umformungen [36]

$$f_{\mathrm{d}}(d) = \frac{1}{\pi \sigma_{\phi} \sigma} \int_{0}^{+\infty} \exp\left(-\frac{\psi^2}{2\sigma_{\phi}^2}\right) \exp\left(-\frac{a^2}{2\sigma^2}\left[\frac{d}{a} - \cos(\psi)\right]^2\right) \mathrm{d}\psi \,. \qquad (5.9)$$

Hierbei ist σ die auf $\hat{i}_{\mathrm{PD}}$ (Maximalwert des Photodiodenstroms $i_{\mathrm{PD}}(t)$) normierte Streuung des stationären additiven Gaußrauschens $n(t)$ und σ_{ϕ} die Streuung des stationären Restphasenrauschens $\phi(t)$.

Bild 5.2a und 5.2b zeigen den Verlauf der WDF $f_{\mathrm{d}}(d)$ für $a = 0$, d.h.: $s_{\nu} = 0$ für alle ν (Dauer-Ø), und $a = 1$, d.h.: $s_{\nu} = 1$ für alle ν (Dauer-L). Im Idealfall, also ohne jegliches Rauschen und ohne Impulsinterferenzen, nimmt der Detektionsabtastwert die normierten Werte $d = 0$ bei Dauer-Ø bzw. $d = 1$ bei Dauer-L an.

Das linke Bild gilt für die Symbolfolge $\langle q_{\nu} \rangle = \cdots ØØØ \cdots$ (Dauer-Ø), d.h. hier wird ständig ein Nullsignal gesendet. In diesem Fall wird wegen $a = 0$ der Phasenrauschterm w in Gleichung (5.7) stets mit Null multipliziert, so daß hier die Signaldetektion nur durch das additive Gaußrauschen n gestört wird. Die WDF $f_{\mathrm{d}}(d)$ des normierten Detektionsabtastwertes d ist folglich ebenfalls gaußförmig.

Das rechte Bild gilt für die Symbolfolge $\langle q_{\nu} \rangle = \cdots \mathrm{LLL} \cdots$ (Dauer-L), d.h. es wird ständig ein Gleichsignal mit der normierten Amplitude 1 gesendet. Ohne Phasenrauschen, also für $\sigma_{\phi} = 0$, ist auch hier die WDF gaußförmig und zwar um den Mittelwert $d = 1$. Mit Phasenrauschen, d.h. für $\sigma_{\phi} \neq 0$, ist dagegen die WDF $f_{\mathrm{d}}(d)$ nicht mehr gaußförmig. Sie wird mit steigender Phasenstreuung zunehmend flacher und breiter und zwar nur nach links, d.h. in Richtung kleinerer Zahlenwerte für d. Dies hat ganz entscheidende Auswirkungen zur Folge wie beispielsweise eine Verschiebung der optimalen Entscheiderschwelle. Diese Auswirkungen sollen in den folgenden Unterabschnitten näher untersucht werden.

Als Folge der *unipolaren Modulation* im kohärenten ASK–Homodynsystem, d.h. wegen $s_\nu \in \{0,1\}$ sind die dargestellten Wahrscheinlichkeitsdichtefunktionen für die Symbole Ø und L nicht symmetrisch. Wie Bild 5.2 deutlich zeigt, unterliegt dabei das Symbol L infolge des Phasenrauschens immer einem größeren Störeinfluß als das Symbol Ø. Die zum Symbol L gehörige WDF ist somit stets breiter als die WDF für das Symbol Ø. Eine anschauliche Erklärung hierfür ist die multiplikative Störwirkung des Phasenrauschterms $w = \cos(\phi)$ in Gleichung (5.7). Dieser wird durch eine höhere Signalamplitude (großes a) sehr viel stärker gewichtet als durch eine kleine Signalamplitude a. ASK–Überlagerungssysteme gehören somit ebenso wie die konventionellen Geradeaussysteme zu den optischen Übertragungssystemen mit *signalabhängigem Rauschen*.

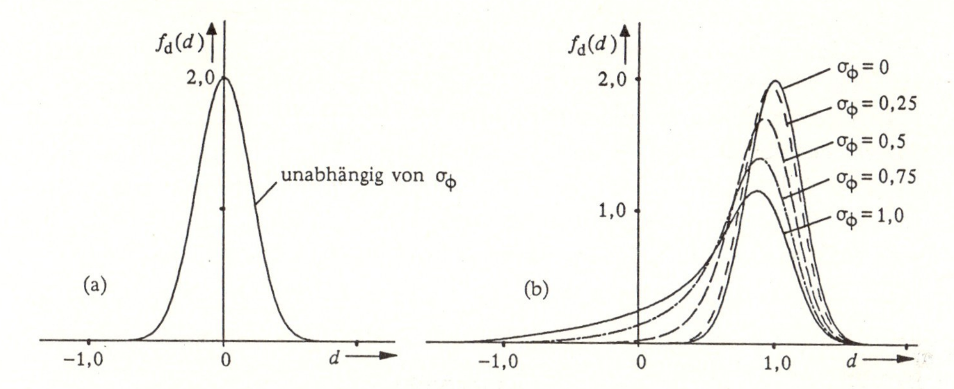

Bild 5.2: Wahrscheinlichkeitsdichtefunktion $f_d(d)$ des normierten Detektionsabtastwertes d im ASK–Homodynsystem für Dauer–Ø (a) und Dauer–L (b). Die normierte Streuung des additiven Gaußrauschens beträgt $\sigma = 0{,}2$

Ein gutes Maß für die Beurteilung der unterschiedlichen Störwirkung des Phasenrauschens und des additiven Gaußrauschens sind die Streuung σ_d und der Erwartungswert $E\{d\} = \eta_d$ des durch Rauschen gestörten Detektionsabtastwertes d für einen gegebenen unverrauschten Abtastwert a (d entspricht a unter der Voraussetzung, daß $n = 0$ und $\phi = 0$ ist):

$$\eta_d\big|_a = a \exp\left(-\sigma_\phi^2/2\right), \tag{5.10}$$

$$\sigma_d^2\big|_a = \sigma^2 + \frac{a^2}{2}\left[1 - \exp\left(-\sigma_\phi^2\right)\right]^2 \approx \sigma^2 + \frac{a^2}{2}\,\sigma_\phi^4 . \tag{5.11}$$

Der Erwartungswert η_d ist unabhängig vom additiven Gaußrauschen. Er ist nur durch die Streuung σ_ϕ des Phasenrauschens und über den unverrauschten Abtastwert a durch die Quellensymbolfolge $\langle q_\nu \rangle$ (Nachricht) und damit durch die Impulsinterferenzen bestimmt. Im Hinblick auf eine geringe Fehlerwahrscheinlichkeit sollte dieser Wert bei einem Binärsymbol L möglichst groß und bei einem Binärsymbol Ø möglichst klein sein.

Betrachten wir die Varianz σ_ϕ^2 des Detektionsabtastwertes (Gleichung 5.11), so wird deutlich, daß wegen der vierten Potenz der Phasenstreuung σ_ϕ die Störwirkung des Phasenrauschens für große σ_ϕ erheblich stärker ist als der Störeinfluß des additiven Gaußrauschens. Für die Näherung der Varianz wurde hier die für kleine x gültige Abschätzung $\exp(x) \approx 1+x$ verwendet.

c) Augenmuster und Fehlerwahrscheinlichkeit

Die WDF $f_d(d)$ des Detektionsabtastwertes d ist nach Gleichung (5.9) über die Größe a (Gleichung 5.6) auch eine Funktion der Quellensymbolfolge $<q_\nu>$. Die Wahrscheinlichkeit, daß zum Abtast- und Entscheidungszeitpunkt t_0 ein Symbol L als Ø bzw. ein Symbol Ø als L erkannt wird, hängt demnach wesentlich von den vorangegangenen und den nachfolgenden Symbolen ab. In diesem Zusammenhang sind insbesondere die ungünstigsten Symbolfolgen oder *worst case patterns* mit zugehöriger maximaler also ungünstigster Fehlerwahrscheinlichkeit von Bedeutung.

Um die verschiedenen Symbolfolgen unterscheiden zu können, wird im folgenden der zusätzliche Index i eingeführt. Die Menge aller möglichen Symbolfolgen wird demnach mit $<q_\nu>_i$, $i = 1, 2, \cdots, \infty$ bezeichnet. Im Hinblick auf die Berechnung der Fehlerwahrscheinlichkeit muß wegen der Unsymmetrie der WDF $f_d(d)$ noch eine weitere Unterscheidung bezüglich den Symbolen q_0 = Ø und q_0 = L vorgenommen werden. Das Sendesymbol $q_0 = q_{\nu=0}$ ist hierbei vereinbarungsgemäß das Symbol zum Abtast- und Entscheidungszeitpunkt $t = \nu T + t_0 = t_0$. Zusammenfassend wird also folgende Nomenklatur vereinbart:

$$d = \begin{cases} d_{Li} = a_{Li}\cos(\phi) + n & \text{für} \quad <q_\nu>_{Li} = <\cdots q_{-2}, q_{-1}, L, q_1, q_2 \cdots>, \\ d_{\emptyset i} = a_{\emptyset i}\cos(\phi) + n & \text{für} \quad <q_\nu>_{\emptyset i} = <\cdots q_{-2}, q_{-1}, \emptyset, q_1, q_2 \cdots>. \end{cases}$$

Die Folgen $<q_\nu>_{Li}$ und $<q_\nu>_{\emptyset i}$ seien zueinander invers, d.h ein Symbol q_ν = L der Folge $<q_\nu>_{Li}$ entspricht dem Symbol q_ν = Ø der Folge $<q_\nu>_{\emptyset i}$ und umgekehrt.

Eine Beurteilung der gegenseitigen Beeinflussung von benachbarten Symbolen ermöglicht das *Augenmuster* (Bild 5.3). Dieses entsteht aus der Summe aller möglichen Ausschnitte eines eventuell verzerrten Digitalsignals (hier des Detektionssignals $d(t)$), welche in einem gemeinsamen Diagramm übereinander gezeichnet werden [160]. Die zeitliche Dauer der Ausschnitte ist gleich der Symboldauer T bzw. ein ganzzahliges Vielfaches davon. Da dieses Diagramm die Form eines Auges hat, ist hierfür die Bezeichnung Augenmuster bzw. Augendiagramm üblich.

Meßtechnisch läßt sich das Augenmuster auf einem Oszilloskop darstellen, indem man diesen mit dem Taktsignal triggert (siehe Bild 5.1). Das Eingangssignal des Oszilloskopen wird hierdurch bitweise auf dem Oszilloskopenschirm übereinander geschrieben. Da jedoch jedes Signal naturgemäß immer gestört ist, erhält man auf diese Weise nur das gestörte, d.h. das verrauschte Augenmuster. Im Gegensatz dazu kann das unverrauschte Augenmuster nur rechnerisch oder durch Simulation ermittelt werden. Dieses ungestörte Augendiagramm liefert detaillierte Aussagen über die im Digitalsignal auftretenden Impulsinterferenzen.

Die Ursache für diese Impulsinterferenzen sind die durch die Filterung bedingte Verformung und Verbreiterung der rechteckförmigen Filtereingangsimpulse (Bild 5.3). Je breiter die Impulse durch die Filterung werden, d.h. je mehr Nachbarsymbole sich gegenseitig beeinflussen, umso mehr verschiedene Linien besitzt das Augenmuster. Wird beispielsweise der Impuls des Symbols q_0 durch die Impulse von n nachfolgenden und v vorangegangen Symbolen gestört, so beinhaltet das binäre Augenmuster insgesamt 2^{n+v+1} verschiedene Linien.

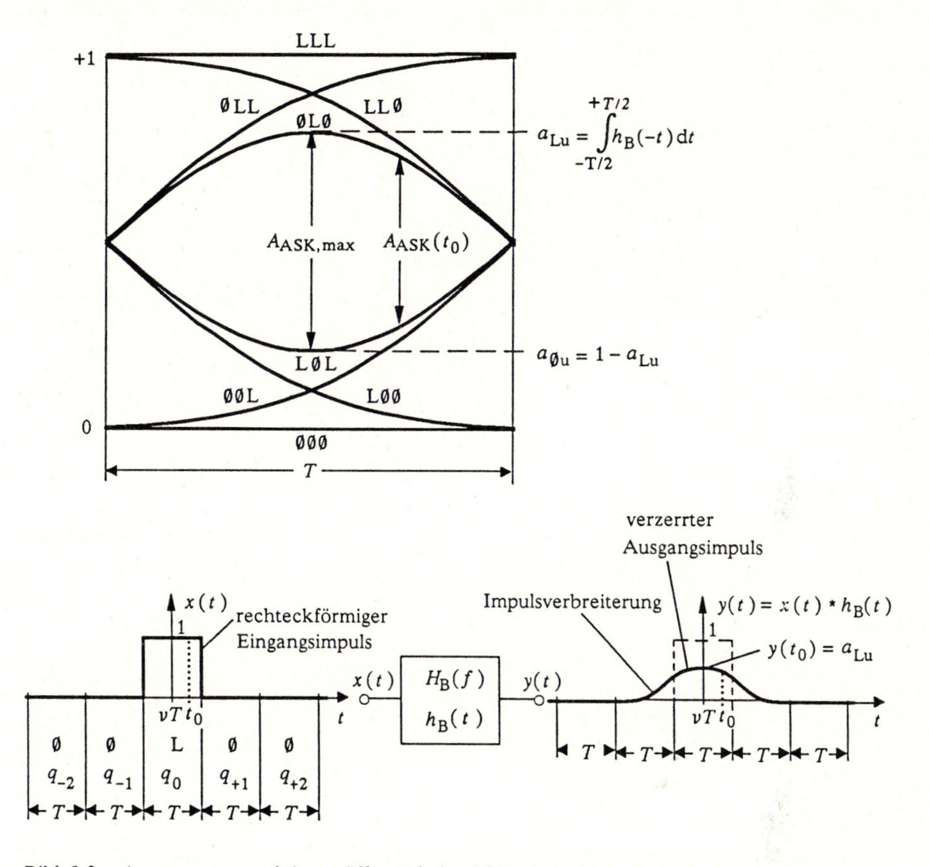

Bild 5.3: Augenmuster und Augenöffnung beim ASK–Homodynsystem unter der Voraussetzung eines gaußförmigen Basisbandfilters

Für den speziellen Fall, daß nur die verbreiterten Impulse der beiden direkten Nachbarsymbole q_{-1} und q_{+1} die Detektion des Symbols q_0 stören, besteht das Augenmuster wie in Bild 5.3 dargestellt somit aus acht verschiedenen Linien. Die näherungsweise Berücksichtigung von „nur" acht Augenlinien ist in der Praxis dann erlaubt, wenn die zweiseitige Bandbreite $2f_g$ des (gaußförmigen) Filters größer als die Bitrate $1/T$ ist, d.h.: $2f_g T > 1$. In diesem Fall ist der Wert des in Bild 5.3 dargestellten Ausgangsimpulses $y(t)$ zum Zeitpunkt $\nu T \pm 1{,}5T$ (also zu Beginn der Nachbarsymbole q_{-2} und q_{+2}) kleiner als 1% vom Maximalwert zum Zeitpunkt νT.

Von besonderer Bedeutung für die Übertragungsqualität digitaler Systeme sind die innersten Linien des Augenmusters. Sie bestimmen die *vertikale Augenöffnung* (siehe Bild 5.3) und damit im wesentlichen die Fehlerwahrscheinlichkeit. Verantwortlich für diese innersten Augenlinien sind die beiden ungünstigsten Symbolfolgen $<q_\nu>_{\text{Øu}}$ und $<q_\nu>_{\text{Lu}}$. Für die weiteren Betrachtungen in diesem Abschnitt wird als Beispiel ein *gaußförmiges Basisbandfilter* mit einer Systemfunktion entsprechend der Gleichung (2.77) verwendet, so daß der Ausgangsimpuls keine Unterschwinger aufweist. Die ungünstigsten Symbolfolgen sind in diesem Fall die Folge

$$<q_\nu>_{\text{Lu}} = <\cdots\ \text{Ø},\ \text{Ø},\ \text{L},\ \text{Ø},\ \text{Ø}\cdots> \ \rightarrow\ a_{\text{Lu}} = 1 - 2\,\text{Q}\left(\sqrt{2\pi}\,f_{\text{g}}T\right)$$

sowie die hierzu inverse Symbolfolge

$$<q_\nu>_{\text{Øu}} = <\cdots\ \text{L},\ \text{L},\ \text{Ø},\ \text{L},\ \text{L}\cdots> \ \rightarrow\ a_{\text{Øu}} = 1 - a_{\text{Lu}}\,.$$

Hierbei sind $a_{\text{Øu}}$ und a_{Lu} die zu den ungünstigsten Symbolfolgen $<q_\nu>_{\text{Øu}}$ und $<q_\nu>_{\text{Lu}}$ zugehörigen ungünstigsten Abtastwerte des unverrauschten Detektionssignals, f_{g} die Grenzfrequenz des Basisbandfilters und Q(x) die Q-Funktion (siehe unten).

Für das ASK-Homodynsystem berechnet sich damit die auf den Maximalwert $\hat{i}_{\text{PD}}$ des Photodiodenstroms normierte maximale Augenöffnung $A_{\text{ASK,max}}$ (siehe Bild 5.3) zu:

$$\begin{aligned} A_{\text{ASK,max}} &= a_{\text{Lu}} - a_{\text{Øu}} = 1 - 2a_{\text{Øu}} = 2a_{\text{Lu}} - 1 = 2\int_{-T/2}^{+T/2} h_{\text{B}}(-t)\,\mathrm{d}t - 1 \\ &= 8f_{\text{g}}\int_0^{T/2} \exp\left[-\pi(2f_{\text{g}}t)^2\right]\mathrm{d}t - 1 = 1 - 4\,\text{Q}\left(\sqrt{2\pi}\,f_{\text{g}}T\right). \end{aligned} \tag{5.12}$$

Entsprechend Bild 5.3 ist bei einem symmetrischen Impuls diese maximale Augenöffnung in Bitmitte, also zum optimalen Abtastzeitpunkt $t_{0,\text{opt}} = \nu T$ gegeben.

Zur Berechnung der Fehlerwahrscheinlichkeit soll nun im folgenden vorerst von einer beliebigen Symbolfolge $<q_\nu>_{\text{Øi}}$ bzw. $<q_\nu>_{\text{Li}}$ ausgegangen werden. Für die Wahrscheinlichkeit, daß ein gesendetes Symbol $q_0 = \text{Ø}$ der Folge $<q_\nu>_{\text{Øi}}$ im Entscheider falsch (d.h. als L) erkannt wird, erhält man mit Gleichung (5.8) den Ausdruck

$$p_{\text{Øi}} = p(d_{\text{Øi}} > E) = \int_E^{+\infty} f_{\text{dØi}}(d)\,\mathrm{d}d = \int_E^{+\infty}\int_{-1}^{+1} f_{\text{n}}(d - a_{\text{Øi}}\,w)\,f_{\text{w}}(w)\,\mathrm{d}w\,\mathrm{d}d\,. \tag{5.13}$$

Hierbei ist E die auf die Stromamplitude $\hat{i}_{\text{PD}}$ *normierte Entscheiderschwelle* und $f_{\text{dØi}}(d)$ die WDF des Detektionsabtastwertes $d_{\text{Øi}}$, also die WDF unter der Voraussetzung, daß $q_0 = \text{Ø}$ bzw. $<q_\nu> = <q_\nu>_{\text{Øi}}$ gilt. Unter Verwendung der Q-Funktion [160] bzw. der erfc-Funktion (error function, [1])

$$\text{Q}(x) = \frac{1}{\sqrt{2\pi}}\int_x^{+\infty} \exp\left(-\frac{u^2}{2}\right)\mathrm{d}u = \frac{1}{2}\,\text{erfc}\left(\frac{x}{\sqrt{2}}\right) \tag{5.14}$$

können wir die Gleichung (5.13) wie folgt vereinfachen [36]

$$p_{\emptyset i} = \int_{-1}^{+1} Q\left(\frac{E - a_{\emptyset i}\, w}{\sigma}\right) f_w(w)\, dw = \int_{-1}^{+1} \mathring{p}_{\emptyset i}(w)\, f_w(w)\, dw\,. \tag{5.15}$$

Die Berechnung der Fehlerwahrscheinlichkeit $p_{\emptyset i}$ erfolgt gemäß dieser Gleichung in zwei Schritten. Im ersten Schritt berechnen wir die Fehlerwahrscheinlichkeit $\mathring{p}_{\emptyset i}(w)$ unter Venachlässigung der Zufälligkeit des Phasenrauschens, d.h. wir betrachten die Zufallsgröße w zunächst als eine Konstante. Das Zeichen „°" steht hierbei für „*o*hne Phasenrauschen". Das Ergebnis dieser Berechnung ist eine bereits aus der konventionellen digitalen Übertragungstechnik bekannte Abhängigkeit der Fehlerwahrscheinlichkeit über die durch die Gleichung (5.14) definierte Q–Funktion [160]. Im zweiten Schritt berücksichtigen wir nun mit der WDF $f_w(w)$ die Statistik der Größe $w = \cos(\phi)$. Die tatsächliche Fehlerwahrscheinlichkeit $p_{\emptyset i}$ für das Symbol Ø ergibt sich schließlich aus der Erwartungswertbildung hinsichtlich der Zufallsgröße $\mathring{p}_{\emptyset i}(w)$ (zweites Integral in 5.15).

Analog zur Gleichung (5.13) erhalten wir für die Wahrscheinlichkeit, daß ein gesendetes Symbol q_0 = L der Folge $<q_\nu>_{\mathrm{Li}}$ falsch (d.h. als Symbol Ø) erkannt wird, den Ausdruck

$$p_{\mathrm{Li}} = p(d_{\mathrm{Li}} < E) = \int_{-\infty}^{E} f_{d\mathrm{Li}}(d)\, dd = \int_{-\infty}^{E} \int_{-1}^{+1} f_n\,(d - a_{\mathrm{Li}}\, w)\, f_w(w)\, dw\, dd\,. \tag{5.16}$$

Mit Hilfe der Q–Funktion entprechend (5.14) können wir auch diese Gleichung wieder wie folgt vereinfachen:

$$p_{\mathrm{Li}} = \int_{-1}^{+1} Q\left(\frac{a_{\mathrm{Li}}\, w - E}{\sigma}\right) f_w(w)\, dw = \int_{-1}^{+1} \mathring{p}_{\mathrm{Li}}(w)\, f_w(w)\, dw\,. \tag{5.17}$$

Mittlere Fehlerwahrscheinlichkeit p_m

Ein wichtiges Beurteilungskriterium für jedes digitale Nachrichtensystem ist die mittlere Fehlerwahrscheinlichkeit p_m. Bei einer rein formalen Berechnung dieser Größe müssen streng genommen alle möglichen Quellensymbolfolgen $<q_\nu>_i$ berücksichtigt werden, wobei i = 1, 2, ⋯ , ∞ ist. Da jedoch, wie vorhin gezeigt wurde, sich meist nur die nächsten Nachbarsymbole gegenseitig beeinflussen, genügt die Betrachtung derjenigen Folgen, die im Augenmuster unterscheidbare Linien aufweisen. Für die mittlere Fehlerwahrscheinlichkeit p_m gilt somit die Gleichung:

$$p_m = \sum_{i=1}^{2^{n+v}} p(<q_\nu>_i)\left(p_{\emptyset i} + p_{\mathrm{Li}}\right) = 2^{-(n+v+1)} \sum_{i=1}^{2^{n+v}} \left(p_{\emptyset i} + p_{\mathrm{Li}}\right). \tag{5.18}$$

Hierbei sind n und v die Anzahl nachfolgender bzw. vorangegangener Symbole, die eine Beeinflussung des Symbols q_0 verursachen und $p(<q_\nu>_i)$ die Auftrittswahrscheinlichkeit der Symbolfolge $<q_\nu>_i$ bzw. der i-ten Augenlinie. Sind, wie im Kapitel 2 vereinbart wurde, die einzelnen Symbole q_ν statistisch voneinander unabhängig und die Auftrittswahrscheinlichkeiten $p(q_\nu = \emptyset)$ und $p(q_\nu = \mathrm{L})$ gleich, so ist auch die Auftrittswahrscheinlichkeit $p(<q_\nu>_i)$ für alle Symbolfolgen gleich. Bei Berücksichtigung von 2^{n+v+1} verschiedenen Symbolfolgen (d.h. je 2^{n+v} verschiedene Linien mit $q_0 = \emptyset$ bzw. $q_0 = \mathrm{L}$) nimmt diese Wahrscheinlichkeit den Wert $p(<q_\nu>_i) = 2^{-(n+v+1)}$ an.

Ungünstigste Fehlerwahrscheinlichkeit p_u

Die Berechnung der mittleren Fehlerwahrscheinlichkeit p_m nach Gleichung (5.18) ist selbst bei einer endlichen, begrenzten Anzahl möglicher Symbolfolgen (zum Beispiel $2^{n+v+1} = 8$) sehr aufwendig. Wesentlich schneller kann dagegen die ungünstigste Fehlerwahrscheinlichkeit p_u ermittelt werden. Unterscheiden wir wieder zwischen den Folgen $<q_\nu>_{\emptyset i}$ mit $q_0 = \emptyset$ und $<q_\nu>_{\mathrm{L}i}$ mit $q_0 = \mathrm{L}$, so existieren sowohl (mindestens) eine ungünstigste Symbolfolge $<q_\nu>_{\emptyset u}$ als auch (mindestens) eine ungünstigste Symbolfolge $<q_\nu>_{\mathrm{Lu}}$. Hinsichtlich der ungünstigsten Fehlerwahrscheinlichkeit p_u ist es daher bei signalabhängiger Störung sinnvoll, eine *mittlere* ungünstigste Fehlerwahrscheinlichkeit

$$p_u = \frac{1}{2}\left(p_{\emptyset u} + p_{\mathrm{Lu}}\right) \tag{5.19}$$

zu definieren. Hierbei gehört $p_{\emptyset u}$ zur Symbolfolge $<q_\nu>_{\emptyset u}$ und p_{Lu} zur Folge $<q_\nu>_{\mathrm{Lu}}$. Wegen des signalabhängigen Rauschens im ASK-System sind die Fehlerwahrscheinlichkeiten $p_{\emptyset u}$ und p_{Lu} im allgemeinen verschieden. Unter der Voraussetzung, daß die Systemparameter $E = E_{opt}$ und $f_g = f_{g,opt}$ (vgl. Unterabschnitt d) so gewählt sind, daß sich für die ungünstigste Fehlerwahrscheinlichkeit nach Gleichung (5.19) der kleinstmögliche Wert ergibt, gilt stets die Relation

$$p_{\emptyset u} \leq p_{\mathrm{Lu}} \; . \tag{5.20}$$

Das Gleichheitszeichen gilt hierbei nur für das phasenrauschfreie ASK-System. Beim optimierten PSK-Homodynsystem mit $E_{opt} = 0$ (vgl. Abschnitt 5.1.2) sind im Gegensatz zum ASK-System die Fehlerwahrscheinlichkeiten $p_{\emptyset u}$ und p_{Lu} identisch.

Bei optischen Überlagerungssystemen ist hinsichtlich der Filterbandbreite $2f_g$ und der Symboldauer T praktisch meist die Relation $2f_g T > 1$ erfüllt. In diesem Fall stören, wie bereits erläutert wurde, nur die beiden direkten Nachbarsymbole q_{-1} und q_{+1} die Detektion des Symbols q_0 und das Augenmuster beinhaltet acht unterscheidbare Augenlinien (siehe Bild 5.3). Unter der Voraussetzung, daß die zugehörigen acht Quellensymbolfolgen die gleiche Auftrittswahrscheinlichkeit haben, nämlich $p(<q_\nu>_i) = 2^{-3} = 1/8$, gilt die Abschätzung [99]

$$\frac{1}{4}\, p_{\rm u} \;\le\; p_{\rm m} \;\le\; p_{\rm u}\,. \tag{5.21}$$

Die untere Grenze setzt voraus, daß von den acht im Augendiagramm unterscheidbaren Symbolfolgen nur die beiden ungünstigsten Symbolfolgen $\langle q_\nu \rangle_{\emptyset\rm u}$ und $\langle q_\nu \rangle_{\rm Lu}$ einen Beitrag zur Fehlerwahrscheinlichkeit liefern. Dagegen nimmt die obere Grenze für alle acht Symbolfolgen die gleiche ungünstigste Fehlerwahrscheinlichkeit $p_{\rm u}$ an. Da die Fehlerwahrscheinlichkeit meist nur auf eine Größenordnungen genau bestimmt werden muß, ist diese Abschätzung praktisch immer ausreichend.

Unter Benutzung der Gleichungen (5.15) und (5.17) folgt somit für die ungünstigste Fehlerwahrscheinlichkeit nach Gleichung (5.19) der Ausdruck

$$p_{\rm u} = \frac{1}{2}\int_{-1}^{+1}\Big[\mathrm{Q}\Big(\frac{E-a_{\emptyset\rm u}w}{\sigma}\Big)+\mathrm{Q}\Big(\frac{a_{\rm Lu}w-E}{\sigma}\Big)\Big]f_{\rm w}(w)\,\mathrm{d}w. \tag{5.22}$$

Verwenden wir darüber hinaus die maximale Augenöffnung $A_{\rm ASK} := A_{\rm ASK,max}$ nach Gleichung (5.12), so lautet Gleichung (5.22):

$$\boxed{p_{\rm u} = \frac{1}{2}\int_{-1}^{+1}\Big[\mathrm{Q}\Big(\frac{2E-(1-A_{\rm ASK})w}{2\sigma}\Big)+\mathrm{Q}\Big(\frac{(1+A_{\rm ASK})w-2E}{2\sigma}\Big)\Big]f_{\rm w}(w)\,\mathrm{d}w.} \tag{5.23}$$

Mit der WDF $f_{\rm w}(w)$ nach Gleichung (3.68) erhalten wir schließlich nach einigen Umformungen den Ausdruck

$$\boxed{\begin{aligned}p_{\rm u} = \frac{1}{\sqrt{2\pi}\sigma_\phi}\int_{0}^{+\infty}&\Big[\mathrm{Q}\Big(\frac{2E-(1-A_{\rm ASK})\cos(\phi)}{2\sigma}\Big)+\mathrm{Q}\Big(\frac{(1+A_{\rm ASK})\cos(\phi)-2E}{2\sigma}\Big)\Big]\\ &\cdot\exp\Big(-\frac{\phi^2}{2\sigma_\phi^2}\Big)\mathrm{d}\phi\,.\end{aligned}} \tag{5.24}$$

Die ungünstige Fehlerwahrscheinlichkeit $p_{\rm u}$ (und somit auch die mittlere Fehlerwahrscheinlichkeit $p_{\rm m}$) ist entsprechend dieser Gleichung eine Funktion der Entscheiderschwelle E, der Augenöffnung $A_{\rm ASK}(f_{\rm g}, T, t_0)$, der Streuung $\sigma_\phi(\Delta f)$ des Restphasenrauschens (siehe Gleichung 5.57) und der auf $\hat{i}_{\rm PD}$ normierten Streuung $\sigma(f_{\rm g}, L_{\rm \ddot{U}})$ des additiven Gaußrauschens (also des thermischen Rauschens und des Schrotrauschens). Da diese Systemgrößen wie angegeben wiederum von anderen Systemparametern abhängig sind, ist die Fehlerwahrscheinlichkeit $p_{\rm u}$ zusätzlich eine Funktion der Symboldauer T, der Filtergrenzfrequenz $f_{\rm g}$, der resultierenden Laserlinienbreite Δf, der konstanten Rauschleistungsdichte $L_{\rm \ddot{U}}$ des additiven Gaußrauschens und wegen $\hat{i}_{\rm PD} = \hat{i}_{\rm PD}(P_{\rm E}, P_{\rm L})$ natürlich auch eine Funktion der Empfangslichtleistung $P_{\rm E}$ und der lokalen Laserlichtleistung $P_{\rm L}$.

Ein weiterer wichtiger Systemparameter ist der Abtastzeitpunkt t_0. Dieser beeinflußt die vertikale Augenöffnung (siehe Bild 5.3) und hat dadurch einen entscheidenden Einfluß auf die Fehlerwahrscheinlichkeit. In der Gleichung (5.24) ist dieser Parameter allerdings nicht mehr enthalten, da für die Herleitung dieser Gleichung die maximale Augenöffnung nach Gleichung (5.12) vorausgesetzt wurde. Der Abtastzeitpunkt t_0 ist hier also bereits optimal gewählt.

d) Optimierung

Ziel dieses Abschnitts ist die Optimierung der Systemparameter hinsichtlich minimaler (ungünstigster) Fehlerwahrscheinlichkeit p_u. Als Basisbandfilter verwenden wir weiterhin das Gaußfilter nach Gleichung (2.77) mit der Grenzfrequenz f_g. Bezüglich der oben aufgeführten Systemparameter, welche einen Einfluß auf die Fehlerwahrscheinlichkeit p_u haben, muß unterschieden werden zwischen den *optimierbaren* und den *nicht optimierbaren Systemparametern.*

Als nicht optimierbar werden all diejenigen Systemgrößen bezeichnet, die entweder durch den Systemaufbau und die verwendeten Komponenten fest vorgegeben sind (zum Beispiel die konstante Rauschleistungsdichte $L_Ü$ des additiven Gaußrauschens oder die Bitrate $1/T$) oder die eine minimale Fehlerwahrscheinlichkeit nur dann herbeiführen, wenn sie einen praktisch nicht realisierbaren Grenzwert annehmen (beispielsweise null oder unendlich). Beipiele hierfür sind die Empfangslichtleistung P_E (p_u wird minimal für $P_E \to \infty$) und die Laserlinienbreite Δf (p_u wird minimal für $\Delta f = 0$).

Als optimierbare Systemparameter verbleiben somit noch der Detektionsabtastzeitpunkt t_0, die Entscheiderschwelle E und die Grenzfrequenz f_g des Basisbandfilters. Weitere optimierbare Systemgrößen befinden sich im Phasenregelkreis des Überlagerungsempfängers (siehe Bild 5.1). Dieser hat die Aufgabe, das verbleibende Restphasenrauschen $\phi(t)$ nach Gleichung (5.2) bzw. die Restphasenstreuung σ_ϕ nach Gleichung (5.57) zu minimieren und um somit letztendlich auch auf diesem Wege die Fehlerwahrscheinlichkeit zu verringern.

1. Abtastzeitpunkt t_0

Der optimale Detektionsabtastzeitpunkt $t_{0,opt}$ ist so zu wählen, daß die vertikale Augenöffnung ihren größtmöglichen Wert annimmt. Nach Bild 5.3 ist die vertikale Augenöffnung $A_{ASK}(t_0)$ dann maximal, wenn der Abtastzeitpunkt t_0 in Bitmitte, also bei $t_0 = t_{0,opt} = \nu T$ liegt. Dieser Wert gilt ebenfalls für alle anderen in diesem Buch betrachteten Überlagerungssysteme und auch für das Geradeaussystem. Die Voraussetzung hierfür ist allerdings, daß wie in Bild 5.3 ein Filter mit einer symmetrischen Impulsantwort $h_B(t) = h_B(-t)$ zugrunde liegt. Das gaußförmige Basisbandfilter nach Gleichung (2.77) erfüllt beispielsweise diese Voraussetzung. Besitzt dagegen das zugrundeliegende Filter eine unsymmetrische Impulsantwort $h_B(t) \neq h_B(-t)$ (ein solcher Filtertyp soll in diesem Buch nicht betrachtet werden), so gilt meist $t_{0,opt} \neq \nu T$ [160].

2. Entscheiderschwelle E

Die optimale normierte Entscheiderschwelle E_{opt} ist durch den Schnittpunkt der beiden Wahrscheinlichkeitsdichtefunktionen $f_{d\emptyset u}(d)$ und $f_{dLu}(d)$ der beiden ungünstigsten Symbolfolgen $<q_\nu>_{\emptyset u}$ und $<q_\nu>_{Lu}$ eindeutig festgelegt. Für E_{opt} gilt daher die Bestimmungsgleichung

$$\boxed{f_{dLu}(E_{opt}) = f_{d\emptyset u}(E_{opt}).} \tag{5.25}$$

Beweis

$$\frac{dp_u}{dE} = \frac{1}{2}\frac{d}{dE}\left[\int_E^{+\infty} f_{d\emptyset u}(d)\,dd + \int_{-\infty}^{E} f_{dLu}(d)\,dd\right]$$

$$= \frac{1}{2}\left[f_{dLu}(E) - f_{d\emptyset u}(E)\right] = 0 \rightarrow f_{dLu}(E) = f_{d\emptyset u}(E) \rightarrow E = E_{opt}\,.$$

Eine explizite analytische Auflösung der Gleichung (5.25) hinsichtlich der optimalen Entscheiderschwelle E_{opt} ist nicht möglich. Unter Anwendung numerischer Iterationsverfahren ist jedoch die Ermittlung von E_{opt} an einem Rechner sehr schnell durchführbar. Das Ergebnis dieser Iteration ist in Bild 5.4 im Unterabschnitt e dargestellt.

Auf Grund des signalabhängigen Rauschens im ASK-Homodynsystem mit dominanter Störung der Symbolfolge $<q_\nu>_{Lu}$ gilt für die normierte optimale Entscheiderschwelle E_{opt} die Relation

$$\boxed{E_{opt} \leq \frac{1}{2}(a_{Lu} + a_{\emptyset u}) = \frac{1}{2}.} \tag{5.26}$$

Das Gleichheitszeichen in dieser Ungleichung ist dabei nur für das phasenrauschfreie ASK-Homodynsystem ($\sigma_\phi = 0$) gültig. In diesem Fall sind die beiden Wahrscheinlichkeitsdichtefunktionen $f_{dLu}(d)$ und $f_{d\emptyset u}(d)$ gaußförmig und spiegelsymmetrisch zur optimalen normierten Entscheiderschwelle $E_{opt} = 0{,}5$. Mit Phasenrauschen ist also die optimale Entscheiderschwelle stets etwas kleiner als ohne Phasenrauschen (vgl. Bild 5.4a).

Die optimale Entscheiderschwelle E_{opt} hängt nach Gleichung (5.25) wesentlich von der Form der beiden Wahrscheinlichkeitsdichtefunktionen $f_{d\emptyset u}(d)$ und $f_{dLu}(d)$ der beiden ungünstigsten Symbolfolgen $<q_\nu>_{\emptyset u}$ und $<q_\nu>_{Lu}$ ab. Diese sind wieder in erster Linie durch die Streuung σ_ϕ des Restphasenrauschens $\phi(t)$ und durch die normierte Streuung $\sigma = \sigma(f_g)$ des additiven Gaußrauschens $n(t)$ (also des Schrotrauschen und des thermisches Rauschen) bestimmt. Über die normierte Streuung $\sigma(f_g)$ des additiven Gaußrauschens ist die optimale Entscheiderschwelle E_{opt} daher auch eine Funktion der ebenfalls optimierbaren Grenzfrequenz f_g des Basisbandfilters.

3. Tiefpaßgrenzfrequenz f_g

Eine explizite analytische Berechnung der optimalen Tiefpaßgrenzfrequenz $f_{g,opt}$ ist wegen der Komplexität der Gleichung (5.23) bzw. (5.24) ebenfalls nicht möglich. Für die Ermittlung von $f_{g,opt}$ müssen daher wieder numerische Iterationsverfahren verwendet werden. Bild 5.4b zeigt das Ergebnis dieser am Rechner durchgeführten Iteration (Berechnungsweg 1).

Im phasenrauschfreien ASK-Homodynsystem ($\sigma_\phi = 0$) ist die optimale Grenzfrequenz $f_{g,opt}$ durch die Bedingung

$$\frac{A_{ASK}(f_g)}{\sigma(f_g)} \rightarrow \max \; ; \qquad \text{Voraussetzung: } \sigma_\phi = 0 \tag{5.27}$$

gegeben. Hieraus erhält man durch numerische Auswertung für die auf die Bitrate $1/T$ normierte optimale Grenzfrequenz den Wert

$$f_{g,opt}\, T \approx 0{,}79 .$$

Für ASK-Homodynsysteme mit Phasenrauschen ($\sigma_\phi \neq 0$) weicht die normierte optimale Grenzfrequenz $f_{g,opt}\,T$ des Basisbandfilters bei praktisch sinnvollen Systemparametern ($P_E < -50$ dBm) nur wenig von diesem Zahlenwert ab (vgl. Bild 5.4b). Die Verwendung dieses Wertes ist daher auch für $\sigma_\phi \neq 0$ in den meisten Fällen ausreichend (Berechnungsweg 2).

Einen verbesserten Näherungswert für $f_{g,opt}\,T$ unter der Bedingung $\sigma_\phi \neq 0$ erhalten wir aus der iterativen Maximierung (Berechnungsweg 3) des Erwartungswertes

$$\mathrm{E}\left\{\frac{A_{ASK}(f_g)}{\sqrt{\sigma_d^2(f_g)|_{a\emptyset u} + \sigma_d^2(f_g)|_{aLu}}}\right\} \rightarrow \max \rightarrow f_{g,opt}\,T . \tag{5.28}$$

Der Einfluß des Phasenrauschens wird in dieser Maximierungsbedingung durch die beiden Sreuungen $\sigma_d(f_g)|_{aLu}$ und $\sigma_d(f_g)|_{a\emptyset u}$ des normierten Detektionsabtastwertes d berücksichtigt, die nach Gleichung (5.11) eine Funktion der beiden Streuungen $\sigma(f_g)$ und σ_ϕ sind. Durch die Unterscheidung zwischen $\sigma(f_g) = \sigma_d(f_g)|_{a\emptyset u}$ und $\sigma(f_g) = \sigma_d(f_g)|_{aLu}$ berücksichtigt dieser Optimierungsweg auch den unterschiedlichen Einfluß des Phasenrauschens auf die beiden Symbolfolgen $<q_\nu>_{\emptyset u}$ und $<q_\nu>_{Lu}$. Für das phasenrauschfreie System ($\sigma_\phi = 0$) geht die Bedingung (5.28) in die Bedingung (5.27) über, da in diesem Fall die normierten Streuungen $\sigma(f_g)$, $\sigma_d(f_g)|_{a\emptyset u}$ und $\sigma_d(f_g)|_{aLu}$ identisch sind.

Der Vorteil der Gleichungen (5.27) und (5.28) im Vergleich zur exakten Berechnung von $f_{g,opt}\,T$ (Berechnungsweg 1) ist eine erheblich kürzere Rechenzeit, da für die iterative Lösung von (5.27) und (5.28) keine Integrale berechnet werden müssen. Für nicht-gaußförmige Basisbandfilter sind die aufgeführten Berechnungswege 2 und 3 ebenfalls schnell und leicht ausführbar.

e) Auswertung und Diskussion

In diesem Abschnitt wollen wir die theoretischen Ergebnisse der vorangegangenen Berechnungen auswerten und uns auf diese Weise einen tieferen Einblick in die teilweise komplexen Zusammenhänge eines ASK-Homodynsystems verschaffen.

Bild 5.4a zeigt die normierte optimale Entscheiderschwelle E_{opt} als Funktion der Empfangslichtleistung P_E in dBm, d.h. bezogen auf 1 mW. Parameter ist die Streuung σ_ϕ des Restphasenrauschens $\phi(t)$ nach Gleichung (5.57). Die Grenzfrequenz $f_g = f_{g,opt}(P_E)$ des gaußförmigen Basisbandfilters wurde für dieses Bild für jeden Wert von P_E nach dem exakten Berechnungsweg 1 neu optimiert (siehe Optimierung von f_g). Alle anderen zugrundeliegenden Systemparameter sind entsprechend der Tabelle 6.2 (Kapitel 6) gewählt.

Gemäß Bild 5.4a liegt im phasenrauschfreien ASK-System ($\sigma_\phi = 0$) die normierte optimale Entscheiderschwelle bei $E_{opt} = 0{,}5$. Mit Phasenrauschen ($\sigma_\phi > 0$) ist infolge des signalabhängigen Rauschens (L-Symbole unterliegen im ASK-Homodynsystem einer größeren Störung als Ø-Symbole) die normierte optimale Entscheiderschwelle stets kleiner als 0,5. Die Abweichung von $E_{opt} = 0{,}5$ ist dabei um so größer, je dominanter die Störung der L-Symbole gegenüber den Ø-Symbolen ist. Diese Abweichung wächst daher mit steigender Phasenstreuung σ_ϕ als auch mit zunehmender Empfangslichtleistung P_E, da ein größeres P_E den Einfluß des additiven Gaußrauschens verringert und dadurch implizit den Störeinfluß des Phasenrauschens erhöht [32].

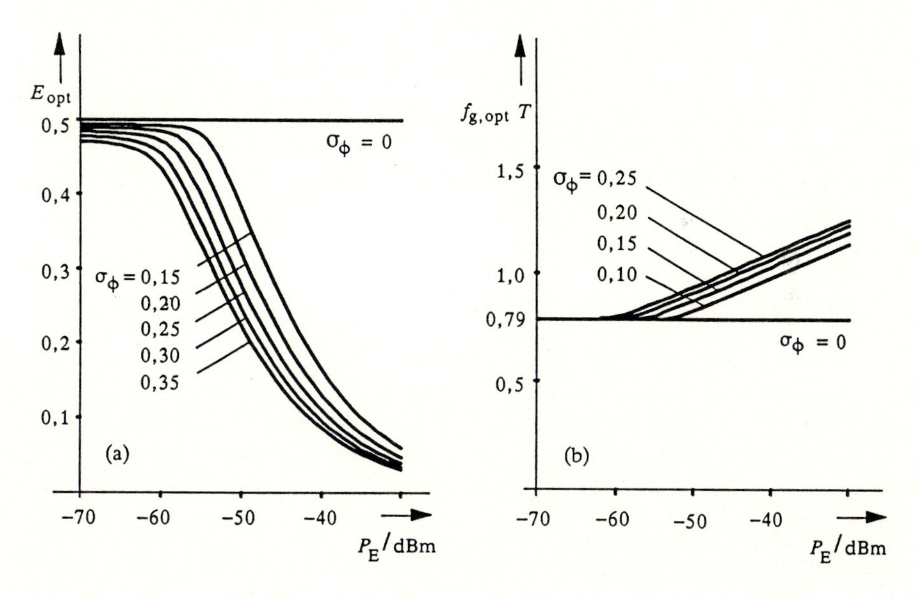

Bild 5.4: Normierte optimale Entscheiderschwelle E_{opt} (a) und normierte optimale Tiefpaßgrenzfrequenz $f_{g,opt}\,T$ (b) im ASK-Homodynsystem

Bild 5.4b zeigt die normierte optimale Filtergrenzfrequenz $f_{g,opt}T$ als Funktion der Empfangslichtleistung P_E und der Phasenstreuung σ_ϕ. Grundlage ist wieder der Berechnungsweg 1, wobei in diesem Bild die Entscheiderschwelle $E = E_{opt}$ für jedes P_E neu optimiert wurde. Interessant ist hier, daß es in einem ASK-System mit Phasenrauschen immer von Vorteil ist, eine gegenüber dem phasenrauschfreien ASK-System größere Filterbandbreite zu benutzen.

Bild 5.5 zeigt den Verlauf der ungünstigsten Fehlerwahrscheinlichkeit p_u als Funktion der Empfangslichtleistung P_E und der Phasenstreuung σ_ϕ. Die jeweils zugrundeliegende optimale Tiefpaßgrenzfrequenz $f_{g,opt}$ wurde auch hier über den Berechnungsweg 1 ermittelt. Der zunächst relativ steile Abfall der Fehlerwahrscheinlichkeitskurven für kleine Empfangslichtleistungen P_E (in diesem Bereich überwiegt die Störung durch das additive Gaußrauschen gegenüber der Störung durch das Phasenrauschen) ist völlig analog zu den bekannten Fehlerwahrscheinlichkeitskurven in digitalen optischen Geradeaussystemen (vgl. Bild 6.2) und in elektrischen Digitalsystemen [160, 163].

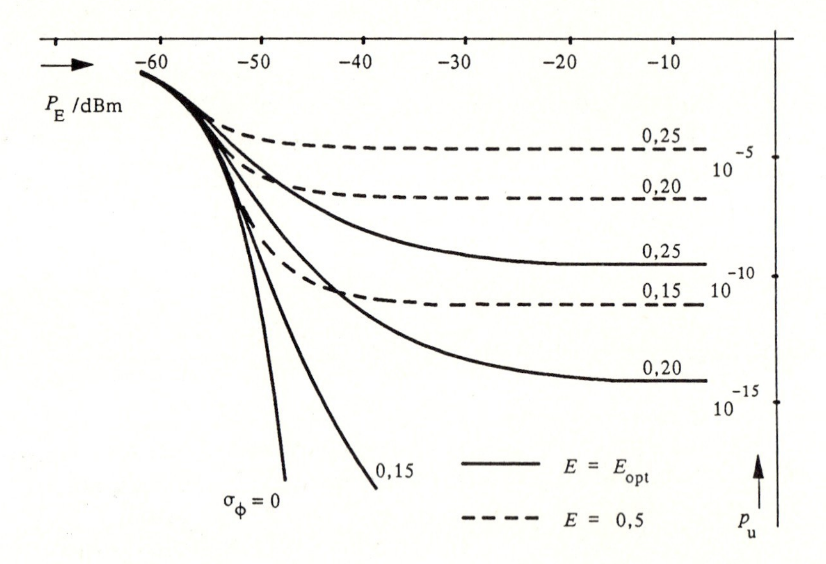

Bild 5.5: Ungünstigste Fehlerwahrscheinlichkeit p_u im ASK-Homodynsystem

Mit steigender Empfangslichtleistung P_E wird der Einfluß des additiven Gaußrauschens zunehmend geringer und dadurch implizit der Einfluß des Phasenrauschens zunehmend stärker. Die Fehlerwahrscheinlichkeitskurve beschreibt deshalb einen Knick.

Bei großen Empfangslichtleistungen P_E ist nur noch das Laserphasenrauschen als Störung wirksam. Im Gegensatz zum additiven Gaußrauschen kann die Störwirkung des Laserphasenrauschens nicht durch eine Anhebung der Empfangslichtleistung P_E vermindert werden. Die Fehlerwahrscheinlichkeit erreicht daher bei sehr großen Empfangslichtleistungen P_E einen Sättigungswert (engl.: *error rate floor*). Im Hinblick auf eine Fehlerwahrscheinlichkeit von beispielsweise $p_u = 10^{-10}$ existiert folglich eine *maximal zulässige Restphasenstreuung* $\sigma_{\phi,max}$ und somit über die Gleichung (5.57) aus Abschnitt 5.1.3 auch eine *maximal zulässige Laserlinienbreite* Δf_{max}. Die Sättigungserscheinung der Fehlerwahrscheinlichkeit ist, wie in den folgenden Abschnitten noch gezeigt werden wird, unabhängig vom Modulationsverfahren eine typische Eigenschaft aller optischen Überlagerungssysteme.

Die strichlierten Kurven in Bild 5.5 verdeutlichen den nicht vernachlässigbaren Einfluß der Entscheiderschwelle auf die Fehlerwahrscheinlichkeit p_u. Als ein Beispiel wurde in Bild 5.5 für die nicht optimale Entscheiderschwelle der normierte Wert $E = 0,5$ angenommen.

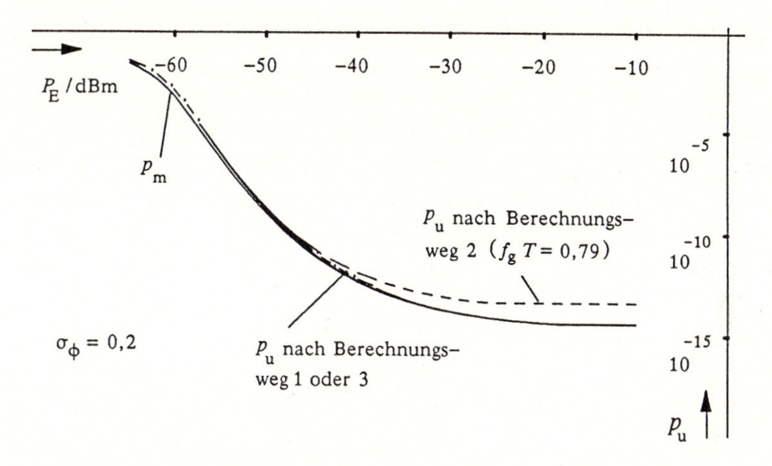

Bild 5.6: Vergleich der mittleren Fehlerwahrscheinlichkeit p_m und der ungünstigsten Fehlerwahrscheinlichkeit p_u mit Näherungen

Bild 5.6 zeigt die gute Übereinstimmung der ungünstigsten Fehlerwahrscheinlichkeit p_u mit der mittleren Fehlerwahrscheinlichkeit p_m. Die Berechnung der mittleren Fehlerwahrscheinlichkeit p_m berücksichtigt hierbei insgesamt acht verschiedene Symbolfolgen, d.h.: je ein vorangegangenes und ein nachfolgendes Nachbarsymbol. Der Einbezug von *nur* acht Symbolen ist bei Verwendung des Gaußfilters nach Gleichung (2.77) mit $f_g T \geq 0,79$ ausreichend. Die Tiefpaßgrenzfrequenz f_g wurde sowohl bei der p_m-Kurve als auch bei der p_u-Kurve nach dem Berechnungsweg 1 (exakte Iteration) für jede Empfangslichtleistung P_E hinsichtlich einer minimalen mittleren bzw. ungünstigsten Fehlerwahrscheinlichkeit neu optimiert. Die optimale Grenzfrequenz $f_{g,opt}$ wächst dabei mit steigender Lichtleistung P_E (vgl. Bild 5.4b). Bei großen Empfangslichtleistungen P_E, also bei entsprechend großen Filterbandbreiten, sind daher die Impulsinterferenzen vernachlässigbar und die beiden Kurven identisch.

Für die p_u-Kurven nach Berechnungsweg 2 und 3 wurden zur Optimierung der Grenzfrequenz f_g die wesentlich einfacheren Gleichungen (5.27) und (5.28) verwendet. Wie die dargestellten Kurven zeigen, ist die ungünstigste Fehlerwahrscheinlichkeit p_u in Verbindung mit der näherungsweisen Optimierung der Tiefpaßgrenzfrequenz f_g (Berechnungsweg 2 oder 3) ein gut geeigneter Kompromiß zwischen Genauigkeit und Rechenzeit.

Bild 5.7 zeigt abschließend den Verlauf der Fehlerwahrscheinlichkeit p_u ohne Berücksichtigung der Impulsinterferenzen und für den Grenzfall $\sigma = 0$, also ohne additives Gaußrauschen. Formelmäßig wird dieser Fall durch die einfache Gleichung

$$p_u = \frac{1}{2} \int_{-1}^{0} f_w(w)\, dw \approx Q\left(\frac{\pi}{2\sigma_\phi}\right), \qquad \text{Voraussetzung: } \sigma = 0 \tag{5.29}$$

beschrieben, wobei die angegebene Näherung für $\sigma_\phi < 1$ gültig ist. Die optimale Entscheiderschwelle E_{opt} liegt hier praktisch bei Null ($E_{opt} = 0 + \epsilon$), da nur das Symbol L durch das Phasenrauschen gestört wird. Bild 5.7 bzw. Gleichung (5.29) sind nützlich zur raschen näherungsweisen Ermittlung der maximal zulässigen Restphasenstreuung $\sigma_{\phi,max}$. Über die Gleichung (5.57) aus Abschnitt 5.1.3 erhält man hieraus bei gegebenen Regelkreisparametern schließlich auch die maximal zulässige Laserlinienbreite Δf_{max}.

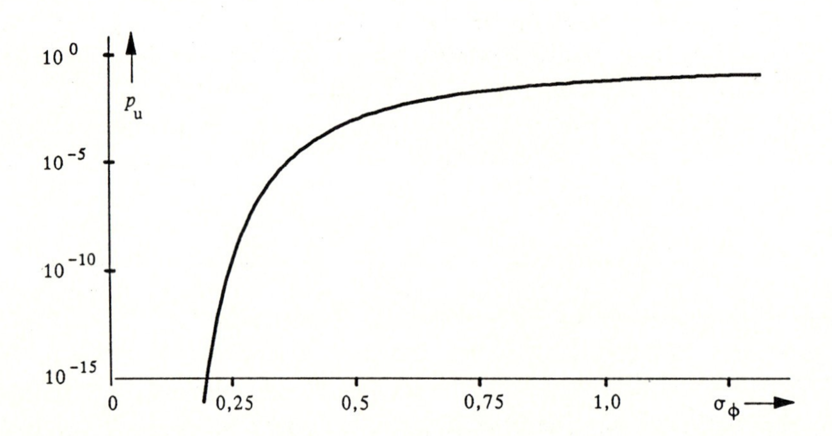

Bild 5.7: Fehlerwahrscheinlichkeit im ASK–Homodynsystem für $\sigma = 0$ (kein additives Gaußrauschen)

Ein häufig benötigter Zahlenwert ist maximal zulässige Phasenstreuung $\sigma_{\phi,max}$ für eine ungünstigste Fehlerwahrscheinlichkeit von $p_u = 10^{-10}$. Mit Gleichung (5.29) berechnet sich dieser Wert zu:

$$\sigma_{\phi,max} \approx 0{,}25, \qquad \text{Voraussetzung: } p_u = 10^{-10}.$$

5.1.2 PSK-Homodynsystem

a) Detektionssignal $d(t)$ und Detektionsabtastwerte $d(\nu T + t_0)$

In Analogie zum ASK-Homodynsystem folgen für den Photodiodenstrom im Signalzweig des PSK-Homodynsystems (siehe Bild 5.1) die Gleichungen

$$\underline{i}_{PD}(t) = \hat{i}_{PD}\, \underline{s}(t)\, e^{j\phi(t)} \tag{5.30}$$

$$= \hat{i}_{PD} \exp\left(j \sum_{\nu=-\infty}^{+\infty} \pi(1-s_\nu)\, \mathrm{rect}\left(\frac{t-\nu T}{T}\right) + j\phi(t)\right); \qquad s_\nu \in \{0,1\}$$

bzw. mit $s'_\nu = 2s_\nu - 1$

$$\underline{i}_{PD}(t) = \hat{i}_{PD} \sum_{\nu=-\infty}^{+\infty} s'_\nu \,\mathrm{rect}\left(\frac{t-\nu T}{T}\right) e^{j\phi(t)}; \qquad s'_\nu \in \{-1,1\}. \tag{5.31}$$

Stromamplitude $\hat{i}_{PD}$ und Phasenrauschen $\phi(t)$ sind wie beim ASK-System über die Gleichungen (2.63) und (5.2) bestimmt. Der Vergleich des Photodiodenstroms beim PSK-Homodynsystem (Gleichung 5.31) mit dem Photodiodenstrom beim ASK-Homodynsystem (siehe Gleichung 5.1) verdeutlicht die enge Verwandtschaft zwischen diesen beiden Homodynsystemen. Nach Gleichung (5.31) entspricht das PSK-Homodynsystem einem ASK-Homodynsystem mit *bipolarer Modulation,* d.h.: $s'_\nu \in \{-1, +1\}$. Das PSK-Homodynsystem weist deshalb in vielen Bereichen große Ähnlichkeit mit dem ASK-Homodynsystem auf. Um Wiederholungen zu vermeiden, soll in diesem Abschnitt daher nur auf diejenigen Punkte eingegangen werden, in denen sich die beiden Systeme grundsätzlich unterscheiden. Im übrigen wird auf die entsprechenden Punkte im Abschnitt 5.1.1 verwiesen.

In Analogie zum ASK-Homodynsystem (vgl. Gleichung 5.5) erhalten wir auch beim PSK-Homodynsystem für den normierten Detektionsabtastwert zum Zeitpunkt $t = t_0$ die Gleichung

$$d(t_0) = \hat{i}_{PD}\, a(t_0) \cos(\phi(t_0)) + n(t_0). \tag{5.32}$$

Die beiden Homodynsysteme unterscheiden sich lediglich im Wertebereich des unverrauschten normierten Detektionsabtastwertes (vgl. Gleichung 5.6)

$$a(t_0) = \int_{-\infty}^{+\infty} \underline{s}(\tau)\, h_B(t_0-\tau)\, d\tau, \qquad \text{mit} \quad -1 \le a(t_0) \le 1. \tag{5.33}$$

Auch beim PSK-Homodynsystem ist $a(t_0)$ identisch $d(t_0)$ unter der Voraussetzung, daß die Rauschgrößen $\phi(t_0)$ und $n(t_0)$ gleich Null sind. Der in Gleichung (5.33) angegebene Wertebereich für $a(t_0)$ gilt wieder für das gaußförmige Basisbandfilter nach Gleichung (2.77). Verwenden wir nun die gleichen Normierungen und Substitutionen wie beim ASK-System (Abschnitt 5.1.1), so folgt für den normierten Detektionsabtastwert $d = d(t_0)/\hat{i}_{PD}$ des PSK-Homodynsystems die Beziehung

$$d = a\cos(\phi) + n = a\,w + n \qquad \text{mit } |w| \leq 1 \text{ und } -1 \leq a \leq 1. \tag{5.34}$$

- n: additives gaußverteiltes Rauschen
- $\cos(\phi)$: multiplikativer Phasenrauschterm
- a: unverrauschter Abtastwert, durch Impulsinterferenzen gestört (beinhaltet die Nachricht)
- d: normierter Detektionsabtastwert

Die Gleichung (5.34) ist formal identisch dem entsprechenden Ausdruck (5.7) für das ASK-Homodynsystem. Der einzige Unterschied besteht im Wertebereich der normierten unverrauschten Abtastwerte a.

b) Wahrscheinlichkeitsdichtefunktion (WDF) $f_d(d)$

Infolge des formelmäßig gleichen Detektionsabtastwertes d ist auch die zugehörige WDF $f_d(d)$ entsprechend Gleichung (5.9) für beide Homodynsysteme gültig. Der Verlauf der WDF $f_d(d)$ ist aber auf Grund der unterschiedlichen Wertebereiche für a verschieden.

Bild 5.8 zeigt die WDF $f_d(d)$ des PSK-Homodynsystems für $a = -1$ (Dauer-Ø: $s_\nu = 0$ bzw. $s'_\nu = -1$ für alle ν) und für $a = 1$ (Dauer-L: $s_\nu = s'_\nu = 1$ für alle ν). Ein Vergleich mit Bild 5.2 verdeutlicht den grundsätzlichen Unterschied zwischen dem PSK- und dem ASK-Homodynsystem. Im Gegensatz zum ASK-System sind nämlich im PSK-System die zu den Symbolen Ø und L gehörigen Wahrscheinlichkeitsdichtefunktionen immer zueinander symmetrisch. Die Ursache hierfür ist die bereits erwähnte bipolare Signalübertragung im PSK-System mit $s'_\nu \in \{-1,+1\}$. Für die normierte optimale Entscheiderschwelle gilt daher stets $E_{opt} = 0$. PSK-Homodynsysteme mit optimaler Entscheiderschwelle sind folglich Übertragungssysteme mit *symbolunabhängigem Rauschen*. Die Symbole Ø und L werden also gleichermaßen durch das Phasenrauschen und das additive Gaußrauschen gestört.

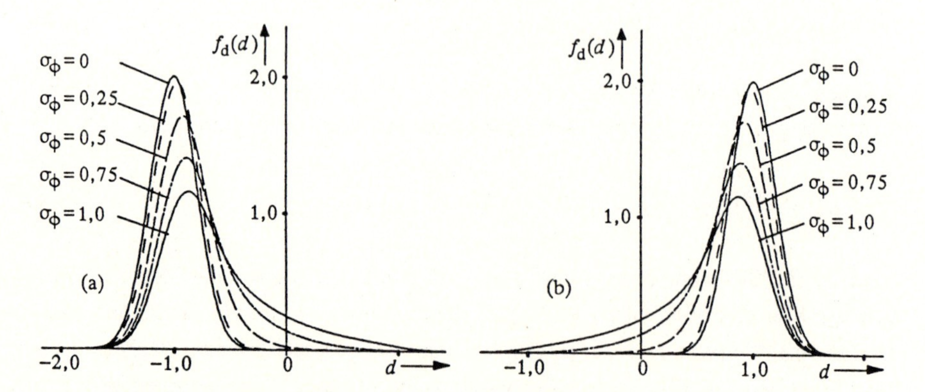

Bild 5.8: Wahrscheinlichkeitsdichtefunktion $f_d(d)$ des normierten Detektionsabtastwertes d im PSK-Homodynsystem für Dauer-Ø (a) und Dauer-L (b). Die normierte Streuung des additiven Gaußrauschens beträgt hierbei $\sigma = 0{,}2$

Charakteristische Werte der WDF $f_d(d)$ sind wieder der Erwartungswert $\eta_{d|a}$ und die Streuung $\sigma_{d|a}$. Formelmäßig können diese Werte wieder aus den Gleichungen (5.10) und (5.11) des ASK-Homodynsystems berechnet werden. Hierbei sind jedoch für den normierten unverrauschten Abtastwert a die entsprechenden Werte des PSK-Homodynsystems zu berücksichtigen.

c) Fehlerwahrscheinlichkeit

Eine direkte Folge der symmetrischen Wahrscheinlichkeitsdichtefunktionen beim PSK-Homodynsystem ist die Gleichheit der Fehlerwahrscheinlichkeiten $p_{\emptyset i}$ (für die Symbolfolge $<q_\nu>_{\emptyset i}$) und p_{Li} (für die Symbolfolge $<q_\nu>_{Li}$). Eine Unterscheidung zwischen den zueinander inversen Symbolfolgen $<q_\nu>_{\emptyset i}$ und $<q_\nu>_{Li}$ ist daher beim PSK-Homodynsystem nicht erforderlich, wenn die Entscheiderschwelle als optimal (also $E_{opt} = 0$) vorausgesetzt wird. Es gilt dann

$$a_i := a_{Li} = -a_{\emptyset i} \rightarrow f_{di}(d) := f_{dLi}(d) = f_{d\emptyset i}(-d) \rightarrow p_i := p_{Li} = p_{\emptyset i}. \quad (5.35)$$

Für die Fehlerwahrscheinlichkeit p_i erhalten wir hierbei in Analogie zum ASK-Homodynsystem (vgl. Gleichung 5.13 und 5.16):

$$p_i = \int_{-\infty}^{0} f_{di}(d)\,\mathrm{d}d = \int_{-\infty}^{0}\int_{-1}^{+1} f_n(d - a_i w)\, f_w(w)\,\mathrm{d}w\,\mathrm{d}d. \quad (5.36)$$

Unter Verwendung der Q-Funktion (Gleichung 5.14) kann diese Gleichung wieder folgendermaßen vereinfacht werden:

$$\boxed{p_i = \int_{-1}^{+1} Q\left(\frac{a_i w}{\sigma}\right) f_w(w)\,\mathrm{d}w = \int_{-1}^{+1} \mathring{p}_i(w)\, f_w(w)\,\mathrm{d}w.} \quad (5.37)$$

Zur näheren Erläuterung dieser Gleichung wird auf die Diskussion der entsprechenden Gleichung (5.15) für das ASK-Homodynsystem verwiesen.

Mittlere Fehlerwahrscheinlichkeit p_m

Auf Grund der symmetrischen Eigenschaften des PSK-Systems folgt für die mittlere Fehlerwahrscheinlichkeit p_m die gegenüber Gleichung (5.18) vereinfachte Beziehung

$$\boxed{p_m = \sum_{i=1}^{2^{n+v+1}} p(<q_\nu>_i)\, p_i = 2^{-(n+v+1)} \sum_{i=1}^{2^{n+v+1}} p_i.} \quad (5.38)$$

Eine Unterscheidung zwischen den beiden Fehlerwahrscheinlichkeiten $p_{\emptyset i}$ und p_{Li} ist hier nicht mehr erforderlich, da diese beim PSK-System identisch sind. Das heißt es gilt: $p_{\emptyset i} = p_{Li} = p_i$.

Ungünstigste Fehlerwahrscheinlichkeit p_u

Im ASK-Homodynsystem mußte infolge der unipolaren Signalübertragung mit $s_\nu \in \{0,1\}$ die Berechnung der ungünstigsten Fehlerwahrscheinlichkeit p_u in die Berechnung der ungünstigsten Fehlerwahrscheinlichkeiten $p_{\text{Ø}u}$ und p_{Lu} aufgespaltet werden (siehe Abschnitt 5.1.1). Im PSK-Homodynsystem ist dies aus den oben genannten Symmetriegründen nicht mehr nötig. Es gilt hier:

$$p_{\text{Ø}u} = p_{Lu} = p_u . \tag{5.39}$$

Mit dem ungünstigsten unverrauschten ($\sigma = 0$, $\sigma_\phi = 0$) Abtastwert a_u sowie Gleichung (5.37) folgt

$$p_u = \int_{-1}^{+1} Q\left(\frac{a_u w}{\sigma}\right) f_w(w) \mathrm{d}w = \int_{-1}^{+1} \mathring{p}_u(w)\, f_w(w) \mathrm{d}w . \tag{5.40}$$

Für das Beispiel des gaußförmigen Tiefpasses nach Gleichung (2.77) können wir den ungünstigsten normierten Abtastwert a_u gemäß der Beziehung

$$a_u = 1 - 4Q\left(\sqrt{2\pi} f_g T\right) = a_{Lu} = -a_{\text{Ø}u} \tag{5.41}$$

berechnen. Diesem Wert liegt die ungünstigste Symbolfolge

$$\langle q_\nu \rangle_{Lu} = \langle \cdots \text{Ø}, \text{Ø}, \text{L}, \text{Ø}, \text{Ø} \cdots \rangle$$

zugrunde. Die hierzu inverse Symbolfolge

$$\langle q_\nu \rangle_{\text{Ø}u} = \langle \cdots \text{L}, \text{L}, \text{Ø}, \text{L}, \text{L} \cdots \rangle$$

liefert entsprechend der Gleichung (5.41) den normierten unverrauschten Abtastwert $a_{\text{Ø}u} = -a_u$. Mit der *normierten Augenöffnung*

$$A_{PSK} = 2a_u = 2\left[1 - 4Q\left(\sqrt{2\pi} f_g T\right)\right] = 2 A_{ASK} \tag{5.42}$$

des PSK-Homodynsystems können wir nun Gleichung (5.40) wie folgt umformen:

$$\boxed{p_u = \int_{-1}^{+1} Q\left(\frac{A_{PSK}\, w}{2\sigma}\right) f_w(w) \mathrm{d}w, \qquad \text{Voraussetzung: } E = E_{opt} = 0 .} \tag{5.43}$$

Entsprechend Gleichung (5.42) ist die Augenöffnung A_{PSK} doppelt so groß wie die Augenöffnung A_{ASK} des vergleichbaren ASK-Homodynsystems. Hieraus folgt unter der Voraussetzung, daß das Phasenrauschen Null ist ($\sigma_\phi = 0$), eine um *3 dB höhere Empfindlichkeit* des PSK-Homodynsystems gegenüber dem ASK-Homodynsystem. PSK-Homodynsysteme benötigen also bei gleicher Übertragungsqualität, d.h. bei gleicher Fehlerwahrscheinlichkeit, stets eine um *3 dB geringere Empfangslichtleistung* als das entsprechende ASK-Homodynsystem.

Eine zur Gleichung (5.43) völlig gleichwertige Lösung erhalten wir, wenn wir wie im vorherigen Abschnitt anstatt der WDF $f_w(w)$ der Zufallsgröße $w = \cos(\phi)$ die WDF $f_\phi(\phi)$ des Phasenrauschens selbst verwenden. Es folgt analog zu Gleichung (5.24):

$$p_u = \frac{2}{\sqrt{2\pi}\sigma_\phi} \int_0^{+\infty} Q\left(\frac{A_{PSK}\cos(\phi)}{2\sigma}\right) \exp\left(-\frac{\phi^2}{2\sigma_\phi^2}\right) d\phi . \tag{5.44}$$

d) Optimierung

1. Entscheiderschwelle E

Wie wir bereits nachgewiesen haben, liegt auf Grund der Symmetrieeigenschaften im PSK-System die optimale Entscheiderschwelle immer bei

$$E_{opt} = 0. \tag{5.45}$$

Für die Herleitung der Gleichungen (5.37), (5.43) und (5.44) wurde dieser Wert bereits verwendet.

2. Tiefpaßgrenzfrequenz f_g

Die Ermittlung der optimalen Tiefpaßgrenzfrequenz $f_{g,opt}$ hinsichtlich minimaler ungünstigster Fehlerwahrscheinlichkeit p_u ist für das PSK-Homodynsystem wegen der einfacheren Form der Gleichungen (5.43) bzw. (5.44) leichter als für das entsprechende ASK-System. Die Fehlerwahrscheinlichkeit p_u wird dann minimal, wenn das Argument der Q-Funktion in Gleichung (5.44), also der Ausdruck

$$\frac{A_{PSK}(f_g)\cos(\phi)}{2\sigma(f_g)} = \frac{\left[1-4Q\left(\sqrt{2\pi} f_g T\right)\right]\cos(\phi)}{\sigma(f_g)} \rightarrow \max \tag{5.46}$$

maximal wird. Die Zufallsgröße $\cos(\phi)$ ist keine Funktion der Grenzfrequenz f_g und kann daher bei der Maximierung von (5.46) unberücksichtigt bleiben. Demnach ist die normierte optimale Grenzfrequenz $f_{g,opt}\,T$ ebenso wie in konventionellen digitalen Übertragungssystemen nur durch die Augenöffnung und die Streuung des additiven Gaußrauschens bestimmt [160, 163]. Unter Benutzung numerischer Iterationsverfahren folgt wieder der für Gaußfilter charakteristische Zahlenwert (vgl. Gleichung 5.27)

$$f_{g,opt}\,T \approx 0{,}79.$$

Im Gegensatz zum ASK-Homodynsystem ist dieser Zahlenwert hier allerdings für jede beliebige Phasenstreuung σ_ϕ gültig.

e) Auswertung und Diskussion

Bild 5.9 zeigt den Verlauf der ungünstigsten Fehlerwahrscheinlichkeit p_u als Funktion der Empfangslichtleistung P_E und der Phasenstreuung σ_ϕ. Die normierte Grenzfrequenz $f_{g,opt}\,T$ des gaußförmigen Basisbandfilters wurde hier nach Gleichung (5.46) optimiert. Alle anderen Systemparameter sind wieder in der Tabelle 6.2 (Kapitel 6) aufgeführt. Der qualitative Verlauf der dargestellten Fehlerwahrscheinlichkeitskurven $p_u(P_E)$ ist dem des ASK-Homodynsystem identisch (vgl. Bild 5.5). Zur Diskussion des Kurvenverlaufs wird daher auf die entsprechenden Erläuterungen im Abschnitt 5.1.1 verwiesen. Ein detaillierter Vergleich der beiden Homodynsysteme erfolgt in Kapitel 6.

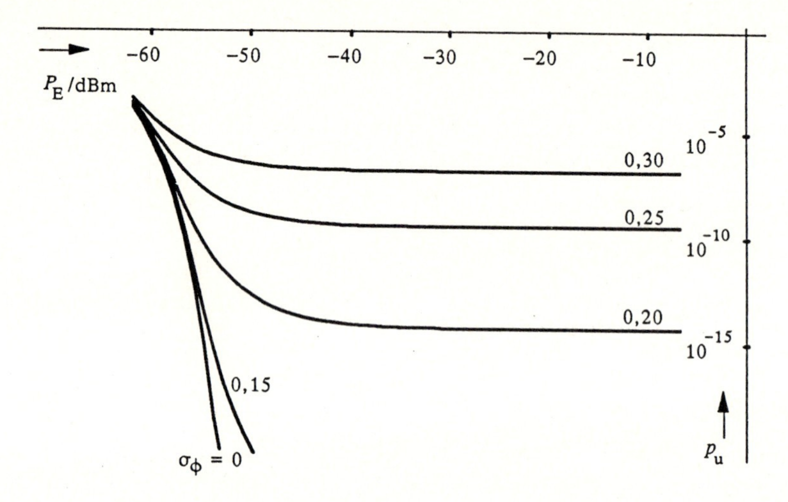

Bild 5.9: Ungünstigste Fehlerwahrscheinlichkeit p_u im PSK-Homodynsystem

Betrachten wir nun wieder wie beim ASK-Homodynsystem die Fehlerwahrscheinlichkeit p_u unter Vernachlässigung der Impulsinterferenzen und für den Grenzfall $\sigma = 0$, also ohne additives Gaußrauschen, so folgt in Analogie zur Gleichung (5.29) der einfache Zusammenhang

$$p_u = \int_{-1}^{0} f_w(w)\,dw \approx 2Q\left(\frac{\pi}{2\sigma_\phi}\right), \qquad \text{Voraussetzung: } \sigma = 0. \tag{5.47}$$

Die Fehlerwahrscheinlichkeit beim PSK-Homodynsystem ist demnach in diesem unrealistischen Grenzfall ($\sigma = 0$) doppelt so groß wie beim ASK-Homodynsystem. Ursache hierfür ist die stets fehlerfreie Erkennung des Symbols Ø im ASK-System bei $\sigma = 0$. Wie beim ASK-Homodynsystem ist auch die Gleichung (5.47) besonders für die schnelle Ermittlung der maximal zulässigen Restphasenstreuung σ_ϕ für eine gegebene Fehlerwahrscheinlichkeit p_u geeignet. Für $p_u = 10^{-10}$ erhält man beispielsweise den Wert $\sigma_{\phi,max} \approx 0{,}24$.

5.1.3 Phasenregelung in Homodynsystemen

In kohärent-optischen Übertragungssystemen mit Homodynempfang ist eine Phasenregelung im Empfänger unumgänglich. Ohne Phasenregelung würde nach Abschnitt 3.3.1 das instationäre Phasenrauschen von Sende- und Lokallaser eine unendlich große Phasenstreuung bedingen. Die Folge wäre eine sehr hohe Fehlerwahrscheinlichkeit von 50% im PSK- und mindestens 25% im ASK-Homodynsystem [36].

Zur Erläuterung der prinzipiellen Wirkungsweise der Phasenregelung wird entsprechend Bild 5.1 die einfachste Ausführung eines Phasenregelkreises verwendet [8, 9, 41, 56]. Bild 5.10 zeigt das zugehörige linearisierte ($\sin(\phi) \approx \phi$) Modell dieses Phasenregelkreises [9, 56, 156, 157]. In Abweichung zu Bild 5.1 wird hier ein Zweidiodenempfänger vorausgesetzt (vgl. Kapitel 2). In diesem Fall beinhaltet der Phasendetektor in Bild 5.10 den optischen Koppler sowie die beiden Photodioden.

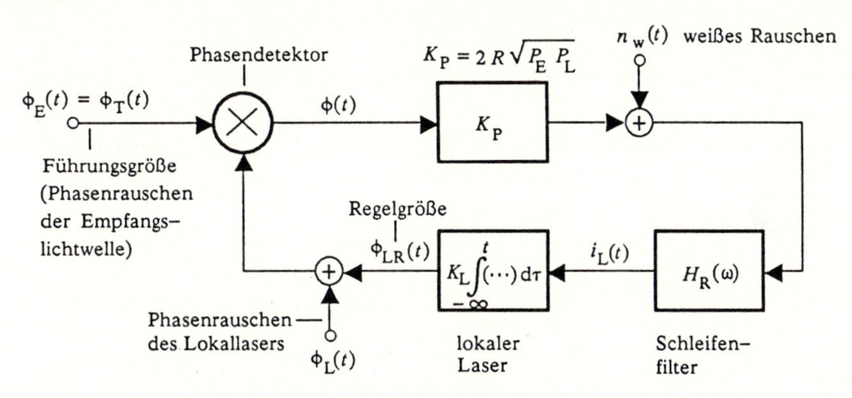

Bild 5.10: Linearisiertes Modell des Phasenregelkreises

Führungsgröße des Regelkreises ist das Phasenrauschen $\phi_E(t) = \phi_T(t)$ der Empfangslichtwelle bzw. des Sendelasers; *Regelgröße* ist die Phase $\phi_{LR}(t)$ des lokalen Lasers. Unvermeidbare *Störgrößen* sind das Phasenrauschen $\phi_L(t)$ des Lokallasers sowie das weiße gaußverteilte Rauschen $n_w(t)$ als Folge vom thermischen Rauschen und vom Schrotrauschen.

Aufgabe des Phasenreglers ist es, das nicht ausregelbare *Restphasenrauschen*

$$\phi(t) = [\phi_T(t) - \phi_L(t)] - \phi_{LR}(t) = \phi_{TL}(t) - \phi_{LR}(t) \tag{5.48}$$

möglichst klein zu halten. Der in der Praxis nie erreichbare Idealfall ist hierbei mit $\phi_{LR}(t) = \phi_{TL}(t)$, also $\phi(t) = 0$ gegeben. Auf Grund der statistischen Unabhängigkeit von $\phi_T(t)$ und $\phi_L(t)$ besitzt das resultierende Laserphasenrauschen $\phi_{TL}(t)$ nach Abschnitt 3.3.1 die zeitabhängige Varianz

$$\sigma^2_{\phi TL} = 2\pi \left[\Delta f_T + \Delta f_L\right] t = 2\pi \Delta f\, t \qquad \text{mit} \qquad \Delta f = \Delta f_T + \Delta f_L . \tag{5.49}$$

Eine charakteristische Größe des Phasenregelkreises ist die *Führungs-* oder *Phasenübertragungsfunktion* $H(\omega)$ zwischen der Führungsgröße $\phi_T(t)$ und der Regelgröße $\phi_{LR}(t)$. Unter der Annahme eines Phasenreglers 2. Ordnung verläuft diese Übertragungsfunktion gemäß der Beziehung [54]:

$$H(\omega) = \frac{2j\xi\omega_n\omega + \omega_n^2}{(j\omega)^2 + 2j\xi\omega_n\omega + \omega_n^2} . \tag{5.50}$$

Die in dieser Gleichung vorkommenden charakteristischen Größen, nämlich der *Dämpfungsfaktor* ξ und die *natürliche Kreisfrequenz* ω_n, sind bei Verwendung eines aktiven PI-Schleifenfilters (gutes, stabiles Regelkreisverhalten [8]) mit der Systemfunktion

$$H_R(\omega) = \frac{1+j\omega\tau_2}{j\omega\tau_1} = \frac{\tau_2}{\tau_1}\left[1 + \frac{1}{j\omega\tau_2}\right] \tag{5.51}$$

und den Filterzeitkonstanten τ_1 und τ_2 wie folgt definiert:

$$\omega_n = \sqrt{K/\tau_1}\,; \quad \xi = \frac{1}{2}\,\omega_n\tau_2\,; \quad K = K_P\,K_L \quad \text{(Schleifenverstärkung)} . \tag{5.52}$$

Mit der Impulsantwort $h(t) \circ\!\!-\!\!\bullet\, [1/(2\pi)] \cdot H(\omega)$ der Phasenübertragungsfunktion erhalten wir aus Bild 5.10 folgende Gleichung für das Restphasenrauschen $\phi(t)$

$$\begin{aligned} \phi(t) &= [\phi_T(t) - \phi_L(t)] - [\phi_T(t) - \phi_L(t)] * h(t) - K_P^{-1}\, n_w(t) * h(t) \\ &= \phi_{TL}(t) * \underbrace{[\delta(t) - h(t)]}_{\circ\!-\!\bullet\ \frac{1}{2\pi}(1-H(\omega))} - n_w(t) * \underbrace{K_P^{-1} h(t)}_{\circ\!-\!\bullet\ \frac{1}{2\pi}(K_P^{-1} H(\omega))} . \end{aligned} \tag{5.53}$$

In der zweite Zeile dieser Gleichung wurde von der Ausblendeigenschaft der Diracfunktion, nämlich $\phi_{TL}(t) * \delta(t) = \phi_{TL}(t)$, gebrauch gemacht [100].

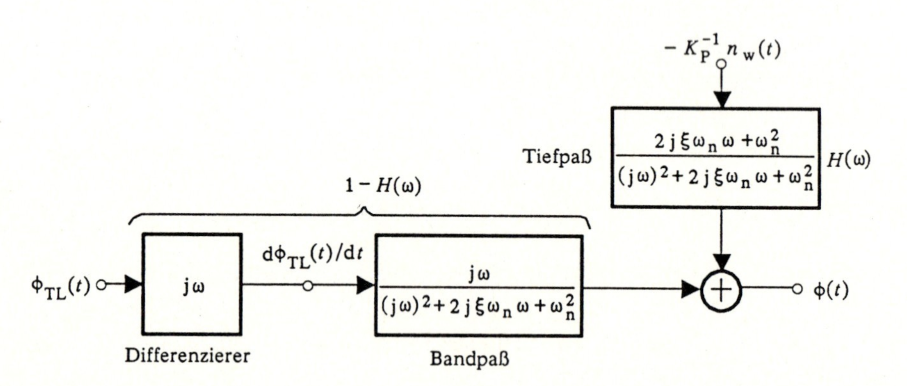

Bild 5.11: Entstehung des unvermeidbaren Restphasenrauschens $\phi(t)$ im optischen Phasenregelkreis

Bild 5.11 verdeutlicht den systemtheoretischen Zusammenhang dieser Gleichung. Demnach wird das resultierende instationäre Laserphasenrauschen $\phi_{TL}(t)$ zunächst auf einen Differenzierer gegeben. Dies führt nach Abschnitt 3.3.3 zu dem stationären weißen Frequenzrauschen $d\phi_{TL}(t)/dt$ mit der konstanten Rauschleistungsdichte $2\pi\Delta f = 2\pi(\Delta f_T + \Delta f_L)$. Die Quellen des unvermeidbaren Restphasenrauschens $\phi(t)$ sind somit zwei unabhängige stationäre weiße Rauschprozesse, nämlich die Prozesse $d\phi_{TL}(t)/dt$ und $n_w(t)$. Nach Bild 5.11 wird der erste Rauschanteil $d\phi_{TL}(t)/dt$ bandpaßgefiltert, während der zweite Rauschanteil $n_w(t)$ tiefpaßgefiltert wird. Die additive Überlagerung der beiden gefilterten Rauschprozesse ergibt schließlich das Restphasenrauschen $\phi(t)$. Dieses ist *mittelwertfrei, gaußverteilt* und *stationär,* da auch die beiden Rauschanteile $d\phi_{TL}(t)/dt$ und $n_w(t)$ genau diese Eigenschaften besitzen.

Für die Berechnung der Fehlerwahrscheinlichkeit bei Homodynsystemen sind entsprechend den vorangegangenen Abschnitten die statistischen Eigenschaften des Restphasenrauschens $\phi(t)$ von besonderer Bedeutung. Für das LDS $L_\phi(f)$ dieses Phasenrauschens folgt auf Grund der statistischen Unabhängigkeit der beiden Rauschterme $d\phi_{TL}(t)/dt$ und $n_w(t)$ der Ausdruck [54]

$$L_\phi(\omega) = 2\pi\Delta f \left|\frac{1-H(\omega)}{j\omega}\right|^2 + \frac{L_{\ddot{U}}}{K_P^2}\left|H(\omega)\right|^2. \tag{5.54}$$

Setzen wir nun $H(\omega)$ nach Gleichung (5.50) in diese Gleichung ein, so folgt [31]

$$\frac{1}{2\pi} L_\phi(\omega) = \frac{1}{2\pi} \frac{\left[4L_{\ddot{U}} K_P^{-2} \xi^2 \omega_n^2 + 2\pi\Delta f\right]\omega^2 + L_{\ddot{U}} K_P^{-2} \omega_n^4}{\omega^4 + 2\omega_n^2(2\xi^2-1)\omega^2 + \omega_n^4} \tag{5.55}$$

$$l_\phi(\tau) = \begin{cases} \sigma_\phi^2 e^{-\xi\omega_n|\tau|}\left[(0{,}5-C_1)e^{\omega_n\sqrt{\xi^2-1}\,|\tau|} + (0{,}5+C_1)e^{-\omega_n\sqrt{\xi^2-1}\,|\tau|}\right] & \text{für } \xi > 1 \\ \sigma_\phi^2 e^{-\omega_n|\tau|}\left[1 - C_2\omega_n|\tau|\right] & \text{für } \xi = 1 \\ \sigma_\phi^2 e^{-\xi\omega_n|\tau|}\left[\cos\left(\omega_n\sqrt{1-\xi^2}\,|\tau|\right) - C_3 \sin \omega_n\sqrt{1-\xi^2}\,|\tau|)\right] & \text{für } \xi < 1. \end{cases} \tag{5.56}$$

Hierbei ist

$$\boxed{\sigma_\phi^2 = l_\phi(0) = \frac{1}{2\pi}\int_{-\infty}^{+\infty} L_\phi(\omega)\,d\omega = \frac{\pi\Delta f}{2\xi\omega_n} + \frac{L_{\ddot{U}}\,\omega_n}{K_P^2}\left[\frac{1}{4\xi} + \xi\right]} \tag{5.57}$$

die Varianz des Restphasenrauschens $\phi(t)$ [56]. Für die Berechnung der Fehlerwahrscheinlichkeit ist diese Größe von wesentlicher Bedeutung (siehe Abschnitte 5.1.1 und 5.1.2).

Die Amplitudenfaktoren C_1, C_2 und C_3 in der Gleichung (5.56) berechnen sich zu [31]

$$C_1 = \frac{1}{2} \frac{a + b(4\xi^2-1)}{a + b(4\xi^2+1)} \frac{\xi}{\sqrt{\xi^2-1}}, \tag{5.58}$$

$$C_2 = \frac{a+3b}{a+5b}, \tag{5.59}$$

$$C_3 = \frac{a + b(4\xi^2-1)}{a + b(4\xi^2+1)} \frac{\xi}{\sqrt{1-\xi^2}}. \tag{5.60}$$

Dabei sind zur Abküzung verwendet:

$$a = \frac{2\pi\Delta f}{\omega_n} \tag{5.61}$$

und

$$b = \frac{L_Ü\,\omega_n}{K_P^2}. \tag{5.62}$$

Die Aufgabe des Regelkreises ist es, die Streuung σ_ϕ möglichst klein zu halten. Diese wird minimal bei der *optimalen natürlichen Kreisfrequenz* (optimale Regelkreisbandbreite)

$$\boxed{\omega_{n,opt} = \sqrt{\frac{2\pi\,\Delta f\,K_P^2}{L_Ü(4\xi^2+1)}}}. \tag{5.63}$$

Ist $\omega_n < \omega_{n,opt}$, so wird die eigentliche Aufgabe des Phasenregelkreises, nämlich das Ausregeln des Laserphasenrauschens, nicht mehr ausreichend erfüllt. Das Restphasenrauschen $\phi(t)$ wird dadurch deutlich größer.

Ist dagegen $\omega_n > \omega_{n,opt}$, so wird der Phasenregelkreis zunehmend durch das weiße Rauschen $n_w(t)$ gestört, was ebenfalls zu einem Ansteigen des Restphasenrauschens $\phi(t)$ führt.

Um zu verhindern, daß bei einem PSK-System durch den Phasenregelkreis auch die tiefen Frequenzanteile der Nachrichtenphase mit ausregelt werden und dies somit eine zusätzliche Erhöhung der Fehlerwahrscheinlichkeit bewirkt, darf ω_n einen bestimmten Maximalwert nicht überschreiten. Im Rahmen dieses Buches gehen wir von einem Maximalwert $\omega_{n,max} = 0{,}001 \cdot 2\pi/T$ aus [31], wobei T die Symboldauer ist.

Nach Gleichung (5.47) im Abschnitt 5.1.2 darf bei einem ASK-Homodynsystem die Streuung σ_ϕ den Maximalwert $\sigma_{\phi,max} \approx 0{,}25$ nicht übersteigen, wenn beispielsweise eine Fehlerwahrscheinlichkeit von 10^{-10} gefordert wird. Mit den Gleichungen (5.57) und (5.63) ergibt sich hieraus für $\xi = 1$ (aperiodisches Einschwingverhalten des Regelkreises) die *maximal zulässige Laserlinienbreite* [54]

$$\boxed{\Delta f_{max} = \max\left(\frac{K_P^2}{640\pi L_Ü}, \frac{1}{4}\frac{\omega_{n,max}}{2\pi}\left[1-20\frac{L_Ü\,\omega_{n,max}}{K_P^2}\right]\right)}. \tag{5.64}$$

Beispiel 5.1

$L_{\ddot{U}} = 2{,}6 \cdot 10^{-23}$ A²/Hz, $P_E = -50$ dBm, $P_L = -10$ dBm, $R = 1$ A/W, $\xi = 1$ und $1/T = 560$ MHz. Mit diesen Zahlenwerten und Gleichung (5.64) ergibt sich eine maximal zulässige Laserlinienbreite $\Delta f_{max} = (\Delta f_L + \Delta f_T)_{max} = 1{,}4$ MHz.

Phasenregelkreise entsprechend Bild 5.1 bzw. Bild 5.10 benötigen für ihre einwandfreie Funktion einen allzeit vorhandenen Signalanteil bei der Trägerfrequenz f_T. Optische ASK- oder PSK-modulierte Signale beinhalten jedoch a priori keinen Trägeranteil, so daß dieser erst generiert werden muß (Pilotträgerzusatz [54]). Dadurch können allerdings Nutzsignalverluste entstehen, wodurch nicht die gesamte Empfangslichtleistung für die Signaldetektion zur Verfügung steht. Da dieser Verlust, ähnlich wie die Leistungsverluste durch Faserspleiße, Koppler, Verzweiger u.a., nachträglich leicht eingerechnet werden kann [54], wird hier auf diesen Verlust nicht näher eingegangen.

Um das Ausregeln der tiefen Frequenzanteile der Nachricht bei großem ω_n und die Erzeugung eines Pilotträgers zu vermeiden, müssen aufwendigere Phasenregelkreise entworfen werden (z.B.: Costas-Schleife). Im ASK-Homodynsystem ist darüber hinaus ein zusätzlicher Schaltungsaufwand zur Unterdrückung der Amplitudenmodulation im Regelkreis erforderlich, da hier ein zeitlich länger anhaltendes Nullsignal ($s_\nu = 0$) die Phasenregelung zum Ausrasten bringen würde. Eine detaillierte Beschreibung der vielen unterschiedlichen Regelkreiskonfigurationen ist im Rahmen dieses Buches nicht möglich und im Hinblick auf die Zielsetzung auch nicht erforderlich. Es sei daher an dieser Stelle auf die bereits zahlreich erschienenen Veröffentlichungen verwiesen [9, 54 - 56, 70, 71, 156, 157]. Die in diesem Abschnitt beschriebenen prinzipiellen Vorgänge im Phasenregelkreis bleiben jedoch unabhängig von der Wahl der Phasenregelkreisstruktur gültig.

5.2 Kohärente Heterodynsysteme

In optischen Übertragungssystemen mit Heterodynempfang wird das optische Empfangssignal mittels optischem Richtkoppler, lokalem Laser und Photodiode zunächst in einen elektrischen Zwischenfrequenzbereich umgesetzt. Die Zwischenfrequenz (ZF) wird aus der Differenz der Lichtfrequenzen des Sende- und Lokallasers gebildet (vgl. Kapitel 2). Zur Demodulation des elektrischen ZF-Signals können alle aus der konventionellen digitalen Übertragungstechnik bekannten Verfahren verwendet werden. Prinzipiell ist dabei zwischen der kohärenten Demdulation mit einem Synchrondemodulator (Abschnitt 5.2) und der inkohärenten Demodulation mit beispielsweise einem Hüllkurvendemodulator oder einem Frequenzdiskriminator (Abschnitt 5.3) zu unterscheiden. Während die im vorangegangenen Abschnitt betrachteten Homodynsysteme naturgemäß immer kohärent sind, können also die Heterodynsysteme sowohl kohärent (Abschnitt 5.2) als auch inkohärent (Abschnitt 5.3) realisiert werden.

Als Modulationsarten stehen bei den kohärenten Heterodynsystemen ebenso wie bei den Homodynsystemen die Amplitudenumtastung (ASK) und die Phasenumtastung (PSK) zur Auswahl. Darüber hinaus ist auch die Frequenzumtastung (FSK) möglich, wenn anstatt einem Frequenzdiskriminator (inkohärente Demodulation) eine Zweifilterschaltung (Abschnitt 5.3.2) im Empfänger verwendet wird. Im Anschluß an die beiden Filter folgt dann je ein Synchrondemodulator [35].

Kohärente Heterodynempfänger mit Synchrondemodulation benötigen ebenso wie die kohärenten Homodynempfänger (Abschnitt 5.1) eine Phasenregelung. Im Gegensatz zum Homodynempfänger muß allerdings im Heterodynempfänger nicht die Lokallaserphase (optische Phasenregelung), sondern die Phase eines elektrischen Oszillators (VCO) geregelt werden (elektrische Phasenregelung). Der Phasenregelkreis im Heterodynempfänger hat die Aufgabe, Frequenz und Phase des VCO dem elektrischen ZF-Trägersignal anzupassen und somit die Synchrondemodulation des ZF-Signals, d.h. das kohärente Heruntersetzen des modulierten ZF-Signals ins Basisband, zu ermöglichen.

Die prinzipielle Funktionsweise elektrischer und optischer Phasenregler ist identisch. Das Modell des optischen Phasenregelkreises nach Bild 5.10 (Abschnitt 5.1.3) ist unter Berücksichtigung kleiner Änderungen (Tabelle 5.1) also auch für den hier benötigten elektrischen Phasenregelkreis gültig. Es bestehen jedoch folgende Unterschiede (vgl. Tabelle 5.1):

a) Im elektrischen Phasenregelkreis des Heterodynempfängers wird die Funktion des Lokallasers durch den VCO ersetzt.
b) Der Phasendetektor beinhaltet hier nur elektrische Bauelemente, also keine Photodioden und keinen optischen Koppler.
c) Das resultierende Phasenrauschen $\phi_T(t) - \phi_L(t)$ des ZF-Signals bildet nun die Führungsgröße des Regelkreises (vgl. Bild 5.10) und beinhaltet nunmehr das Laserphasenrauschen von Sende- *und* Lokallaser.
d) Die Quelle des additiven gaußverteilten weißen Rauschens, also des Schrotrauschens und des thermischen Rauschens, liegt beim Heterodynempfänger am Eingang des Phasenreglers und nicht wie beim Homodynempfänger im Regelkreis selbst. Es kann jedoch gezeigt werden [56], daß bei entsprechender Modifizierung des Faktors K_P (siehe Bild 5.10 und Tabelle 5.1) Position und Stärke des weißen Rauschens entsprechend Bild 5.10 unverändert beibehalten werden können.
e) Die Realisierung des optischen Phasenregelkreises bei Homodynsystemen ist erheblich aufwendiger als die Realisierung des elektrischen Phasenregelkreises bei den kohärenten Heterodynsystemen (siehe auch Abschitt 6.2.6).

Die Berechnung kohärent-optischer Heterodynsysteme ist nahezu identisch derjenigen von Homodynsystemen. Eine explizite Systemberechnung soll daher an dieser Stelle nicht erfolgen. Formelmäßig gelten für den Heterodynempfänger im wesentlichen die entsprechenden Beziehungen aus den Abschnitten 5.1.1 und 5.1.2. Zu ändern sind dabei nur die Streuung σ_ϕ des Restphasenrauschens und die normierte Streuung σ des additiven Gaußrauschens (vgl. Tabelle 5.2).

Tabelle 5.1: Phasenregelung in Homodyn- und kohärenten Heterodynsystemen

	Homodynsystem	Heterodynsystem	Anmerkung
Phasendetektor	optisch (Richtkoppler und Photodiode)	elektrisch	
Oszillator	Lokallaser	VCO	
Führungsgröße	$\phi_T(t)$	$\phi_T(t) - \phi_L(t)$	$\phi_T(t)$, $\phi_L(t)$: Phasenrauschen des Sende- (Trägerwelle) und des Lokallasers
zusätzliche Störgrößen im Regelkreis	$n_w(t)$, $\phi_L(t)$	$n_w(t)$, $\phi_{VCO}(t)$	$\phi_{VCO}(t)$: vernachlässigbares Phasenrauschen des VCO $n_w(t)$: weißes Rauschen
Photodioden-faktor K_P	$R\sqrt{4 P_E P_L}$	$R\sqrt{2 P_E P_L}$	vgl. [56]

Ohne Phasenrauschen haben kohärente Heterodynsysteme im Vergleich zu den Homodynsystemen eine um *3 dB geringere Empfindlichkeit,* d.h. sie sind schlechter, da sie bei gleicher Übertragungsqualität (also gleicher Fehlerwahrscheinlichkeit) eine um *3 dB größere Empfangslichtleistung* benötigen (vgl. Tabelle 5.2). Dies gilt selbstverständlich nur unter der Voraussetzung, daß in beiden Systemen das gleiche Modulationsverfahren angewandt wird (ASK oder PSK). Mit Phasenrauschen ist der Verlust optischer Heterodynsysteme wegen der etwas größeren Restphasenstreuung σ_ϕ (σ_ϕ steigt mit abnehmendem K_P; siehe Gleichung 5.57) geringfügig größer.

Ein entscheidender Nachteil optischer Heterodynsysteme ist die gegenüber Homodynsystemen sehr viel geringere übertragbare Bitrate. Die Ursache hierfür ist, daß in Heterodynsystemen die Photodiode sowie der nachfolgende Verstärker nicht nur wie in Homodynsystemen der maximalen Nachrichtenfrequenz, sondern der sehr viel höherfrequenten Zwischenfrequenz folgen müssen. In Abschnitt 6.2.5 wird gezeigt, daß die maximal übertragbare Bitrate bei Homodynsystemen etwa viermal größer ist als bei Heterodynsystemen. Dies gilt auch für die inkohärenten Heterodynsysteme des folgenden Abschnitts.

In der Tabelle 5.2 sind nochmals die wesentlichen Unterschiede zwischen dem kohärenten Heterodynsystem und dem Homodynsystem aufgeführt. Die Gleichungen dieser Tabelle basieren auf den Ergebnissen des Kapitels 2 wobei eine Zweidiodenschaltung (d.h. K_B = 2) und ein optischer Koppler mit einem Kopplungsfaktor k = 0,5 im optischen Überlagerungsempfänger angenommen wurde.

Tabelle 5.2: Unterscheidungsmerkmale kohärent-optischer Heterodyn- und Homodynsysteme

	Homodynsystem	Heterodynsystem	Anmerkung
Überlagerungswelle $\underline{E}(t)$	$(\underline{E}_E(t) + \underline{E}_L(t)) \cos(\omega_L t)$ $\omega_E = \omega_L$	$\underline{E}_E(t) \cos(\omega_E t)$ $+ \underline{E}_L(t) \cos(\omega_L t)$	$\omega_E = \omega_T$ vgl. Abschnitt 2.4.2
ZF-Signal $i_{ZF}(t)$		$2R\sqrt{P_E P_L} \cos(\omega_{ZF} t)$ $+ n_{ZF}(t)$ mit $n_{ZF}(t) = x(t) \cos(\omega_{ZF} t)$ $+ y(t) \sin(\omega_{ZF} t)$	$2R\sqrt{P_E P_L} = \hat{i}_{PD}$ ($K_B = 2$, $k = 0{,}5$; siehe Gleichung 2.63) $P_E \sim \lvert \underline{E}_E(t)\rvert^2 = \hat{E}_E^2$ $P_L \sim \lvert \underline{E}_L(t)\rvert^2 = \hat{E}_L^2$ $n_{ZF}(t)$: Rauschen im ZF-Band
Basisbandsignal $i_B(t)$	$2R\sqrt{P_E P_L} + n_B(t)$	$R\sqrt{P_E P_L} + \frac{1}{2} x(t)$	$n_B(t)$: Rauschen im Basisband
Leistungsbilanz im ZF-Band		$S_{ZF} = 2R^2 P_E P_L$ $N_{ZF} = 2 L_Ü B_{ZF}$ $= \sigma_x^2 = \sigma_y^2 = \sigma_{Het}^2$ $(S/N)_{ZF} = 1 \frac{R^2 P_E P_L}{L_Ü B_{ZF}}$	$L_Ü$: zweiseitige Rauschleistungsdichte dichte nach (2.66) B_{ZF}: ZF-Filterbandbreite
Leistungsbilanz im Basisband	$S_B = 4R^2 P_E P_L$ $N_B = 1 L_Ü B_B = \sigma_{Hom}^2$ $(S/N)_B = 4 \frac{R^2 P_E P_L}{L_Ü B_B}$	$S_B = 1R^2 P_E P_L$ $N_B = \frac{1}{2} L_Ü B_B = \frac{1}{4} \sigma_x^2$ $= \frac{1}{4} \sigma_{Het}^2$ $(S/N)_B = 2 \frac{R^2 P_E P_L}{L_Ü B_B}$	B_B: zweiseitige Bandbreite des Basisbandfilters ($B_B = B_{ZF}$) $\frac{(S/N)_B\rvert_{Hom}}{(S/N)_B\rvert_{Het}} = 2$
normierte Varianz σ^2 des additiven Gauß-rauschens	$\sigma^2 = \frac{\sigma_{Hom}^2}{\hat{i}_{PD}^2}$ $= \frac{1}{4} \frac{L_Ü B_B}{R^2 P_E P_L}$	$\sigma^2 = \frac{\sigma_{Het}^2}{\hat{i}_{PD}^2} = 2 \frac{\sigma_{Hom}^2}{\hat{i}_{PD}^2}$ $= \frac{1}{2} \frac{L_Ü B_B}{R^2 P_E P_L}$	vgl. Gleichung (2.78)
Varianz σ_ϕ^2 des Restphasen-rauschens	Gleichung (5.57)	Gleichung (5.57), aber mit K_P entsprechend Tabelle 5.1	

Ein interessantes Ergebnis der Tabelle 5.2 ist, daß bei Homodynempfängern sowohl die Signalleistung S_B als auch die Rauschleistung N_B im Basisband höher sind als beim Heterodynempfänger. Das dennoch Homodynsysteme ein um den Faktor zwei größeres Signalrauschverhältnis aufweisen (d.h. besser sind) liegt daran, daß die Signalleistung S_B viermal größer aber die Rauschleitung N_B nur doppelt so groß ist als beim entsprechenden Heterodynsystem.

5.3 Inkohärente Heterodynsysteme

Inkohärente Heterodynsysteme benötigen im Gegensatz zu den kohärenten Systemen keine Phasenregelung, was ein entscheidender Vorteil dieser Systeme ist. Zur Stabilisierung der Zwischenfrequenz genügt hier eine einfache AFC (*automatic frequency control*). In diesem Abschnitt werden wir folgende inkohärenten Heterodynsysteme berechnen und optimieren:

- das ASK-Heterodynsystem mit Hüllkurvendemodulation (Abschnitt 5.3.1),
- das FSK-Heterodynsystem mit einer Ein- und Zweifilterschaltung und anschließender Hüllkurvendemodulation (Abschnitt 5.3.2) und
- das DPSK-Heterodynsystem mit Verzögerungsglied und Multiplizierer (Abschnitt 5.3.3).

Die Vorgehensweise bei der Berechnung und der Optimierung der Systeme erfolgt dabei analog zu den bisher untersuchten kohärenten Systemen.

5.3.1 ASK-Heterodynsystem

In Übertragungssystemen mit Amplitudenmodulation, beispielsweise in ASK-Systemen, kann das Phasenrauschen der beiden Laser (Sende- und Lokallaser) als überlagerte unerwünschte Phasen- bzw. Frequenzmodulation betrachtet werden. Bei idealen ASK-Systemen bleibt die mit der Nachricht modulierte Signalamplitude, also die Hüllkurve des Signals, unbeeinflußt von dieser unerwünschten Phasenmodulation. In diesem Fall wird das ASK-Übertragungssystem nur durch das additive Gaußrauschen, also durch das thermische Rauschen und das Schrotrauschen gestört.

Dasselbe Resultat erhalten wir auch, wenn wir bei einem ASK-Heterodynsystem den Einfluß des ZF-Filters auf das resultierende Phasenrauschen im Filtereingangssignal gedanklich unberücksichtigt lassen (siehe Unterabschnitt c). Da eine quantitative analytische Berücksichtigung des ZF-Filters sehr schwierig ist, wurde von dieser Vernachlässigung der ZF-Filterwirkung auf das Phasenrauschen bei den ersten Systemberechnungen häufig Gebrauch gemacht [35, 117, 178]. Das Ergebnis war ein vom Laserphasenrauschen unabhängiges Detektionssignal und infolgedessen auch eine vom Laserphasenrauschen unabhängige Fehlerwahrscheinlichkeit. Die ASK-Übertragungssysteme wurden durch diese Vereinfachung nur in ihrem Idealverhalten beschrieben.

Die zur Verminderung des additiven Gaußrauschens allerdings stets notwendige Bandbegrenzung durch das ZF-Filter verursacht im ASK-Heterodynempfänger jedoch immer auch eine unerwünschte nicht vernachlässigbare Korrelation zwischen der überlagerten störenden Phasenmodulation und der modulierten Nutzamplitude des ZF-Signals. Als Folge davon erhalten wir neben der ersten *direkten Störung* durch das additive Gaußrauschen eine weitere Störung der Hüllkurve des

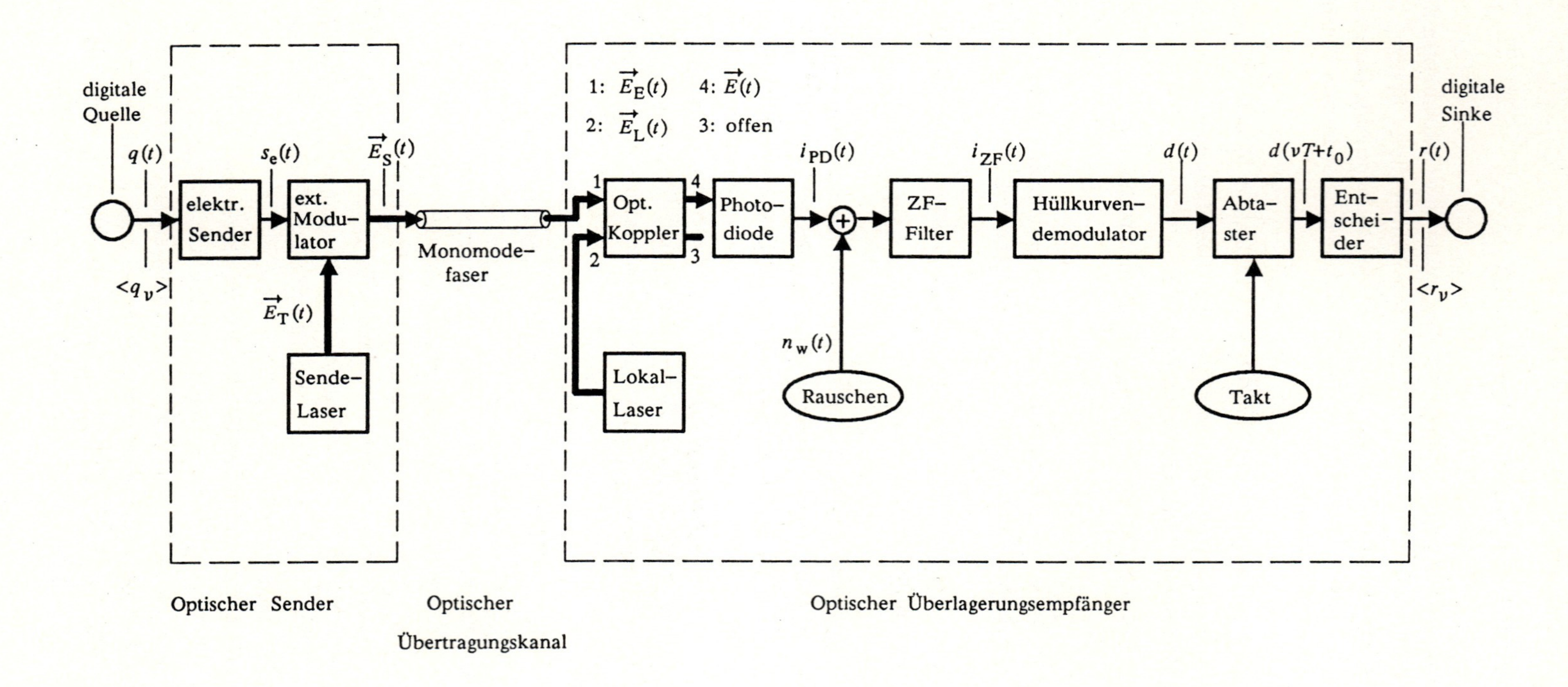

Bild 5.12: Blockschaltbild eines inkohärenten optischen ASK–Übertragungssystems mit Heterodynempfang und Hüllkurvendemodulation

ZF-Signals und somit ein zusätzliches Ansteigen der Fehlerwahrscheinlichkeit. Diese zweite *indirekte Störung*, also die Umwandlung der Phasenschwankungen in Amplitudenschwankungen infolge Bandbegrenzung, ist keine spezielle Eigenschaft optischer ASK-Heterodynsysteme. Es ist vielmehr eine bereits aus der analogen Übertragungstechnik bekannte Tatsache, daß jede Bandbegrenzung eines frequenz- oder phasenmodulierten Signals immer zu einer schwankenden frequenz- und phasenabhängigen Signalamplitude führt.

Eine entscheidende Rolle spielt hierbei die Bandbreite des ZF-Filters. Mit zunehmender Bandbreite wächst nämlich der Störeinfluß des additiven Gaußrauschens, während die Störung infolge der Kopplung zwischen Phasenrauschen und Signalamplitude, d.h. die Störung durch das Laserphasenrauschen geringer wird. Bei kleinerer ZF-Filterbandbreite nimmt dagegen die Störung durch das Phasenrauschen wegen der nun stärkeren Phasen-Amplitudenkopplung zu und der Einfluß des additiven Gaußrauschens ab. Im Hinblick auf eine minimale effektive Störwirkung der beiden Rauschgrößen (Laserphasenrauschen und additives Gaußrauschen existiert folglich eine optimale ZF-Filterbandbreite, die in diesem Kapitel berechnet werden soll.

Bild 5.12 zeigt das Blockschaltbild eines inkohärenten optischen ASK-Übertragungssystems mit Heterodynempfang und Hüllkurvendemodulation. Die verschiedenen Systemkomponenten und Signalverläufe wurden bereits im Kapitel 2 ausführlich beschrieben. Als maßgebendes Signal für die Fehlerwahrscheinlichkeit des Systems wollen wir, wie bereits in den vorigen Abschnitten, wieder das Detektionssignal $d(t)$ und die Detektionsabtastwerte $d(\nu T + t_0)$ näher untersuchen.

a) Detektionssignal $d(t)$ **und Detektionsabtastwerte** $d(\nu T + t_0)$

Nach Bild 5.12 ist das Detektionsignal $d(t) = |\underline{i}_{ZF}(t)|$ am Ausgang des als ideal angenommenen Hüllkurvendemodulators durch den Betrag des ZF-Signals

$$\underline{i}_{ZF}(t) = \int_{-\infty}^{+\infty} \underline{i}_{PD}(\tau) h_{ZF}(t-\tau)\,d\tau + \underline{n}(t) \tag{5.65}$$

$$= \hat{i}_{PD} \int_{-\infty}^{+\infty} s(\tau)\, e^{j\phi(\tau)}\, e^{j2\pi f_{ZF}\tau}\, h_{ZF}(t-\tau)\, d\tau + \underline{n}(t)$$

gegeben. Der Photodiodenstrom $\underline{i}_{PD}(t)$ und das normierte ASK-Nachrichtensignal $s(t)$ wurden bereits im Abschnitt 2.4.3 angegeben und ausführlich diskutiert. Für das farbige gaußverteilte Rauschen $\underline{n}(t)$ am ZF-Filterausgang gilt entsprechend der Gleichung (2.76) die Schmalbanddarstellung

$$\underline{n}(t) = x(t)\, e^{j2\pi f_{ZF} t} - j\, y(t)\, e^{j2\pi f_{ZF} t} = \big(x(t) - j\, y(t)\big)\, e^{j2\pi f_{ZF} t}. \tag{5.66}$$

Im Eingangssignal des ZF-Filters sind nach Gleichung (2.60) auch Basisbandanteile enthalten. Es sind dies ein Gleichanteil $(k{\cdot}R{\cdot}P_L)$ sowie der zum Betragsquadrat der Nachricht (also zu $|\underline{s}(t)|^2$) proportionale Basisbandanteil. Wir nehmen an, daß diese Anteile durch das ZF-Filter oder durch eine geeignete Zweidiodenschaltung (vgl. Abschnitt 2.4.3) vollständig eliminiert werden.

Um Überlappungen des unerwünschten Basisbandspektrums mit dem ZF-Nutzspektrum zu vermeiden, muß die ZF hinreichend groß gewählt sein. Auf Grund der quadratischen Abhängigkeit des Nachrichtensignals im Basisband (siehe Gleichung 2.60) besitzt der bei Heterodynsystemen unerwünschte Basisbandanteil eine Bandbreite von $2f_{N,max}$ ($0 \leq f \leq 2f_{N,max}$), wobei $f_{N,max}$ die maximal vorkommende Nachrichtenfrequenz ist. Das ZF-Signal selbst liegt im Frequenzbereich von $f_{ZF} - f_{N,max}$ bis $f_{ZF} + f_{N,max}$. Für die erforderliche ZF gilt daher die Relation

$$f_{ZF} > 3 f_{N,max} \quad . \tag{5.67}$$

Unter Berücksichtigung des zum ZF-Filter $H_{ZF}(f) \bullet\!\!-\!\!\circ\, h_{ZF}(t)$ äquivalenten Basisbandfilters $H_B(f) \bullet\!\!-\!\!\circ\, h_B(t)$ nach Gleichung (2.68), der Schmalbandbedingung (2.75) sowie der Schmalbanddarstellung (5.66) des additiven Rauschens $\underline{n}(t)$ können wir nun Gleichung (5.65) wie folgt annähern:

$$\begin{aligned}
\underline{i}_{ZF}(t) &\approx \left[\hat{i}_{PD} \int_{-\infty}^{+\infty} s(\tau)\, e^{j\phi(\tau)} h_B(t-\tau)\, d\tau + x(t) - jy(t) \right] e^{j2\pi f_{ZF} t} \\
&= |\underline{i}_{ZF}(t)|\, e^{j\Psi_{ZF}(t)}\, e^{j2\pi f_{ZF} t} .
\end{aligned} \tag{5.68}$$

Diese Gleichung gilt nur näherungsweise, wenn es zwischen den ZF-Filteranteilen $H_B(f - f_{ZF})$ und $H_B(f + f_{ZF})$ zu Überlappungen kommt. Sie gilt dagegen exakt, wenn diese Filteranteile überlappungsfrei sind (vgl. Abschnitt 2.4.3).

Das Detektionssignal $d(t) = |\underline{i}_{ZF}(t)|$ als der Betrag des ZF-Signals $\underline{i}_{ZF}(t)$ und die Phase $\Psi_{ZF}(t)$ sind über die beiden folgenden Gleichungen bestimmt:

$$\begin{aligned}
d(t) = |\underline{i}_{ZF}(t)| &= \sqrt{\mathrm{Re}^2\{\underline{i}_{ZF}(t)\} + \mathrm{Im}^2\{\underline{i}_{ZF}(t)\}} \\
&= \left[\left(\hat{i}_{PD} \int_{-\infty}^{+\infty} s(\tau) \cos(\phi(\tau))\, h_B(t-\tau)\, d\tau + x(t) \right)^2 \right. \\
&\quad \left. + \left(\hat{i}_{PD} \int_{-\infty}^{+\infty} s(\tau) \sin(\phi(\tau))\, h_B(t-\tau)\, d\tau - y(t) \right)^2 \right]^{1/2}
\end{aligned} \tag{5.69}$$

$$\begin{aligned}
\Psi_{ZF}(t) &= \arctan \left[\frac{\mathrm{Im}\{\underline{i}_{ZF}(t)\}}{\mathrm{Re}\{\underline{i}_{ZF}(t)\}} \right] \\
&= \arctan \left[\frac{\hat{i}_{PD} \int_{-\infty}^{+\infty} s(\tau) \sin(\phi(\tau))\, h_B(t-\tau)\, d\tau - y(t)}{\hat{i}_{PD} \int_{-\infty}^{+\infty} s(\tau) \cos(\phi(\tau))\, h_B(t-\tau)\, d\tau + x(t)} \right]
\end{aligned} \tag{5.70}$$

Im Abtaster wird zu den diskreten Zeitpunkten $t = \nu T + t_0$ das Detektionssignal $d(t)$ abgetastet. Da es sich beim Detektionssignal $d(t)$ um ein *„stationäres"* Signal handelt, genügt es, die folgenden Betrachtungen für einen festen Zeitpunkt durchzuführen, z.B. für $t = t_0$. Streng genommen ist das Detektionssignal $d(t)$ instationär, da nach Abschnitt 3.3.4 die Zufallsprozesse $\cos(\phi(t))$ und $\sin(\phi(t))$ ebenfalls instationär sind. Im Abschnitt 3.3.4 wurde aber gezeigt, daß diese Prozesse bereits nach sehr kurzer Zeit ($t >> 1/(2\pi\Delta f)$) stationäres Verhalten aufweisen, so daß die Annahme der Stationarität für $d(t)$ gerechtfertigt ist.

Für die nun durchzuführende statistische Untersuchung des Detektionsabtastwertes $d(\nu T + t_0)$ ist es gleichgültig, ob die mittelwertfreie Quadraturkomponente $y(t)$ des additiven Gaußrauschens positiv, oder wie in Gleichung (5.69) geschehen, negativ angesetzt wird. Die Wahl des Vorzeichens ist deshalb beliebig, weil $y(t)$ eine um Null symmetrische Gaußverteilung besitzt. Aus Gründen der Übersichtlichkeit wollen wir diese Größe im folgenden ebenso wie die Inphasekomponente $x(t)$ mit einem positiven Vorzeichen versehen.

Zur Vereinfachung der weiteren Betrachtungen verwenden wir wieder die folgenden Substitutionen und Normierungen:

$$d := d(t_0)/\hat{i}_{PD}, \quad n := n(t_0)/\hat{i}_{PD} \quad \rightarrow \quad \sigma := \sigma_n/\hat{i}_{PD} = \sigma_{Het}/\hat{i}_{PD},$$

$$x := x(t_0)/\hat{i}_{PD}, \quad y := y(t_0)/\hat{i}_{PD} \quad \rightarrow \quad \sigma_x = \sigma_x = \sigma .$$

Durch die Normierung auf den Maximalwert $\hat{i}_{PD}$ nach Gleichung (2.63) sind die Systemgrößen „lokale Laserlichtleistung P_L" und „Empfangslichtleistung P_E" nun nur noch in der normierten Streuung σ des additiven Gaußrauschens $n(t)$ enthalten. Der normierte Detektionsabtastwert d erhält somit die Form:

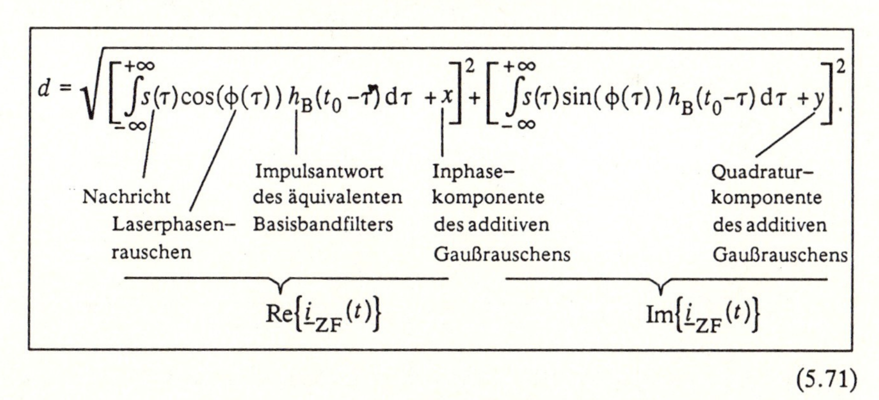

(5.71)

Entsprechend dieser Gleichung ist der normierte Detektionsabtastwert eine Funktion der gesendeten Nachricht $s(t)$ und der Impulsantwort $h_B(t)$ des zum ZF-Filter äquivalenten Basisbandfilters. Als Rauschgrößen sind im Detektionsabtastwert d das Laserphasenrauschen $\phi(t)$ sowie die normierten Abtastwerte x und y der Quadratur- bzw. der Inphasekomponente des additiven Gaußrauschens (also des Schtrotrauschens und des thermischen Rauschen) enthalten.

b) Wahrscheinlichkeitsdichtefunktion (WDF) $f_d(d)$

Zur Berechnung der WDF $f_d(d)$ ist es nützlich, die beiden Integrale in Gleichung (5.71) mit

$$A = \int_{-\infty}^{+\infty} s(\tau)\cos(\phi(\tau))\, h_B(t_0-\tau)\,d\tau \tag{5.72}$$

bzw.

$$B = \int_{-\infty}^{+\infty} s(\tau)\sin(\phi(\tau))\, h_B(t_0-\tau)\,d\tau \tag{5.73}$$

abzukürzen. Gleichung (5.71) lautet demnach:

$$d = \sqrt{(A+x)^2 + (B+y)^2}\ . \tag{5.74}$$

Entsprechend dieser Gleichung ist der normierte Detektionsabtastwert d eine Funktion von vier Zufallsvariablen, nämlich von A, B, x und y. Die Variablen x und y sind nach Abschnitt 2.4.3 statistisch voneinander unabhängig, gaußverteilt und mittelwertfrei. Im Gegensatz dazu sind die neu definierten Zufallsgrößen A und B voneinander *statistisch abhängig* und zudem *nicht gaußverteilt*. Die statistische Abhängigkeit von A und B ist auf den in beiden Größen gemeinsam enthaltenen Zufallsvariable $\phi(t)$ zurückzuführen. Die Nichtgaußförmigkeit von A und B folgt aus der nichtlinearen Transformation des gaußverteilten mittelwertfreien Zufallsprozesses $\phi(t)$, gemäß $\cos\phi((t))$ bzw. $\sin(\phi(t))$. Unter der vorläufigen Annahme, daß A und B konstant seien, erhalten wir mit dem Transformationsgesetz für mehrdimensionale Zufallsgrößen (siehe Abschnitt 3.5) die bedingte WDF

$$f_{d|A,B}(d, A, B) = \frac{d}{\sigma^2}\exp\left(-\frac{d^2+(A^2+B^2)}{2\sigma^2}\right) I_0\left(\frac{d\sqrt{A^2+B^2}}{\sigma^2}\right). \tag{5.75}$$

I_0 ist hierbei die Besselfunktion nullter Ordnung [1]. Mit der weiteren Substitution

$$C = \sqrt{A^2+B^2} = d(\sigma=0) \tag{5.76}$$

erhalten wir aus Gleichung (5.75) die Dichtefunktion

$$f_{d|C}(d, C) = \frac{d}{\sigma^2}\exp\left(-\frac{d^2+C^2}{2\sigma^2}\right)\cdot I_0\left(\frac{Cd}{\sigma^2}\right) \approx \frac{1}{\sqrt{2\pi}\,\sigma}\exp\left(-\frac{(d-C)^2}{2\sigma^2}\right) \tag{5.77}$$

die in der Literatur unter dem Namen *Riceverteilung* bekannt ist [126]. Für große Verhältnisse von C/σ kann die Riceverteilung durch die angegebene gaußförmige WDF angenähert werden. Physikalisch repräsentiert die Größe $C = d(\sigma = 0)$ den normierten Detektionsabtastwert $d(t_0)$ zum Zeitpunkt t_0 unter der Voraussetzung, daß kein Gaußrauschen ($\sigma = 0$), sondern nur Phasenrauschen auftritt. Für die Größe C gelten somit folgende äquivalente Bestimmungsgleichungen:

$$C = \left| \int_{-\infty}^{+\infty} s(\tau)\, e^{j\phi(\tau)}\, h_B(t_0-\tau)\, d\tau \right| , \tag{5.78}$$

$$C = \sqrt{\left[\int_{-\infty}^{+\infty} s(\tau)\cos(\phi(\tau))\, h_B(t_0-\tau)\, d\tau\right]^2 + \left[\int_{-\infty}^{+\infty} s(\tau)\sin(\phi(\tau))\, h_B(t_0-\tau)\, d\tau\right]^2} , \tag{5.79}$$

$$C = \sqrt{\int_{-\infty}^{+\infty}\int_{-\infty}^{+\infty} s(\tau)s(t)\, e^{j[\phi(\tau)-\phi(t)]}\, h_B(t_0-\tau)\, h_B(t_0-t)\, d\tau\, dt} \; . \tag{5.80}$$

Berücksichtigen wir nun durch die WDF $f_C(C)$ wieder die Zufälligkeit von C, so folgt für die gesuchte WDF $f_d(d)$ des normierten Detektionsabtastwertes d die Gleichung

$$f_d(d) = \frac{d}{\sigma^2} \int_0^{+\infty} \exp\left(-\frac{d^2+C^2}{2\sigma^2}\right) I_0\left(\frac{Cd}{\sigma^2}\right) f_C(C)\, dC . \tag{5.81}$$

Ist beispielsweise $C = C_0$ ein konstanter Wert und somit $f_C(C) = \delta(C - C_0)$ eine Diracfunktion, was physikalisch einem unverrauschten ($\sigma = 0$ *und* $\sigma_\phi = 0$) Detektionsabtastwert entspricht, so können wir aus Gleichung (5.81) die folgenden Spezialfälle ableiten:

$$C_0 = 0: \quad f_d(d) = \frac{d}{\sigma^2} \exp\left(-\frac{d^2}{2\sigma^2}\right) \qquad \text{Rayleighverteilung}, \tag{5.82}$$

$$C_0 \neq 0: \quad f_d(d) = \frac{d}{\sigma^2} \exp\left(-\frac{d^2+C_0^2}{2\sigma^2}\right) I_0\left(\frac{d\,C_0}{\sigma^2}\right) \qquad \text{Riceverteilung} . \tag{5.83}$$

Diese Gleichungen sind bereits aus der konventionellen digitalen ASK-Übertragungstechnik ($\sigma_\phi = 0$) hinreichend bekannt [163].

c) Wahrscheinlichkeitsdichtefunktion $f_C(C)$

In diesem Unterabschnitt erfolgt eine exakte analytische Bestimmung der Wahrscheinlichkeitsdichtefunktion $f_C(C)$. Für die Praxis wird sich allerdings die Gaußnäherung dieser Dichtefunktion als zweckmäßiger erweisen, da diese eine erheblich schnellere Systemauswertung ermöglicht. Die Herleitung dieser Näherung wird im nächsten Unterabschnitt d durchgeführt. Da hierzu die folgenden teilweise recht komplexen Ableitungen dieses Unterabschnitts nicht direkt erforderlich sind, kann der vorliegende Abschnitt vom Leser auch übersprungen werden.

Die Zufallsgröße $C = d(\sigma = 0)$ als der Detektionsabtastwert ohne Berücksichtigung des additiven Gaußrauschens ist entsprechend den Gleichungen (5.78) bis (5.80) eine Funktion des Phasenrauschens $\phi(t)$, der Impulsantwort $h_B(t)$ des äquivalenten Basisbandfilters und über $s(t)$ auch eine Funktion der Nachricht, d.h. der gesendeten Symbolfolge $<q_\nu>$. Zur Berechnung der WDF $f_C(C)$ stehen uns nach Abschnitt 3.5 mehrere Methoden zur Verfügung, nämlich die Integral-, die Momenten- und die Formfiltermethode. All diese Methoden basieren auf der Anwendung des Abtasttheorems. Stellvertretend für die dort angegebenen Verfahren soll hier die Integralmethode verwendet und näher beschrieben werden. Mittels des Transformationsgesetzes für zweidimensionale Zufallsvariable [126] erhalten wir für die WDF der Zufallsgröße C zunächst den Ausdruck:

$$f_C(C) = C\int_0^{2\pi} f_{A,B}\big(C\cos(\phi),\, C\sin(\phi)\big)\,d\phi\,. \tag{5.84}$$

Die Schwierigkeit bei der Berechnung der WDF $f_C(C)$ liegt in der Bestimmung der Verbunddichtefunktion $f_{A,B}(A, B)$. Vernachlässigen wir gedanklich den Einfluß des ZF-Filters auf das Phasenrauschen, so erhalten wir als Spezialfall für C einen konstanten Wert ($C = C_0$). Dieser hängt nur von den Impulsinterferenzen im Detektionssignal $d(t)$ und damit von der Quellensymbolfolge $<q_\nu>$ und der Impulsantwort $h_B(t)$ ab. Die WDF $f_C(C) = \delta(C - C_0)$ ist in diesem Fall eine Diracfunktion und unabhängig von den statistischen Eigenschaften des Phasenrauschens. Den Beweis hierfür liefert uns Gleichung (5.78). In dieser Gleichung können wir nämlich den Phasenrauschterm $\exp(j\phi(\tau))$ bei Vernachlässigung des ZF-Filtereinflusses auf das Phasenrauschen $\phi(t)$ vor das Faltungsintegral ziehen und schließlich wegen $|\exp(j\phi(\tau))| = 1$ unberücksichtigt lassen. Für die WDF $f_d(d)$ des abgetasteten und normierten Detektionssignals d folgt in diesem Fall die Rice- bzw. Rayleighverteilung gemäß den Gleichungen (5.82) bzw. (5.83). Das Ergebnis ist in diesem Fall eine vom Phasenrauschen unabhängige WDF $f_d(d)$ und letztendlich auch eine vom Phasenrauschen unabhängige Fehlerwahrscheinlichkeit.

Mit Hilfe des Abtasttheorems erhalten wir aus der Integraldarstellung für die Zufallsgrößen A und B (Gleichung 5.72 und 5.73) die Summendarstellungen

$$A = \sum_{n=-\infty}^{+\infty} s_n \cos(\phi_n)\,\alpha_n\,, \tag{5.85}$$

$$B = \sum_{n=-\infty}^{+\infty} s_n \sin(\phi_n)\,\alpha_n\,, \tag{5.86}$$

mit $s_n := s(nT_a)$, $\phi_n := \phi(nT_a)$ und $\alpha_n := T_a\, h_B(t_0 - nT_a)$.

In diesen Gleichungen ist T_a die zur eindeutigen Abtastung der Signale A und B notwendige Abtastzeit. Zur Erfüllung des Abtasttheorems muß T_a klein genug sein, d.h. sehr viel kleiner als die Symboldauer T. Nur dadurch ist die Wiedergewinnung der ursprünglichen Signalwerte A und B aus ihren Abtastwerten, also aus den Summengliedern, gewährleistet. Die Wahl von T_a ist dabei unproblematisch, wenn sowohl die Systemfunktion $H_B(f)$ des äquivalenten Basisbandfilters als auch das Filtereingangssignal $s(t)\exp(j\phi(t))$ bandbegrenzt sind. Schwieriger ist dagegen die Festlegung von T_a, wenn beide Spektren nicht bandbegrenzt sind. In diesem Fall ist mit Rücksicht auf eine gewünschte Rechengenauigkeit sowohl für die Systemfunktion $H_B(f)$ als auch für das Eingangssignal $s(t)\exp(j\phi(t))$ eine willkürliche Bandgrenze festzusetzen.

Zur Vereinfachung der Berechnung werden wir im weiteren von einer endlichen Anzahl von Abtastwerten ausgehen (n = -N bis n = +N). Die Größe von N ist dabei ebenfalls im Hinblick auf eine erforderliche Rechengenauigkeit festzulegen.

Um nun das Transformationsgesetz für mehrdimensionale Zufallsgrößen anwenden zu können, müssen wir nach Abschnitt 3.5 ein Gleichungssystem mit (2N+1) Gleichungen aufstellen. Hierbei ist (2N+1) die Anzahl der Zufallsvariablen ϕ_n in den Gleichungen (5.85) und (5.86). Ein sehr gut geeignetes Gleichungsystem (es existieren eine Vielzahl möglicher Gleichungssysteme) ist

$$\begin{aligned}
A &= \sum_{n=-N}^{+N} s_n \cos(\Delta\phi_{-N} + \cdots + \Delta\phi_n)\,\alpha_n + u, \\
B &= \sum_{n=-N}^{+N} s_n \sin(\Delta\phi_{-N} + \cdots + \Delta\phi_n)\,\alpha_n + v, \\
\phi_{-N} &= 0 + \Delta\phi_{-N}, \\
&\vdots \\
\phi_0 &= \phi_{-1} + \Delta\phi_0, \\
&\vdots \\
\phi_N &= \phi_{N-1} + \Delta\phi_N .
\end{aligned} \tag{5.87}$$

Die (2N+1) erforderlichen Gleichungen wurden hier um zwei zusätzliche Gleichungen erweitert. Die beiden zugehörigen neu definierten unabhängigen Zufallsvariablen u und v ermöglichen uns eine eindeutige Lösung des Umkehrgleichungssystems, also das Auflösen von (5.87) nach den Zufallsvariablen der rechten Gleichungsseite, und führen somit zu einer relativ übersichtlichen Berechnung der WDF $f_C(C)$ (vgl. Abschnitt 3.5). Beide Variablen werden wir später wieder zu Null setzen.

Mit Ausnahme der Phase $\phi_{-N} = 0 + \Delta\phi_{-N}$ (fiktive Phasenänderung) zum Zeitpunkt $t = -NT_a$ können wir alle anderen Phasen ϕ_n mit $-N+1 < n < N$ durch reale Phasenänderungen $\Delta\phi_n$ sukzessive auf die Phase ϕ_{-N} zurückführen. Diese realen Phasenänderungen sind nach Abschnitt 3.3.2 statistisch voneinander unabhängig, gaußverteilt und mittelwertfrei. Die Varianz der Phasenänderung $\Delta\phi_n$ beträgt nach Gleichung (3.41)

$$\sigma_{\Delta\phi}^2 = 2\pi\left[\Delta f_T + \Delta f_L\right] T_a . \tag{5.88}$$

Um einen übersichtlichen Rechenweg zu erhalten, wurde für die Phase ϕ_{-N} die fiktive Phasenänderung $\Delta\phi_{-N}$ eingeführt. Es wird angenommen, daß der betrachtete maßgebende Zeitbereich $-NT_a < t < NT_a$ im großen zeitlichen Abstand zum Sendebeginn und somit zum Beginn des Laserphasenrauschens liegt. Die instationäre, gaußverteilte und mittelwertfreie Laserphase $\phi_{-N} = \phi(-NT_a)$ besitzt somit zum Zeitpunkt $-NT_a$ bereits eine unendlich große Varianz (vgl. Gleichung 3.3.3). Nach Abschnitt 3.3.4 ist es aber für die Wahrscheinlichkeitsdichtefunktionen der beiden Zufallsgrößen $\cos(\phi_{-N})$ und $\sin(\phi_{-N})$ gleichgültig, ob die Phase ϕ_{-N} gaußverteilt ist und eine unendliche Varianz besitzt oder ob eine Gleichverteilung zwischen 0 und 2π angenommen wird. Im weiteren wird daher zur Vereinfachung der Berechnung stets eine gleichverteilte Phase ϕ_{-N} vorausgesetzt.

Entsprechend den Überlegungen in Abschnitt 3.5 können wir nun für die (2N+3) Zufallsvariablen auf der linken Seite des Gleichungssystems (5.87) die folgende mehrdimensionale Verbunddichtefunktion angeben:

$$f_{A,B,\phi_{-N}\cdots\phi_N}\left(A, B, \phi_{-N}, \cdots, \phi_N\right) = \tag{5.89}$$

$$\frac{1}{2\pi} f_u\left[A - \sum_{n=-N}^{+N} s_n \cos(\phi_n)\,\alpha_n\right] \cdot f_v\left[B - \sum_{n=-N}^{+N} s_n \sin(\phi_n)\,\alpha_n\right] \cdot \prod_{n=-N+1}^{+N} f_{\Delta\phi}\left(\phi_n - \phi_{n-1}\right).$$

Im allgemeinen setzt sich diese Verbunddichtefunktion aus einer Vielzahl von Teildichtefunktion zusammen (vgl. Gleichung 3.107). Die Anzahl der Teilfunktionen ist dabei durch die Zahl der Lösungen des meist mehrdeutigen Umkehrgleichungssystems (Auflösung des Gleichungssystems 5.87 nach den Zufallsvariablen auf der rechten Seite) bestimmt. Als Folge der geschickten Wahl des Gleichungssystems (5.87), dessen Umkehrgleichungssystem eine eindeutige Lösung besitzt, beinhaltet die Verbunddichtefunktion nach Gleichung (5.89) keine weiteren additiven Teilfunktionen und ist somit relativ überschaubar. Aus dieser Gleichung erhalten wir nun die zur Berechnung der WDF $f_C(C)$ erforderliche Verbunddichtefunktion $f_{A,B}(A, B)$ durch Integration über die Phasen ϕ_{-N} bis ϕ_N (daher die Bezeichnung *Integralmethode*). Setzen wir anschließend die Funktion $f_{A,B}(A, B)$ in die Bestimmungsgleichung (5.84) für die WDF $f_C(C)$ ein, so erhalten wir mit $u = v = 0$ bzw. $f_u(u) = \delta(u)$ und $f_v(v) = \delta(v)$ nach einigen mathematischen Umformungen die Gleichung

$$f_C(C) = \frac{C}{(2\pi)^{N+1}\,\sigma_{\Delta\phi}^{2N}} \int_{-\infty}^{+\infty} \overset{2N}{\cdots} \int_{-\infty}^{+\infty} \int_{0}^{2\pi} \exp\left[-\frac{\sum_{n=-N+1}^{+N} (\phi_n - \phi_{n-1})^2}{2\sigma_{\Delta\phi}^2}\right] \cdot \tag{5.90}$$

$$\cdot\,\delta\left[C - \sqrt{\sum_{n=-N}^{+N} \sum_{m=-N}^{+N} s_n s_m \cos(\phi_n - \phi_m)\,\alpha_n \alpha_m}\right] \cdot d\phi_{-N} \cdots d\phi_N$$

Mathematisch gesehen repräsentiert diese Gleichung ein (2N+1)-dimensionales Volumenintegral (vgl. Abschnitt 3.5). Durch die im Integranden enthaltene Diracfunktion ist innerhalb dieses (2N+1)-dimensionalen Raumes eine Kurve festgelegt, die durch das Nullsetzen des Arguments der Diracfunktion bestimmt ist. Die Gleichung (5.90) können wir somit auch mittels des Linienintegrals

$$f_C(C) = \int_s \exp\left[-\frac{\sum_{n=-N+1}^{+N} (\phi_n - \phi_{n-1})^2}{2\sigma_{\Delta\phi}^2}\right] \left|\operatorname{grad}\left(\arg(C, \phi_{-N} \cdots \phi_N)\right)\right|^{-1} ds \qquad (5.91)$$

darstellen. Die Exponentialfunktion in dieser Gleichung beschreibt hier ein (2N+1)-dimensionales Gebirge, s den durch das Argument der Diracfunktion festgelegten Weg durch dieses Gebirge, $\arg(C, \phi_{-N} \cdots \phi_N)$ das Argument der Diracfunktion in (5.90) und ds ein kleines Wegelement. Jedes Wegelement muß gemäß Gleichung (5.91) mit dem inversen Betrag des Gradienten $\operatorname{grad}(\arg(C, \phi_{-N} \cdots \phi_N))$ gewichtet werden. Im Gegensatz zur Gleichung (5.90) müssen wir also hier nicht mehr über den gesammten (2N+1)-dimensionalen Raum integrieren, sondern es genügt die Integration entlang des Weges s.

Eine explizite analytische Lösung der Gleichungen (5.90) und (5.91) ist allerdings nicht möglich. Der Lösungsaufwand ist selbst bei Verwendung numerischer Verfahren mittels Rechner sehr hoch. Eine Berechnung der benötigten WDF $f_C(C)$ muß daher sinnvollerweise durch geeignete Näherungen erfolgen.

d) Gaußnäherung der WDF $f_C(C)$

In der Praxis erweist sich in den meisten Fällen die Approximation der Dichtefunktion $f_C(C)$ mittels einer Gaußfunktion als besonders geeignet. Zur eindeutigen Festlegung der Gaußnäherung

$$f_C(C) \approx \frac{1}{\sqrt{2\pi}\,\sigma_C} \exp\left(-\frac{(C-\eta_C)^2}{2\sigma_C^2}\right) \qquad (5.92)$$

genügt die Bestimmung des linearen Mittelwertes $\eta_C = E\{C\}$ und der Streuung σ_C. Infolge der Wurzelabhängigkeit der Zufallsgröße C (siehe Gleichung 5.79 und 5.80) ist die exakte Berechnung des quadratischen Mittelwertes $E\{C^2\}$ relativ einfach. Im Gegensatz dazu ist die explizite analytische Berechnung des linearen Erwartungswertes η_C nicht möglich. Zur Berechnung von η_C müssen daher geeignete Näherungsverfahren verwendet werden. Hinsichtlich der Berechnung der Streuung σ_C steht die bekannte Beziehung

$$\sigma_C^2 = E\{C^2\} - \eta_C^2 \qquad (5.93)$$

zur Verfügung. Die Anwendung dieser Gleichung zur Berechnung von σ_C ist aber unter der Voraussetzung, daß der quadratische Erwartungswert $E\{C^2\}$ exakt und der lineare Mittelwert η_C nur näherungsweise bestimmt werden kann, nicht sinnvoll (siehe Beispiel 5.2).

Beispiel 5.2

Die tatsächlichen Werte für den linearen und den quadratischen Mittelwert seien: $\eta_C = 1{,}000$ und $E\{C^2\} = 1{,}001$. Hieraus folgt nach Gleichung (5.93) eine tatsächliche Varianz $\sigma_C^2 = 0{,}001$. Die Näherungslösung für den Erwartungswert η_C liefere den Wert $\eta_C = 0{,}999$. Der prozentuale Fehler von η_C beträgt also nur 0,1%. Mit Gleichung (5.93) folgt für die nunmehr ebenfalls genäherte Varianz der Wert $\sigma_C^2 = 0{,}003$. Dies entspricht jedoch einem Fehler von 200% (!) im Vergleich zur exakten Lösung. Die Gleichung (5.93) ist also für eine näherungsweise Berechnung der Streuung σ_C ungeeignet. Dies gilt insbesondere dann, wenn die zu erwartenden Streuungen sehr klein sind.

Eine gute alternative Näherungslösung ist durch die Gleichungen

$$C = \sqrt{D} \rightarrow \begin{cases} \eta_C \approx \sqrt{E\{D\}} = \sqrt{\eta_D} \\ \sigma_C \approx \dfrac{1}{2\sqrt{\eta_D}}\,\sigma_D \end{cases} \tag{5.94}$$

gegeben [126]. In diesen Gleichungen wird die Berechnung der statistischen Kenngrößen der Zufallsgröße C auf die Ermittlung der entsprechenden Größen der Zufallsgröße $D = C^2 = A^2 + B^2$ zurückgeführt. D bezeichnet hierbei das Argument der Wurzel in Gleichung (5.80). Als das Quadrat der normierten Detektionsabtastwerte $d(\sigma = 0)$, also $D = C^2 = d^2(\sigma = 0)$, entspricht D somit physikalisch der normierten mittleren Leistung dieser nur durch Phasenrauschen gestörten Abtastwerte. Mit Gleichung (5.80) folgt:

$$\eta_D = \int_{-\infty}^{+\infty}\int_{-\infty}^{+\infty} s(t_1)\, s(t_2)\, E\left\{\exp\left(j\left[\phi(t_1) - \phi(t_2)\right]\right)\right\} h_B(t_0-t_1) h_B(t_0-t_2)\, dt_1\, dt_2\,, \tag{5.95}$$

$$E\left\{D^2\right\} = \int_{-\infty}^{+\infty}\int_{-\infty}^{+\infty}\int_{-\infty}^{+\infty}\int_{-\infty}^{+\infty} s(t_1)s(t_2)s(t_3)s(t_4)\, E\left\{\exp\left(j\left[\phi(t_1)-\phi(t_2)\right]+j\left[\phi(t_3)-\phi(t_4)\right]\right)\right\}$$

$$\cdot\, h_B(t_0-t_1)\, h_B(t_0-t_2)\, h_B(t_0-t_3)\, h_B(t_0-t_4)\, dt_1\, dt_2\, dt_3\, dt_4\,, \tag{5.96}$$

$$\sigma_D^2 = E\left\{D^2\right\} - \eta_D^2\,. \tag{5.97}$$

Zur Berechnung der benötigten Erwartungswerte in den Gleichungen (5.95) und (5.96) können wir die Überlegungen und Ergebnisse aus Abschnitt 3.3.4 heranziehen. Unter Verwendung der Abkürzung

$$w(t') = e^{\,j\phi(t')} \tag{5.98}$$

erhalten wir mit Hilfe der Gleichung (3.81) aus Abschnitt 3.3.4 die folgenden zur Berechnung von (5.95) bis (5.96) erforderlichen Erwartungswerte:

$$E\left\{w(t_1')\, w^*(t_2')\right\} = E\left\{\exp\left(j\left[\phi(t_1') - \phi(t_2')\right]\right)\right\} = l_w(\tau') = \exp(-\pi\Delta f|\tau'|), \tag{5.99}$$

$$E\left\{w(t_1')\, w^*(t_2') w(t_3')\, w^*(t_4')\right\} = \exp\left(-\pi\Delta f\left[|t_2'-t_1'| + |t_4'-t_3'|\right]\right)\exp(H). \tag{5.100}$$

Als Abkürzung wurde in Gleichung (5..99) die Größe $\tau' = t_2' - t_1'$ und in der Gleichung (5.100) die Funktion

$$H = 2\pi\Delta f\left(\min(t_4', t_2') - \min(t_4', t_1') + \min(t_3', t_1') - \min(t_3', t_2')\right) \tag{5.101}$$

eingeführt. Im Gegensatz zu den Zeiten t_1 bis t_4 in den Gleichungen (5.95) und (5.96) sind die in den Gleichungen (5.99) bis (5.101) angegebenen Zeiten t_1' bis t_4' auf den Sendebeginn und somit auf den Beginn des Laserphasenrauschens zum vereinbarten Zeitpunkt $t = -\infty$ bezogen. Für die stets positiven Zeiten t' gilt also formal $t' = t + T_\infty$ mit $T_\infty \to \infty$. Der in den Gleichungen (5.95) und (5.96) für die Integration relevante Zeitbereich innerhalb der Impulsbreite Δt_B (siehe Gleichung 5.4) des äquivalenten Basisbandfilters liegt also stets im großen zeitlichen Abstand zum Sendebeginn.

Eine zur Gleichung (5.95) alternative, völlig gleichberechtigte Lösung zur Berechnung des linearen Erwartungswertes η_D erhalten wir unter Verwendung des Lorentzspektrums $L_w(f) \bullet\!\!-\!\!\circ\, l_w(\tau)$ nach Gleichung (3.88). Es folgt:

$$\eta_D = \int_{-\infty}^{+\infty} L_w(f) \left| \int_{-\infty}^{+\infty} s(t)\, h_B(t_0 - t)\, e^{-j2\pi f (t_0 - t)} dt \right|^2 df. \tag{5.102}$$

Bild 5.13 zeigt den Verlauf von η_C^2, σ_C^2 und σ^2 als Funktion der normierten ZF-Filterbandbreite $B_{ZF}T = BT = 2f_g T$ eines Gaußfilters. Die zugrundeliegende Quellensymbolfolge ist $\cdots$ ØØØLØØØ$\cdots$, d.h. $s_\nu = 1$ für $\nu = 0$ und $s_\nu = 0$ für $\nu \neq 0$ (Einzel-L).

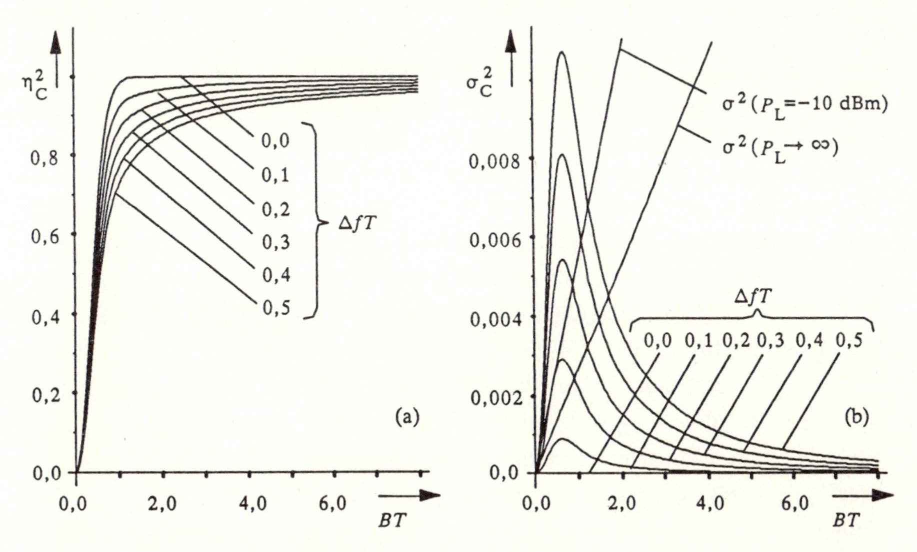

Bild 5.13: Quadrat des Erwartungswertes η_C (Nutzleistung) (a) und Varianz σ_C^2 (Rauschleistung infolge des Phasenrauschens) (b) der Zufallsgröße $C = d(\sigma = 0)$. Die beiden Geraden in (b) zeigen als Vergleich die normierte Varianz σ^2 (Rauschleistung infolge des additiven Gaußrauschens)

Physikalisch gesehen repräsentiert der dargestellte Erwartungswert η_C^2 die Nutzsignalleistung und die Varianzen σ_C^2 und σ^2 die Rauschleistungen infolge des Phasen- bzw. des additiven Gaußrauschens. Mit steigender Filterbandbreite B wächst gemäß Bild 5.13a die Signalleistung η_C^2 auf Grund abnehmender Impulsinterferenzen. Ein starkes Phasenrauschen, also eine große resultierende Laserlinienbreite Δf führt hier erwartungsgemäß zu einer Verringerung der Nutzsignalleistung η_C^2 bei konstanter normierter Filterbandbreite BT.

Die Rauschleistung σ_C^2 infolge des Phasenrauschens ist nach Bild 5.13b identisch Null für $B = 0$ (der Signalpfad ist hier unterbrochen) und sie ist ebenfalls identisch Null für $B \rightarrow \infty$. Bei sehr großer Bandbreite ($B \rightarrow \infty$), besteht keine Korrelation zwischen der unerwünschten Phasenmodulation und der Signalamplitude. Entsprechend Bild 5.13b existiert eine Bandbreite B, welche zu einer maximalen Störung durch das Phasenrauschen führt. Zum Vergleich ist im Bild 5.13b auch die linear mit B ansteigende normierte Varianz $\sigma^2(B)$ des additiven Gaußrauschens aufgetragen.

e) Rechnersimulation der Dichtefunktionen $f_C(C)$ und $f_d(d)$

Die Rechnersimulation optischer Überlagerungssysteme vermittelt einen sehr guten Einblick in die zum Teil komplizierten Zusammenhänge in einem solchen System. Die unterschiedlichen Auswirkungen von Systemparameteränderungen können durch Simulation rasch ermittelt und ausgewertet werden. Ein Ergebnis einer durchgeführten Systemsimulation ist der in den Bildern 5.14a und 5.14b dargestellte Kurvenverlauf der Dichtefunktionen $f_C(C)$ und $f_d(d)$. Alle abgebildeten Kurven basieren auf einer Simulation von je 100000 Zufallswerte für die Größen C bzw. d.

Nach Unterabschnitt c entspricht die Zufallsgröße C physikalisch dem normierten Detektionsabtastwert d unter der Voraussetzung, daß kein additives Gaußrauschen auftritt ($\sigma = 0$). Die Zufallsgröße C beinhaltet demnach nur das Laserphasenrauschen. Die Detektionsabtastwerte d wiederum entsprechen nach Unterabschnitt a dem abgetasteten und normierten Detektionssignal $d(t)$ und somit der abgetasteten Hüllkurve des gefilterten ZF-Signals ($d(t) = |\underline{i}_{ZF}(t)|$), d.h. hier ist das additive Gaußrauschen mit enthalten. Die im Bild 5.14 dargestellten Kurven gelten für die ungünstigsten Quellensymbolfolgen $\langle q_\nu \rangle = \cdots$LLLØLLL$\cdots$ (Einzel-Ø) und $\langle q_\nu \rangle = \cdots$ØØØLØØØ$\cdots$ (Einzel-L).

Bild 5.14a zeigt den Verlauf der WDF $f_C(C)$. Im Idealfall, also ohne jegliches Rauschen ($\sigma = 0$ und $\sigma_\phi = 0$), nimmt in diesem Bild die binäre Zufallsgröße C infolge der Impulsinterferenzen die normierten Werte $C_\emptyset > 0$ (hier $C_\emptyset \approx 0{,}21$) oder $C_L < 1$ (hier $C_L \approx 0{,}79$) an. Diese beiden Werte erhalten wir aus der Gleichung (5.78) unter der Voraussetzung eines gaußförmigen ZF-Filters mit $BT = 0{,}5$ und mit der Streuung $\sigma_\phi = 0$ und $\sigma = 0$ (rauschfreies System). Über die Größen $C_\emptyset$ und C_L ist folglich die Augenöffnung $A_{ASK} = C_L - C_\emptyset$ des unverrauschten Detektionssignals vor der Abtast- und Entscheidungseinrichtung festgelegt (vgl. Bilder

5.3 und 6.4). Parameter bei den dargestellten Kurven ist die auf die Bitrate $1/T$ normierte resultierende Laserlinienbreite Δf, wobei Δf ein direktes Maß für die Stärke des resultierenden Laserphasenrauschens ist. Wie Bild 5.14a zeigt, wird durch das Phasenrauschen der Signalpegel für das Symbol L immer nur verringert, was gleichbedeutend mit einer Verschlechterung der Übertragungsqualität ist.

Es ist zunächst überraschend, daß hier auch der Signalpegel für das Symbol Ø immer nur verringert wird, was in diesem Fall einer Verbesserung der Übertragungsqualität durch das Phasenrauschen gleichkommt. Die Ursache hierfür ist die multiplikative Störwirkung des Phasenrauschens, die bereits im Abschnitt 3.5 und beim ASK-Homodynsystem (Abschnitt 5.1.1) deutlich wurde. Resultierend dominiert aber auch hier wieder die durch das Phasenrauschen bedingte Systemverschlechterung. Besonders deutlich wird das in Bild 5.14a dargestellte unsymmetrische Verhalten des ASK-Systems beim Betrachten des Augenmusters. In Kapitel 6 wollen wir im Rahmen des Systemvergleichs ein typisches Augenmuster des ASK-Systems näher untersuchen und in diesem Zusammenhang nochmals auf das charakteristische unsymmetrische Verhalten dieser Systeme eingehen.

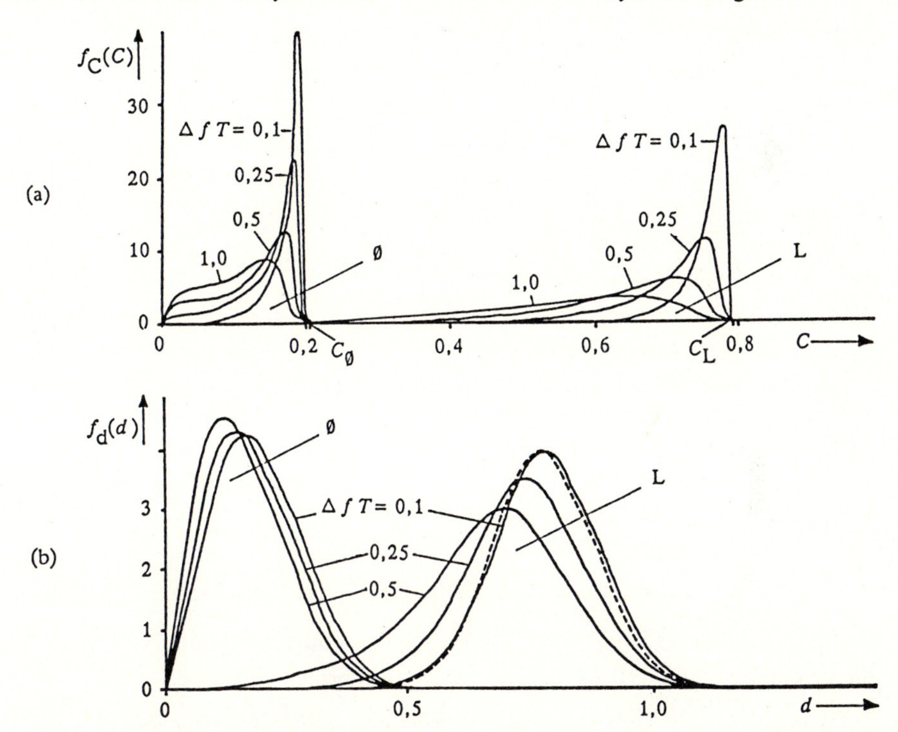

Bild 5.14: Simulierte Wahrscheinlichkeitsdichtefunktionen $f_C(C)$ (a) und $f_d(d)$ (b) der beiden Zufallsgrössen $C = d(\sigma = 0)$ und d. Die strichlierte analytisch berechnete WDF ist die Gaußnäherung für $\Delta fT = 0{,}1$

Bild 5.14b zeigt den Verlauf der WDF $f_d(d)$. Es ist zu erkennen, daß ebenso wie beim ASK-Homodynsystem die normierte optimale Entscheiderschwelle (Schnittpunkt der Wahrscheinlichkeitsdichtefunktionen für die beiden Symbole Ø und L) für $\Delta f > 0$ bzw. $\sigma_\phi > 0$ stets kleiner als 0,5 ist. Die strichlierte Kurve im Bild 5.14b verdeutlicht für $\Delta f\,T = 0{,}1$ die sehr gute Übereinstimmung der am Rechner simulierten Kurve (welche hier als exakter Kurvenverlauf angesehen werden kann) mit der Gaußnäherung. Dieser Näherung liegt sowohl die näherungsweise gaußförmige WDF $f_C(C)$ nach Gleichung (5.92) als auch die Gaußnäherung für die bedingte WDF $f_{d|C}(d, C)$ gemäß Gleichung (5.77) zugrunde. Mittelwert und Varianz der dadurch ebenfalls gaußförmigen WDF $f_d(d)$ nehmen hierbei die Werte $\eta_d = \eta_{CL}$ und $\sigma_d^2 = \sigma_{CL}^2 + \sigma^2$ an.

f) Fehlerwahrscheinlichkeit

Wegen der unsymmetrischen Störung der Symbole Ø und L (vgl. Bild 5.14) muß zur Berechnung der Fehlerwahrscheinlichkeit ebenso wie beim ASK-Homodynsystem wieder zwischen den Quellensymbolfolgen $\langle q_\nu \rangle_{Li}$ mit q_0 = L und $\langle q_\nu \rangle_{\emptyset i}$ mit q_0 = Ø unterschieden werden. Verwenden wir die gleiche Nomenklatur wie beim ASK-Homodynsystem (siehe Abschnitt 5.1.1), so erhalten wir für die Wahrscheinlichkeit, daß ein gesendetes Symbol Ø im Entscheider fälschlicherweise als Symbol L interpretiert wird, den Ausdruck

$$\begin{aligned} p_{\emptyset i} &= \int_E^{+\infty} f_{d\emptyset i}(d)\,\mathrm{d}d = \int_E^{+\infty}\int_0^{+\infty} \frac{d}{\sigma^2} \exp\left(-\frac{d^2+C^2}{2\sigma^2}\right) \mathrm{I}_0\left(\frac{C\,d}{\sigma^2}\right) f_{C\emptyset i}(C)\,\mathrm{d}C\,\mathrm{d}d \\ &= \int_0^{+\infty} \mathring{p}_{\emptyset i}(C)\, f_{C\emptyset i}(C)\,\mathrm{d}C \qquad \text{mit} \quad C_{\emptyset i} \geq 0. \end{aligned} \tag{5.103}$$

In gleicher Weise erhalten wir für die Wahrscheinlichkeit, daß ein Symbol L als Ø erkannt wird die Gleichung

$$\begin{aligned} p_{Li} &= \int_0^{E} f_{dLi}(d)\,\mathrm{d}d = \int_0^{E}\int_0^{+\infty} \frac{d}{\sigma^2} \exp\left(-\frac{d^2+C^2}{2\sigma^2}\right) \mathrm{I}_0\left(\frac{C\,d}{\sigma^2}\right) f_{CLi}(C)\,\mathrm{d}C\,\mathrm{d}d \\ &= \int_0^{+\infty} \mathring{p}_{Li}(C)\, f_{CLi}(C)\,\mathrm{d}C \qquad \text{mit} \quad C_{Li} \geq 0. \end{aligned} \tag{5.104}$$

In den Gleichungen (5.103) und (5.104) sind $C_{\emptyset i} = d_{\emptyset i}(\sigma = 0)$ und $C_{Li} = d_{Li}(\sigma = 0)$ die zu den Symbolfolgen $\langle q_\nu \rangle_{\emptyset i}$ und $\langle q_\nu \rangle_{Li}$ gehörigen Abtastwerte der ZF-Hüllkurve $|\underline{i}_{ZF}(t)| = d(t)$ (Detektionssignal) unter der Voraussetzung, daß kein additives Gaußrauschen auftritt ($\sigma = 0$). Die neu definierten Fehlerwahrscheinlichkeiten $\mathring{p}_{\emptyset i}(C_{\emptyset i})$ und $\mathring{p}_{Li}(C_{Li})$ sind jeweils eine Funktion der normierten Entscheiderschwelle E, der normierten Streuung σ des additiven Gaußrauschens sowie eine Funktion der Zufallsvariablen $C_{\emptyset i}$ und C_{Li}.

Entsprechend den Gleichungen (5.103) und (5.104) kann die Berechnung der Fehlerwahrscheinlichkeit in zwei Schritte aufgespaltet werden: Der erste Schritt umfaßt die Berechnung der vom Phasenrauschen unabhängigen Fehlerwahrscheinlichkeiten $\mathring{p}_{\emptyset i}(C_{\emptyset i})$ und $\mathring{p}_{Li}(C_{Li})$. In diesem Schritt betrachten wir die Zufallsvariablen $C_{\emptyset i}$ und C_{Li} als konstante, deterministische Größen. Dieser Schritt entspricht somit der hinreichend bekannten Fehlerwahrscheinlichkeitsberechnung bei konventionellen phasenrauschfreien ASK-Systemen [163].

Im zweiten Schritt berücksichtigen wir nun die Zufälligkeit der Größen $C_{\emptyset i}$ und C_{Li} infolge des Phasenrauschens. Dies geschieht mit den zugehörigen Dichtefunktionen $f_{C\emptyset i}(C)$ und $f_{CLi}(C)$. Die resultierenden tatsächlichen Fehlerwahrscheinlichkeiten erhalten wir schließlich entsprechend den Gleichungen (5.103) und (5.104) aus der Erwartungswertbildung. Die Schwierigkeit liegt allerdings in der exakten Bestimmung der beiden Dichtefunktionen $f_{C\emptyset i}(C)$ und $f_{CLi}(C)$.

Mittlere Fehlerwahrscheinlichkeit p_m

Zur Berechnung der mittleren Fehlerwahrscheinlichkeit p_m sind wieder die Auftrittswahrscheinlichkeiten aller möglichen Quellensymbolfolgen $<q_\nu>_i$ erforderlich. Die zu diesen unterschiedichen Symbolfolgen gehörigen Fehlerwahrscheinlichkeiten können wir mit den Gleichungen (5.103) und (5.104) ermitteln. In Übereinstimmung mit dem ASK-Homodynsystem (vgl. Gleichung 5.18) folgt

$$\boxed{p_m = \sum_{i=1}^{2^{n+v}} p(<q_\nu>_i)\left(p_{\emptyset i} + p_{Li}\right) = 2^{-(n+v+1)} \sum_{i=1}^{2^{n+v}} \left(p_{\emptyset i} + p_{Li}\right).} \tag{5.105}$$

Die Berechnung der mittleren Fehlerwahrscheinlichkeit p_m ist auch bei den inkohärenten ASK-Heterodynsystemen äußerst aufwendig und für eine praktische Systemauswertung wenig geeignet. Abhilfe schafft auch hier wieder der Übergang zur ungünstigsten Fehlerwahrscheinlichkeit p_u als eine gute Näherung (worst-case-Abschätzung).

Ungünstigste Fehlerwahrscheinlichkeit p_u

Bei der Berechnung der ungünstigsten Fehlerwahrscheinlichkeit p_u betrachten wir nur die beiden ungünstigsten Symbolfolgen $<q_\nu>_{\emptyset u}$ und $<q_\nu>_{Lu}$. Unter der Annahme eines gaußförmigen ZF-Filters sind dies wieder die Symbolfolgen

$$<q_\nu>_{Lu} = <\cdots\ \emptyset,\ \emptyset,\ L,\ \emptyset,\ \emptyset \cdots>$$

und

$$<q_\nu>_{\emptyset u} = <\cdots\ L,\ L,\ \emptyset,\ L,\ L \cdots> .$$

Zur Vereinfachung der Berechnung von p_u wollen wir folgende Näherungen und worst-case-Betrachtungen berücksichtigen:

1. Für die WDF $f_{CLu}(C)$ wird die Gaußnäherung (5.92) verwendet.
2. Für die bedingte WDF $f_{d|C}(d, C)$ mit $d = d_{Lu}$ und $C = C_{Lu}$ wird anstatt der Riceverteilung ebenfalls eine gaußförmige WDF verwendet (Gleichung 5.77). Die Umwandlung der Riceverteilung in eine Gaußverteilung ist für hinreichend

große Signalstörleistungsverhältnisse erlaubt [163]. Bei der Übertragung eines Symbols L ist diese Voraussetzung praktisch immer erfüllt.

3. Da das Laserphasenrauschen die Detektierbarkeit von Ø–Symbolen stets verbessert (vgl. Bild 5.14a), soll hier als eine worst-case-Betrachtung der Einfluß des Phasenrauschens auf die Ø–Symbole vernachlässigt werden. In diesem Fall gilt für die WDF des normierten Detektionsabtastwertes $d_{Øu}$:

$$f_{dØu}(d) = \frac{d}{\sigma^2} \exp\left(-\frac{d^2 + C_{Øu}^2}{2\sigma^2}\right) I_0\left(\frac{C_{Øu}\, d}{\sigma^2}\right) \text{ mit } C_{Øu} = 2\,Q\left(\sqrt{2\pi}\, f_g\, T\right). \quad (5.106)$$

Ebenso wie bei den konventionellen digitalen ASK–Systemen mit Hüllkurvendemodulation ist die WDF $f_{dØu}(d)$ für $C_{Øu} \neq 0$ eine Riceverteilung bzw. eine Rayleighverteilung für $C_{Øu} = 0$ (Dauer–Ø, d.h.: $q_\nu = 0$ für alle ν).

Unter Berücksichtigung dieser drei Punkte folgt für die *mittlere* ungünstigste Fehlerwahrscheinlichkeit p_u die Gleichung

$$\begin{aligned} p_u &= \frac{1}{2}\int_0^E f_{dLu}(d)\,dd + \frac{1}{2}\int_E^{+\infty} f_{dØu}(d)\,dd \\ &= \frac{1}{2} Q\left(\frac{\eta_{CLu} - E}{\sqrt{\sigma_{CLu}^2 + \sigma^2}}\right) + \frac{1}{2}\int_E^{+\infty} \frac{d}{\sigma^2} \exp\left(-\frac{d^2 + C_{Øu}^2}{2\sigma^2}\right) I_0\left(\frac{C_{Øu}\, d}{\sigma^2}\right) dd. \end{aligned} \quad (5.107)$$

Hierbei wurde wieder die Q–Funktion nach Gleichung (5.14) verwendet. Der Einfluß des Phasenrauschens wirkt sich in dieser Gleichung durch den Erwartungswert η_{CLu} und die Streuung σ_{CLu} der Zufallsgröße C_{Lu} aus (Gleichung 5.94). Nach Definition entspricht C_{Lu} dem Detektionsabtastwert d_{Lu} unter der Voraussetzung, daß $\sigma = 0$ und $\langle q_\nu \rangle = \langle q_\nu \rangle_{Lu}$ ist. Optimierbare Systemparameter sind in Gleichung (5.107) die Entscheiderschwelle E und die ZF–Filterbandbreite $B = 2f_g$ (wegen $\sigma = \sigma(f_g)$, $\eta_{CLu} = \eta_{CLu}(f_g)$ und $\sigma_{CLu} = \sigma_{CLu}(f_g)$). Nicht optimierbare Systemparameter sind dagegen wie beim ASK–Homodynsystem die resultierende Laserlinienbreite Δf ($\eta_{CLu} = \eta_{CLu}(\Delta f)$ und $\sigma_{CLu} = \sigma_{CLu}(\Delta f)$) und die konstante Rauschleistungsdichte $L_Ü$ ($\sigma = \sigma(L_Ü)$). Die Empfangslichtleistung P_E und die lokale Laserlichtleistung P_L sind in in der Gleichung (5.107) in der auf $\hat{i}_{PD}$ normierten Streuung σ enthalten, wobei $\hat{i}_{PD}$ der Maximalwert des Photodiodenstroms nach Gleichung (2.63) ist.

Bild 5.15 zeigt den Verlauf der ungünstigsten Fehlerwahrscheinlichkeit p_u als Funktion der Empfangslichtleistung P_E in dBm und der normierten resultierenden Laserlinienbreite ΔfT. Die ZF–Filterbandbreite ist in Bild 5.15 auf $B = 1{,}58/T$ (optimaler Wert für $\sigma_\phi = 0$) festgesetzt. Der quantitative Kurvenverlauf ist der gleiche wie bei den bisher beschriebenen Systemen. Bei kleinen Empfangslichtleistungen P_E überwiegt der Einfluß des additiven Gaußrauschens und die Fehler–

wahrscheinlichkeitskurve verläuft zunächst relativ steil. Bei großen Empfangslichtleistungen P_E wird die Störung durch das additive Gaußrauschen vernachlässigbar klein und das Laserphasenrauschen überwiegt. Als Folge davon erreichen die dargestellten Fehlerwahrscheinlichkeitskurven einen Sättigungswert.

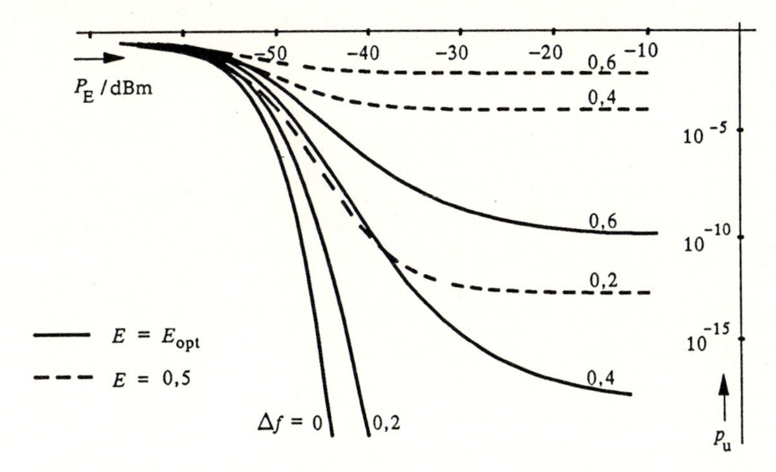

Bild 5.15: Ungünstigste Fehlerwahrscheinlichkeit p_u beim inkohärenten ASK–Heterodynsystem für optimale und nicht optimale Entscheiderschwelle

g) Optimierung

1. Entscheiderschwelle E

Die Optimierung der Entscheiderschwelle E hinsichtlich einer minimalen Fehlerwahrscheinlichkeit p_u kann auf Grund der Komplexität von Gleichung (5.107) nur numerisch erfolgen. Wegen der unsymmetrischen Störung der Symbole Ø und L (siehe Bild 5.14) gilt dabei für die normierte optimale Entscheiderschwelle stets die Relation

$$E_{opt} \leq 0,5 \, . \tag{5.108}$$

Bild 5.15 verdeutlicht die beträchtliche Reduzierung der Fehlerwahrscheinlichkeit p_u, wenn anstatt der normierten Entscheiderschwelle $E = 0,5$ die iterativ bestimmte optimale Entscheiderschwelle E_{opt} verwendet wird.

2. ZF-Filterbandbreite B_{ZF}

Ebenso wie die optimale Entscheiderschwelle kann die optimale ZF-Filterbandbreite $B_{ZF,opt} = B_{opt} = 2f_{g,opt}$ nur iterativ mit Hilfe eines Rechners bestimmt werden. Bild 5.16a zeigt das Ergebnis der iterativen Rechneroptimierung für die gegebene normierte Laserlinienbreite $\Delta fT = 0,6$. Als ein Vergleich ist auch die Fehlerwahrscheinlichkeitskurve für die konstante normierte Bandbreite $BT \approx 1,58$ (optimaler Wert für $\sigma_\phi = 0$) aufgetragen. Da die optimale normierte ZF-Filterbandbreite $B_{opt}T = B_{opt}(P_E)T$ eine Funktion der Empfangslichtleistung P_E ist, muß zur Ermittlung der dargestellten optimierten Fehlerwahrscheinlichkeitskurve die iterative Berechnung von B_{opt} für jedes P_E aufs neue durchgeführt werden.

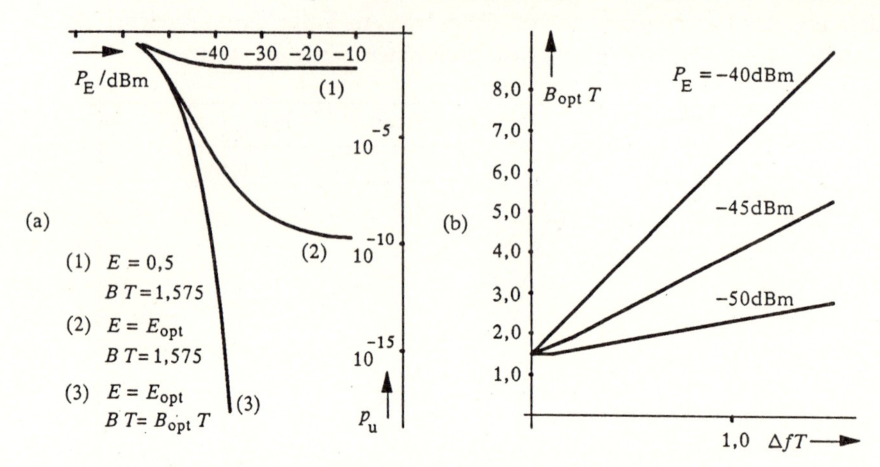

Bild 5.16: (a) Verringerung der Fehlerwahrscheinlichkeit p_u durch Optimierung der ZF–Filterbandbreite B und der Entscheiderschwelle $E(\Delta fT = 0,6)$
(b) optimale ZF–Filterbandbreite als Funktion der normierten Laserlinienbreite ΔfT für verschiedene Empfangslichtleistungen P_E

Neben der zu erwartenden Verringerung der Fehlerwahrscheinlichkeit $p_u(P_E)$ durch die Optimierung von B zeigt Bild 5.16a ein sehr interessantes und für inkohärente ASK–Heterodynsysteme typisches Verhalten: Die optimierte Fehlerwahrscheinlichkeitskurve (Kurve 3) geht nicht wie erwartet für große Empfangslichtleistungen P_E in Sättigung. Es existiert also, wenn eine Optimierung der ZF–Filterbandbreite B durchgeführt wird, *kein Sättigungswert* (*error rate floor*). Anschaulich ist dieses Verhalten wie folgt erklärbar: Der störende Einfluß des Phasenrauschens $\phi(t)$ kann, wie bereits erläutert wurde, immer durch eine Vergrößerung der ZF–Filterbandbreite B veringert werden, da hierdurch die in ASK–Systemen unerwünschte Kopplung zwischen Phase und Amplitude abnimmt (vgl. Bild 5.13b). Das damit verbundene Ansteigen des additiven Rauschens ist wiederum durch eine entsprechend größere Empfangslichtleistung reduzierbar. Das Ergebnis ist also, daß unabhängig von der Stärke des Phasenrauschens prinzipiell jede gewünschte Fehlerwahrscheinlichkeit durch eine gleichzeitige Vergrößerung von B und P_E erreichbar ist. Eine obere Grenze ist hier praktisch nur durch die tatsächlich verfügbare Empfangslichtleistung P_E gegeben. Im Hinblick auf eine gewünschte große regeneratorfreie Faserstrecke sollte nämlich P_E für eine gegebene Fehlerwahrscheinlichkeit von beispielsweise $p_u(P_E) = 10^{-10}$ möglichst klein sein dürfen.

Bild 5.16b zeigt den Verlauf der normierten optimalen ZF–Filterbandbreite $B_{opt}\,T$ als Funktion von P_E und der normierten resultierenden Laserlinienbreite ΔfT. Ebenso wie beim ASK–Homodynsystem führt also auch hier ein gegenüber dem phasenrauschfreien System frequenzmäßig breiteres Filter immer zu einer Verminderung der Phasenrauschstörung.

5.3.2 FSK-Heterodynsystem

In der konventionellen analogen Übertragungstechnik erfolgt die Demodulation frequenzmodulierter Signale in den meisten Fällen mit einem *Frequenzdiskriminator*. Hierbei ist man bestrebt, durch zwei genau aufeinander abgestimmte Filter eine möglichst lineare Diskriminatorkennlinie (Ausgangsstrom über Eingangsfrequenz) zu erhalten. Abweichungen von der Linearität verursachen nichtlineare Verzerrungen (Klirrfaktor).

In digitalen Übertragungssystemen mit FSK-Modulation spielen diese nichtlinearen Verzerrungen keine Rolle. Hier kommt es nicht so sehr auf die Form des Detektionssignals sondern vielmehr auf eine richtige Entscheidung hinsichtlich der empfangenen Symbole (Ø oder L) an. Eine lineare Diskriminatorkennlinie ist hier nicht unbedingt erforderlich. Die Mittenfrequenz der beiden beteiligten Bandpässe dürfen daher bei unveränderter Bandbreite einen größeren frequenzmäßigen Abstand zueinander haben. Die zugehörige Diskriminatorschaltung wird als *Dual-Filter-* oder *Zweifilterdemodulator* bezeichnet. Sie erlaubt im Vergleich zum gewöhnlichen Frequenzdiskriminator einen wesentlich höheren Frequenzhub und ermöglicht auf diese Weise eine gute Trennung der empfangenen Ø- und L-Symbole.

Bild 5.17 zeigt das Blockschaltbild eines inkohärenten FSK-Heterodynsystems mit einem Zweifilterdemodulator im optischen Überlagerungsempfänger. Die dargestellte Zweifilteranordnung beinhaltet den L-Zweig oder L-Kanal und den Ø-Zweig oder Ø-Kanal. Die Selektion der Symbole L und Ø erfolgt durch die entsprechend abgestimmten $f_{ZF\emptyset}$- und f_{ZFL}-Bandpässe. Die Mittenfrequenzen dieser Filter betragen

$$f_{ZF\emptyset} = f_{ZF} - f_{Hub} \quad \text{und} \quad f_{ZFL} = f_{ZF} + f_{Hub} \,. \tag{5.109}$$

Der frequenzmäßige Abstand zwischen diesen beiden Filtermittenfrequenzen wird demnach umso kleiner, je kleiner der Frequenzhub f_{Hub} gewählt wird. Eine fehlerfreie Selektion der Symbole L und Ø wird in diesem Fall zunehmend schwieriger. Im Grenzfall $f_{Hub} = 0$ ist erwartungsgemäß keine Unterscheidung der Symbole L und Ø mehr möglich.

Nach Trennung der Symbole werden die gefilterten und durch Phasenrauschen sowie durch additives Rauschen (Schrotrauschen und thermisches Rauschen) gestörten Signale $i_{ZFL}(t)$ und $i_{ZF\emptyset}(t)$ auf je einen Hüllkurvendemodulator gegeben. Die detektierten Hüllkurven bzw. Detektionssignale $d_L(t)$ und $d_\emptyset(t)$ werden anschließend im Zeitabstand T (Symboldauer) abgetastet und einem *Maximumentscheider* zugeführt. Je nachdem, welcher der beiden Zweige den höheren Abtastwert aufweist, entscheidet sich der Maximumentscheider für das Symbol L oder Ø.

Der inkohärente Zweifilterdemodulator kann als eine Parallelschaltung von zwei inkohärenten ASK-Hüllkurvenempfängern betrachtet werden. Für die folgende Systemberechnung können wir daher zum großen Teil die Ergebnisse aus Abschnitt 5.3.1 (inkohärentes ASK-Heterodynsystem) verwenden.

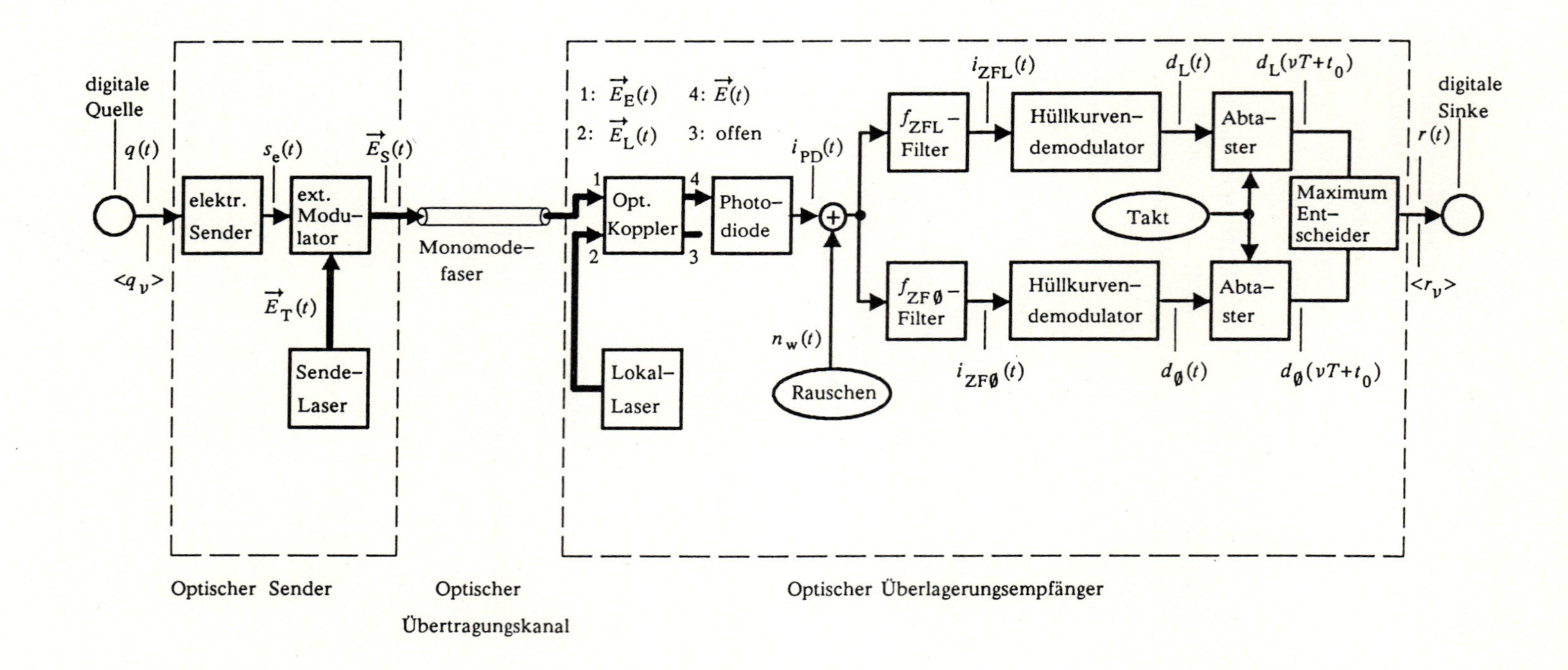

Bild 5.17: Blockschaltbild eines inkohärenten optischen FSK–Übertragungssystems mit Heterodynempfang und Zweifilterdemodulation

Zur Realisierung eines FSK-Systems mit einem sehr großen Frequenzhub f_{Hub} (notwendig bei beträchtlichen Systemstörungen) muß hinsichtlich einer realisierbaren positiven Filtermittenfrequenz $f_{ZF\emptyset}$ (siehe Gleichung 5.109) die Zwischenfrequenz f_{ZF} ebenfalls entsprechend hoch sein. Wegen der endlichen Bandbreite von Photodioden und den nachfolgenden Eingangsverstärkern ist jedoch eine Vergrößerung der ZF nicht uneingeschränkt möglich. Abhilfe schafft hier ein Empfänger mit einem *Single-Filter-* bzw. *Einfilterdemodulator,* welcher aus der Zweifilterschaltung durch Weglassen des Ø-Kanals entsteht (Bild 5.18). Der Maximumentscheider wird durch einen *Schwellwertentscheider* ersetzt. Ein Nachteil des Einfilterdemodulators ist allerdings eine um *3 dB geringere Empfindlichkeit* auf Grund der Leistungshalbierung infolge des fehlenden Ø-Kanals.

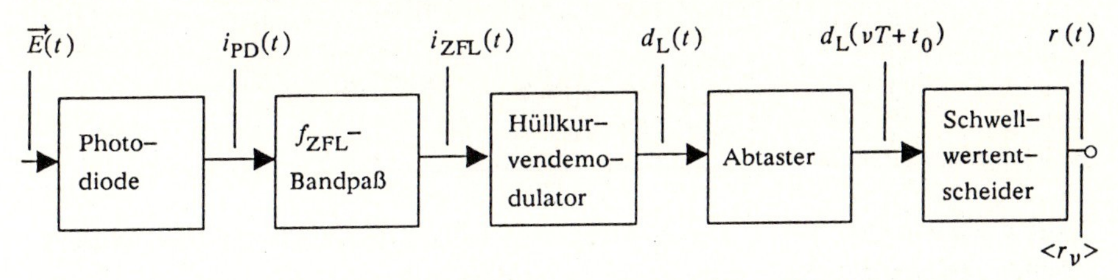

Bild 5.18: Einfilterdemodulator im Empfänger eines inkohärenten FSK-Heterodynsystems

a) Detektionssignal $d(t)$ und **Detektionsabtastwerte** $d(\nu T + t_0)$

Unter Berücksichtigung der Überlegungen und Ergebnisse des vorherigen Abschnitts 5.3.1 (inkohärentes ASK-Heterodynsystem) erhalten wir für die Detektionssignale des L- und Ø-Zweiges den gemeinsam gültigen Ausdruck

$$d(t) \approx \left| \hat{i}_{PD} \int_{-\infty}^{+\infty} \underline{s}(\tau)\, e^{\,j\left(2\pi f_{ZF}\tau + \phi(\tau)\right)}\, h_B(t-\tau)\, e^{\,j2\pi(f_{ZF} \pm f_{Hub})(t-\tau)}\, d\tau + \underline{n}(t) \right|$$

$$= \left| \hat{i}_{PD} \int_{-\infty}^{+\infty} \underline{s}(\tau)\, e^{\mp j2\pi f_{Hub}\tau}\, e^{\,j\phi(\tau)}\, h_B(t-\tau)\, d\tau + x(t) - j\,y(t) \right| . \qquad (5.110)$$

Hierbei gilt das obere Vorzeichen für den L-Zweig ($d(t) = d_L(t)$) und das untere Vorzeichen für den Ø-Zweig ($d(t) = d_\emptyset(t)$). Zur Berechnung des Detektionssignals $d(t)$ wurde in Gleichung (5.110), ebenso wie im vorangegangenen Abschnitt 5.3.1, die Impulsantwort $h_B(t)$ des zum ZF-Filter $H_{ZF}(f)$ äquivalenten Basisbandfilters $H_B(f)$ sowie die Schmalbandbedingung (2.75) verwendet (vgl. hierzu den Kommentar zur Gleichung 5.68). Für das normierte komplexe FSK-Nachrichtensignal $\underline{s}(\tau)$ gilt gemäß Abschnitt 2.4.3 die Gleichung

$$\underline{s}(\tau) = \exp\left[j \int_{-\infty}^{\tau} \sum_{\nu=-\infty}^{+\infty} 2\pi f_{Hub}\,(2s_\nu - 1)\, \mathrm{rect}\left(\frac{t-\nu T}{T}\right) dt \right] \qquad (5.111)$$

$$= \exp\left[j \int_{-\infty}^{\tau} \dot{\phi}_N(t)\, dt \right] = \exp\left(j[\phi_N(\tau) + \phi_0] \right),$$

wobei $\dot{\phi}_N(t)$ die modulierte Frequenz und $\phi_N(t)$ die modulierte Phase von $\underline{s}(\tau)$ ist.

Verwenden wir die gleichen Normierungen und Substitutionen wie beim inkohärenten ASK-Heterodynsystem (Abschnitt 5.3.1), so folgt für den normierten Detektionsabtastwert $d = d(t_0)/\hat{i}_{PD}$ der Ausdruck:

beliebige konstante Phase — unverrauschte modulierte Phase (beinhaltet die Nachricht) — Laserphasenrauschen — Impulsantwort des äquivalenten Basisbandfilters

$$d = \left| \int_{-\infty}^{+\infty} e^{j\phi_0} \, e^{j\left[\phi_N(\tau) \mp 2\pi f_{Hub}\tau\right]} \, e^{j\phi(\tau)} \, h_B(t_0-\tau) \, d\tau \; + x - j\,y \right| . \tag{5.112}$$

L-Zweig:
konstant für $q_\nu = L$
$\sim 4\pi f_{Hub}\tau$ für $q_\nu = \emptyset$

$\emptyset$-Zweig:
konstant für $q_\nu = \emptyset$
$\sim 4\pi f_{Hub}\tau$ für $q_\nu = L$

Inphase- und Quadraturkomponente des additiven Gaußrauschens

Mit $x = y = 0$ und $\phi = 0$, also ohne additives Gaußrauschen und ohne Phasenrauschen, erhalten wir aus dieser Gleichung den Ausdruck

$$d = \left| \int_{-\infty}^{+\infty} e^{j\phi_0} \, e^{j\left[\phi_N(\tau) \mp 2\pi f_{Hub}\tau\right]} \, h_B(t_0-\tau) \, d\tau \right| . \tag{5.113}$$

Eine hierzu alternative Lösung bekommen wir durch das Aufspalten des Faltungsintegrals in seinen Real- und Imaginäranteil. Wir erhalten in diesem Fall:

$$d = \left[\left(\int_{-\infty}^{+\infty} \cos(\phi_N(\tau) \mp 2\pi f_{Hub}\tau + \phi_0) \, h_B(t_0-\tau) \, d\tau \right)^2 + \left(\int_{-\infty}^{+\infty} \sin(\phi_N(\tau) \mp 2\pi f_{Hub}\tau + \phi_0) \, h_B(t_0-\tau) \, d\tau \right)^2 \right]^{1/2} . \tag{5.114}$$

Auf Grund der Betragsbildung (d.h. ideale Hüllkurvendemodulation) in Gleichung (5.113) hat die beliebige konstante Phase ϕ_0 keinen Einfluß auf den normierten Detektionsabtastwert d. Sie kann daher zu Null gesetzt oder zur Vereinfachung der weiteren Berechnungen beispielsweise auch so gewählt werden, daß der Imaginärteil in Gleichung (5.114), also das Faltungsintegral mit der Sinusfunktion, verschwindet. Dies ist allerdings nur möglich, wenn die Impulsantwort $h_B(t) = h_B(-t)$ eine gerade Funktion ist. In diesem Fall ist das Argument der Sinusfunktion eine ungerade Funktion (siehe Bild 5.19).

Bild 5.19 verdeutlicht anhand der beiden charakteristischen Quellensymbolfolgen $\cdots \emptyset\emptyset\emptyset L \emptyset\emptyset\emptyset \cdots$ (Einzel-L) und $\cdots LLL\emptyset LLL \cdots$ (Einzel-$\emptyset$) die Entstehung des normierten Abtastwertes $d = d_L$ im L-Zweig des Zweifilterdemodulators. Ausgehend von diesen beiden Symbolfolgen sind in diesem Bild zunächst die mit diesen binären Nachrichten modulierte Frequenz $\dot{\phi}_N(t)$ und Phase $\phi_N(t)$ dargestellt.

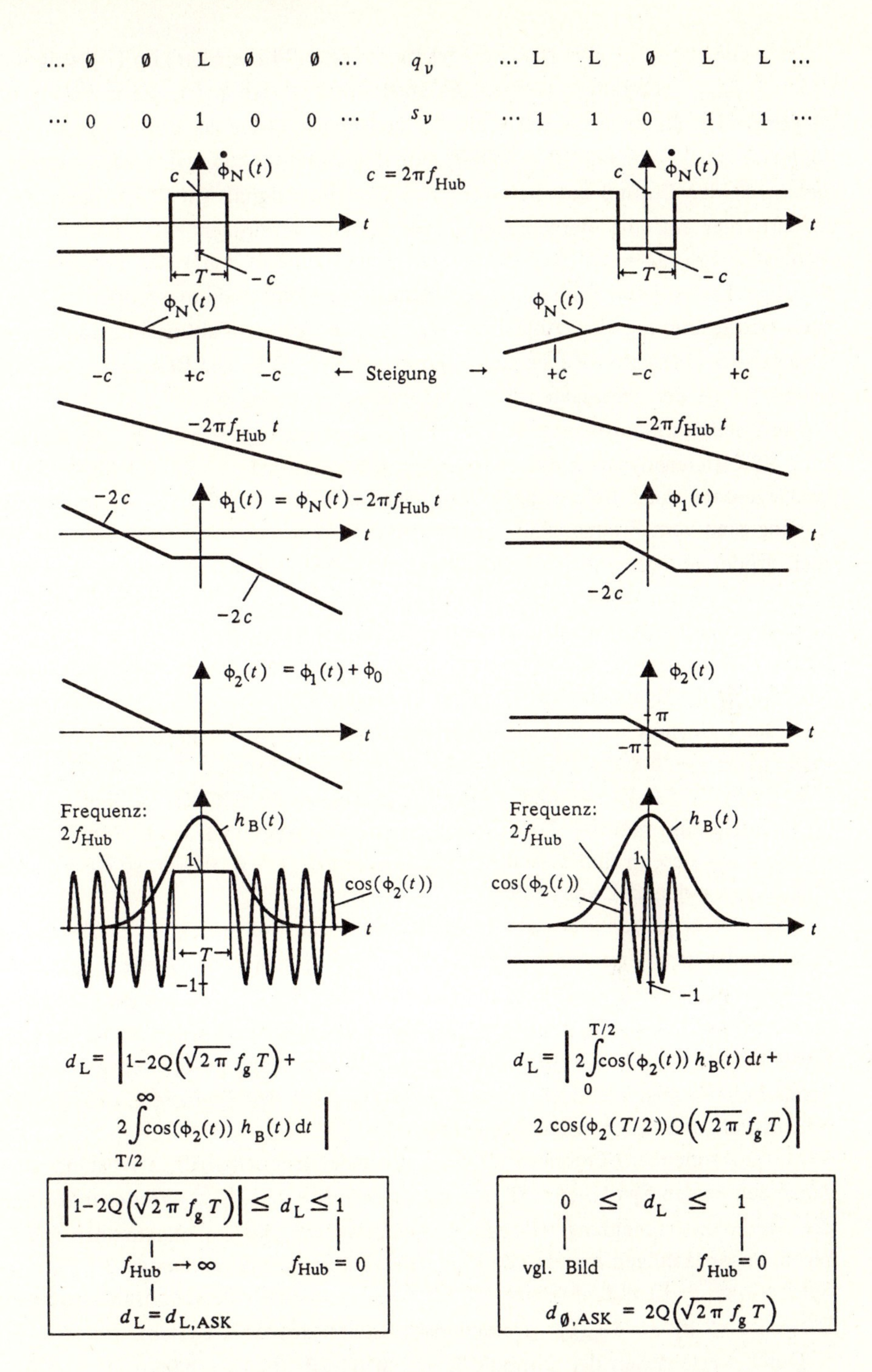

Bild 5.19: Entstehung des Abtastwertes d_L im L–Zweig des Zweifilterdemodulators für die Symbolfolgen ··· ØØLØØ ··· (Einzel-L) und ··· LLØLL ··· (Einzel-Ø)

Nach Gleichung (5.114) muß von der modulierten Phase $\phi_N(t)$ im L–Zweig die Phase $2\pi f_{Hub} t$ subtrahiert werden. Es entsteht die Phase $\phi_1(t)$, die in Bild 5.19 dargestellt ist. Durch geeignete Wahl der konstanten Phase ϕ_0 erreicht man, daß die Phase $\phi_1(t) + \phi_0 = \phi_2(t) = -\phi_2(-t)$ eine ungerade Funktion wird. Man beachte, daß ϕ_0 keinen Einfluß auf die Größe des Detektionssignals im FSK–System hat, sondern hier nur die Berechnung dieses Signals vereinfacht. Die Faltung des Signals $\cos(\phi_2(t)) = \cos(\phi_2(-t))$ mit der Impulsantwort $h_B(t)$ des äquivalenten Basisbandfilters liefert schließlich zum Abtast- und Entscheidungszeitpunkt $t_0 = 0$ nach Betragsbildung den Abtastwert d_L. Das imaginäre Faltungsintegral (siehe Gleichung 5.114) liefert wegen $\sin(\phi_2(t)) = -\sin(\phi_2(-t))$ keinen Beitrag zu d_L. Dies ist eine Folge der geschickten Wahl der konstanten Phase ϕ_0.

Die Detektionsabtastwerte d_L sind für die Symbolfolge ··· ØØLØØ ··· (Einzel–L) beim FSK–Heterodynsystem immer größer, d.h. günstiger, als beim ASK–System. Im Gegensatz dazu liefert die inverse Symbolfolge ··· LLØLL ··· (Einzel–Ø) in Abhängigkeit vom Frequenzhub f_{Hub} einen Abtastwert d_L, der sowohl kleiner als auch größer als der entsprechende Wert beim ASK–System sein kann. Für den normierten Frequenzhub $f_{Hub} T = k$ mit $|k| \in N$ und $f_{Hub} \rightarrow \infty$ sind die zur Einzel–Ø gehörenden Abtastwerte in beiden Systemen identisch (vgl. Bild 5.20). Die zur Berechnung von d_L durchzuführende Integration über die im Bereich $|t| \leq T/2$ mit $2f_{Hub}$ schwingenden Anteile liefert in diesem Fall wegen $f_{Hub} \rightarrow \infty$ den Wert Null. Beim inkohärenten ASK–Heterodynsystem sind diese Integrations- bzw. Flächenanteile wegen $s(t) = 0$ für $q_\nu = Ø$ a priori Null (Abschnitt 2.4 und 5.3.1).

L–Zweig und Ø–Zweig sind zueinander symmetrisch; d.h. ein Symbol L führt im Ø–Zweig zum gleichen Detektionssignal wie ein Symbol Ø im L–Zweig. Vertauschen wir also im Bild 5.19 die Symbole L und Ø (L→Ø, Ø→L), so wird dieses Bild auch für den Ø–Zweig gültig.

Bild 5.20 zeigt den Verlauf des normierten Abtastwertes d_L im L–Zweig als Funktion des normierten Frequenzhubs $f_{Hub} T$ für verschiedene Quellensymbolfolgen $\langle q_\nu \rangle$. Für das zugrundeliegende Gaußfilter mit $BT = 2f_g T = 1$ nach Gleichung (2.77) genügt die Berücksichtigung je eines vorherigen und eines nachfolgenden Symbols. Bei $f_{Hub} T = 0$ sind die Abtastwerte unabhängig von der gesendeten Symbolfolge immer identisch 1. Eine Unterscheidung der Symbole L und Ø ist in diesem Fall, wie zu erwarten, nicht möglich.

Mit zunehmendem Frequenzhub f_{Hub} wird der frequenzmäßige Abstand zwischen den beiden Symbolen L ($f_{ZF} + f_{Hub}$) und Ø ($f_{ZF} - f_{Hub}$) größer und somit die Symbolunterscheidung verbessert. Abhängig von der im allgemeinen beliebigen, unganzzahligen Anzahl von Perioden während der Symboldauer T liefert die Symbolfolge ··· LLØLL ··· (Einzel–Ø) für $f_{Hub} \rightarrow \infty$ einen Detektionsabtastwert im Bereich $0 \leq d_L \leq d_{Ø,ASK}$ (Detektionsabtastwert des ASK–Systems für $q_\nu = Ø$).

Durch Vertauschen der Symbole L und Ø (L→Ø, Ø→L) erhalten wir aus Bild 5.20 wegen der Symmetrie des L- und Ø–Zweiges auch die normierten Abtastwerte $d_Ø$ des Ø–Kanals.

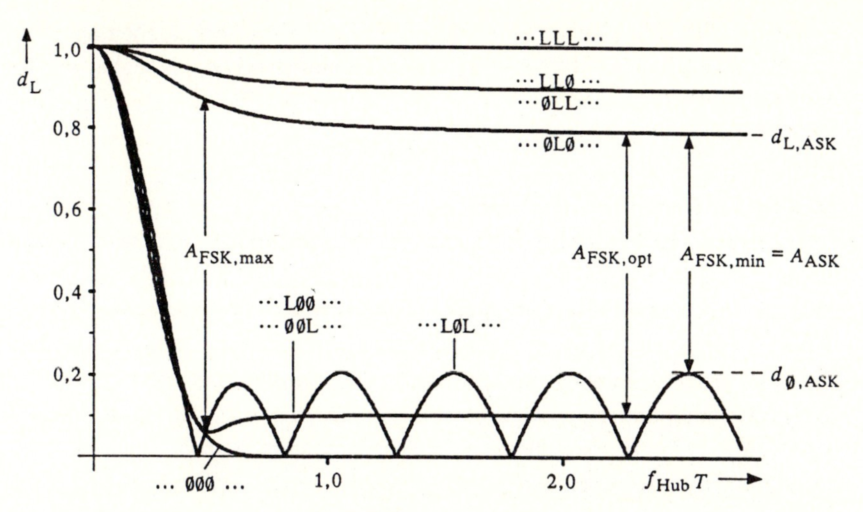

Bild 5.20: Normierter Abtastwert d_L des L–Zweiges in Ahängigkeit vom normierten Frequenzhub $f_{Hub}\,T$ und von der Quellensymbolfolge $<q_\nu>$ für ein Gaußfilter mit der Bandbreite $B = 2f_g = 1/T$

Gemäß Bild 5.20 können wir drei charakteristische Augenöffnungen definieren:

1. *Die maximale Augenöffnung* $A_{FSK,max}$ ist in Bild 5.20 bei einem normierten Frequenzhub $f_{Hub}T \approx 0{,}5$ gegeben (Optimalwert unter der Voraussetzung, daß kein Phasenrauschen auftritt). Da in diesem Fall der Frequenzhub relativ klein ist, liegen die beiden Symbole L ($f_{ZF} + f_{Hub}$) und Ø ($f_{ZF} - f_{Hub}$) frequenzmäßig sehr nahe beieinander. Bei Anwesenheit von Laserphasen- bzw. Laserfrequenzrauschen (dieses Rauschen ist in seiner Wirkung gleichsetzbar einem schwankenden Frequenzhub) sind in diesem Fall die beiden Symbole L und Ø nur unzureichend trennbar. Die Folge ist, daß trotz der großen Augenöffnung eine hohe Fehlerwahrscheinlichkeit auftritt.

2. *Die minimale Augenöffnung* $A_{FSK,min}$ ist bei einem Frequenzhub $f_{Hub} \to \infty$ gegeben. Dabei gilt im Gegensatz zur optimalen Augenöffnung für die Symbolfolge $<q_\nu> = \cdots$ LLØLL$\cdots$ die Eigenschaft $d_L(f_{Hub}T) = d_{Ø,ASK}$. Der Signalverlauf des Detektionssignals $d_L(t)$ und dessen normierten Abtastwerte d_L sind dabei völlig identisch zum inkohärenten ASK–Heterodynsystem. Die zur minimalen Augenöffnung $A_{FSK,min}$ zugehörige ungünstigste Fehlerwahrscheinlichkeit p_u ist somit ebenso wie beim ASK–System durch die beiden ungünstigsten Quellensymbolfolgen $<q_\nu> = \cdots$ ØØLØØ$\cdots$ (Einzel–L) und $<q_\nu> = \cdots$ LLØLL$\cdots$ (Einzel–Ø) bestimmt. Zur Berechnung dieser Fehlerwahrscheinlichkeit kann daher die Gleichung (5.107) des inkohärenten ASK–Heterodynsystems verwendet werden.

3. *Die optimale Augenöffnung* $A_{FSK,opt}$ bekommt man für einen gegen unendlich gehenden Frequenzhub f_{Hub} (in der Praxis genügt meist $f_{Hub}T > 5$) mit der Eigenschaft $d_L(f_{Hub}T) = 0$ für $<q_\nu> = \cdots$ LLØLL$\cdots$. In diesem Fall liegen die beiden Symbole L und Ø infolge des großen Frequenzhubs frequenzmäßig weit

auseinander und sind auch bei Anwesenheit von Phasenrauschen noch sehr gut unterscheidbar. Die mittlere Fehlerwahrscheinlichkeit p_m ist dabei minimal.

b) Fehlerwahrscheinlichkeit

Mittlere Fehlerwahrscheinlichkeit p_m

Entsprechend den vorangegangenen Überlegungen erhalten wir die geringste mittlere Fehlerwahrscheinlichkeit bei einem gegen Unendlich gehenden Frequenzhub mit der Eigenschaft $d_L(f_{Hub}T) = 0$ bei der Symbolfolge Einzel-Ø (vgl. Bild 5.20). Die Berechnung der mittleren Fehlerwahrscheinlichkeit p_m ist allerdings nur mit sehr großem numerischen Aufwand durchführbar und daher für eine praktische Systemoptimierung weniger geeignet. Da die Abtastwerte des Detektionssignals $d(t)$ beim inkohärenten FSK-Heterodynsystem stets günstiger sind als beim inkohärenten ASK-Heterodynsystem (die Abtastwerte sind im FSK-System bei den L-Symbolen stets größer und bei den Ø-Symbolen immer etwas kleiner als im ASK-System) ist die mittlere Fehlerwahrscheinlichkeit im FSK-System immer niedriger als im ASK-System. Die Folge ist eine im Mittel etwas höhere Empfindlichkeit von etwa 1 dB beim Einfilterdemodulator und etwa 1 dB + 3 dB = 4 dB beim Zweifilterdemodulator.

Ungünstigste Fehlerwahrscheinlichkeit p_u

Für die ungünstigste Fehlerwahrscheinlichkeit p_u gelten bei Verwendung der Einfilterschaltung die gleichen formelmäßigen Zusammenhänge wie beim inkohärenten ASK-Heterodynsystem. Die Voraussetzung hierfür ist, wie bereits oben erwähnt, ein hinreichend großer Frequenzhub (in der Praxis genügt meist $f_{Hub}T > 5$) mit der Eigenschaft, daß bei der Symbolfolge $\langle q_\nu \rangle = \cdots \mathrm{LL\emptyset LL} \cdots$ die Detektionsabtastwerte $d_L(f_{Hub}T)$ und $d_{\emptyset,ASK}$ identisch sind (vgl. Bild 5.20). Die Fehlerwahrscheinlichkeitskurven aus Bild 5.15 (inkohärentes ASK-Heterodynsystem) können also für das inkohärente FSK-Heterodynsystem mit einem Einfilterdemodulator direkt übernommen werden.

Für das FSK-System mit einem Zweifilterdemodulator muß dagegen die Maximumentscheidung berücksichtigt werden. Sind die Dichtefunktionen $f_{dL}(d)$ und $f_{d\emptyset}(d)$ der normierten Detektionsabtastwerte $d_L > 0$ und $d_\emptyset > 0$ bekannt, so folgt

$$p_u = \frac{1}{2}\left[p(d_L > d_\emptyset | q_\nu = \emptyset) + p(d_\emptyset > d_L | q_\nu = \mathrm{L})\right] = p(d_\emptyset > d_L | q_\nu = \mathrm{L})$$

$$= \int_{d_L=0}^{+\infty} \int_{d_\emptyset = d_L}^{+\infty} f_{dL}(d_L)\, f_{d\emptyset}(d_\emptyset)\; \mathrm{d}d_\emptyset\, \mathrm{d}d_L\,. \tag{5.115}$$

Voraussetzung für diese Gleichung sind identische Auftrittswahrscheinlichkeiten für die beiden Symbole L und Ø sowie die statistische Unabhängigkeit der beiden Zufallsgrößen d_L (L-Zweig) und $d_\emptyset$ (Ø-Zweig), d.h. in diesem Fall muß gelten:

$f_{dL,\,d\emptyset}(d_L, d_\emptyset) = f_{dL}(d_L) \cdot f_{d\emptyset}(d_\emptyset)$. Da in den beiden Zweigen der Zweifilterschaltung bei überlappungsfreier Filterung die jeweiligen Rauschanteile frequenzmäßig voneinander getrennt sind, ist die Annahme der statistischen Unabhängigkeit gerechtfertigt. In diesem Fall erzielt man mit dem Zweifilterempfänger eine um 3 dB höhere Empfindlichkeit als mit der Einfilterschaltung. Zur numerischen Auswertung der Gleichung (5.115) müssen die Dichtefunktionen $f_{dL}(d)$ und $f_{d\emptyset}(d)$ entsprechend Abschnitt 5.3.1 ermittelt und in Gleichung (5.115) eingesetzt werden.

Mit den im Abschnitt 5.3.1 angegebenen Näherungen und den speziellen Symbolfolgen der Dauer-L und Dauer-Ø (Impulsinterferenzen treten also in diesem Fall nicht auf) läßt sich Gleichung (5.115) nach einigen mathematischen Umformungen wie folgt vereinfachen:

$$p = \frac{\sigma_\emptyset^2}{\sigma_L^2 + \sigma_\emptyset^2} \exp\left(-\frac{C_L^2}{2\left[\sigma_L^2 + \sigma_\emptyset^2\right]}\right), \quad \text{mit} \quad \sigma_\emptyset^2 = \sigma^2 \quad \text{und} \quad \sigma_L^2 = \sigma^2 + \sigma_{CL}^2. \qquad (5.116)$$

Die zur Auswertung dieser Gleichung benötigten Größen können unter Beachtung der Dauer-L und der Dauer-Ø dem Abschnitt 5.3.1 entnommen werden. Der Einfluß des Phasenrauschen wird in dieser Gleichung durch die beiden Größen C_L und σ_{CL} berücksichtigt. Hierbei entspricht C_L nach Abschnitt 5.3.1 dem abgetasteten Detektionssignal d_L (d.h. $q_\nu = L$) unter der Voraussetzung, daß kein additives Gaußrauschen auftritt ($\sigma = 0$).

Für $\sigma_L = \sigma_\emptyset = \sigma$ (also für das phasenrauschfreie System) folgt aus Gleichung (5.116) die aus der Literatur bekannte Fehlerwahrscheinlichkeitsgleichung elektrischer FSK-Übertragungssysteme [163].

c) Frequenzdiskriminator-Abschätzung

Durch eine einfache Abschätzung wollen wir in diesem Abschnitt die Größe des erforderlichen Frequenzhubs f_{Hub} näherungsweise ermitteln. Voraussetzungen für diese Abschätzung sind erstens ein idealer Frequenzdiskriminator mit linearer Diskriminatorkennlinie und zweitens die Abwesenheit des additiven Gaußrauschens ($x = y = 0$ bzw. $\sigma = 0$). Da additive Störeinflüsse in FSK-Systemen durch Amplitudenbegrenzer oder (falls möglich) durch Anhebung der Signalleistung weitgehend vermindert werden können, soll hier nur das in FSK-Systemen dominante Phasen- bzw. Frequenzrauschen betrachtet werden. Bild 5.21 zeigt die Diskriminatorkennlinie mit den beiden Frequenzwerten für die Symbole L und Ø.

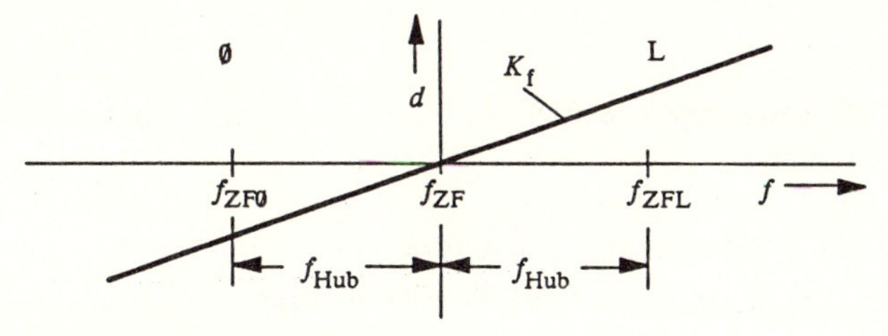

Bild 5.21: Ideale Diskriminatorkennlinie

Für das Detektionssignal $d(t)$ am Diskriminatorausgang gilt mit $K_f = 2\pi K_\omega$ (Steigung der Diskriminatorkennlinie) die Gleichung

$$d(t) = K_\omega \left[\underbrace{\dot{\phi}_N(t)}_{\text{Nachricht}} + \underbrace{\dot{\phi}(t)}_{\text{Laserfrequenzrauschen}}\right] = K_\omega \left[\sum_{\nu=-\infty}^{+\infty} 2\pi f_{\text{Hub}}(2s_\nu - 1)\,\text{rect}\left(\frac{t-\nu T}{T}\right) + \dot{\phi}(t)\right]. \tag{5.117}$$

Das Laserfrequenzrauschen $\dot{\phi}(t)$ ist nach Abschnitt 3.3.3 ein weißes Rauschen mit der konstanten Rauschleistungsdichte

$$L_{\dot{\phi}}(f) = 2\pi\Delta f = 2\pi\left(\Delta f_T + \Delta f_L\right). \tag{5.118}$$

Hierbei sind Δf_L und Δf_T die Laserlinienbreiten von Lokal- und Sendelaser. Betrachten wir nun die ungünstigsten Symbolfolgen $\cdots$ ØØLØØ $\cdots$ und $\cdots$ LLØLL $\cdots$, d.h. wir nehmen eine Filterung des Detektionssignals $d(t)$ mit einem Gaußfilter nach Gleichung (2.77) an, so folgt für die ungünstigste Fehlerwahrscheinlichkeit der Ausdruck

$$p_u = Q\left[\frac{f_{\text{Hub}}T\,(1-4Q(\sqrt{2\pi}f_g T))}{\sqrt{\Delta f T}\,\sqrt{2}\,f_g T}\right]. \tag{5.119}$$

Minimieren wir nun p_u hinsichtlich der optimalen normierten Grenzfrequenz des Gaußfilters, so folgt der bereits bekannte Wert

$$f_{g,\text{opt}}\,T \approx 0{,}79.$$

Die optimale normierte Grenzfrequenz $f_{g,\text{opt}}\,T$ ist also unabhängig vom Frequenzhub f_{Hub} und auch unabhängig von der resultierenden Laserlinienbreite Δf. Im Hinblick auf eine Fehlerwahrscheinlichkeit von beispielsweise $p_u = 10^{-10}$ erhalten wir aus Gleichung (5.119) mit $f_{g,\text{opt}}\,T = 0{,}79$ den Zusammenhang

$$\boxed{\frac{(f_{\text{Hub}}T)^2}{\Delta f T} = 55{,}30 \;\rightarrow\; f_{\text{Hub}}T = 7{,}44\sqrt{\Delta f T}\,.} \tag{5.120}$$

Mit dieser einfachen Gleichung können wir für die gegebene Fehlerwahrscheinlichkeit von $p_u = 10^{-10}$ den hierzu minimal erforderlichen Frequenzhub f_{Hub} berechnen.

Beispiel 5.3

Die normierte resultierende Laserlinienbreite ΔfT besitzt für die FSK-Systemdaten

- resultierende Laserlinienbreite: $\Delta f = 56$ MHz
- Bitrate: $1/T = 560$ MHz (also 560 MBit/s).

den Zahlenwert 0,1. Mit der Gleichung (5.120) erhalten wir hieraus einen minimal erforderlichen Frequenzhub von $f_{\text{Hub}} = 2{,}35/T \approx 1{,}32$ GHz.

Gleichung (5.120) besagt nicht, daß jede beliebige Laserlinienbreite Δf erlaubt ist, wenn nur der Frequenzhub f_{Hub} hinreichend groß genug gewählt wird. Bei sehr großen Laserlinienbreiten stört nämlich, wie bereits beim inkohärenten ASK-Heterodynsystem beschrieben wurde, zunehmend die Kopplung zwischen der unerwünschten Phasenmodulation (infolge des Laserphasenrauschens von Sende- und Lokallaser) und der Signalamplitude. Da bei dem hier betrachteten inkohärenten FSK-System die Signaldetektion über die Auswertung der Hüllkurve erfolgt, führt hier diese unerwünschte Kopplung ebenfalls zu einem Ansteigen der Fehlerwahrscheinlichkeit bei großen Laserlinienbreiten. Dieser Effekt wird aber in der Gleichung (5.120) nicht berücksichtigt, da der ideale Frequenzdiskriminator amplitudenunabhängig ist und nur auf Frequenzänderungen anspricht.

Eine Aussage über die tatsächlich erlaubten Linienbreiten erhält man, wie bei den bisher betrachteten Systemen nur aus den Fehlerwahrscheinlichkeitskurven $p_u(P_E, \Delta f)$. Für das inkohärente FSK-System mit einem Frequenzhub nach Gleichung (5.120) entspricht dabei der Verlauf der Fehlerwahrscheinlichkeitskurven in sehr guter Näherung dem Kurvenverlauf beim inkohärenten ASK-Heterodynsystem (vgl. Bild 5.22 und [131]).

d) Auswertung

Bild 5.22 zeigt den Verlauf der ungünstigsten Fehlerwahrscheinlichkeit p_u als Funktion der Empfangslichtleistung P_E, der resultierenden Laserlinienbreite Δf und des Frequenzhubs f_{Hub}. Die dargestellte Abhängigkeit vom Frequenzhub ist das Ergebnis einer aufwendigen numerischen Berechnung mittels Rechner [31]. Der Vergleich mit den Fehlerwahrscheinlichkeitskurven des inkohärenten ASK-Heterodynsystems (Kurve 4) verdeutlicht die gute Übereinstimmung beider Systeme bei großem Frequenzhub (hier: $f_{\text{Hub}} T = 3{,}5$). Die exakte Übereinstimmung der ungünstigsten Fehlerwahrscheinlichkeit p_u ist nach Bild 5.20 beim normierten Frequenzhub $f_{\text{Hub}} T \to \infty$ mit der Eigenschaft $d_L(f_{\text{Hub}} T) = d_{\emptyset,\text{ASK}}$ gegeben.

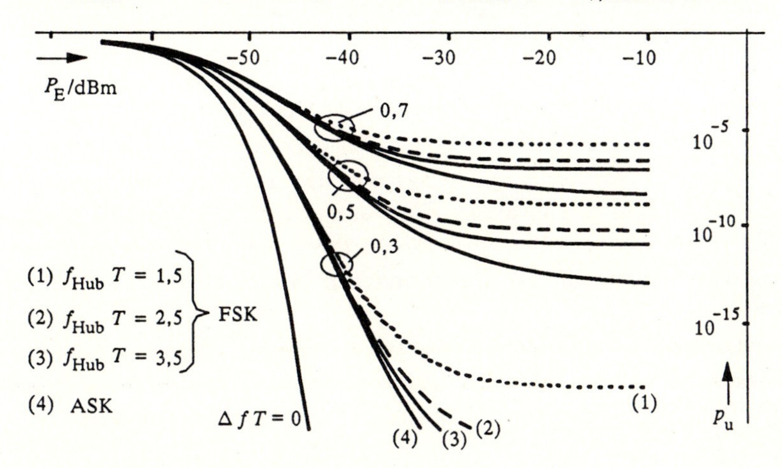

Bild 5.22: Ungünstigste Fehlerwahrscheinlichkeit p_u beim inkohärenten FSK-Heterodynsystem unter Verwendung eines Einfilterdemodulators

5.3.3 DPSK-Heterodynsystem

Die DPSK-Modulation ist eine Variante der PSK-Modulation. Bei der DPSK liegt dabei die Nachricht nicht in der Phase, sondern in der Phasendifferenz zweier aufeinanderfolgender Symbole. Das Symbol L wird durch eine Phasenänderung von 0° und das Symbol Ø durch einen Phasensprung von 180° (π) dargestellt. Die Phasendrehung um 180° entspricht einer Umpolung des Signals. Somit ist die Nachricht auch im Vorzeichenwechsel der Signalamplitude beinhaltet. Ein Wechsel im Vorzeichen bedeutet dabei, daß das Symbol Ø gesendet wurde, während kein Vorzeichenwechsel auf das Symbol L schließen läßt. Die hier vereinbarte Zuordnung der Symbole L und Ø für „Wechsel" bzw. „kein Wechsel" ist willkürlich und kann prinzipiell auch umgekehrt erfolgen.

Bild 5.23 zeigt das Blockschaltbild eines DPSK-Heterodynsystems bestehend aus dem optischen Sender, dem Übertragungskanal (Monomodefaser) und dem optischen Überlagerungsempfänger. Die wesentlichen Komponenten und Signalverläufe dieses Übertragungssystems wurden bereits im Kapitel 2 ausführlich beschrieben. Der in diesem Abschnitt näher zu untersuchende Demodulator beinhaltet nach Bild 5.23 ein *Verzögerungsglied* – die zeitliche Verzögerung ist gleich der Symboldauer T – und einen *Multiplizierer* mit der dimensionsbehafteten Multipliziererkonstanten K_M. Der Multiplizierer bildet das mit K_M gewichtete Produkt aus dem ZF-Signal $i_{ZF}(t)$ mit dem um T verzögerten ZF-Signal $i_{ZF}(t - T)$. Die dabei ebenfalls entstehenden hochfrequenten Anteile mit der Frequenz $2f_{ZF}$ werden durch das anschließende *Tiefpaßfilter* eliminiert.

Es wird angenommen, daß die Basisbandanteile des Produktsignals $p(t)$ den Tiefpaß ungehindert, d.h. ohne Beeinflussung der Signalform, passieren können. Demodulator und Tiefpaß (Integrierer) haben zusammen die Funktion eines Autokorrelators. Wir bezeichnen daher diese Einheit als *Autokorrelationsdemodulator*.

Das Ausgangssignal des Tiefpasses ist das Detektionssignal $d(t)$, das wie üblich einer Abtast- und Entscheidungseinrichtung zugeführt wird. Typische Signalverläufe des DPSK-Heterodynsystems zeigt Bild 5.24.

a) Detektionssignal $d(t)$ und Detektionsabtastwerte $d(\nu T + t_0)$

Zur Berechnung des Detektionssignals $d(t)$ nehmen wir vorerst vereinfachend an, daß das *ZF-Filter* nur die Verringerung des additiven Gaußrauschens zur Aufgabe hat. Ansonsten soll dieses Filter das phasenverrauschte Eingangssignal unverändert durchlassen. Die Auswirkungen von Impulsinterferenzen und die Wirkung dieses Filters auf das Phasenrauschen bleiben also vorerst noch unberücksichtigt.

Bei inkohärenten ASK-Heterodynsystemen folgte für diesen speziellen Fall ein vom Phasenrauschen ungestörtes Hüllkurven- bzw. Detektionssignal $d(t)$ und somit eine vom Phasenrauschen unabhängige Fehlerwahrscheinlichkeit (vgl. Abschnitt 5.3.1).

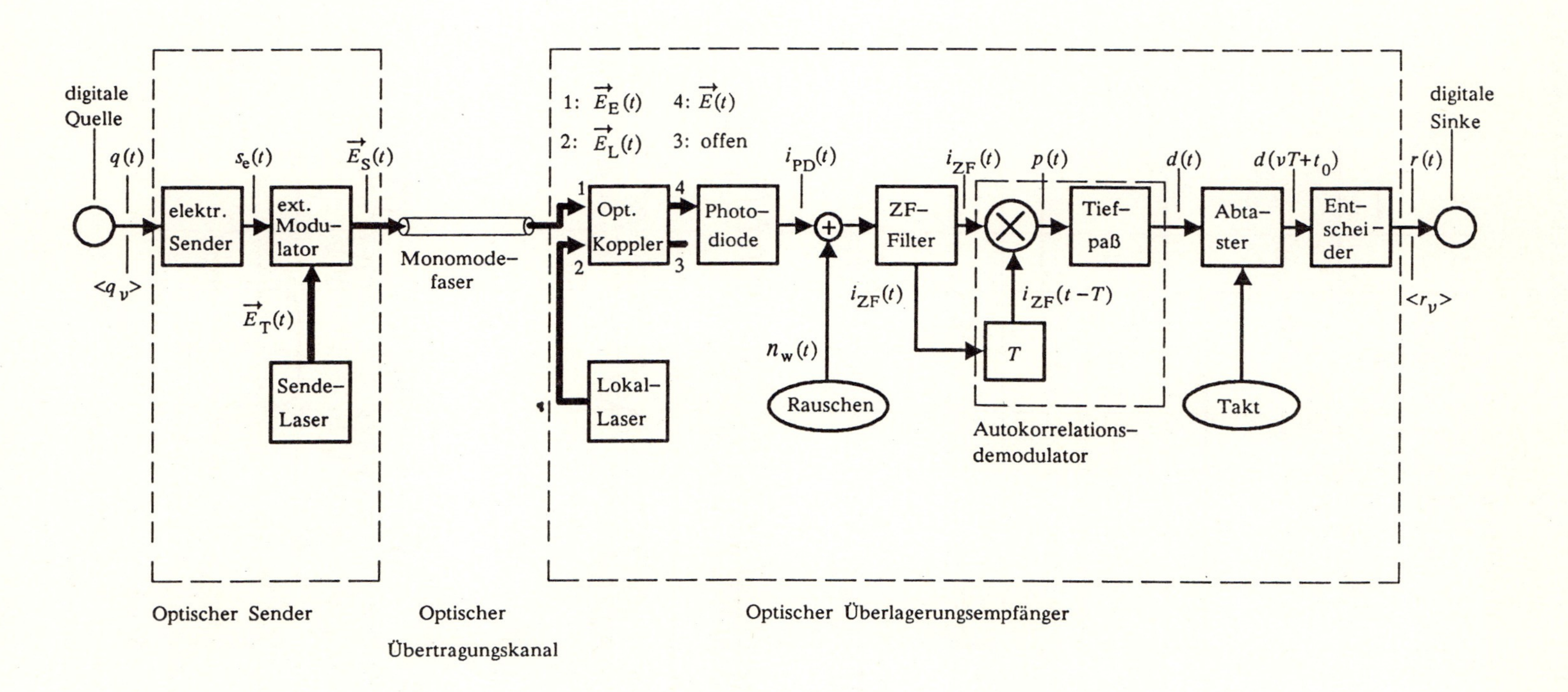

Bild 5.23: Blockschaltbild eines inkohärenten optischen DPSK–Übertragungssystems mit Heterodynempfang und Autokorrelationsdemodulation

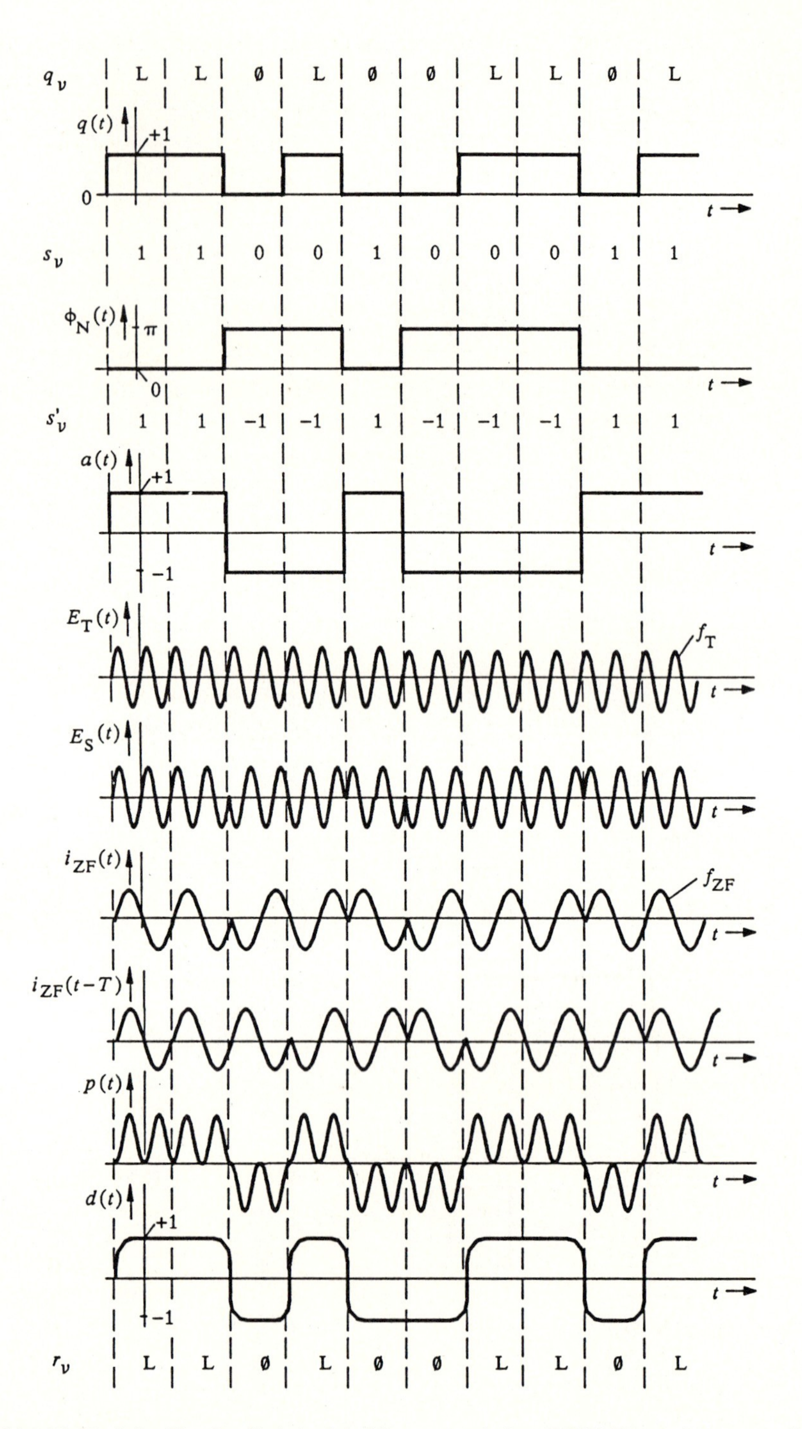

Bild 5.24: Typische Signalverläufe im inkohärenten optischen DPSK–Heterodynsystem mit Autokorrelationsdemodulator

Der DPSK-Demodulator vergleicht die zugeordneten Phasenwerte zweier aufeinanderfolgender Symbole. Durch die additive Überlagerung des Laserphasenrauschens mit der nutzmodulierten Nachrichtenphase erfolgt hierdurch bereits bei einer ungestörten, d.h. konstanten Amplitude bzw. Hüllkurve des modulierten ZF-Signals eine Störung des Detektionssignals $d(t)$. Diese Art der Störung bezeichnen wir im folgenden als *direkte Phasenstörung*.

Eine zweite, *indirekte Phasenstörung* wird durch die unerwünschte Verkopplung von Phasenrauschen und Signalamplitude im ZF-Signal $i_{ZF}(t)$ verursacht (vgl. inkohärentes ASK-Heterodynsystem). Hervorgerufen wird diese störende Umwandlung von Phasenrauschen in Amplitudenschwankungen durch die stets notwendige Bandbegrenzung des ZF-Filters. Für praktisch sinnvolle Systemparameter ist diese zusätzliche indirekte Phasenstörung jedoch sehr viel kleiner als die direkte Störung [154]. Die Vernachlässigung der indirekten Phasenstörung ist somit im allgemeinen in der Praxis erlaubt und die oben vereinbarte Annahme, das ZF-Filter beeinflusse nur das additive Gaußrauschen und nicht das Phasenrauschen, gerechtfertigt.

Unter der Voraussetzung, daß $f_{ZF}T$ ein ganzzahliger Wert ist (die Verletzung dieser Voraussetzung wird im Unterabschnitt d diskutiert), berechnet sich das Detektionssignal $d(t)$ zu

$$d(t) = \frac{1}{2} K_M \left[\hat{i}_{PD} \cos\big(\phi_N(t) + \phi(t)\big) + x(t) \right] \left[\hat{i}_{PD} \cos\big(\phi_N(t-T) + \phi(t-T)\big) + x(t-T) \right]$$
$$+ \frac{1}{2} K_M \left[-\hat{i}_{PD} \sin\big(\phi_N(t) + \phi(t)\big) + y(t) \right] \left[-\hat{i}_{PD} \sin\big(\phi_N(t-T) + \phi(t-T)\big) + y(t-T) \right]. \tag{5.121}$$

In dieser Gleichung sind $x(t)$ und $y(t)$ die Inphase- bzw. Quadraturkomponente des additiven Gaußrauschens (also des Schrotrauschens der Photodiode und des thermischen Rauschens der Verstärker und der Schaltungswiderstände), $\phi(t)$ das resultierende Laserphasenrauschen von Sende- und Lokallaser und

$$\phi_N(t) = \pi(1-s_\nu)\,\mathrm{rect}\left[\frac{t-\nu T}{T}\right] \quad \text{mit } s_\nu \in \{0, 1\} \tag{5.122}$$

die Nachrichtenphase (vgl. Gleichung 2.35). Die Zuordnung der Koeffizienten s_ν zu den Quellensymbolen $q_\nu \in \{Ø, L\}$ verdeutlichen Bild 2.4 und 5.24. Neben der Phasendarstellung des Detektionssignal $d(t)$ gemäß Gleichung (5.121) gibt es die Amplitudendarstellung

$$d(t) = \frac{1}{2} K_M \left[\hat{i}_{PD}\, a(t) \cos\big(\phi(t)\big) + x(t) \right] \left[\hat{i}_{PD}\, a(t-T) \cos\big(\phi(t-T)\big) + x(t-T) \right]$$
$$+ \frac{1}{2} K_M \left[-\hat{i}_{PD}\, a(t) \sin\big(\phi(t)\big) + y(t) \right] \left[-\hat{i}_{PD}\, a(t-T) \sin\big(\phi(t-T)\big) + y(t-T) \right] \tag{5.123}$$

mit

$$a(t) = s'_\nu \;\mathrm{rect}\left[\frac{t-\nu T}{T}\right]; \qquad s'_\nu = 2s_\nu - 1; \qquad s'_\nu \in \{-1, +1\}. \tag{5.124}$$

Ohne Einschränkung der Allgemeingültigkeit können wir im folgenden das dimensionslose Produkt $K_M \hat{i}_{PD} = 1$ setzen. Verwenden wir nun die gleichen Normierungen und Substitutionen wie in den vorangegangenen Abschnitten, so erhalten wir für das zum Zeitpunkt $t = \nu T + t_0$ abgetastete und auf $\hat{i}_{PD}$ normierte Detektionssignal d den Ausdruck

$$\boxed{\begin{aligned} d = {} & \frac{1}{2}\overbrace{\left[a\cos(\phi) + x\right]}^{C}\overbrace{\left[a_T\cos(\phi_T) + x_T\right]}^{C_T} \\ & + \frac{1}{2}\underbrace{\left[-a\sin(\phi) + y\right]}_{S}\underbrace{\left[-a_T\sin(\phi_T) + y_T\right]}_{S_T} = \frac{1}{2}\,C C_T + \frac{1}{2}\,S S_T. \end{aligned}} \tag{5.125}$$

Der Index T (Symboldauer) kennzeichnet hier die um die Symboldauer T zeitlich verzögerten Signale am Ausgang des Verzögerungsgliedes (siehe Bild 5.23). Vernachlässigen wir in der Gleichung (5.125) die sechs Rauschgrößen x, x_T, y, y_T, ϕ und ϕ_T, so vereinfacht sich diese Gleichung zu

$$\boxed{d = \frac{1}{2}\,a\,a_T.} \tag{5.126}$$

Die Funktionsweise des DPSK-Demodulators - also das Erkennen eines Vorzeichenwechsels im Detektionsabtastwert d - wird aus dieser einfachen Gleichung besonders deutlich: der Entscheider liefert demnach das Symbol r_ν = L, wenn der Detektionsabtastwert d positiv ist (also kein Wechsel im Vorzeichen von a auftritt, d.h. $a = a_T$ ist) und das Symbol Ø, wenn d negativ ist (also ein Vorzeichenwechsel auftritt, d.h. $a = -a_T$ ist). Bild 5.24 veranschaulicht diesen Sachverhalt anhand typischer Signalverläufe des DPSK-Demodulators.

Nach Gleichung (5.125) ist der normierte Detektionsabtastwert d eine Funktion von sechs Zufallsgrößen, nämlich von x, x_T, y, y_T, ϕ und ϕ_T. Die WDF $f_d(d)$ der Zufallsgröße d wird somit durch ein Sechsfachintegral und die Fehlerwahrscheinlichkeit als Teilfläche unterhalb der WDF $f_d(d)$ durch ein Siebenfachintegral beschrieben. Die numerische Auswertung dieser mehrdimensionalen Integration erfordert allerdings selbst bei sehr schnellen Rechenanlagen einen sehr großen Zeitaufwand. Nehmen wir beispielsweise 100 Stützwerte und eine Rechenzeit von 0,01s je Integral an, so ergibt dies für die numerische Berechnung des Siebenfachintegrals eine Gesamtrechenzeit von $100^6 \cdot 0{,}01\mathrm{s} = 10^{10}\,\mathrm{s} = 317$ Jahre. Die Berechnung der Fehlerwahrscheinlichkeit muß daher notwendigerweise auf einem anderen Weg erfolgen.

b) Zweifilterersatzschaltung für den DPSK-Demodulator

Unter Verwendung der in Gleichung (5.125) angegebenen Abkürzungen C, C_T, S und S_T erhalten wir mittels einer binomischen Ergänzung für den normierten Detektionsabtastwert d den zu (5.125) äquivalenten Ausdruck

$$d = \frac{1}{8}\left((C+C_T)^2+(S+S_T)^2-(C-C_T)^2-(S-S_T)^2\right) = \frac{1}{8}\left(r_\Sigma^2 - r_\Delta^2\right). \tag{5.127}$$

Dabei sind zur weiteren Abkürzung folgende Größen verwendet:

$$r_\Sigma = \sqrt{(C+C_T)^2+(S+S_T)^2}\,, \tag{5.128}$$

$$r_\Delta = \sqrt{(C-C_T)^2+(S-S_T)^2}\,. \tag{5.129}$$

Physikalisch repräsentieren die Signale r_Σ und r_Δ die (normierten und abgetasteten) Hüllkurven des zwischenfrequenten Summensignals $\Sigma(t) = i_{ZF}(t) + i_{ZF}(t-T)$ und des zwischenfrequenten Differenzsignals $\Delta(t) = i_{ZF}(t) - i_{ZF}(t-T)$.

Durch die zunächst recht unvorteilhaft erscheinende Gleichung (5.127) wird die Schwellwertentscheidung $d > 0$ bzw. $d < 0$ in die Maximumentscheidung $r_\Sigma > r_\Delta$ (entspricht $d > 0$) bzw. $r_\Sigma < r_\Delta$ (entspricht $d < 0$) überführt. Da der Summenterm r_Σ und der Differenzenterm r_Δ auf Grund ihrer mathematischen Struktur riceverteilte Zufallsgrößen sind (vgl. Abschnitt 5.3.1), wird auf diese Weise eine verhältnismäßig einfache Berechnung der Fehlerwahrscheinlichkeit ermöglicht. Hierin liegt der eigentliche Vorteil der Gleichung (5.127).

Bild 5.25a verdeutlicht den physikalischen Hintergrund von Gleichung (5.127) in Form einer „Zweifilterersatzschaltung" für den Autokorrelationsdemodulator von Bild 5.23. Die Anführungszeichen weisen darauf hin, daß dieser *Zweifilterdemodulator* nicht nur ein schaltungstechnisches Modell, sondern auch eine praktisch realisierbare Alternative zum Autokorrelationsdemodulator ist. Zum besseren Verständnis der Ersatzschaltung sind in Bild 5.25b typische Signalverläufe dargestellt.

Im Zweifilterdemodulator wird das zu demodulierende ZF-Signal $i_{ZF}(t)$ zunächst auf eine Schaltung bestehend aus einem Vezögerungsglied, einem Summierer und einem Subtrahierer gegeben. Diese Schaltungsanordnung kann man sich auch aus zwei linearen Filtern, dem Summenfilter $H_\Sigma(f)$ und dem Differenzfilter $H_\Delta(f)$, zusammengesetzt denken. Das lineare Summenfilter $H_\Sigma(f)$ liefert die Summe $\Sigma(t)$ aus dem ZF-Signal $i_{ZF}(t)$ und dem verzögerten ZF-Signal $i_{ZF}(t-T)$, während das lineare Differenzfilter $H_\Delta(f)$ die Differenz $\Delta(t)$ dieser Signale erzeugt. Die mathematische Form der Systemfunktion dieser Filter lautet demnach:

$$H_\Sigma(f) = 1 + e^{-j2\pi fT}, \tag{5.130}$$

$$H_\Delta(f) = 1 - e^{-j2\pi fT}. \tag{5.131}$$

Die abgetasteten Hüllkurven $r_\Sigma(\nu T + t_0)$ und $r_\Delta(\nu T + t_0)$ des Summen- und des Differenzsignals werden auf einen Maximumentscheider gegeben, der das Maximum der im Zeitabstand T (Symboldauer) abgetasteten Ausgangshüllkurven bestimmt (siehe Bild 5.25).

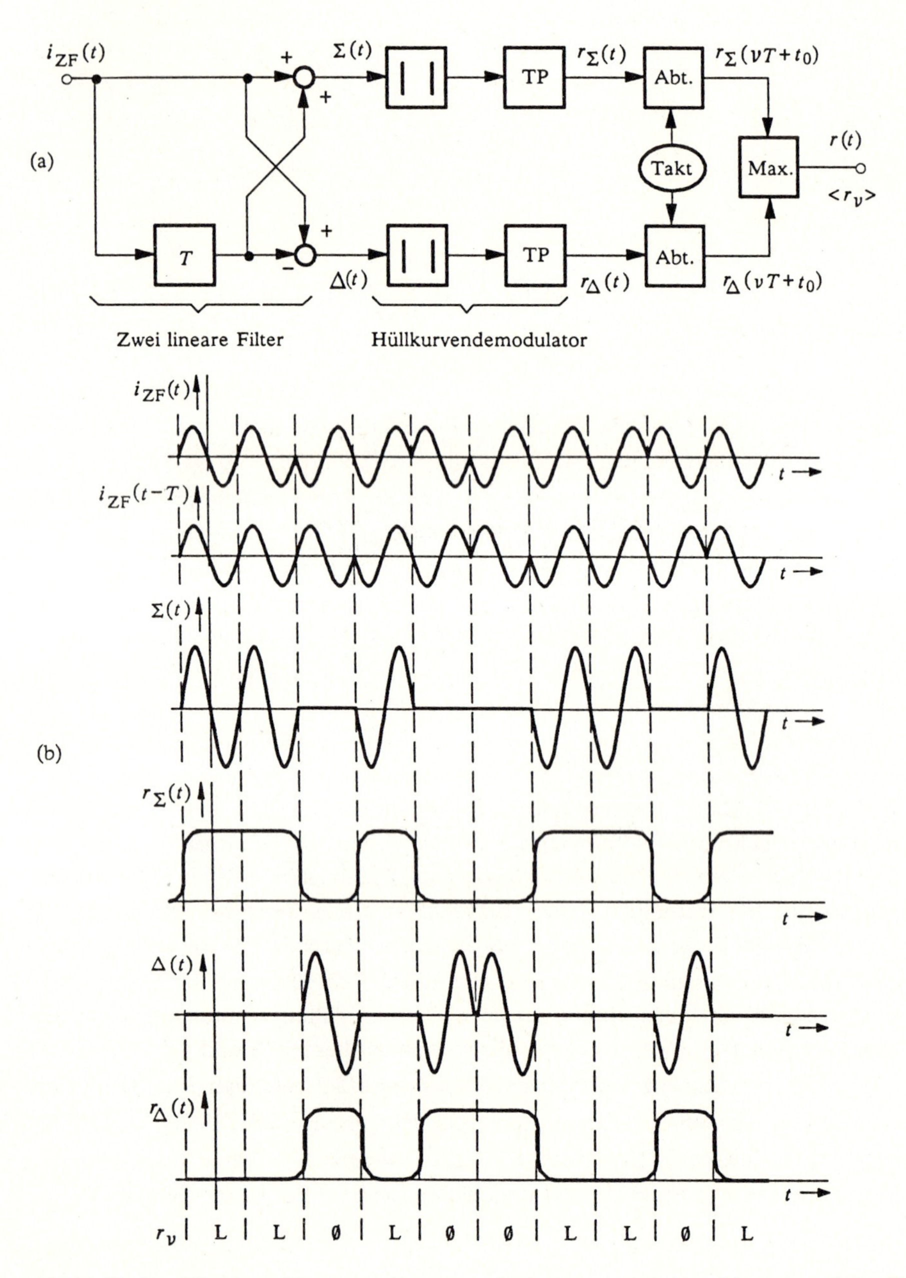

Bild 5.25: Zweifilterdemodulator mit Abtaster und Maximumentscheider (a) sowie typische Signalverläufe (b)

Das Zweifilterverfahren wurde bereits beim inkohärenten FSK-Heterodynsystem als Dual-Filter oder Zweifilterdemodulator behandelt (vgl. Abschnitt 5.3.2). Beim FSK-System waren diese Filter jedoch Bandpässe und sollten auf die beiden möglichen Sendefrequenzen ansprechen. Hier sollen dagegen diese Filter auf „Wechsel" bzw. „kein Wechsel" in der Signalamplitude des ZF-Signals reagieren. Dies geschieht durch die oben erwähnte Summen- bzw. Differenzbildung aus Eingangs- und verzögertem Eingangssignal.

Tritt nun ein Amplitudenwechsel auf ($q_\nu = \emptyset$), so löschen sich die Signale am Summenausgang aus ($\Sigma(t) = 0$), während sich die Signalamplitude am Differenzausgang verdoppelt ($\Delta(t) = 2 \cdot i_{ZF}(t)$). Erfolgt dagegen kein Amplitudenwechsel ($q_\nu = \mathrm{L}$), so ist das Differenzsignal Null ($\Delta(t) = 0$) und das Summensignal ist gleich dem doppelten ZF-Signal ($\Sigma(t) = 2 \cdot i_{ZF}(t)$).

Die folgende Tabelle veranschaulicht nochmals die Zuordnung der maßgeblichen Abtastwerte d (beim Autokorrelationsdemodulator), bzw. r_Σ und r_Δ (beim Zweifilterdemodulator) zu den Quellensymbolen q_ν.

Tabelle 5.3: Zuordnung der Abtastwerte d, r_Σ und r_Δ zu den Quellensymbolen q_ν

Quellensymbol q_ν	Autokorrelations-demodulator mit Schwellwert-entscheidung	Zweifilter-demodulator mit Maximum-entscheidung
L	$d > 0$	$r_\Sigma > r_\Delta$
Ø	$d < 0$	$r_\Sigma < r_\Delta$

c) Fehlerwahrscheinlichkeit

Ein Symbolfehler ($r_\nu \neq q_\nu$) tritt immer dann auf, wenn für das gesendete Quellensymbol $q_\nu = \emptyset$ ein Detektionsabtastwert $d > 0$ bzw. ein Abtastwert $r_\Sigma > r_\Delta$ und für das Quellensymbol $q_\nu = \mathrm{L}$ ein Detektionsabtastwert $d < 0$ bzw. $r_\Sigma < r_\Delta$ empfangen wird. Bei Vernachlässigung von Impulsinterferenzen ist die gesuchte Fehlerwahrscheinlichkeit nur von den aktuellen Symbolen zum Abtast- und Entscheidungszeitpunkt $\nu T + t_0$, nicht aber von den Nachbarsymbolen abhängig. Für diesen Fall berechnet sich bei gleicher Auftrittswahrscheinlichkeit der Symbole $q_\nu = \mathrm{L}$ und $q_\nu = \emptyset$ die mittlere Fehlerwahrscheinlichkeit zu

$$p_\mathrm{m} = \frac{1}{2}\left(p_\emptyset + p_\mathrm{L}\right). \tag{5.132}$$

Hierbei sind $p_\emptyset$ und p_L die Wahrscheinlichkeiten dafür, daß ein gesendetes Symbol Ø bzw. L vom Entscheider falsch erkannt wird. Es gilt:

$$p_\emptyset = p\left(d>0 \middle| q_\nu = \emptyset\right) = p\left(r_\Sigma > r_\Delta \middle| q_\nu = \emptyset\right) = \int\limits_0^{+\infty} \int\limits_{r_\Sigma = r_\Delta}^{+\infty} f_{r_\Delta, r_\Sigma}\left(r_\Delta, r_\Sigma\right) \mathrm{d}r_\Sigma \, \mathrm{d}r_\Delta \;, \tag{5.133}$$

$$p_\mathrm{L} = p\left(d<0 \middle| q_\nu = \mathrm{L}\right) = p\left(r_\Sigma < r_\Delta \middle| q_\nu = \mathrm{L}\right) = \int\limits_0^{+\infty} \int\limits_{r_\Delta = r_\Sigma}^{+\infty} f_{r_\Delta, r_\Sigma}\left(r_\Delta, r_\Sigma\right) \mathrm{d}r_\Delta \, \mathrm{d}r_\Sigma \;. \tag{5.134}$$

Die Schwierigkeit bei der Berechnung dieser Fehlerwahrscheinlichkeiten liegt in der Bestimmung der zweidimensionalen Verbunddichtefunktion $f_{r_\Delta, r_\Sigma}(r_\Delta, r_\Sigma)$. Die Berechnung dieser Funktion ist wegen der Abhängigkeit der Hüllkurven r_Σ und r_Δ nur mit großem mathematischen Aufwand möglich. Abhilfe schafft hier der Übergang zu den bedingten Wahrscheinlichkeitsdichtefunktionen. Hierzu betrachten wir die Zufallsphasen ϕ und ϕ_T zunächst als Konstante. In diesem Fall sind die beiden Zufallsgrößen r_Σ und r_Δ auf Grund der mathematischen Struktur der Gleichungen (5.128) und (5.129) riceverteilt. In Analogie zu den Berechnungen des Abschnitts 5.3.1 folgt daher nach einigen Umformungen

$$f_{r_\Sigma|\Delta\phi}\left(r_\Sigma, \Delta\phi\right) = \frac{r_\Sigma}{2\sigma^2} \exp\left(-\frac{r_\Sigma^2 + 4\sin^2(\Delta\phi/2)}{4\sigma^2}\right) \mathrm{I}_0\left(\frac{r_\Sigma \sin(\Delta\phi/2)}{\sigma^2}\right), \tag{5.135}$$

$$f_{r_\Delta|\Delta\phi}\left(r_\Delta, \Delta\phi\right) = \frac{r_\Delta}{2\sigma^2} \exp\left(-\frac{r_\Delta^2 + 4\cos^2(\Delta\phi/2)}{4\sigma^2}\right) \mathrm{I}_0\left(\frac{r_\Delta \cos(\Delta\phi/2)}{\sigma^2}\right). \tag{5.136}$$

Hierbei sind

$$\sigma = \sigma_\mathrm{x} = \sigma_\mathrm{y} = \sigma_\mathrm{n} / \hat{i}_\mathrm{PD} = \sigma_\mathrm{Het} / \hat{i}_\mathrm{PD} \tag{5.137}$$

die normierte Streuung der gaußverteilten Zufallsgrößen x, x_T, y und y_T und

$$\Delta\phi = \phi - \phi_\mathrm{T} \tag{5.138}$$

die Phasendifferenz zwischen der aktuellen Phase ϕ und der zeitlich verzögerten Phase ϕ_T. Als Funktion der Zufallsgrößen ϕ und ϕ_T ist die Phasendifferenz $\Delta\phi$ ebenfalls eine Zufallsgröße. Bemerkenswert an den beiden bedingten Dichtefunktionen $f_{r_\Delta|\Delta\phi}(r_\Delta, \Delta\phi)$ und $f_{r_\Sigma|\Delta\phi}(r_\Sigma, \Delta\phi)$ ist, daß diese nur von der stationären Phasendifferenz $\Delta\phi$ (vgl. Abschnitt 3.3.2), nicht aber von den instationären Phasen ϕ und ϕ_T selbst abhängig sind. Für die Berechnung der Fehlerwahrscheinlichkeit ist dies von großem Vorteil.

Setzen wir voraus, daß die gaußverteilten Zufallsgrößen x, x_T, y und y_T unkorreliert und somit auch statistisch unabhängig sind (unter welchen Bedingungen dies tatsächlich erfüllt ist, werden wir später untersuchen), so gilt dies auch für die Hüllkurven r_Σ und r_Δ von Summen- und Differenzsignal [154, 163]. Aus den bedingten Wahrscheinlichkeitsdichtefunktionen (Gleichungen (5.135) und (5.136)) erhalten wir somit durch Multiplikation die bedingte Verbunddichte

$$f_{r_\Delta, r_\Sigma | \Delta\phi}\left(r_\Delta, r_\Sigma, \Delta\phi\right) = f_{r_\Sigma|\Delta\phi}\left(r_\Sigma, \Delta\phi\right) f_{r_\Delta|\Delta\phi}\left(r_\Delta, \Delta\phi\right). \tag{5.139}$$

Berücksichtigen wir nun die Statistik der Phasendifferenz $\Delta\phi$ (diese ist nach Abschnitt 3.3.2 mittelwertfrei, gaußverteilt und stationär), so folgt für die gesuchten Fehlerwahrscheinlichkeiten:

$$\begin{aligned} p_\emptyset &= \int_{-\infty}^{+\infty} \int_{0}^{+\infty} \int_{r_\Sigma = r_\Delta}^{+\infty} f_{r_\Sigma|\Delta\phi}\left(r_\Sigma, \Delta\phi\right) f_{r_\Delta|\Delta\phi}\left(r_\Delta, \Delta\phi\right) f_{\Delta\phi}\left(\Delta\phi\right) \mathrm{d}r_\Sigma \, \mathrm{d}r_\Delta \, \mathrm{d}\Delta\phi \\ &= \int_{-\infty}^{+\infty} \mathring{p}_\emptyset\left(\Delta\phi\right) f_{\Delta\phi}\left(\Delta\phi\right) \mathrm{d}\Delta\phi , \end{aligned} \tag{5.140}$$

$$\begin{aligned} p_\mathrm{L} &= \int_{-\infty}^{+\infty} \int_{0}^{+\infty} \int_{r_\Delta = r_\Sigma}^{+\infty} f_{r_\Sigma|\Delta\phi}\left(r_\Sigma, \Delta\phi\right) f_{r_\Delta|\Delta\phi}\left(r_\Delta, \Delta\phi\right) f_{\Delta\phi}\left(\Delta\phi\right) \mathrm{d}r_\Delta \, \mathrm{d}r_\Sigma \, \mathrm{d}\Delta\phi \\ &= \int_{-\infty}^{+\infty} \mathring{p}_\mathrm{L}\left(\Delta\phi\right) f_{\Delta\phi}\left(\Delta\phi\right) \mathrm{d}\Delta\phi . \end{aligned} \tag{5.141}$$

Wie in den vorangegangenen Abschnitten bezeichnet auch hier das Symbol „°" die Fehlerwahrscheinlichkeit ohne Berücksichtigung des Phasenrauschens. Eine konstante Phasenstörung ist jedoch erlaubt.

Aus Gründen der Symmetrie sind die beiden Fehlerwahrscheinlichkeiten $p_\emptyset$ und p_L identisch. Die gesuchte mittlere Fehlerwahrscheinlichkeit bei Abwesenheit von Impulsinterferenzen berechnet sich daher mit den Gleichungen (5.132), (5.135), (5.136) und (5.140) zu

$$\begin{aligned} p_\mathrm{m} &= \frac{1}{4\sqrt{2\pi}\,\sigma^4\,\sigma_{\Delta\phi}} \int_{-\infty}^{+\infty} \int_{0}^{+\infty} \int_{r_\Sigma = r_\Delta}^{+\infty} r_\Sigma r_\Delta \exp\left(-\frac{r_\Sigma^2 + r_\Delta^2 + 4}{\sigma^2}\right) \exp\left(-\frac{\Delta\phi^2}{2\sigma_{\Delta\phi}^2}\right) \\ &\quad \cdot \mathrm{I}_0\left(\frac{r_\Delta \cos(\Delta\phi/2)}{\sigma^2}\right) \mathrm{I}_0\left(\frac{r_\Sigma \sin(\Delta\phi/2)}{\sigma^2}\right) \mathrm{d}r_\Sigma \, \mathrm{d}r_\Delta \, \mathrm{d}\Delta\phi \\ &= \int_{-\infty}^{+\infty} \mathring{p}_\mathrm{m}\left(\Delta\phi\right) f_{\Delta\phi}\left(\Delta\phi\right) \mathrm{d}\Delta\phi . \end{aligned} \tag{5.142}$$

Die in dieser Gleichung benötigte Varianz $\sigma_{\Delta\phi}^2$ der Phasendifferenz $\Delta\phi$ beträgt nach Abschnitt 3.3.2 mit der resultierenden Laserlinienbreite Δf und der Symboldauer T:

$$\sigma_{\Delta\phi}^2 = 2\pi \Delta f T. \tag{5.143}$$

Durch den Übergang von Gleichung (5.125) auf Gleichung (5.127) wurde die Berechnung der Fehlerwahrscheinlichkeit auf die Auswertung eines Dreifachintegrals reduziert. Eine weitere Vereinfachung ist nur in Spezialfällen möglich. Die zur numerischen Auswertung des Dreifachintegrals benötigte Rechenzeit beträgt mit den Zahlenwerten aus Unterabschnitt a $100^2 \cdot 0{,}01\ \mathrm{s} = 100\ \mathrm{s} \approx 1{,}6\ \mathrm{min}$. Beim ursprünglich erforderlichen Siebenfachintegral würde dagegen eine Rechenzeit von 317 Jahre benötigt werden (vgl. Unterabschnitt a).

Für $\Delta\phi = 0$, d.h. ein System ohne Phasenrauschen, folgt aus Gleichung (5.142) der aus der Berechnung konventioneller digitaler DPSK-Übertragungssysteme bekannte Ausdruck [163]

$$p_m \Big|_{\Delta\phi = 0} = \mathring{p}_m(0) = \frac{1}{2} \exp\left(-\frac{1}{2\sigma^2}\right). \tag{5.144}$$

Hierbei muß allerdings beachtet werden, daß die Streuung σ auf den Maximalwert $\hat{i}_{PD}$ des Photodiodenstroms normiert ist. Die Varianz σ^2 entspricht somit dem Kehrwert eines Signalrauschleistungsverhältnisses.

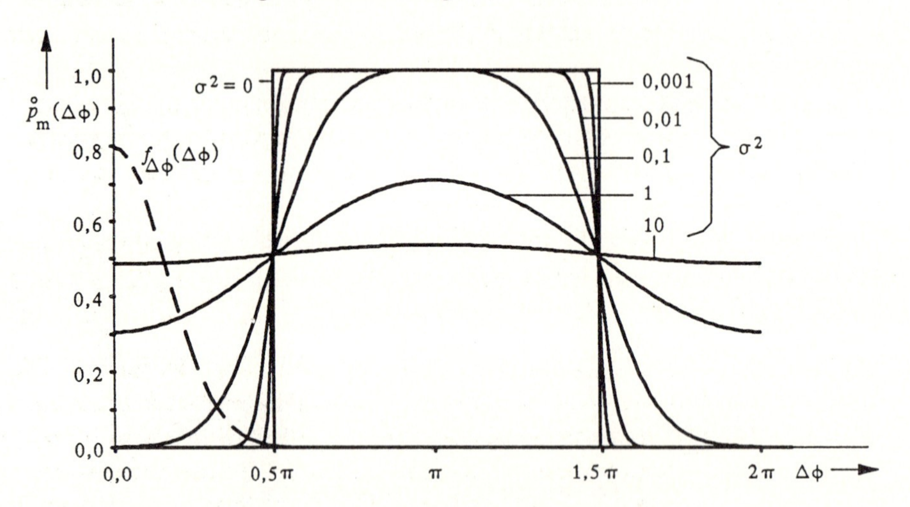

Bild 5.26: Fehlerwahrscheinlichkeit $\mathring{p}_m(\Delta\phi)$ im DPSK-Heterodynsystem in Abhängigkeit von einer konstant angenommenen Phasenstörung $\Delta\phi$

Einen interessanten Einblick in die Verhaltensweise optischer DPSK-Systeme liefert die Betrachtung der Fehlerwahrscheinlichkeit $\mathring{p}_m(\Delta\phi)$ in Abhängigkeit von einer konstant angenommenen, nicht rauschenden Phasenstörung $\Delta\phi$ (Bild 5.26).

Bei kleiner Streuung σ des additiven Gaußrauschens (dies ist gleichbedeutend mit einem großen Signalrauschabstand) ist die Fehlerwahrscheinlichkeit $\mathring{p}_m(\Delta\phi)$ ebenfalls klein, wenn auch die Phasenstörung $\Delta\phi$ klein ist. Mit steigender konstanter Phasenstörung $\Delta\phi$ nimmt die Fehlerwahrscheinlichkeit $\mathring{p}_m(\Delta\phi)$ zu. Beim Phasenwert $\Delta\phi = \pi/2$ erreicht sie den Wert $\mathring{p}_m(\pi/2) = 0{,}5$. Die Signalanteile im

Zweifilterdemodulator (Bild 5.25) löschen sich in diesem Fall aus und an den beiden Eingängen zum Maximumentscheider liegt nur Rauschen. Ist $\Delta\phi$ größer als $\pi/2$ (aber kleiner als π), dann steigt die Fehlerwahrscheinlichkeit $\mathring{p}_m(\Delta\phi)$ weiter an ($\mathring{p}_m(\Delta\phi) > 0{,}5$), da das DPSK-System nun die Symbole L und Ø vertauscht. Bei $\Delta\phi = \pi$ erreicht die Fehlerwahrscheinlichkeit ihr Maximum und wird schließlich für $\Delta\phi > \pi$ wieder kleiner.

Der Verlauf der in Bild 5.26 dargestellten Fehlerwahrscheinlichkeitskurven $\mathring{p}_m(\Delta\phi)$ ist achsensymmetrisch zu $\Delta\phi = 0$ und periodisch mit 2π. Die Periodizität mit 2π als auch die Symmetrie bezüglich $\Delta\phi = 0$ entstehen aus der Abhängigkeit der Fehlerwahrscheinlichkeit $\mathring{p}_m(\Delta\phi)$ von den beiden periodischen Funktionen $\sin(\Delta\phi)$ und $\cos(\Delta\phi)$ gemäß Gleichung (5.142). Es ist dabei zu beachten, daß die in Gleichung (5.142) benötigte Besselfunktion $I_0(x)$ eine gerade Funktion ist.

Betrachten wir die Phasenstörung $\Delta\phi$ nun nicht mehr als eine konstante, deterministische Störung, sondern den tatsächlichen Gegebenheiten entsprechend als Rauschgröße, so müssen wir die zugehörige gaußförmige WDF $f_{\Delta\phi}(\Delta\phi)$ berücksichtigen. In Bild 5.26 ist diese Dichtefunktion als strichlierte Kurve dargestellt. Die Fehlerwahrscheinlichkeit $\mathring{p}_m(\Delta\phi)$ muß nun nach Gleichung (5.142) mit dieser WDF gewichtet werden, damit man nach anschließender Integration die tatsächliche Fehlerwahrscheinlichkeit p_m des DPSK-Systems mit Phasenrauschen erhält. Aus Darstellungsgründen wurde in Bild 5.26 eine unrealistisch breite WDF $f_{\Delta\phi}(\Delta\phi)$ gewählt. In der Praxis ($p_m \approx 10^{-10}$) ist diese WDF bei gleichem Maßstab wesentlich schmaler und würde in Bild 5.26 näherungsweise als Diracfunktion bei $\Delta\phi = 0$ erscheinen.

Der Verlauf der Fehlerwahrscheinlichkeit p_m ist in Bild 5.27 in Abhängigkeit von der Empfangslichtleistung P_E und der normierten resultierenden Laserlinienbreite ΔfT dargestellt.

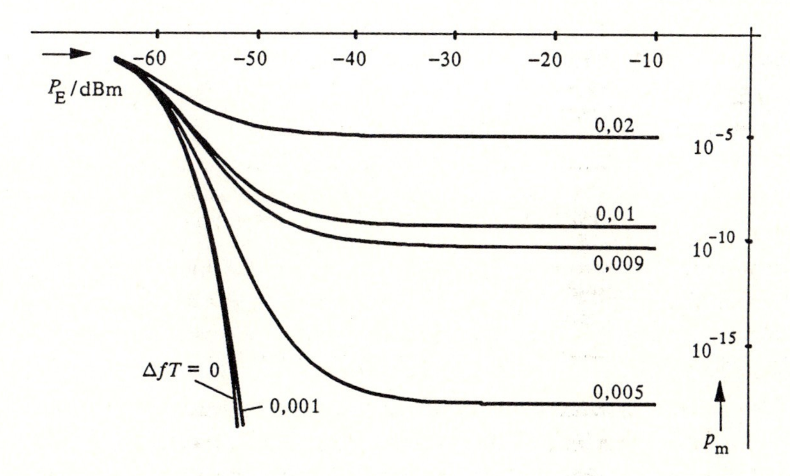

Bild 5.27: Fehlerwahrscheinlichkeit $p_m \approx p_u$ beim optischen DPSK-Heterodynsystem

Bild 5.27 zeigt, daß die Fehlerwahrscheinlichkeitskurven $p_m(P_E)$ beim DPSK-System den gleichen qualitativen Verlauf haben wie bei allen bisher betrachteten Überlagerungssystemen. Es erfolgt wieder ein zunächst relativ steiler Abfall der Kurven im Bereich kleiner Empfangslichtleistungen P_E, dann ein Abknicken der Kurven bei ansteigender Lichtleistung P_E und schließlich bei großen Empfangslichtleistungen P_E der Übergang in die Sättigung (*error rate floor*). Eine anschauliche Erklärung für diesen bei allen optischen Überlagerungssystemen typischen Kurvenverlauf erfolgte stellvertretend für alle Systeme in der Diskussion zu Bild 5.5 im Abschnitt 5.1.1.

Die Fehlerwahrscheinlichkeit p_m erreicht ihren Sättigungs- bzw. Grenzwert bei sehr großen Empfangslichtleistungen P_E, was gleichbedeutend ist mit einer gegen Null gehenden normierten Streuung σ des Gaußrauschens. Für kleine Phasendifferenzstreuungen $\sigma_{\Delta\phi} < 0{,}5$ (in der Praxis meist erfüllt) berechnet sich dieser Wert nach der Gleichung

$$p_m = 2\int_{\pi/2}^{+\infty} f_{\Delta\phi}(\Delta\phi)\,\mathrm{d}\Delta\phi \quad \text{mit Voraussetzung: } \sigma = 0. \tag{5.145}$$

Unter Verwendung der Q-Funktion (Gleichung 5.14) und Gleichung (5.143) folgt daraus:

$$\boxed{p_m = 2\,Q\left(\frac{\pi}{2\sigma_{\Delta\phi}}\right) = 2\,Q\left(\frac{1}{2}\sqrt{\frac{\pi}{2\Delta f T}}\right) \quad \text{mit Voraussetzung: } \sigma = 0.} \tag{5.146}$$

Diese Gleichung ist formal identisch mit der entsprechenden Gleichung (5.47) beim kohärenten PSK-Homodynsystem. Der einzige Unterschied besteht lediglich im Zahlenwert der Phasenstreuung.

Beispiel 5.4

Für eine Fehlerwahrscheinlichkeit von $p_m = 10^{-10}$ ist nach Gleichung (5.146) eine maximale Phasendifferenzstreuung $\sigma_{\Delta\phi} = 0{,}077\pi = 0{,}24$ zulässig. Bei einer Bitrate von $1/T$ = 560 MBit/s entspricht dieser Streuung eine maximal zulässige resultierende Laserlinienbreite Δf_{max} = 5,26 MHz (also etwa 10% der Bitrate).

Die in diesem Abschnitt aufgeführten Gleichungen zur Berechnung der Fehlerwahrscheinlichkeit eines DPSK-Heterodynsystems gelten nach Voraussetzung nur bei Unkorreliertheit der vier Zufallsgrößen x, x_T, y und y_T. Da es sich bei den Größen x und y bzw. x_T und y_T um die Inphase- bzw. Quadraturkomponente des additiven Gaußrauschens handelt, sind diese Paare a priori unkorreliert und damit auch statistisch unabhängig. Unter welchen praktischen Bedingungen die Paarungen x und x_T bzw. y und y_T unkorreliert und somit statistisch unabhängig sind, kann mit dem Korrelationskoeffizienten $\rho_x = \rho_y = \rho_n$ abgeschätzt werden, der sich wie folgt berechnet [126]:

$$\rho_y = \rho_x = \frac{\mathrm{E}\{x\,x_T\} - \mathrm{E}\{x\}\,\mathrm{E}\{x_T\}}{\sigma_x\,\sigma_{x_T}} = \frac{\mathrm{E}\{x\,x_T\}}{\sigma^2} = \frac{l_x(T)}{\sigma^2} = \exp\left(-\frac{\pi}{2}[BT]^2\right) \quad (5.147)$$

Hierbei ist $B = 2f_g$ die Bandbreite des als gaußförmig angenommenen ZF-Filters und $l_x(\tau) = l_y(\tau) = l_n(\tau)$ die AKF des farbigen Rauschens $n(t)$ am Ausgang dieses Filters. Werten wir die Formel (5.147) für verschiedene normierte Filterbandbreiten BT aus (siehe Tabelle 5.4), so erkennen wir, daß die gaußverteilten Zufallsvariablen x und x_T bzw. y und y_T für $BT > 1{,}5$ praktisch unkorreliert und somit auch statistisch unabhängig sind. Die den Fehlerwahrscheinlichkeitsberechnungen zugrundeliegende Annahme der Unkorreliertheit von x, x_T, y und y_T ist demnach bei praktisch sinnvollen Systemdaten gerechtfertigt.

Tabelle 5.4: Korrelationskoeffizient der Zufallsgrößen x und x_T bzw. y und y_T für verschiedene normiert ZF-Filterbandbreiten BT

BT	$\rho_y = \rho_x$	Anmerkung
0	1	$x = x_T$; $y = y_T$
0,5	0,675	
1,0	0,208	
1,5	0,029	$BT \approx B_{opt}\,T$
2,0	0,002	
5,0	$8{,}8 \cdot 10^{-10}$	unkorreliert

d) Einfluß der Zwischenfrequenz f_{ZF} auf die Fehlerwahrscheinlichkeit

Bisher wurde angenommen, daß die normierte Zwischenfrequenz $f_{ZF}T$ stets einen ganzzahligen Wert besitzt (vgl. Unterabschnitt a). Ist dies nicht der Fall, so kommt es zu einer Vergrößerung der Fehlerwahrscheinlichkeit infolge des konstanten Phasenfehlers

$$\phi_F = 2\pi f_{ZF} T - \mathrm{k}\, 2\pi \quad \text{mit } \mathrm{k} \in \{\cdots -1, 0, 1, \cdots\}. \quad (5.148)$$

Dieser Phasenfehler tritt neben der Phasenrauschdifferenz $\Delta\phi$ als zusätzliche konstante Phasenstörung auf. Die Auswirkungen einer konstanten Phasenstörung auf die Fehlerwahrscheinlichkeit wurde bereits im Unterabschnitt c erläutert (siehe Diskussion zu Bild 5.26). Da die Fehlerwahrscheinlichkeit $\mathring{p}_m(\phi_F)$ nach Bild 5.26 periodisch mit 2π und außerdem unabhängig vom Vorzeichen des konstanten Phasenfehlers ϕ_F ist, können wir auch die Größe

$$\phi_F = \left(2\pi f_{ZF}\, T\right) \bmod (2\pi) \quad \text{mit } 0 \leq \phi_F \leq 2\pi \quad (5.149)$$

als gleichwertige Phasenstörung betrachten. Die Funktion a mod b = a − Int(a/b) · b verringert hierbei die Größe a um ein ganzzahliges Vielfaches (Int(a/b)) von b. Der konstante Phasenfehler ϕ_F kann als Mittelwert der Phasenrauschdifferenz $\Delta\phi$ aufgefaßt werden. Als Folge des Phasenfehlers ϕ_F ergibt sich somit eine Verschiebung der in Bild 5.26 dargestellten gaußförmigen WDF $f_{\Delta\phi}(\Delta\phi)$ nach rechts und folglich eine Vergrößerung der Fehlerwahrscheinlichkeit p_m. Formelmäßig wird die resultierende Fehlerwahrscheinlichkeit durch die Gleichung

$$p_m = \int_{-\infty}^{+\infty} \mathring{p}_m(\Delta\phi) f_{\Delta\phi}(\Delta\phi - \phi_F) \, d\Delta\phi \tag{5.150}$$

beschrieben. Mit $\phi_F = 0$ geht diese Formel in die Gleichung (5.142) über.

Zur praktischen Auswahl einer geeigneten Zwischenfrequenz ist zu beachten, daß diese einerseits nicht zu klein (es entstehen sonst Überlappungen des ZF-Spektrums mit dem Basisbandspektrum), aber andererseits auch nicht zu groß sein darf. Bei einer hohen Zwischenfrequenz steigen nämlich die Anforderungen an die relative Genauigkeit zur Einhaltung der Bedingung $f_{ZF}T$ = k, mit k = 1, 2, 3, $\cdots$. Darüber hinaus besitzen Photodiode und Eingangsverstärker - beide Komponenten müssen dem Zwischenfrequenzsignal folgen können - eine obere Grenzfrequenz.

Neben der Abweichung der Zwischenfrequenz vom Sollwert $f_{ZF}T$ = k führt auch eine von der Symboldauer T verschiedene Verzögerungszeit zu einer zusätzlichen konstanten Phasenstörung und somit zu einem weiteren Ansteigen der Fehlerwahrscheinlichkeit. Die Berechnung kann in Analogie zum oben beschriebenen Verfahren durchgeführt werden.

e) Einfluß des ZF-Filters auf die Übertragungsqualität des DPSK-Systems

Das ZF-Filter hat in optischen Überlagerungssystemen neben der Selektion des modulierten ZF-Signals die Aufgabe, das additive Gaußrauschen zu verringern. Hierzu sollte das ZF-Filter möglichst schmalbandig sein. Schmalbandige Filter verursachen aber im allgemeinen ein verstärktes Auftreten von Impulsinterferenzen sowie die bereits erwähnte unerwünschte Kopplung zwischen Phasenrauschen und Signalamplitude. Bezüglich der Wahl einer geeigneten ZF-Filterbandbreite muß also stets ein Kompromiß zwischen diesen beiden gegenläufigen Prozessen gefunden werden. Bei der optimalen Filterbandbreite $B_{ZF,opt} = B_{opt}$ ist die effektive Störwirkung am geringsten und die resultierende Fehlerwahrscheinlichkeit am kleinsten.

Die numerische Ermittlung der optimalen Bandbreite B_{opt} (eine analytische Berechnung ist nicht möglich) ist allerdings erheblich aufwendiger als bei den bisher betrachteten Überlagerungssystemen. Man beachte, daß bereits ohne Berücksichtigung des ZF-Filters die Berechnung der Fehlerwahrscheinlichkeit die numerische Auswertung eines Dreifachintegrals erfordert.

Näherungsweise können wir davon ausgegehen, daß für praktisch sinnvolle Systemparameter die optimale Filterbandbreite B_{opt} unter Einbezug des Phasenrauschens ($\sigma_\phi \neq 0$) nur wenig vom Wert des phasenrauschfreien Systems ($\sigma_\phi = 0$)

abweicht. Unter der Annahme eines Gaußfilters beträgt die für $\sigma_\phi = 0$ optimale normierte Bandbreite wie bei den anderen Systemen auch $B_{\text{opt}} T = 2f_{g,\text{opt}} T \approx 1{,}58$ [154]. Da mit steigender ZF-Filterbandbreite die Störung durch die Kopplung zwischen Phasenrauschen und Nutzamplitude abnimmt, ist die tatsächliche (exakte) optimale Bandbreite geringfügig größer als der für $\sigma_\phi = 0$ gültige Wert (vgl. ASK-Homodyn- und ASK-Heterodynsystem).

Wie bereits im Unterabschnitt a erwähnt wurde, kann bei einem DPSK-Heterodynsystem die indirekte Phasenrauschstörung infolge der Verkopplung zwischen Phasenrauschen und Signalamplitude bei sinnvollen Systemparametern praktisch immer gegenüber der dominanten direkten additiven Phasenstörung vernachlässigt werden. Eine quantitative Untersuchung dieser indirekten Phasenrauschstörung erfolgte mittels einer aufwendigen Rechnersimulation beispielsweise in [154].

Die Berücksichtigung der Impulsinterferenzen ist beim DPSK-System ebenfalls erheblich aufwendiger als bei den bisher betrachteten Überlagerungssystemen. Die Ursache hierfür ist die Produktbildung im DPSK-Demodulator. Hiernach entsteht entsprechend Gleichung (5.126) das normierte Detektionssignal $d(t)$ aus dem mit dem Faktor 0,5 gewichteten Produkt der beiden bereits durch Impulsinterferenzen gestörten Signale $a(t) * h_B(t)$ und $a(t-T) * h_B(t-T)$. Hierbei ist $h_B(t)$ die Impulsantwort des zum ZF-Filter äquivalenten Basisbandfilters (Abschnitt 2.4.3). Physikalisch gesehen repräsentiert das Signal $a(t) * h_B(t)$ die Hüllkurve des modulierten und durch Impulsinterferenzen gestörten Signals am Ausgang des ZF-Filters. Ein gutes qualitatives Kriterium für die Beurteilung der Stärke der Impulsinterferenzen liefert das Augenmuster (vgl. Abschnitt 5.1.1).

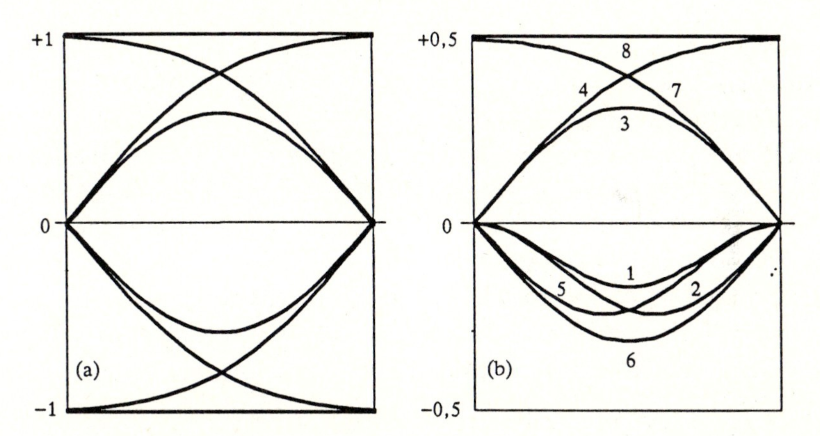

Bild 5.28: Unverrauschte normierte Augenmuster der Hüllkurve $a(t) * h_B(t)$ des ZF-Signals am Demodulatoreingang (a) und des normierten Detektionssignals $d(t)$ am Demodulatorausgang (b) (bezüglich der angegebenen Numerierung der verschiedenen Augenlinien siehe Tabelle 5.5)

Die Bilder 5.28a und 5.28b zeigen die unverrauschten ($\sigma_\phi = 0$ *und* $\sigma = 0$) Augenmuster der normierten Hüllkurve $a(t) * h_B(t)$ des ZF-Signals am Demodulatoreingang und des Detektionssignals $d(t) = 0{,}5(\,[a(t) * h_B(t)] \cdot [a(t-T) * h_B(t-T)]\,)$ am Demodulatorausgang. Den beiden dargestellten Augenmustern liegt ein gaußförmiges ZF–Filter mit einer äquivalenten Basisbandsystemfunktion $H_B(f) \bullet\!\!-\!\!\circ\, h_B(t)$ nach Gleichung (2.77) und einer normierten Grenzfrequenz $f_g T = f_{g,opt}\, T = 0{,}78$ zugrunde.

Das im Bild 5.28a dargestellte Augenmuster der ZF–Hüllkurve $a(t) * h_B(t)$ ist gleich dem Augenmuster der Hüllkurve $a(t-T) * h_B(t-T)$ des um die Symboldauer T verzögerten ZF–Signals. Diese beiden Augenmuster sind wiederum identisch dem Augenmuster des Detektionssignals $d(t)$ bei einem kohärenten PSK–Homodynsystem (vgl. Bild 6.4). Durch die Wahl der zugrundeliegenden Systemparameter beinhalten diese Augenmuster je insgesamt acht Augenlinien.

Das Augenmuster des Detektionssignals $d(t)$ in Bild 5.28b kann man sich anschaulich aus dem Produkt des Augenmusters der Hüllkurve $a(t) * h_B(t)$ des ZF–Signals mit dem Augenmuster der verzögerten ZF–Signalhüllkurve $a(t-T) * h_B(t-T)$ entstanden denken, wobei gewisse Bedingungen zu berücksichtigen sind. (siehe unten). Da verzögertes und unverzögertes Augenmuster identisch sind, entsteht also das Augenmuster nach Bild 5.28b anschaulich aus dem Produkt des Augenmusters nach Bild 5.28a mit sich selbst. Auf diese Weise müßte aber das Augenmuster des Detektionssignals $d(t)$ insgesamt $8 \cdot 8 = 64$ Linien besitzen. Da aber (wie bereits erwähnt) bei der Produktbildung des verzögerten mit dem unverzögerten Augenmuster gewisse Bedingungen einzuhalten sind (siehe Beispiel 5.5), ist die tatsächliche Linienanzahl geringer. So dürfen nur solche Linien miteinander multipliziert werden, die aus der gleichen zeitlichen Symbolfolge $<q_\nu>_i$ entstanden sind.

Beispiel 5.5

Gegeben sei die Symbolfolge $<q_\nu> = \cdots q_{-2}, q_{-1}, q_0, q_1 \cdots = \cdots$ ØLLØ$\cdots$. Erlaubt ist hier die Multiplikation der zur Teilfolge q_{-1}, q_0, q_1 = **LLØ** gehörenden Linie (diese Linie ist Bestandteil des unverzögerten Augenmusters der Hüllkurve $a(t) * h_B(t)$ des ZF–Signals) mit der zur Teilfolge q_{-2}, q_{-1}, q_0 = **ØLL** gehörenden Linie (diese Linie ist Bestandteil des verzögerten Augenmusters der ZF–Signalhüllkurve $a(t-T) * h_B(t-T)$). Nicht erlaubt ist hier beispielsweise die Produktbildung der beiden Augenlinien, welche aus den Teilsymbolfolgen q_{-1}, q_0, q_1 = **LLØ** und q_{-2}, q_{-1}, q_0 = **ØLØ** hervorgegangen sind, und somit nicht auf der gleichen zeitlichen Symbolfolge $<q_\nu>$ basieren.

Entsprechend diesem Beispiel können wir in gleicher Weise insgesamt 48 nicht erlaubte Augenlinien ermitteln (siehe Tabelle 5.5). Berücksichtigen wir darüber hinaus, daß ein DPSK–System polaritätsunabhängig ist, so sind von den nun noch $64 - 48 = 16$ möglichen Augenlinien jeweils zwei Linien identisch, so daß schließlich auch beim Augenmuster des Detektionssignals $d(t)$ am Demodulatorausgang nur noch acht verschiedene Linien übrigbleiben.

Auffallend beim Augenmuster nach Bild 5.28b ist, daß es zwar eine horizontale Augenlinie bei der normierten Detektionsamplitude +0,5 gibt (vgl. Gleichung 5.126), nicht aber bei -0,5. Die Horizontale bei +0,5 entsteht hierbei anschaulich aus dem gewichteten Produkt der horizontalen Linie bei +1 in Bild 5.28a mit sich selbst. Der dabei zu berücksichtigende Gewichtungsfaktor ist nach Gleichung 5.126 identisch 0,5. Das gewichtete Produkt der horizontalen Linie bei -1 in Bild 5.28a mit sich selbst liefert dagegen ebenfalls eine horizontale Gerade bei +0,5 in Bild 5.28b. Eine horizontale Augenlinie bei -0,5 ist demnach im Augenmuster des Detektionssignal $d(t)$ nicht möglich.

Die maximale vertikale Augenöffnung ist bei beiden Augenmustern in Bitmitte gegeben. Dies ist eine direkte Folge der um $t = 0$ symmetrischen Impulsantwort des zum gaußförmigen ZF-Filter äquivalenten Basisbandfilters.

Tabelle 5.5: Erlaubte (1 ··· 8) und nicht erlaubte (–) Augenlinien beim Detektionssignal $d(t)$ des DPSK-Systems. Identische Zahlenangaben weisen auf identische Augenlinien hin (vgl. Bild 5.28)

q_{-2}, q_{-1}, q_0 \ q_{-1}, q_0, q_1	ØØØ	ØØL	ØLØ	ØLL	LØØ	LØL	LLØ	LLL
ØØØ	1	2	–	–	–	–	–	–
ØØL	–	–	3	4	–	–	–	–
ØLØ	–	–	–	–	5	6	–	–
ØLL	–	–	–	–	–	–	7	8
LØØ	1	2	–	–	–	–	–	–
LØL	–	–	3	4	–	–	–	–
LLØ	–	–	–	–	5	6	–	–
LLL	–	–	–	–	–	–	7	8

Eine Folge der Impulsinterferenzen ist die Vergrößerung der Fehlerwahrscheinlichkeit auf Grund geringerer Signalpegel ($|a(t)| = 1$ aber $|a(t) * h_B(t)| \leq 1$). Diese Vergrößerung ist allerdings für Filterbandbreiten $BT > 1{,}5$ vernachlässigbar klein, so daß näherungsweise der Einfluß der Impulsinterferenzen unberücksichtigt bleiben kann. Eine exakte quantitative Untersuchung dieses Problems erfordert die gleiche Vorgehensweise, wie sie in den vorangegangenen Abschnitten mehrfach vorgestellt wurde. Da dies in erster Linie eine numerische und weniger eine systemtheoretische Aufgabe ist, soll hier auf die erforderliche aufwendige Rechnerlösung nicht näher eingegangen werden.

Eine weitere Auswirkung der Impulsinterferenzen ist die Verschiebung der optimalen Entscheiderschwelle. Bisher lag diese bei $E_{opt} = 0$. Mit Impulsinterferenzen liegt sie jedoch geringfügig höher. Bei praktisch sinnvollen Systemparametern kann allerdings immer der Wert $E_{opt} = 0$ als sehr gute Näherung verwendet werden. Die exakte Berechnung der optimalen Entscheiderschwelle E_{opt} ist nur mit sehr zeitaufwendigen Iterationsverfahren am Rechner durchführbar [154].

5.4 Geradeaussysteme

Die prinzipielle Funktionsweise konventioneller optischer Geradeaussteme wurde bereits im Kapitel 2 beschrieben. Ziel dieses Abschnitts ist die Berechnung der Fehlerwahrscheinlichkeit sowie die Optimierung dieses Systems. Als Systemstörungen werden das additive Gaußrauschen (thermisches Rauschen und Schrotrauschen) und Impulsinterferenzen (verursacht durch das Basisbandfilter; vgl. Bild 2.1a) berücksichtigt. Im Kapitel 6 wird das Geradeaussystem als Referenz für den Systemvergleich verwendet.

a) Detektionssignal $d(t)$ und Detektionsabtastwerte $d(\nu T + t_0)$

Als Detektionssignal des Geradeausempfängers bezeichnen wir das Ausgangssignal

$$d(t) = M\,R\,P_{\mathrm{E}} \int_{-\infty}^{+\infty} s(\tau)\, h_{\mathrm{B}}(t-\tau)\,\mathrm{d}\tau + n(t) \tag{5.151}$$

des Basisbandfilters (Bild 2.1a). Hierbei sind $h_{\mathrm{B}}(t)$ die Impulsantwort des Basisbandfilters (Tiefpasses), $n(t)$ das additive bandbegrenzte Gaußrauschen und

$$s(t) = \sum_{\nu=-\infty}^{+\infty} s_\nu \operatorname{rect}\left(\frac{t-\nu T}{T}\right) \quad \text{mit} \quad s_\nu = \begin{cases} 0 & \text{für } q_\nu = \text{Ø} \\ 1 & \text{für } q_\nu = \mathrm{L} \end{cases} \tag{5.152}$$

das Nachrichtensignal. Das Produkt $s(t)P_{\mathrm{E}}$ (siehe Gleichung 5.151) beschreibt die bei Geradeaussystemen übliche *Lichtleistungsmodulation.*

Unter der Annahme eines gaußförmigen Tiefpasses mit der Grenzfrequenz f_{g} nach Gleichung (2.77) folgt für die Varianz des mittelwertfreien gaußverteilten Rauschens $n(t)$

$$\sigma_{\mathrm{n}}^2 = L_{\mathrm{G}} \int_{-\infty}^{+\infty} |H_{\mathrm{B}}(f)|^2\,\mathrm{d}f = \sqrt{2}\, L_{\mathrm{G}} f_{\mathrm{g}}\,. \tag{5.153}$$

Da die Rauschleistungsdichte L_{G} eine Funktion der modulierten Empfangslichtleistung $s(t)P_{\mathrm{E}}$ ist - die Ursache hierfür ist das lichtleistungsabhängige Schrotrauschen (siehe Kapitel 2) - gehören die Geradeaussysteme zu den Nachrichtensystemen mit *signalabhängigem Rauschen.* Die Symbole q_ν = L unterliegen dabei einem größeren Störeinfluß (mit Schrotrauschen) als die Symbole q_ν = Ø (ohne Schrotrauschen).

Das Detektionssignal $d(t)$ wird zur Auswertung einer Abtast- und Entscheidungseinrichtung zugeführt. Die Detektionsabtastwerte $d(\nu T + t_0)$ sind infolge des additiven Rauschens $n(\nu T + t_0)$ Zufallsgrößen. Die statistischen Eigenschaften dieses Rauschens sind unabhängig von der Zeit (stationäres Rauschsignal). Es genügt daher, die Berechnung der statistischen Kenngrößen des Abtastsignals $d(\nu T + t_0)$ zu einem beliebigen, festen Zeitpunkt (z.B. $t = t_0$) durchzuführen. Die daraus gewonnenen Ergebnisse sind dann für jeden Abtastzeitpunkt $\nu T + t_0$ gültig. Verwenden wir die Normierungen und Substitutionen

$$d := d(t_0)/(M\,R\,P_E),\quad n := n(t_0)/(M\,R\,P_E) \;\rightarrow\; \sigma := \sigma_n/(M\,R\,P_E),$$

$$a := a(t_0) = \int_{-\infty}^{+\infty} s(\tau)\,h_B(t_0-\tau)\,d\tau \qquad \text{mit} \quad 0 \leq a(t_0) \leq 1, \tag{5.154}$$

so folgt für das abgetastete und normierte Detektionssignal d die einfache Darstellung

$$d = a + n. \tag{5.155}$$

- n: additives gaußverteiltes Rauschen
- a: unverrauschter Abtastwert, durch Impulsinterferenzen gestört (beinhaltet die Nachricht)
- d: normierter Detektionsabtastwert

b) Wahrscheinlichkeitsdichtefunktion $f_d(d)$

Der normierte Detektionsabtastwert d ist auf Grund der gaußverteilten Zufallsgröße n ebenfalls gaußverteilt. Der Erwartungswert $\eta_d = a$ dieser Gaußverteilung ist nach Gleichung (5.154) eine Funktion der Impulsantwort $h_B(t)$ des Tiefpasses sowie der Nachricht $s(t)$, also eine Funktion der Quellensymbolfolge $<q_\nu>$. Der normierte unverrauschte Abtastwert a wird hier als Konstante betrachtet, deren Wert von der gesendeten Quellensymbolfolge $<q_\nu>$ abhängt. Die normierte Streuung $\sigma_d = \sigma$ des Detektionsabtastwertes ist deshalb ebenso wie der Erwartungswert η_d signalabhängig. Je nachdem, ob zum Abtastzeitpunkt t_0 das Symbol $q_0 = \text{Ø}$ oder $q_0 = \text{L}$ ist, muß daher zwischen den beiden Varianzen

$$\sigma_\text{Ø}^2 = \sigma_d^2\Big|_{q_\nu=\text{Ø}} = \left(e\,M^{2+x}\,I_D + L_T\right)\sqrt{2}\,f_g \tag{5.156}$$

und

$$\sigma_L^2 = \sigma_d^2\Big|_{q_\nu=L} = \left(e\,M^{2+x}\left(RP_E + I_D\right) + L_T\right)\sqrt{2}\,f_g \tag{5.157}$$

unterschieden werden (vgl. Gleichung 2.3). Für die gaußförmige WDF $f_d(d)$ des Detektionsabtastwertes d folgt somit der Ausdruck

$$f_d(d) = \frac{1}{\sqrt{2\pi}\,\sigma_d}\exp\left(-\frac{(d-a)^2}{2\sigma_d^2}\right) \quad \text{mit} \begin{cases} \sigma_d = \sigma_\text{Ø},\; a = a_{\text{Ø}i} & \text{für } q_0 = \text{Ø} \\ \sigma_d = \sigma_L,\; a = a_{Li} & \text{für } q_0 = L. \end{cases} \tag{5.158}$$

Der Index „ i " unterscheidet hier wie in den vorherigen Abschnitten die möglichen Symbolfolgen $<q_\nu>_{\text{Ø}i}$ mit $q_{0i} = \text{Ø}$ und $<q_\nu>_{Li}$ mit $q_{0i} = L$ und somit die zugehörigen unverrauschten Abtastwerte a_{Li} und $a_{\text{Ø}i}$. Streng genommen ist deshalb auch die Streuung σ_d der Gaußverteilung $f_d(d)$ nicht nur vom aktuellen Symbol q_0 abhängig, sondern ebenfalls von der gesamten Symbolfolge. Da das Rauschen – und somit auch die Streuung dieses Rauschens – in Geradeaussystemen jedoch im wesentlichen durch das signal- bzw. symbolunabhängige thermische Rauschen bestimmt wird, genügt hier meist die Unterscheidung zwischen den beiden Streuungen $\sigma_\emptyset$ und σ_L entsprechend den Gleichungen (5.165) und (5.167). Eine Feinunterscheidung zwischen den einzelnen $\sigma_{\emptyset i}$ bzw. σ_{Li} in Abhängigkeit von der jeweiligen Symbolfolge $<q_\nu>_{\emptyset i}$ bzw. $<q_\nu>_{Li}$ ist praktisch nicht notwendig.

c) Fehlerwahrscheinlichkeit

Da im folgenden Kapitel 6 der Vergleich der Systeme immer bezüglich der ungünstigsten Fehlerwahrscheinlichkeit p_u durchgeführt wird, soll hier nur auf die Berechnung von p_u eingegangen werden. Die Bestimmung der mittleren Fehlerwahrscheinlichkeit verläuft in Analogie zum ASK-Homodynsystem (siehe Abschnitt 5.1.1).

Ungünstigste Fehlerwahrscheinlichkeit p_u

Die ungünstigste Fehlerwahrscheinlichkeit p_u ist durch die ungünstigsten Symbolfolgen (worst-case-Folgen) $<<q_\nu>_{\emptyset u}$ und $q_\nu>_{Lu}$ bestimmt. Diese sind unter der Voraussetzung eines gaußförmigen Tiefpasses nach Gleichung (2.74) die beiden Folgen

$$<q_\nu>_{Lu} = <\cdots \emptyset, \emptyset, L, \emptyset, \emptyset \cdots> \;\rightarrow\; a_{Lu} = 1 - 2\,Q\left(\sqrt{2\pi} f_g\, T\right)$$

und

$$<q_\nu>_{\emptyset u} = <\cdots L, L, \emptyset, L, L \cdots> \;\rightarrow\; a_{\emptyset u} = 1 - a_{Lu}\,.$$

Die zur Berechnung der beiden uverrauschten Abtastwerte $a_{\emptyset u}$ und a_{Lu} notwendige Q-Funktion Q(x) ist über die Gleichung (5.14) definiert. Die durch diese beiden ungünstigsten Folgen ebenfalls festgelegte normierte Augenöffnung A_G (der Index G kennzeichnet den Geradeausempfang) beträgt

$$A_G = a_{Lu} - a_{\emptyset u} = 2a_{Lu} - 1 = 1 - 2\,a_{\emptyset u} = 1 - 4Q\left(\sqrt{2\pi} f_g\, T\right). \tag{5.159}$$

Die Fehlerwahrscheinlichkeit p_u erhalten wir aus den ungünstigsten Dichtefunktionen $f_{dLu}(d)$ und $f_{d\emptyset u}(d)$ durch die Gleichung

$$p_u = \frac{1}{2}\left[\int_E^{+\infty} f_{d\emptyset u}(d)\,\mathrm{d}d + \int_{-\infty}^{E} f_{dLu}(d)\,\mathrm{d}d\right]. \tag{5.160}$$

Hierbei ist eine gleiche Auftrittswahrscheinlichkeit der beiden möglichen Quellensymbole q_ν = L und q_ν = Ø vorausgesetzt. Da es sich bei den beiden Dichtefunktionen $f_{dLu}(d)$ und $f_{d\emptyset u}(d)$ um Gaußverteilungen handelt, folgt aus Gleichung (5.160) mit Gleichung (5.14) der Ausdruck

$$p_u = \frac{1}{2}\left[Q\left(\frac{E-a_{\emptyset u}}{\sigma_\emptyset}\right) + Q\left(\frac{a_{Lu}-E}{\sigma_L}\right)\right]. \tag{5.161}$$

Mit der Augenöffnung A_G nach Gleichung (5.159) können wir diese Gleichung wie folgt umschreiben:

$$p_u = \frac{1}{2}\left[Q\left(\frac{2E-(1-A_G)}{2\sigma_\emptyset}\right) + Q\left(\frac{(1+A_G)-2E}{2\sigma_L}\right)\right]. \tag{5.162}$$

Hinsichlich einer minimalen ungünstigsten Fehlerwahrscheinlichkeit p_u existieren entsprechend (5.161) und (5.162) die folgenden *optimierbaren Systemparameter*: Tiefpaßgrenzfrequenz f_g (wegen $\sigma_L(f_g)$, $\sigma_\emptyset(f_g)$ und $A_G(f_g)$), Entscheiderschwelle E und Lawinenverstärkung M (wegen $\sigma_L(M)$ und $\sigma_\emptyset(M)$).

d) Optimierung

1. Entscheiderschwelle E

Wie bereits im Abschnitt 5.1.1 gezeigt wurde, liegt die normierte optimale Entscheiderschwelle E_{opt} im Schnittpunkt der beiden ungünstigsten Dichtefunktionen $f_{d\emptyset u}(d)$ und $f_{dLu}(d)$. Es gilt daher die Bestimmungsgleichung:

$$f_{dLu}(E_{opt}) = f_{d\emptyset u}(E_{opt}). \tag{5.163}$$

Da die beiden Dichtefunktionen $f_{dLu}(d)$ und $f_{d\emptyset u}(d)$ gaußförmig sind, ist hier eine explizite analytische Berechnung der optimalen Schwelle möglich. Es gilt [35]:

$$E_{opt} = a_{\emptyset u} + A_G \frac{1 - \frac{\sigma_L}{\sigma_\emptyset}\sqrt{1 + 2\,\frac{\sigma_L^2 - \sigma_\emptyset^2}{A_G^2}\ln\left(\frac{\sigma_L}{\sigma_\emptyset}\right)}}{\left(1 + \frac{\sigma_L}{\sigma_\emptyset}\right)\left(1 - \frac{\sigma_L}{\sigma_\emptyset}\right)}. \tag{5.164}$$

Bei der optimalen Entscheiderschwelle E_{opt} besteht zwischen den Fehlerwahrscheinlichkeiten p_{Lu} und $p_{\emptyset u}$ stets die Relation

$$p_{\emptyset u} \le p_{Lu}. \tag{5.165}$$

Diese beiden Wahrscheinlichkeiten sind also unter der Voraussetzung einer minimalen Fehlerwahrscheinlichkeit $p_u(E_{opt}) = 0{,}5\,[p_{Lu}(E_{opt}) + p_{\emptyset u}(E_{opt})]$ im allgemeinen nicht identisch. Dies ist eine direkte Folge der unsymmetrischen Störung der Symbole L und Ø auf Grund des Schrotrauschens. Die optimale Schwelle erhalten wir also nicht aus dem Gleichsetzen von p_{Lu} und $p_{\emptyset u}$. Das Gleichheitszeichen in (5.165) gilt nur für den Fall, daß $\sigma_L = \sigma_\emptyset$ ist (signalunabhängiges

Rauschen). Für die in Praxis bei großem Signalstörabstand meist gültige Relation

$$2\frac{\sigma_L^2-\sigma_\emptyset^2}{A_G^2}\ln\left(\frac{\sigma_L}{\sigma_\emptyset}\right) \ll 1 \tag{5.166}$$

vereinfacht sich Gleichung (5.164) zu

$$\boxed{E_{opt} \approx a_{\emptyset u} + A_G\frac{\sigma_\emptyset}{\sigma_\emptyset+\sigma_L} = \frac{a_{\emptyset u}\,\sigma_L + a_{Lu}\sigma_\emptyset}{\sigma_\emptyset+\sigma_L}.} \tag{5.167}$$

Mit $\sigma_L \approx \sigma_\emptyset$ (dieser Fall ist bei vernachlässigbar kleinem Schrotrauschen gegeben) liegt die normierte optimale Entscheiderschwelle wie zu erwarten bei

$$E_{opt} \approx a_{\emptyset u} + \frac{A_G}{2} = 0{,}5 \quad \text{mit Voraussetzung: } \sigma_L \approx \sigma_\emptyset\,. \tag{5.168}$$

2. Tiefpaßgrenzfrequenz f_g

Die ungünstigste Fehlerwahrscheinlichkeit p_u wird umso kleiner, je größer die Argumente der beiden Q-Funktionen in Gleichung (5.162) sind. Diese erreichen ihren Maximalwert, wenn die Verhältnisse A_G/σ_L und $A_G/\sigma_\emptyset$ maximal sind. Da sowohl die Varianz σ_L^2 als auch die Varianz $\sigma_\emptyset^2$ proportional zu f_g sind, erreichen beide Verhältnisse bei der gleichen Grenzfrequenz $f_g = f_{g,opt}$ ihr Maximum. Die Bestimmungsgleichung für die normierte optimale Grenzfrequenz $f_{g,opt}\,T$ (hierbei ist T die Symboldauer) lautet demnach

$$\frac{A_G^2(f_g T)}{f_g T} = \frac{\left[1-4\,Q\left(\sqrt{2\pi}\,f_g T\right)\right]^2}{f_g T} \rightarrow \max \rightarrow f_{g,opt}\,T. \tag{5.169}$$

Iterativ erhalten wir hieraus den für Gaußfilter typischen Wert

$$f_{g,opt}\,T \approx 0{,}79.$$

3. Lawinenverstärkung M

Die exakte Berechnung der optimalen Lawinenverstärkung M_{opt} ist im Vergleich zur eben durchgeführten Berechnung von $f_{g,opt}$ erheblich aufwendiger. Die Ursache hierfür ist, daß die Argumente der beiden Q-Funktionen in Gleichung (5.162) nicht bei der gleichen Lawinenverstärkung M_{opt} ihr Maximum erreichen. Die im Kapitel 2 zur Bestimmung von M_{opt} angegebene Gleichung

$$\boxed{M_{opt} = \left(\frac{2\,L_T}{x\,e\,(R P_E + I_D)}\right)^{\frac{1}{2+x}}} \tag{5.170}$$

maximiert nur das Argument der zweiten Q-Funktion in (5.162) und liefert somit nur eine Näherung für M_{opt}. Allerdings handelt es sich hierbei um eine sehr gute Näherung, die praktisch meist zur Berechnung von M_{opt} herangezogen wird.

e) Diskussion und Auswertung

Bild 5.29 zeigt die für optische Geradeaussysteme typische Fehlerwahrscheinlichkeitskurve $p_u(P_E)$. Berechnungsgrundlage ist die einfache Gleichung

$$\boxed{p_u = Q\left(\frac{A_G}{\sigma_\emptyset + \sigma_L}\right),} \tag{5.171}$$

welche wir aus (5.161) durch Einsetzen von (5.167) erhalten. Die zugrundeliegenden Systemparameter (Bitrate, Rauschleistungsdichte sowie Empfindlichkeit, Zusatzrauschexponent und Dunkelstrom der Photodiode) sind in der Tabelle 6.2 aufgeführt. Die Lawinenverstärkung der Avalanchephotodiode ist nach Gleichung (5.170) festgelegt.

Entsprechend der dargestellten Kurve ist die Fehlerwahrscheinlichkeit p_u umso geringer, je größer die Empfangslichtleistung P_E ist. Eine kleine Änderung in P_E bewirkt dabei im Bereich großer Empfangslichtleistungen eine große Veränderung in p_u. Die Kurve verläuft also hier sehr steil. Im Gegensatz zu den Überlagerungssystemen - welche zusätzlich durch Laserphasenrauschen gestört werden - tritt in Geradeaussystemen keine Sättigung (also kein „*error rate floor*") in der Fehlerwahrscheinlichkeit auf. Die Fehlerwahrscheinlichkeitskurve $p_u(P_E)$ beim Geradeaussystem verläuft demnach ebenso wie die entsprechenden Kurven bei den konventionellen digitalen elektrischen Übertragungssystemen [160, 163].

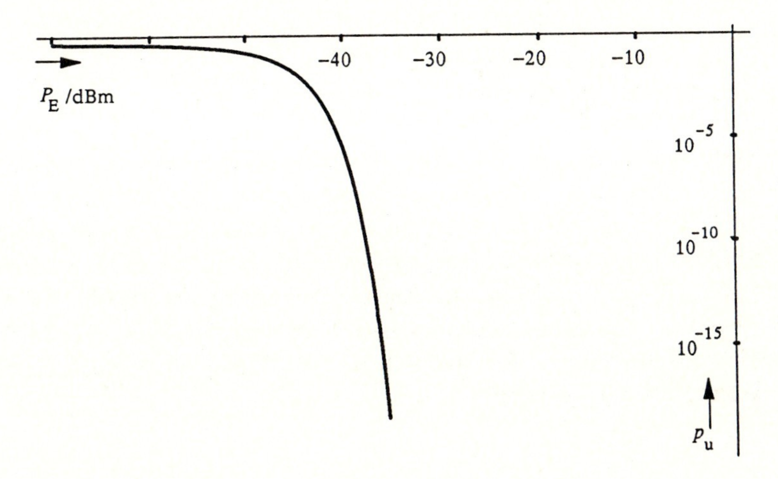

Bild 5.29: Ungünstigste Fehlerwahrscheinlichkeit p_u beim optischen Geradeaussystem

6 Systemvergleich

Ziel dieses Kapitels ist es, die im Kapitel 5 berechneten Systeme zu vergleichen. Entsprechend den unterschiedlichen praktischen Anforderungen an die Systeme sind dabei unterschiedliche Vergleichsmerkmale zu berücksichtigen. Fordern wir beispielsweise ein System mit einer sehr großen regeneratorfreien Übertragungsstrecke, so kommt nach einem Vergleich der betrachteten optischen Übertragungsysteme am besten daß nur schwer zu realisierende PSK-Homodynsystem in Betracht. Das Vergleichskriterium ist hier der Empfindlichkeitsgewinn des Systems oder, was gleichbedeutend ist, der Gewinn an Verstärkerfeldlänge. Benötigen wir dagegen ein optisches Überlagerungssystem, das bei etwas kürzerer Übertragungsstrecke mit einem verhältnismäßig geringen technischen Aufwand realisierbar sein soll, so ist es sinnvoll ein inkohärentes ASK- oder FSK-Heterodynsystem zu verwenden. Das Vergleichsmerkmal ist hier der (mathematisch schwer zu fassende) Realisierungsaufwand der einzelnen Systeme. Neben den eben genannten Merkmalen „Empfindlichkeitsgewinn" und „Realisierungsaufwand" werden in diesem Kapitel (Abschnitt 6.2) noch die Fehlerwahrscheinlichkeit, die Anforderungen an die Laserlinienbreite, die Augenmuster und die maximal übertragbare Bitrate als Vergleichskriterien herangezogen. Im Abschnitt 6.1 erfolgt zunächst ein Vergleich der betrachteten Systeme unter idealisierten Bedingungen.

6.1 Vergleich unter idealen Voraussetzungen

Die Bezeichnung *ideale Voraussetzung* bedeutet in diesem Abschnitt, daß die betrachteten Systeme nur durch additives Gaußrauschen, also nur durch Schrotrauschen und thermisches Rauschen gestört werden. Darüber hinaus seien die Systeme ideal, d.h. es gibt kein Laserphasenrauschen und es treten auch keine Impulsinterferenzen auf. Die Gleichungen zur Berechnung der Fehlerwahrscheinlichkeit sind, wie Tabelle 6.1 zeigt, in diesem Fall besonders einfach und können schnell ausgewertet werden. Die hierzu benötigten Größen sind gemäß Kapitel 2 und Kapitel 5 wie folgt definiert:

$$\hat{i}_G = M R P_E , \qquad (6.1)$$

$$\sigma_{G\emptyset}^2 = L_{G\emptyset} \int_{-\infty}^{+\infty} |H_B(f)|^2 \, df \quad \text{mit} \quad L_{G\emptyset} = e\, M^{2+x} I_D + L_T , \qquad (6.2)$$

$$\sigma_{GL}^2 = L_{GL} \int_{-\infty}^{+\infty} |H_B(f)|^2 \, df \quad \text{mit} \quad L_{GL} = e\, M^{2+x}\left(R P_E + I_D\right) + L_T \,, \tag{6.3}$$

$$\hat{i}_Ü = 2\, K_B \sqrt{k(1-k)}\; R \sqrt{P_E\, P_L} = \hat{i}_{PD} \quad \text{(vgl. Gleichung 2.63)}. \tag{6.4}$$

$$\sigma_Ü^2 = \sigma_{Het}^2 = 2\, L_Ü \int_{-\infty}^{+\infty} |H_B(f)|^2 \, df \quad \text{mit} \quad L_Ü = e\, K_B \left(R\, k\, P_L + I_D\right) + L_T \,. \tag{6.5}$$

Zur näheren Erläuterung der in diesen Gleichungen benutzten Systemparameter siehe Abschnitt 2.4.

Tabelle 6.1: Vergleich optischer Übertragungssysteme unter idealen Voraussetzungen

Übertragungssystem	Fehlerwahrscheinlichkeit p	Empfangslichtleistung P_E für $p = 10^{-10}$	
		$P_L = -10$ dBm, $\eta = 0{,}83$	$P_L \to \infty$, $\eta = 1$
Geradeaussystem	$Q\left(\dfrac{\hat{i}_G}{\sigma_{GL} + \sigma_{G0}}\right)$	−39,4 dBm	−40,2 dBm (1287)
ASK-Heterodynsystem mit Hüllkurvendemodulation	$\frac{1}{2}\exp\left(-\dfrac{\hat{i}_Ü^2}{8\,\sigma_Ü^2}\right)$	−48,9 dBm	−51,8 dBm (89)
FSK-Heterodynsystem mit Hüllkurvendemodulation (Single-Filter)	$\frac{1}{2}\exp\left(-\dfrac{\hat{i}_Ü^2}{8\,\sigma_Ü^2}\right)$	−48,9 dBm	−51,8 dBm (89)
ASK-Heterodynsystem mit Synchrondemodulation	$Q\left(\dfrac{\hat{i}_Ü}{2\,\sigma_Ü}\right)$	−49,3 dBm	−52,2 dBm (81)
FSK-Heterodynsystem mit Synchrondemodulation (Single-Filter)	$Q\left(\dfrac{\hat{i}_Ü}{2\,\sigma_Ü}\right)$	−49,3 dBm	−52,2 dBm (81)
FSK-Heterodynsystem mit Hüllkurvendemodulation (Dual-Filter)	$\frac{1}{2}\exp\left(-\dfrac{\hat{i}_Ü^2}{4\,\sigma_Ü^2}\right)$	−51,9 dBm	−54,8 dBm (45)
FSK-Heterodynsystem mit Synchrondemodulation (Dual-Filter)	$Q\left(\dfrac{\hat{i}_Ü}{\sqrt{2}\,\sigma_Ü}\right)$	−52,3 dBm	−55,2 dBm (40)
ASK-Homodynsystem	$Q\left(\dfrac{\hat{i}_Ü}{\sqrt{2}\,\sigma_Ü}\right)$	−52,3 dBm	−55,2 dBm (40)
DPSK-Heterodynsystem	$\frac{1}{2}\exp\left(-\dfrac{\hat{i}_Ü^2}{2\,\sigma_Ü^2}\right)$	−55,9 dBm	−57,8 dBm (22)
PSK-Heterodynsystem mit Synchrondemodulation	$Q\left(\dfrac{\hat{i}_Ü}{\sigma_Ü}\right)$	−55,3 dBm	−58,2 dBm (20)
PSK-Homodynsystem	$Q\left(\dfrac{\sqrt{2}\,\hat{i}_Ü}{\sigma_Ü}\right)$	−58,3 dBm	−61,2 dBm (10)

Für eine gegebenen Fehlerwahrscheinlichkeit von $p = 10^{-10}$ sind in der Tabelle 6.1 (Spalte 3) zusätzlich die dafür erforderlichen Empfangslichtleistungen P_E aufgeführt. Die zugrundeliegenden Systemdaten sind hierbei wie folgt gewählt:

Tabelle 6.2: Systemdaten zur Tabelle 6.1

Für alle Systeme gültig sind die Systemdaten:
– Quellensymbolfolge: $\langle q_\nu \rangle = \cdots LLL \cdots$ (Dauer–L) und $\langle q_\nu \rangle = \cdots 000 \cdots$ (Dauer–0),
– Symbol– bzw. Bitrate: $1/T = 560$ MBit/s,
– Quantenwirkungsgrad der Photodiode: $\eta = 0{,}83$,
– Empfindlichkeit der Photodiode: $R = (e\eta)/(hf) = 1$ A/W,
– Leistungsdichte des thermischen Rauschens: $L_T = 10^{-23} A^2/Hz$,
– Dunkelstrom: $I_D = 10^{-11}$ A,
– Äquivalentes Basisbandfilter: $H_B(f) = 1$ für $\lvert f \rvert \le 1/(2T)$ und $H_B(f) = 0$ für $\lvert f \rvert > 1/(2T)$,
– Entscheiderschwelle: $E = E_{opt}$,
– Lichtfrequenz der Trägerlichtwelle (bzw. des Sendelasers): $f_T = 200$ THz.
Für das Geradeaussystem gilt darüberhinaus:
– Lawinenverstärkung der Photodiode: $M = M_{opt}$,
– Zusatzrauschexponent der Photodiode: $x = 0{,}9$.
Für die Überlagerungssysteme gilt zusätzlich:
– PIN–Diode: $M = 1$,
– Lokale Laserlichtleistung: $P_L = -10$ dBm,
– Zweidiodenempfänger: $K_B = 2$,
– Kopplungsfaktor des optischen Richtkopplers: $k = 0{,}5$.

Die letzte Spalte der Tabelle 6.1 beinhaltet zum Vergleich die minimal erforderlichen Empfangslichtleistungen P_E für den Fall, daß die Schrotrauschgrenze erreicht wird (also für $P_L \to \infty$) und der Quantenwirkungsgrad der Photodiode 100% (d.h. $\eta = 1$) beträgt. Alle anderen Systemdaten bleiben unverändert. Weiterhin sind in dieser Spalte in Klammern die hierzu erforderliche (gerundete) Anzahl

$$N_P = \frac{P_E T}{hf} \tag{6.6}$$

von Photonen je Bit aufgeführt, die sich gemäß dieser Gleichung aus der Division der erforderlichen Energie $P_E T$ je Bit mit der Photonenenergie hf ergibt [7].

Bild 6.1 zeigt basierend auf den Ergebnissen der letzten Spalte von Tabelle 6.1 die möglichen Empfindlichkeitsgewinne der betrachteten Überlagerungssysteme. Der obere Block in diesem Bild repräsentiert das optische Geradeaussystem mit Lichtleistungs- bzw. Intensitätsmodulation (IM) und Direktempfang. Alle anderen Blöcke kennzeichen Überlagerungssysteme. Diese können gemäß Bild 6.1 sowohl in *Homodyn-* und *Heterodynsysteme* als auch in *kohärente* und *inkohärente Systeme* aufgeteilt werden. Im Gegensatz zu den kohärenten Systemen benötigen die inkohärenten Systeme keine Phasenregelung (vgl. Kapitel 5). Die angegebenen dB-Werte stellen den erreichbaren Empfindlichkeitsgewinn unter idealen Voraussetzungen (kein Laserphasenrauschen, keine Impulsinterferenzen und unbegrenzte lokale Laserlichtleistung) dar. Der Gewinn wächst somit in Bild 6.1 von oben nach unten und erreicht schließlich im kohärenten PSK-Homodynsystem sein Maximum von etwa (12+3+3+3) dB = 21 dB. Dieser maximale Gewinn teilt sich auf in einen großen Gewinn von etwa 12 dB beim Übergang vom Direkt- zum Überlagerungssystem und in kleinere Teilgewinne von jeweils 3 dB beim Wechsel zwischen den einzelnen Überlagerungssystemen (vgl. Tabelle 6.1).

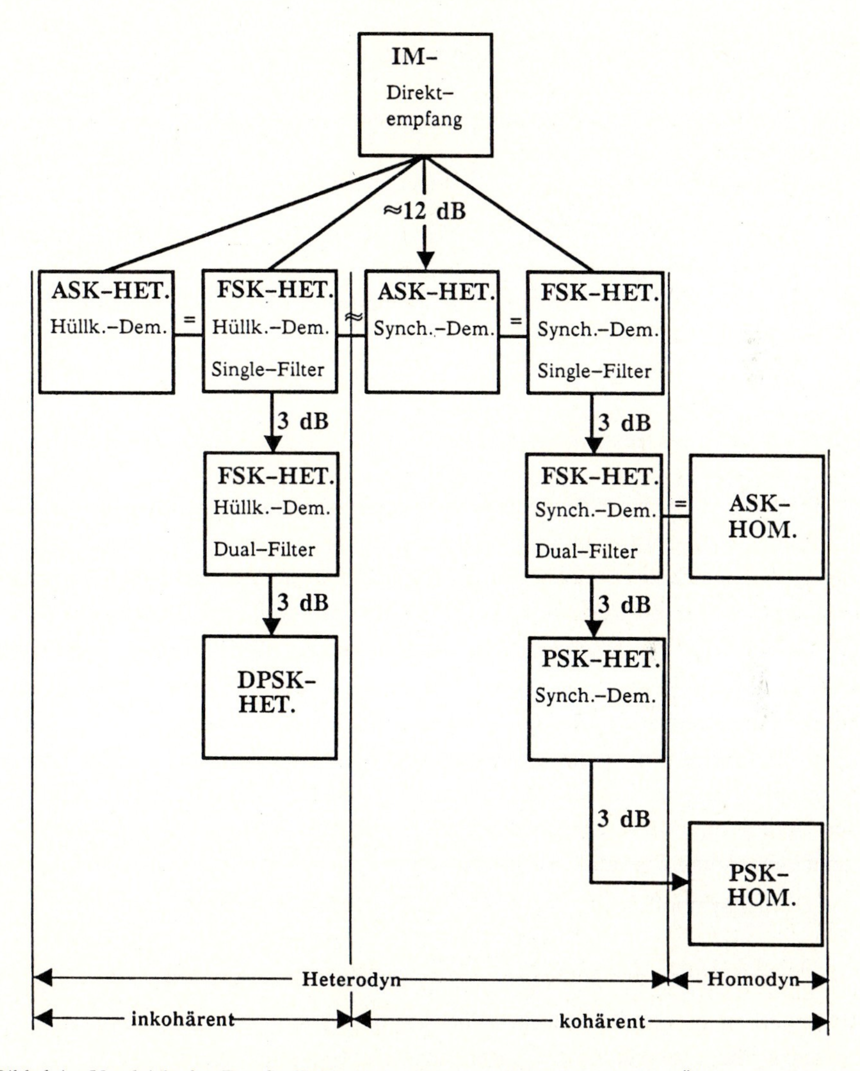

Bild 6.1: Vergleich der Empfindlichkeitsgewinne verschiedener optischer Übertragungssysteme unter idealen Voraussetzungen (kein Laserphasenrauschen, keine Impulsinterferenzen und unbegrenzte lokale Laserlichtleistung)

Mit einer theoretisch ebenfalls möglichen *Quadraturmodulation*, wobei die beiden zueinander orthogonalen optischen Trägersignale (Sinus- und Cosinusträger) mit der gleichen Nachricht moduliert werden, kann der Gewinn um weitere 3 dB erhöht werden. Berücksichtigen wir darüber hinaus, daß diese beiden orthogonalen optischen Trägersignale je zwei orthogonale Polarisationen beinhalten, so kann mittels eines *Polarisationsmultiplexsystems*, wobei beide Polarisationsrichtungen mit dem gleichen Nachrichtensignal angeregt werden, der Gewinn nochmals um 3 dB vergrößert werden. Der maximal erreichbare Empfindlichkeitsgewinn beträgt dann unter diesen idealen Voraussetzungen etwa (21+6) dB = 27 dB.

6.2 Vergleich unter realen Voraussetzungen

Der Systemvergleich unter realen Voraussetzungen berücksichtigt alle wesentlichen Störeinflüsse, als da sind:

- das additive Gaußrauschen,
- das Laserphasenrauschen und
- die Impulsinterferenzen.

Grundlage für diesen Vergleich sind die Ergebnisse der Systemberechnung und der Systemoptimierung von Kapitel 5.

6.2.1 Fehlerwahrscheinlichkeit

Die Bilder 6.2a bis 6.2f zeigen die Fehlerwahrscheinlichkeitskurven $p_u(P_E)$ verschiedener optischer Übertragungssysteme. Auf der Ordinate ist jeweils die ungünstigste Fehlerwahrscheinlichkeit p_u (vgl. Kapitel 5) und auf der Abszisse die Empfangslichtleistung P_E in dBm (d.h. bezogen auf 1 mW) aufgetragen. Die Empfangslichtleistung P_E steigt demanch von links nach rechts. Die den Bildern zugrundeliegenden Systemdaten sind mit Ausnahme der Quellensymbolfolge $<q_\nu>$ und der Grenzfrequenz f_g des nunmehr als gaußförmig angenommenen äquivalenten Basisbandfilters die gleichen wie in Tabelle 6.2. Darüber hinaus beinhalten die dargestellten Kurven sowohl eine Optimierung der Entscheiderschwelle E als auch eine Optimierung der Filtergrenzfrequenz f_g. In Abänderung zu der in Tabelle 6.2 bereits genannten Systemdaten gilt also hier:

- Quellensymbolfolgen: $<q_\nu> = \cdots \emptyset L \emptyset \cdots$ (Einzel-L) und
  $<q_\nu> = \cdots L \emptyset L \cdots$ (Einzel-Ø),
- Grenzfrequenz des äquivalenten gaußförmigen Basisbandfilters: $f_g = f_{g,opt}$.

Zusätzlich zu diesen Daten gelten für den bei Homodynsystemen notwendigen optischen Phasenregelkreis die folgenden weiteren Systemdaten:

- natürliche Kreisfrequenz: $\omega_n = 0{,}001 \cdot 2\pi \cdot 1/T$,
- Dämpfungsfaktor: $\xi = 1$.

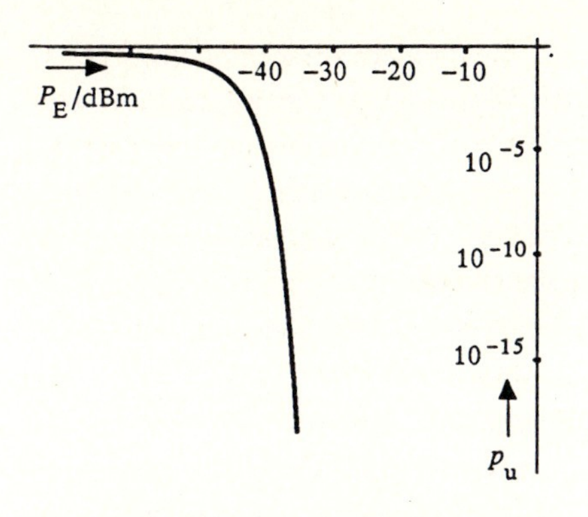

(a) Inkohärentes Geradeaussystem

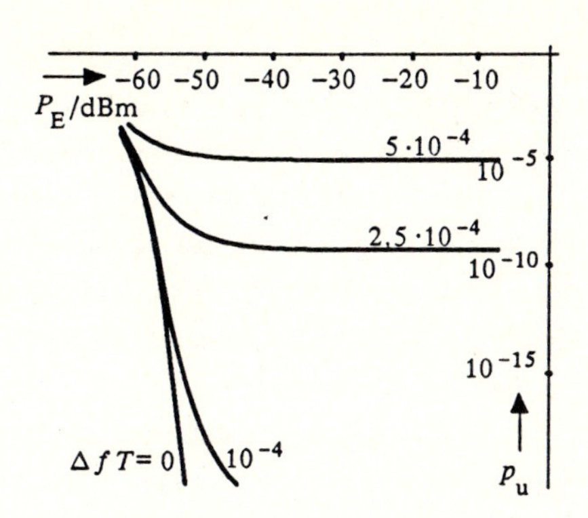

(b) Kohärentes PSK–Homodynsystem

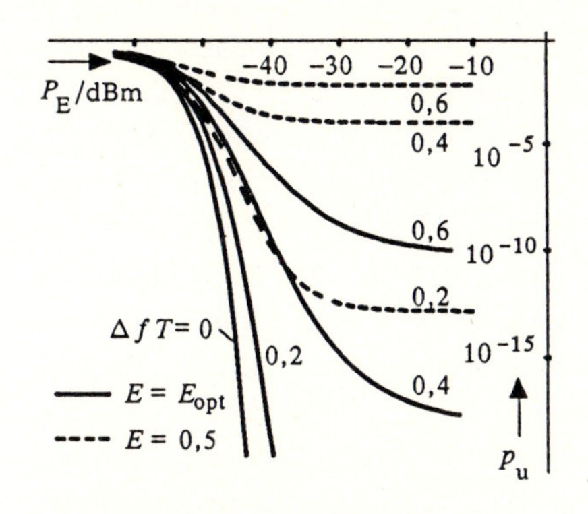

(c) Inkohärentes ASK–Heterodynsystem mit Hüllkurvendemodulation

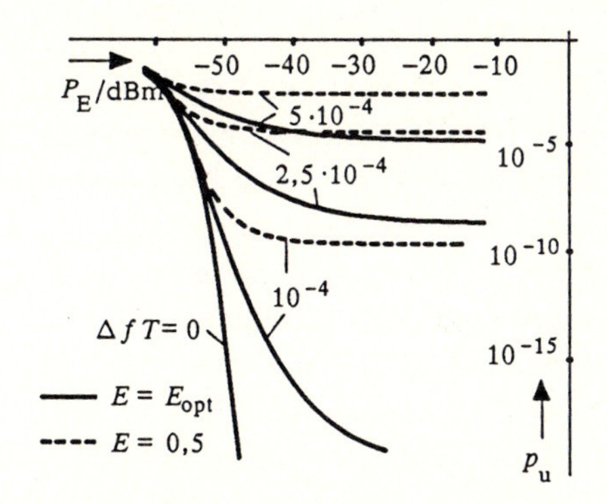

(d) Kohärentes ASK–Homodynsystem

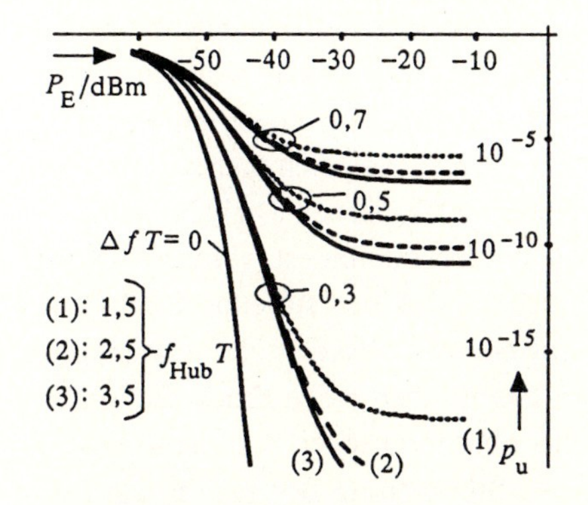

(e) Inkohärentes FSK–Heterodynsystem mit Hüllkurvendemodulation (Einfilterschaltung)

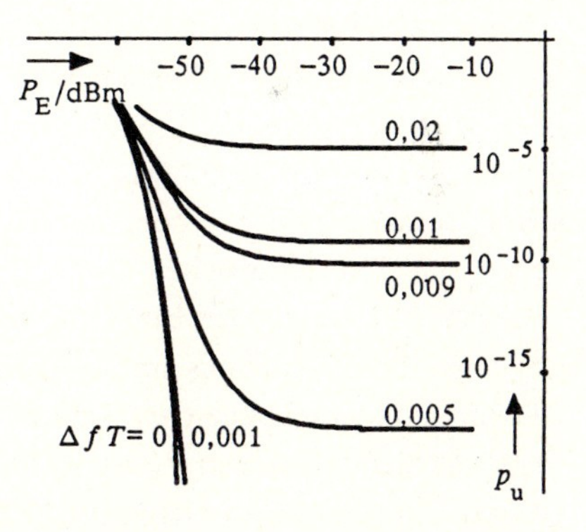

(f) Inkohärentes DPSK–Heterodynsystem

Bild 6.2: Vergleich optischer Übertragungssysteme hinsichtlich (ungünstigster) Fehlerwahrscheinlichkeit

Bild 6.2a zeigt quasi als Vergleichssystem die Fehlerwahrscheinlichkeitskurve des optischen Geradeaus- bzw. Direktsystems. Dieses System ist wegen der Lichtleistungsmodulation unabhängig vom Laserphasenrauschen. Die dominanten Störgrößen sind hier das thermische Rauschen und das Schrotrauschen, also insgesamt ein additives gaußverteiltes Rauschen. Typisch für das Geradeaussystem ist der sehr steile Verlauf der Fehlerwahrscheinlichkeitskurve $p_u(P_E)$ im Bereich praktisch sinnvoller, d.h. kleiner Fehlerwahrscheinlichkeiten. Das bedeutet, daß bereits eine kleine Veränderung in der Empfangslichtleistung P_E in diesem Bereich eine große Veränderung in der Fehlerwahrscheinlichkeit p_u bewirkt. Ein solch steiler Verlauf der Fehlerwahrscheinlichkeitskurve $p_u(P_E)$ ist bereits aus den umfangreichen Untersuchungen elektrischer Digitalsysteme hinreichend bekannt [160, 163].

Anders ist dagegen der Kurvenverlauf der Fehlerwahrscheinlichkeit p_u bei den optischen Überlagerungssystemen. Diese Systeme werden nämlich nicht nur durch das additive Gaußrauschen, sondern darüber hinaus auch durch das Phasenrauschen von Sende- und Lokallaser gestört. Stellvertretend für die Vielzahl möglicher Überlagerungssysteme (vgl. Bild 6.1) soll an dieser Stelle der in Bild 6.2b dargestellte Verlauf der Fehlerwahrscheinlichkeit beim kohärenten PSK-Homodynsystem diskutiert werden. Zusätzlicher Parameter ist hier und in den Bildern 6.2c – 6.2f die normierte resultierende Laserlinienbreite ΔfT mit $1/T$ = 560 MBit/s. Diese setzt sich zusammen aus der Summe der normierten Linienbreiten von Sende- und Lokallaser und ist somit ein direktes Maß für die Stärke des resultierenden Laserphasenrauschens.

Ohne Phasenrauschen (d.h. $\Delta fT = 0$) verläuft die Fehlerwahrscheinlichkeitskurve beim PSK-Homodynsystem ebenso steil wie die des Geradeaussystems von Bild 6.2a. Die Parallelverschiebung der entsprechenden PSK-Kurve nach links repräsentiert dabei den maximal erreichbaren Empfindlichkeitsgewinn des PSK-Homodynsystems gegenüber dem Geradeaussystem um etwa 19 dB.

Mit Phasenrauschen (d.h. $\Delta fT \neq 0$) verläuft die Fehlerwahrscheinlichkeitskurve für kleine Empfangslichtleistungen P_E zunächst ebenfalls relativ steil. In diesem Bereich ist der störende Einfluß des additiven Gaußrauschens erheblich größer als der des Phasenrauschens. Das PSK-Homodynsystem verhält sich hier wie ein optisches Geradeaussystem oder ein konventionelles elektrisches Digitalsystem, bei denen das Phasenrauschen keine Rolle spielt oder zumindest vernachlässigbar klein ist. Mit steigender Empfangslichtleistung P_E wird der störende Einfluß des additiven Gaußrauschens immer geringer und der des Phasenrauschens impliziet zunehmend stärker. Die dargestellten Kurven beschreiben einen Knick. Bei großen Empfangslichtleistungen P_E ist schließlich das Phasenrauschen dominant. Im Gegensatz zum additiven Gaußrauschen kann die Störwirkung des Phasenrauschens nicht durch eine Erhöhung der Empfangslichtleistung P_E verringert werden (vgl. Kapitel 5). Die Fehlerwahrscheinlichkeitskurven gehen daher für große Empfangslichtleistungen in Sättigung (*error rate floor*).

Die Folge ist, daß eine Fehlerwahrscheinlichkeit von beispielsweise $p_u = 10^{-10}$ nicht mit jedem beliebigen Laser erreicht werden kann. Bei den kohärenten

Homodynsystemen sind dabei die Anforderungen an die Linienbreite der Laser besonders hoch, wie die angegebenen Zahlenwerte für ΔfT zeigen.

Die Bilder 6.2c und 6.2d zeigen den Verlauf der Fehlerwahrscheinlichkeit beim inkohärenten ASK-Heterodyn- und beim kohärenten ASK-Homodynsystem. Es ergeben sich für diese Systeme qualitativ gleiche Fehlerwahrscheinlichkeitskurven wie beim eben beschriebenen PSK-Homodynsystem. Vergleichen wir bei den beiden Bildern 6.2c und 6.2d die angegebenen normierten Laserlinienbreiten ΔfT, so wird deutlich, daß die Anforderungen an die spektrale Lasergüte beim kohärenten Homodynsystem wesentlich höher liegen als beim inkohärenten Heterodynsystem.

Die Fehlerwahrscheinlichkeit p_u wird bei ASK-Überlagerungssystemen entscheidend durch die Lage der Entscheiderschwelle bestimmt (vgl. Kapitel 5). Bild 6.2c und 6.2d verdeutlichen die zum Teil erheblichen Auswirkungen einer nicht optimalen Entscheiderschwelle E.

In den Bildern 6.2e und 6.2f sind die Fehlerwahrscheinlichkeitskurven $p_u(P_E)$ des inkohärenten FSK-Heterodynsystems mit Einfilterdemodulator (zusätzlicher Parameter: normierter Frequenzhub $f_{Hub}T$) und des inkohärenten DPSK-Heterodynsystems dargestellt. Auch hier ist der qualitative Kurvenverlauf der gleiche wie bei den anderen Überlagerungssystemen.

Zusammenfassend können die Fehlerwahrscheinlichkeitskurven $p_u(P_E)$ optischer Überlagerungssysteme (Bild 6.2) wie folgt beschrieben werden:

Der *qualitative Kurvenverlauf* ist bei allen Überlagerungssystemen unabhängig vom Modulations- und Demodulationsverfahren gleich: zunächst ein steiler Abfall bei kleinen Empfangslichtleistungen P_E, dann ein Abknicken der Fehlerwahrscheinlichkeitskurve und schließlich bei sehr großen Empfangslichtleistungen der Übergang in die Sättigung.

Der *quantitative Kurvenverlauf* der Fehlerwahrscheinlichkeit ist dagegen sehr unterschiedlich. Dieser ist nicht nur von der angegebenen normierten Laserlinienbreite ΔfT abhängig, sondern wegen der Komplexität optischer Überlagerungssysteme zusätzlich von einer Vielzahl anderer Systemparameter. So spielen beispielsweise in Homodynsystemen die Phasenregelkreisparameter (Regelkreisbandbreite u.a.) und in Heterodynsystemen die Bandbreite des ZF-Filters eine wichtige Rolle (vgl. Kapitel 5).

6.2.2 Anforderungen an die Laserlinienbreite

Eine wichtige Fragestellung bei der Planung und Konzipierung optischer Überlagerungssysteme ist: Welche maximale resultierende Laserlinienbreite Δf ist für eine Fehlerwahrscheinlichkeit von beispielsweise $p_u = 10^{-10}$ zulässig und welche Empfangslichtleistung P_E ist hierzu erforderlich? Die Antwort auf diese Frage gibt uns Bild 6.3.

Auf der Abszisse ist in diesem Bild die resultierende Laserlinienbreite Δf (sowohl unnormiert als auch normiert auf die konstante Bitrate $1/T$ = 560 MBit/s) und auf der Ordinate die Empfangslichtleistung P_E in dBm aufgetragen. Die dem Bild 6.3 zugrundeliegenden Systemdaten sind wieder die gleichen wie in den vorangegangenen Abschnitten.

Die resultierende Laserlinienbreite Δf wächst demnach in Bild 6.3 von links nach rechts und die Empfangslichtleistung P_E von unten nach oben. Ein Überlagerungssystem ist somit umso empfindlicher, also umso besser, je tiefer seine Kurve in Bild 6.3 liegt. Die Anforderung an die Laserlinienbreite ist dabei umso geringer, je weiter rechts seine Kurve liegt. Der günstigste Bereich ist daher in Bild 6.3 rechts unten.

Als Vergleich ist in Bild 6.3 das konventionelle Geradeaussystem mit aufgenommen. Da dieses System auf Grund der Lichtleistungsmodulation unabhängig vom Phasenrauschen und somit unabhängig von Δf ist, erhalten wir hierfür eine Gerade. Optimiert wurde das dargestellte Geradeaussystem hinsichtlich der Lawinenverstärkung der Photodiode, der Entscheiderschwelle und der Bandbreite des Basisbandfilters (vgl. Abschnitt 5.4).

Die untere strichlierte Gerade in Bild 6.3 stellt das theoretische Maximum dar und gilt für das kohärente PSK-Homodynsystem unter Vernachlässigung des Phasenrauschens (daher keine Funktion von Δf) und unter der weiteren nicht realen Annahme einer unendlich hohen lokalen Laserlichtleistung P_L (d.h. hier wird die Schrotrauschgrenze erreicht).

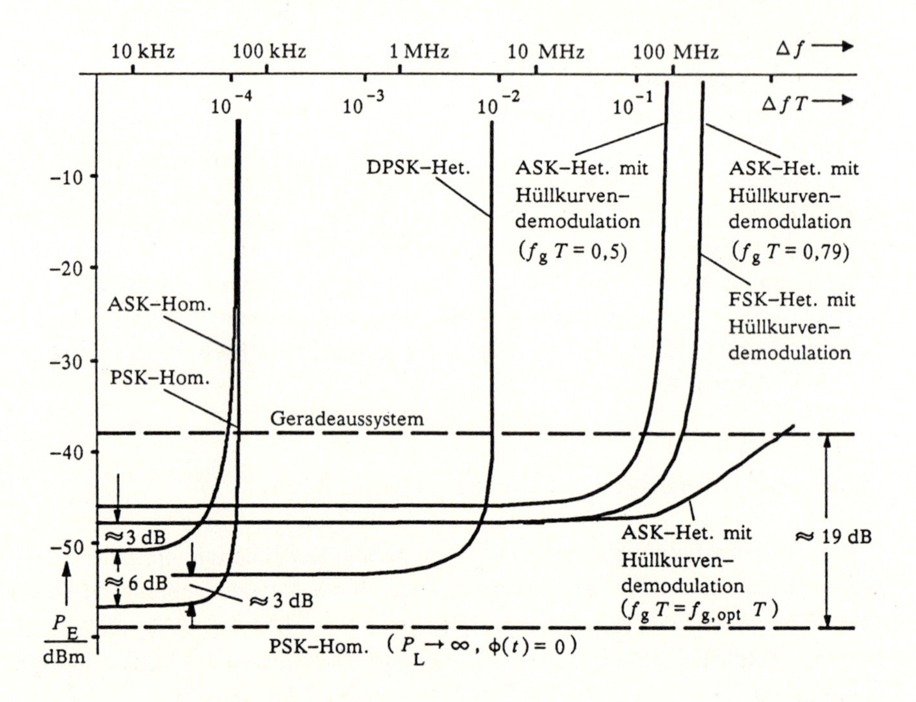

Bild 6.3: Zulässige resultierende Laserlinienbreite Δf für eine Fehlerwahrscheinlichkeit von $p_u = 10^{-10}$ und einer Bitrate von $1/T = 560$ MBit/s

Entsprechend Bild 6.3 können wir die dargestellten Überlagerungssysteme in drei Gruppen einteilen:

Die *erste Gruppe* umfaßt die kohärenten Homodynsysteme. Der Empfindlichkeitsgewinn dieser Systeme ist zwar groß (die Kurven liegen weit unten), aber die Anforderungen an die zulässigen Laserlinienbreiten sind sehr hoch (die Kurven liegen sehr weit links). Zu dieser Gruppe gehören auch die nicht eingetragenen kohärenten Heterodynsysteme (vgl. Abschnitt 5.2), die allerdings einen etwas geringeren Empfindlichkeitsgewinn aufweisen als die kohärenten Homodynsysteme (vgl. Bild 6.1).

Die *zweite Gruppe* wird allein aus dem inkohärenten DPSK-Heterodynsystem gebildet. Dieses System stellt einen Kompromiß dar zwischen Empfindlichkeitsgewinn - dieser ist sogar größer als beim kohärenten ASK-Homodynsystem - und der Anforderung an die spektrale Lasergüte.

Die *dritte Gruppe* umfaßt die inkohärenten ASK- und FSK-Heterodynsysteme. Bei diesen Systemen sind unter der Voraussetzung einer konstanten ZF-Filterbandbreite Laserlinienbreiten von etwa 20 bis 30 Prozent der Bitrate $1/T$ erlaubt. Für das inkohärente FSK-Heterodynsystem sind hier die Näherungen aus Abschnitt 5.3.2 berücksichtigt. Optimiert man die ZF-Filterbandbreite, so können bei diesen inkohärenten Heterodynsystemen sogar Laserlinienbreiten in der Größenordnung der Bitrate $1/T$ und höher zugelassen werden ($\Delta fT > 1$), wie stellvertretend der Kurvenverlauf für das optimierte ASK-Heterodynsystem zeigt. Eine Sättigung der Fehlerwahrscheinlichkeit („*error rate floor*") tritt dabei nicht mehr auf (vgl. Abschnitt 5.3.1). Der Empfindlichkeitsgewinn inkohärenter ASK- und FSK-Heterodynsysteme ist allerdings im Vergleich zu den anderen Überlagerungssystemen am geringsten und beträgt gegenüber dem Geradeaussystem maximal (bei $\Delta f = 0$) etwa 10 dB.

Welches der dargestellten optischen Überlagerungssysteme nun das beste ist, kann pauschal nicht beantwortet werden, sondern hängt wesentlich von den praktischen Anforderungen an das jeweilige System ab. Zum Beispiel ist eine Entscheidung für das eine oder andere Überlagerungssystem davon abhängig, ob eine große Verstärkerfeldlänge oder eine verhältnismäßig leichte Realisierbarkeit bei kürzerer Verstärkerfeldlänge gefordert wird. Die technischen Schwierigkeiten bei der Realisierung optischer Überlagerungssysteme nehmen in Bild 6.3 von rechts nach links enorm zu.

Vergleicht man die erforderlichen Empfangslichtleistungen P_E für $\Delta fT = 0$ (Schnittpunkt der dargestellten Kurven mit der Ordinate) mit den entsprechenden Zahlenwerten der Tabelle 6.1, so erkennt man, daß diese für alle Überlagerungssysteme um etwa 1 dB bis 2 dB kleiner sind. Der Grund hierfür ist, daß in Tabelle 6.1 im Gegensatz zu Bild 6.3 die Symbolfolgen Dauer-L und Dauer-Ø zugrunde liegen und somit der Einfluß von Impulsinterferenzen dort nicht berücksichtigt sind.

6.2.3 Empfindlichkeitsgewinn

In Bild 6.1 wurde der Empfindlichkeitsgewinn optischer Überlagerungssysteme unter Vernachlässigung des Laserphasenrauschens ($\Delta f = 0$) dargestellt. Für den Fall mit Phasenrauschen ($\Delta f > 0$) könnte eine entsprechende Graphik erstellt werden, wobei wie in Bild 6.1 jeder Block ein anderes optisches Überlagerungssystem repräsentiert. Da sich für jeden Wert Δf der Laserlinienbreite eine andere Konstellation der Blöcke ergäbe, soll hier nur eine verbale Beschreibung der durchzuführenden Änderungen erfolgen. Die hierzu benötigten Zahlenwerte für die Empfindlichkeitsgewinne bzw. -verluste liefert Bild 6.3. In dieses Bild tragen wir dazu bei gegebener konstanter Laserlinienbreite Δf eine vertikale Gerade ein und ermitteln anschließend die Differenzen bezüglich den erforderlichen Empfangslichtleistungen P_E. Die abgelesene Leistungsdifferenz zwischen zwei beliebigen Systemen entspricht dabei je nach Vorzeichen einem Gewinn oder Verlust an Empfindlichkeit.

Je nachdem, für welche Laserlinienbreite Δf die neue Blockgraphik erstellt wird, erfolgt eine mehr oder weniger große Verschiebung der Blöcke gegenüber der ursprünglichen Graphik für $\Delta f = 0$ (siehe Bild 6.1). Übertragungssysteme, die unter idealen Voraussetzungen (also $\Delta f = 0$) noch einen sehr großen Empfindlichkeitsgewinn hatten – wie zum Beispiel das PSK-Homodynsystem – kommen mit steigender Laserlinienbreite Δf sehr weit nach oben.

Bei sehr großen Laserlinienbreiten Δf können Überlagerungssysteme sogar eine geringere Empfindlichkeit als das Geradeaussystem aufweisen. Überschreitet die Laserlinienbreite Δf schließlich eine bestimmte Grenze, so kann je nach Überlagerungssystem die zugrundeliegende Fehlerwahrscheinlichkeit von $p_u = 10^{-10}$ nicht mehr erreicht werden (vgl. Bild 6.3).

6.2.4 Augenmuster

In diesem Abschnitt wird das Augenmuster des Detektionssignals $d(t)$ näher charakterisiert. Dieses Signal liegt am Eingang der Abtast- und Entscheidungseinrichtung (vgl. Bild 2.3) und ist somit direkt verantwortlich für die Übertragungqualität (Fehlerwahrscheinlichkeit) eines digitalen Übertragungssystems. Hinsichtlich der in Kapitel 5 betrachteten Überlagerungssysteme können die Augenmuster in zwei Gruppen eingeteilt werden:

- Systeme mit *horizontal symmetrischem* Augenmuster und
- Systeme mit *horizontal unsymmetrischem* Augenmuster.

Mit Ausnahme der beiden kohärenten PSK-Systeme (siehe Bild 6.1) liefern alle anderen Überlagerungssysteme ein unsymmetrisches Auge.

Bild 6.4 zeigt stellvertretend für die beiden Gruppen die am Rechner simulierten phasenverrauschten Augenmuster beim ASK- und PSK-Überlagerungssystem (das additive Gaußrauschen bleibt hier unberücksichtigt). Als Vergleich sind in Bild 6.4

zusätzlich die beiden unverrauschten Augenmuster aufgeführt, die in beiden Systemen gleiches Aussehen haben. Grundlage für die dargestellten Augenmuster ist der Gaußtiefpaß nach Gleichung (2.77) mit einer Grenzfrequenz $f_g = 1/(2T)$.

Das normierte Auge des PSK-Systems (Bild 6.4a) ist gekennzeichnet durch die Amplitudenstufen +1 (Symbol L) und -1 (Symbol Ø). Die digitale Signalübertragung ist somit beim PSK-System bipolar (vgl. Abschnitt 5.1.2). Die beiden Symbole Ø und L werden durch das Phasenrauschen gleichermaßen gestört. Die Folge ist ein *symmetrisches Augenmuster* bezüglich der Zeitachse und eine optimale Entscheiderschwelle in Augenmitte ($E_{opt} = 0$).

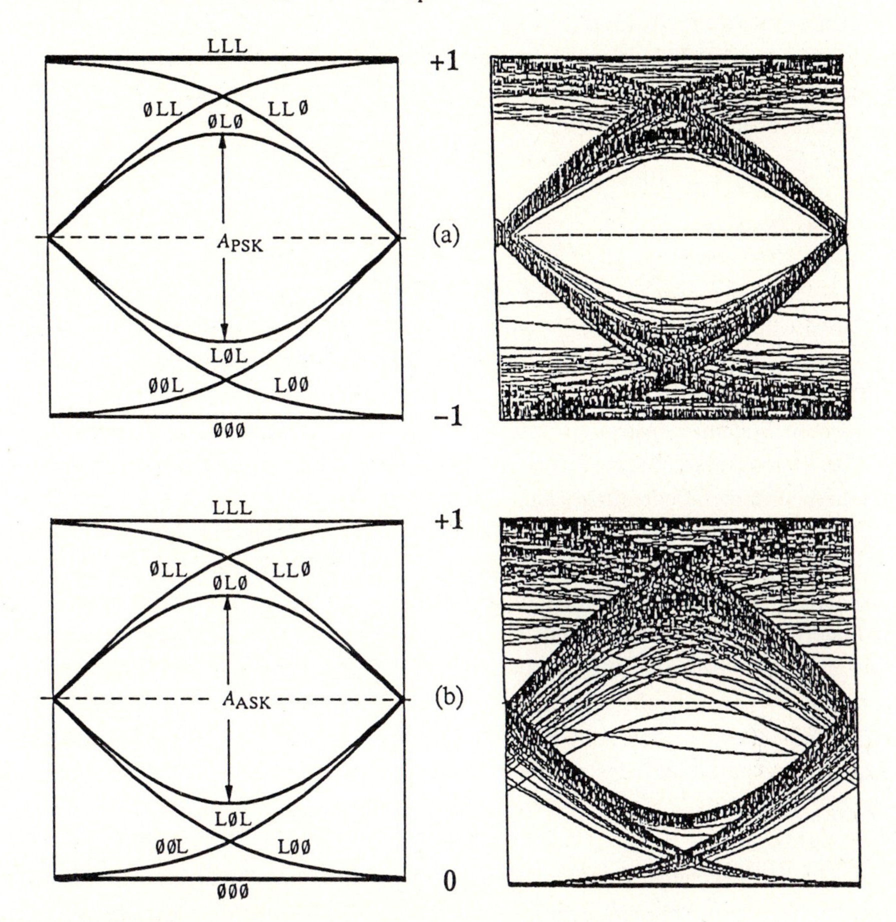

Bild 6.4: Typische Augenmuster in optischen Überlagerungssystemen
(a) PSK-System (b) ASK-System

Anders ist es beim Auge des ASK-Systems (Bild 6.4b). Dieses System ist gekennzeichnet durch die beiden normierten Amplitudenstufen +1 (Symbol L) und 0 (Symbol Ø). Die höheren Signalpegel bei der Übertragung des Symbols L werden entsprechend dem dargestellten Augenmuster durch das Phasenrauschen weitaus stärker gestört als die kleineren Pegel beim Symbol Ø . Die Folge ist ein horizontal *unsymmetrisches Augenmuster* und eine optimale Entscheiderschwelle, die beim phasenverrauschten ASK-System immer kleiner ist als beim unverrauschten System. Die normierte optimale Entscheiderschwelle ist hier also stets etwas kleiner als 0,5 (vgl. Kapitel 5.1.1).

Das in Bild 6.4b dargestellte Augenmuster des ASK-Systems veranschaulicht, daß durch das Phasenrauschen die Signalpegel stets verringert und nie vergrößert werden. Die Folge ist, daß die Amplitudenwerte beim Symbol L stets verschlechtert (durch das Laserphasenrauschen wird der Abstand von der Schwelle verringert), beim Symbol Ø jedoch immer verbessert werden (durch das Laserphasenrauschen wird der Abstand von der Schwelle vergrößert). Die Wahrscheinlichkeit, daß ein Symbol L im Entscheider als Symbol Ø erkannt wird, ist somit bei Anwesenheit von Phasenrauschen stets größer als die Wahrscheinlichkeit, daß ein Symbol Ø als L erkannt wird.

6.2.5 Bitrate

Neben einer großen regeneratorfreien Übertragungsstrecke und einer geringen Fehlerwahrscheinlichkeit sollte ein technisch hochwertiges digitales Übertragungssystem auch in der Lage sein, eine möglichst hohe Bitrate übertragen zu können. Die Qualität eines solchen Systems ist dabei umso höher, je besser diese drei genannten Systemeigenschaften erfüllt sind. Je nach praktischer Anforderung an das Übertragungssystem kann jedoch die eine oder andere Systemeigenschaft auch von untergeordneter Bedeutung sein.

Bezüglich der übertragbaren Bitrate optischer Überlagerungssysteme existiert wie in jedem anderen Übertragungssystem eine obere Grenze. Diese ist bei optischen Überlagerungssystemen in erster Linie durch die Bandbreite der Photodiode und durch die Bandbreite des nachfolgenden Eingangsverstärkers bestimmt. In Heterodynsystemen müssen diese beiden Komponenten in der Lage sein, das modulierte Zwischenfrequenzsignal mit der maximalen Frequenz $f_{ZF} + f_{N,max}$ zu übertragen. Nach Abschnitt 5.3.1 (Gleichung 5.67) muß aber die Zwischenfrequenz f_{ZF} bereits mindestens das Dreifache der maximalen Nachrichtenfrequenz $f_{N,max}$ betragen, um ein Übersprechen des Basisbandanteiles mit dem ZF-Band zu verhindern.

Für eine gegebene obere Grenzfreqenz $f_{g,PD}$ der Photodiode (oder des Verstärkers) soll nun die maximal übertragbare Bitrate $f_{B,max} = 1/T_{min}$ bzw. die minimale Bitdauer T_{min} ermittelt werden. Hierzu nehmen wir vereinfachend an, daß vom binären rechteckförmigen Nachrichtensignal (vgl. Abschnitt 2.4.3) nur die Frequenzanteile zwischen $f = 0$ und $f = f_{N,max} := f_B/2$ übertragen werden. Bei der frequenzmäßig ungünstigsten periodischen Quellensymbolfolge $\langle q_\nu \rangle = \cdots$ LØ LØ L$\cdots$ wird in diesem Fall nur noch die sinusförmige Grundwelle des zugehörigen periodischen Rechtecksignals übertragen. Die Grundfrequenz dieser Rechteckschwingung beträgt $f_B/2$. Eine richtige Entscheidung des Empfängers zwischen den beiden Symbolen Ø und L ist in diesem Fall gerade noch gewährleistet. Fassen wir die soeben durchgeführten Überlegungen zusammen, so erhalten wir für die maximal übertragbare Bitrate $f_{B,max}$ die folgenden Bestimmungsgleichungen:

$$f_{B,max} = \frac{1}{T_{min}} = \frac{1}{4} f_{g,PD} \quad \text{für Heterodynsysteme,} \tag{6.7}$$

$$f_{B,max} = \frac{1}{T_{min}} = f_{g,PD} \quad \text{für Homodynsysteme.} \tag{6.8}$$

Unter diesen idealisierten Voraussetzungen ist demnach die maximal übertragbare Bitrate bei einem Homodynsystem ($f_{ZF} = 0$) mindestens viermal größer als bei einem Heterodynsystem ($f_{ZF} \neq 0$). In Praxis mit nicht ideal bandbegrenzenden Filtern ist der Unterschied sogar noch geringfügig größer.

Die Wahl der Bitrate f_B hat in optischen Überlagerungssystemen mit gegebener resultierender Laserlinienbreite Δf einen entscheidenden Einfluß auf die Übertragungsqualität des Systems. Aus den Überlegungen und Berechnungen des Kapitels 5 geht hervor, daß bei allen betrachteten Überlagerungssystemen die Störwirkung des Laserphasenrauschens umso geringer ist, je besser die Relation

$$\Delta f T << 1 \quad \text{bzw.} \quad \Delta f << f_B \tag{6.9}$$

erfüllt ist. Besonders deutlich wird dies beim inkohärenten DPSK-Heterodynsystem. Hier ist die Varianz des im Detektionssignal vorhandenen Phasenrauschens – genau genommen eine Phasenrauschdifferenz – direkt proportional zur Bitdauer T und auch zur Laserlinienbreite Δf (siehe Gleichung 5.143). Je größer demnach bei diesem System die Bitrate $f_B = 1/T$ ist, umso kleiner ist auch die Varianz der Phasenrauschdifferenz und umso geringer die Störung durch das Laserphasenrauschen.

Ähnlich, wenn auch nicht ganz so offensichtlich wie beim DPSK-System, ist das Verhalten der anderen im Kapitel 5 betrachteten Überlagerungssysteme. Bei den inkohärenten ASK- und FSK-Heterodynsystemen kommt die Verringerung der Störwirkung des Phasenrauschens bei sehr hohen Bitraten dadurch zustande, daß hier die für große Bitraten erforderlichen breitbandigeren ZF-Filter nur noch eine sehr geringe Verkopplung zwischen dem Phasenrauschen und der Nutzamplitude verursachen (siehe Abschnitt 5.3.1). Je größer also bei diesen Systemen die Bitrate und somit die ZF-Filterbandbreite ist, umso geringer ist hier der störende Einfluß des Laserphasenrauschens. Allerdings steigt bei großen Filterbandbreiten die Störung durch das additive Gaußrauschen (Schrotrauschen und thermisches Rauschen), dessen Rauschleistung proportional mit der Filterbandbreite zunimmt. Dieser Effekt ist jedoch kein typischer Effekt von Überlagerungssystemen, sondern generell bei allen digitalen Übertragungssystemen vorhanden.

Eine Besonderheit inkohärenter ASK- und FSK-Heterodynsysteme ist das Verhalten dieser Systeme bei sehr geringen Bitraten. Verringert man nämlich die Bitrate und gleichzeitig damit die ZF-Filterbandbreite, so wächst infolge der nun stärkeren Kopplung zwischen dem Phasenrauschen und der Nutzamplitude die Störung durch das Laserphasenrauschen. Bei einer bestimmten Bitrate bzw. Filterbandbreite erreicht die effektive Phasenrauschstörung ein Maximum (vgl. Bild 5.13b). Bei weiterer Verringerung der Bitrate nimmt schließlich die Störung durch das Laserphasenrauschen wieder ab. Dies kommt daher, daß nunmehr das sehr schmalbandige Filter nur noch einen kleinen, frequenzmäßig begrenzten Anteil des Phasenrauschens durchläßt, wodurch der störende Einfluß des Phasenrauschens sehr stark vermindert wird. Die durch die Bandbegrenzung des Filters hervorgerufene Verringerung der Phasenrauschstörung macht sich bei sehr schmalbandigen Filtern deutlich stärker bemerkbar als die gleichzeitige Zunahme der Phasenrauschstörung infolge einer nunmehr engeren Verkopplung zwischen dem Phasenrauschen und der Nutzamplitude. Da durch eine Bandbegrenzung meist auch die Nutzsignalamplitude infolge von Impulsinterferenzen verringert wird, gibt es bei einer festen Bitrate und einer festen Laserlinienbreite Δf immer eine optimale ZF-Filterbandbreite mit zugehöriger minimaler Fehlerwahrscheinlichkeit (siehe Bild 5.16b). Je besser dabei zusätzlich die Realation (6.9) erfüllt ist, umso unempfindlicher sind die inkohärenten ASK- und FSK-Heterodynsysteme gegenüber dem Phasenrauschen.

Auch bei den Homodynsystemen und den kohärenten Heterodynsystemen, welche eine Phasenregelung benötigen, ist der störende Einfluß des Laserphasenrauschens umso geringer, je besser die oben aufgeführte Relation (6.9) erfüllt ist. Die Ursache hierfür ist im Phasenregelkreis selbst zu finden. Dieser kann nämlich das Phasenrauschen umso efektiver ausregeln, je mehr sich das Phasenrauschen und das Nutzsignal (z.B. die Nachrichtenphase bei PSK-Systemen) spektral voneinander unterscheiden (vgl. Abschnitt 5.1.3). Da nach Abschnitt 3.3.1 beim Laserphasenrauschen die tiefen Frequenzanteile dominieren, steigt demnach die Effektivität des Phasenreglers und somit die Unempfindlichkeit des Systems gegenüber dem Laserphasenrauschen mit zunehmender Bitrate.

6.2.6 Realisierungsaufwand und Anwendungsgebiete

Hinsichtlich der Realisierung optischer Überlagerungssysteme soll im Rahmen dieses Buches nur auf grundsätzliche Zusammenhänge eingegangen werden. Genauere Informationen erhält man aus den bereits zahlreich erschienenen Veröffentlichungen, die sich mit dem praktischen Aufbau solcher Systeme und der zugehörigen Meßtechnik befassen. Eine gute Übersicht über realisierte optische Überlagerungssysteme geben beispielsweise die Arbeiten [123, 177].

Der Aufwand für die Realisierung der verschiedenen Systemvarianten hängt wesentlich davon ab, ob es sich um ein kohärentes Homodynsystem, ein kohärentes Heterodynsystem oder um ein inkohärentes Heterodynsystem handelt (siehe Bild 6.1). Der Realisierungsaufwand optischer Überlagerungssysteme nimmt dabei ausgehend von den inkohärenten ASK- und FSK-Heterodynsystemen über die inkohärenten DPSK-Heterodynsysteme bis hin zu den kohärenten Homodynsystemen ganz beträchtlich zu. In Bild 6.3 wächst folglich bei den dort aufgeführten Systemen der technische Aufwand von rechts nach links. Die konventionellen Geradeaussysteme mit Lichtleistungsmodulation und Lichtleistungsdetektion können mit Abstand am leichtesten und auch am kostengünstigsten verwirklicht werden.

Bei den kohärenten *Homodynsystemen* liegt das entscheidende Problem in der Notwendigkeit einer optischen Phasenregelung. Diese ist nur unter großem technischen Aufwand realisierbar und ist zudem äußerst empfindlich gegenüber mechanischen, thermischen und akustischen Umwelteinflüssen. Da die Anforderungen an die Linienbreite von Sende- und Lokallaser (diese sind ein direktes Maß für die Stärke des Laserphasenrauschens) bei den kohärent-optischen Homodynsystemen besonders hoch sind, ist es bei diesen Systemen für die meisten praktischen Anwendungsgebiete sinnvoll, Gaslaser zu verwenden, deren Linienbreite um einige Größenordnungen geringer ist als diejenige von Halbleiterlasern [98].

Das zukünftige Hauptanwendungsgebiet kohärent-optischer Homodynsysteme ist die Nachrichtenübertragung über besonders weite regeneratorfreie Faserstrecken (vgl. Bild 6.5a). Als ein typisches Beispiel sind hier die Überseeverbindungen zu nennen. In Konkurrenz zu den Homodynsystemen stehen hier allerdings die Forschungsarbeiten auf dem Gebiet dämpfungsarmer Fasern. Wäre es nämlich möglich, Fasern mit extrem kleiner Dämpfung, beispielsweise ein Hundertstel dB, herzustellen, so könnte in den meisten Fällen auf den Einsatz von Homodynsystemen bei den Weitverkehrsverbindungen verzichtet werden.

Anders ist es bei den optischen Frequenzmultiplexsystemen (siehe Bild 6.5b und 6.5c). Diese werden für digitale Breitbandverteil- und Breitbanddialognetze (Breitband-ISDN) mit großer Kanalzahl benötigt und erfordern auf jeden Fall den Einsatz von optischen Überlagerungsempfängern.

Beim optischen Frequenzmultiplex liegen die einzelnen Nachrichtenkanäle im optischen Frequenzband nahezu lückenlos nebeneinander und werden mit Hilfe eines in der Frequenz abstimmbaren Lokallasers und eines ZF-Filters konstanter Mittenfrequenz selektiert. Hierbei ist der frequenzmäßige Kanalabstand nicht wie bei der Wellenlängenmultiplextechnik der Geradeaussysteme durch die Bandbreite optischer Filter, sondern durch die Bandbreite des ZF-Filters festgelegt, wodurch eine große Kanalzahl möglich wird. Jeder einzelne in der Frequenz versetzte Nachrichtenkanal beinhaltet im allgemeinen wiederum eine Vielzahl von weiteren Kanälen, die in einem Zeitmultiplexsignal zusammengefaßt sind. Die Gesamtzahl der übertragenen Nachrichtenkanäle ergibt sich demnach aus dem Produkt der im Zeitmultiplex zusammengefaßten Kanäle mit den Frequenzmultiplexkanälen.

Da es bei optischen Frequenzmultiplexsystemen in den meisten Anwendungsfällen weniger auf eine sehr große Übertragungsstrecke ankommt, können hier anstatt der problematischen kohärenten Homodynsysteme die weniger problematischen inkohärenten ASK-, FSK- oder DPSK-*Heterodynsysteme* verwendet werden. Die Anforderungen an die Laserlinienbreite sind bei diesen Systemen weitaus geringer. Eine Regelung der Phase durch eine aufwendige Regelkreiseinrichtung ist ebenfalls nicht erforderlich.

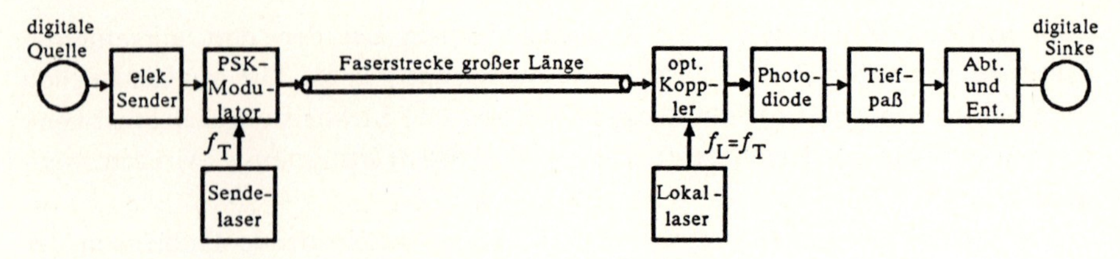

(a) Optische Weitverkehrsverbindung mit einem PSK–Homodynempfänger

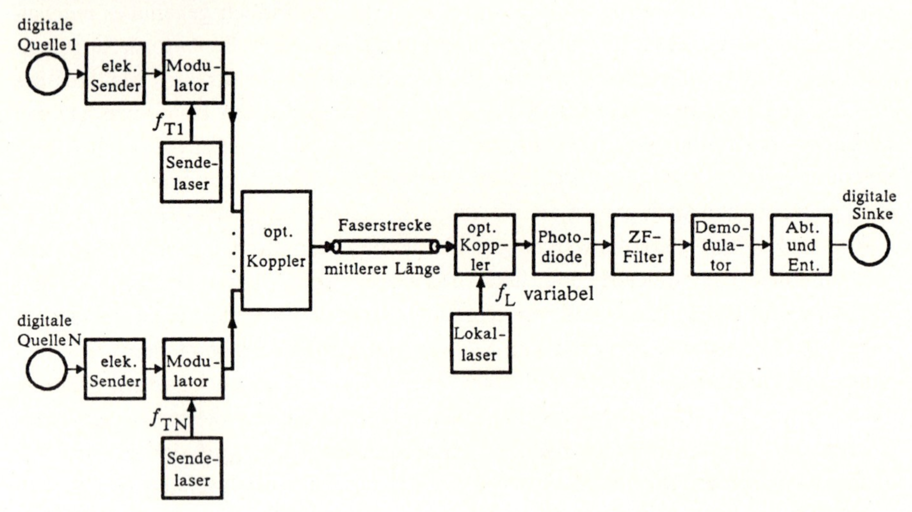

(b) Optisches Frequenzmultiplexsystem mit N Kanälen und einem Heterodynempfänger mit frequenzvariablem Lokallaser und einem ZF–Filter konstanter Mittenfrequenz

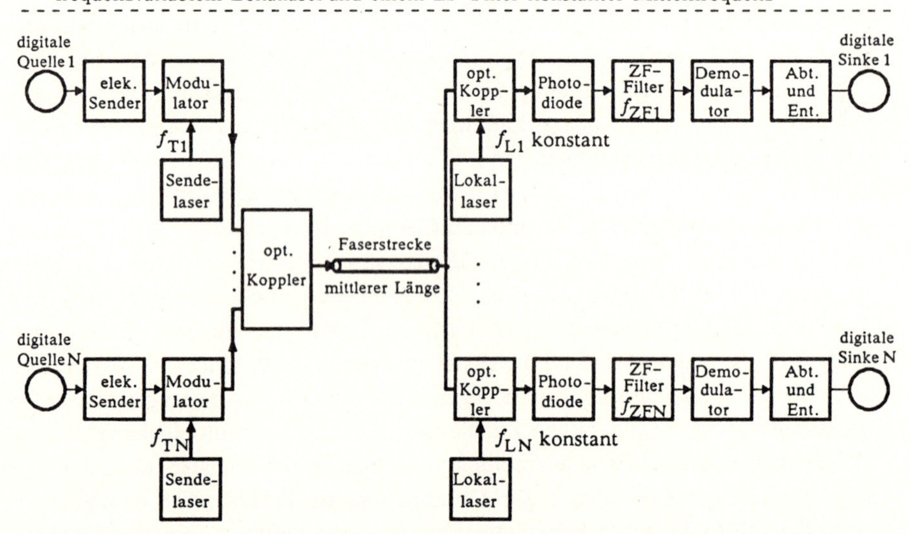

(c) Optisches Frequenzmultiplexsystem mit N Kanälen und einem Heterodynempfänger mit N Lokallasern konstanter Frequenz und N ZF–Filtern konstanter Mittenfrequenz

Bild 6.5: Typische Anwendungsgebiete optischer Überlagerungssyteme

Inkohärente Heterodynsysteme können schon mit einem verhältnismäßig geringen Aufwand realisiert werden. Zur Stabilisierung der Zwischenfrequenz benötigen diese Systeme lediglich eine einfache Frequenzregelung (kurz AFC: *automatic frequency control*). Eine technische Schwierigkeit bereitet allerdings die Herstellung breitbandiger Photodioden sowie breitbandiger Eingangs- bzw. ZF-Verstärker, die in der Lage sein müssen, dem modulierten hochfrequenten ZF-Signal folgen zu können. Die Anforderung an die Bandbreite dieser Bauelemente wächst demnach mit steigender Bitrate, so daß insbesondere bei sehr hohen Bitraten der Realisierungsaufwand inkohärenter Heterodynsysteme zunimmt.

Der oben beschriebene Mehrkanalbetrieb erfordert gegenüber einer Einkanalübertragung eine wesentlich größere Anzahl an optischen und elektrischen Bauelementen. So benötigt man beispielsweise für den Aufbau einer Zehnkanal-Übertragungsstrecke einen optischen Sender bestehend aus zehn Sendelasern (oder ein Sendelaser und neun Frequenzverschieber), zehn optischen Isolatoren zur Vermeidung von Reflexionen und bei externer Modulation zusätzlich zehn optische Modulatoren. Im Empfänger wird zur Kanalselektion ein frequenzabstimmbarer Lokallaser benötigt. Äußerst vorteilhaft wäre es, bei der frequenzmäßigen Mehrkanalübertragung alle Komponenten des optischen Senders (Sendelaser, Modulatoren und optische Isolatoren) sowie alle Komponenten des Empfängers (abstimmbarer Lokallaser, optischer Richtkoppler, Polarisationsregelung, Photodiode, Verstärker, Demodulator sowie die Abtast- und Entscheidungseinrichtung) auf je einem Substrat zu integrieren. Die Struktur des Gesamtaufbaus wäre dann äußerst kompakt, was insbesondere bei den optischen Frequenzmultiplexsystemen mit naturgemäß großer Bauelementeanzahl sehr vorteilhaft wäre.

Die hierzu erforderliche Technik wird als *integrierte Optik* bezeichnet [10 - 13]. Sie ermöglicht durch die gemeinsame Integration optischer und elektrischer Bauelemente einen übersichtlichen Aufbau optischer Überlagerungssysteme, der nun nicht mehr aus einer Vielzahl diskreter Einzelelemente besteht, sondern mit sehr wenigen Bausteinen der integrierten Optik auskommt. Die technologischen Probleme der integrierten Optik liegen u. a. bei der Kopplung der integrierten Komponenten sowie in der Integration unterschiedlicher Mischkristalle.

Allen Überlagerungssystemen gemeinsam ist das Problem der Polarisationsregelung (vgl. Kapitel 2). Zur Lösung dieses Problems existieren nach Kapitel 4 eine Reihe unterschiedlicher Verfahren. Da eine Regelung der Polarisation einer Lichtwelle naturgemäß immer nur im optischen Bereich durchgeführt werden kann, sind hierdurch implizit verschiedene technologische Schwierigkeiten vorbestimmt [109].

Eine Alternative zur Regelung der Polarisation ist der im Kapitel 4 ebenfalls vorgestellte Polarisationsdiversitätsempfänger [35, 109, 122]. Dieser detektiert die beiden schwankenden, orthogonalen Polarisationen getrennt voneinander und kompensiert die Schwankungen erst im elektrischen Empfängerteil. Die technischen Schwierigkeiten bei der Erzeugung einer stabilen Polarisation werden hier also vom optischen Bereich in den elektrischen Bereich verlagert, was im Hinblick auf eine Realisierung verschiedene Vorteile mit sich bringt (vgl. Kapitel 4). Der

Nachteil des Polarisationsdiversitätsempfängers ist ein zum Teil erheblicher Mehraufwand an elektrischen Komponenten bei einem diskreten Schaltungsaufbau.

Die nachfolgende Tabelle stellt abschließend nochmals die wesentlichen Eigenschaften und Unterschiede der in diesem Buch betrachteten optischen Übertragungssysteme zusammen.

Tabelle 6.3: Vergleich optischer Übertragungssysteme

	Homodynsystem	kohärentes Heterodynsystem	inkohärentes Heterodynsystem	Geradeaussystem
typische übertragbare Bitrate f_B	hoch z.B.: 1 GBit/s bis 2 GBit/s	relativ niedrig z.B.: 0,5 GBit/s bis 1 GBit/s	relativ niedrig z.B.: 0,5 GBit/s bis 1 GBit/s	hoch z.B.: 1 GBit/s bis 2 GBit/s
typische regenerator-freie Übertragungsstrecke f_B=560 MBit/s α = 0,2 dB/km	ASK: 212 km PSK: 242 km	ASK: 197 km FSK: 212 km PSK: 227 km	ASK: 195 km FSK: 210 km DPSK: 225 km	147 km
Realisierungs-aufwand	sehr hoch	hoch	relativ gering	gering (für kleine Bitraten)
Phasen-regelung	aufwendige optische Phasenregelung	elektrische Phasenregelung	keine Phasen-, aber Frequenz-regelung (AFC) nötig	weder Phasen- noch Frequenz-regelung nötig
typische Anwendungs-beispiele	Weitverkehrs-systeme Überseever-bindungen		opt. Frequenz-multiplexsysteme z.B.: Breitband-dialognetze (Breitband-ISDN)	Datenübertragung über kurze Strecken z.B.: LAN (local area network), Telemetrie in Fabriken, KFZ u.s.w.

Die in der dritten Zeile dieser Tabelle aufgeführten regeneratorfreien Übertragungsstrecken (es handelt sich um Grenzwerte) ergeben sich aus den Empfangslichtleistungen der Tabelle 6.1 (dieser Tabelle liegt eine Bitrate f_B = 560 MBit/s zugrunde) unter Verwendung der angegebenen Faserdämpfung von α = 0,2 dB/km und einer angenommenen Sendelichtleistung P_S = −10 dBm. Die Sendelichtleistung ist hier demnach genauso groß gewählt wie die lokale Laserlichtleistung P_L der Tabelle 6.1 (Spalte 3).

Aus Tabelle 6.3 geht hervor, daß es kein Überlagerungssystem gibt, das einerseits relativ einfach zu realisieren ist und das andererseits gleichzeitig in der Lage ist, eine sehr hohe Bitrate zu übertragen. Gerade ein solches System wäre aber für den Aufbau von optischen Breitband-Frequenzmultiplexsystemen mit einer Bitrate von etwa 1 bis 2 GBit/s je Kanal von großem Nutzen. Nach Tabelle 6.3 können sehr hohe Bitraten nur mit einem Homodynsystem oder mit dem konventionellen Geradeaussystem übertragen werden. Die kohärenten Homodynsysteme können zwar prinzipiell für den Aufbau optischer Breitband-Frequenzmultiplexsysteme verwendet werden, der hierzu notwendige technische Aufwand ist allerdings beträchtlich. Mit dem Geradeaussystem ist dagegen die Realisierung eines (echten) optischen Frequenzmultiplexsystems mit großer Kanalzahl überhaupt nicht möglich. Bei der in optischen Geradeaussystemen verwendeten Wellenlängenmultiplextechnik werden die einzelnen Nachrichtenkanäle im Empfänger mit optischen Filtern selektiert. Auf Grund der relativ großen Bandbreite optischer Filter müssen jedoch die einzelnen Kanäle im optischen Frequenzband sehr weit auseinanderliegen. Die maximale Anzahl gleichzeitig übertragbarer Nachrichtenkanäle ist deshalb bei dieser Technik sehr gering. Anders ist es bei der in Überlagerungssystemen möglichen Frequenzmultiplextechnik, bei der die einzelnen Kanäle im optischen Frequenzband nahezu lückenlos beieinander liegen können. Die Selektion erfolgt hier mittels eines abstimmbaren Lokallasers und eines gegenüber optischen Filtern schmalbandigen elektrischen ZF-Filters (Heterodynempfänger) bzw. Basisbandfilters (Homodynempfänger).

Wünschenswert wäre demnach ein optisches Überlagerungssystem, welches sowohl für Frequenzmultiplex geeignet ist und außerdem die Vorteile des kohärenten Homodynsystems (d.h. eine hohe Bitrate) mit den Vorteilen des inkohärenten Heterodynsystems (verhältnismäßige einfache Realisierbarkeit, keine optische Phasenregelung nötig) verbindet. Ein System, das diese Bedingungen zumindest fast erfüllt, ist das *Phasendiversitätssystem* [21, 74, 75, 90, 108, 124, 128, 155].

Dieses beinhaltet einen optischen Überlagerungsempfänger, der nun nicht mehr wie bisher einen optischen Koppler mit je zwei Ein- und Ausgängen besitzt, sondern einen sogenannten Mehrtorkoppler mit einer im allgemeinen beliebigen Anzahl von Ein- und Ausgängen. Ein Beispiel hierfür ist der in Bild 6.6 dargestellte optische ASK-Überlagerungsempfänger mit einem Dreitorkoppler [74, 90, 108] (möglich sind darüber hinaus auch FSK [128] und DPSK [155]). Die Phasen der drei Kopplerausgangssignale sind um je 120° verschoben (daher der Name Phasendiversität).

Optische Überlagerungssysteme mit Phasendiversitätsempfänger gehören zur Gruppe der inkohärenten Übertragungssysteme. Eine synchrone Phasenbeziehung zwischen der Lokallaserlichtwelle und der Empfangslichtwelle – wie sie beispielsweise bei den kohärenten Homodynsystemen benötigt wird (Abschnitt 5.1.1) – ist hier nicht erforderlich. Das Laserphasenrauschen verursacht allerdings dennoch bei diesen Systemen eine (wenn auch geringe) Beeinträchtigung der Übertragungsqualität. Dies liegt daran, daß jeder der drei Tiefpässe eine Verkopplung des Phasenrauschens mit der modulierten Nutzamplitude verursacht. Diese Transformation der überlagerten unerwünschten Phasenmodulation in störende Amplitudenschwankungen haben wir bereits beim inkohärenten ASK-Heterodynsystem kennengelernt (Abschnitt 5.3.1).

Verringern kann man diese störende Umwandlung durch eine größere Bandbreite bei den drei Tiefpässen. Dies verursacht dann allerdings ein Ansteigen des additiven Gaußrauschens, also des Schrotrauschens der Photodioden und des thermischen Rauschens der Eingangsverstärker, dessen Rauschleistung proportional mit der Filterbandbreite wächst. Durch Einfügen eines weiteren, aber entsprechend schmalbandigen Tiefpasses zwischen dem Summierer und der Abtast- und Entscheidungseinrichtung (Bild 6.6) kann jedoch diese zusätzliche Rauscherhöhung infolge der nun breiteren Vorfilter wieder rückgängig gemacht werden.

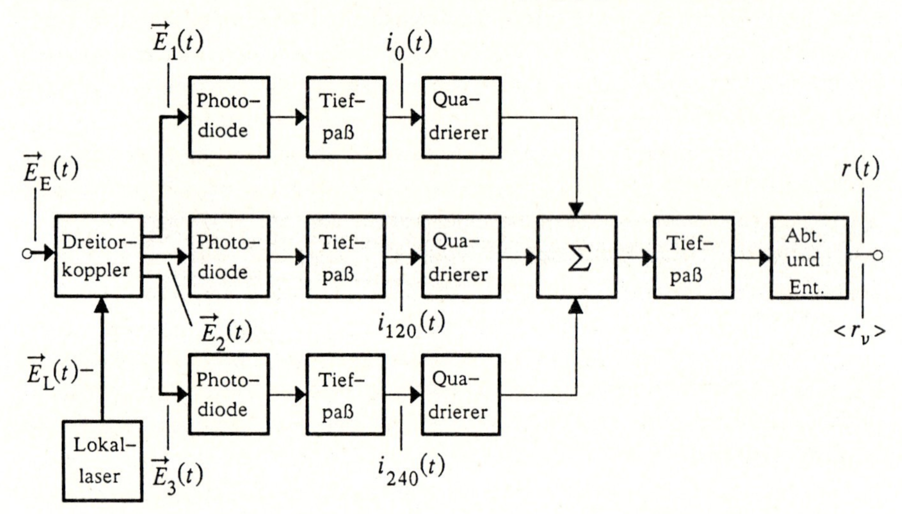

Bild 6.6: Optischer ASK-Überlagerungsempfang mit einem Dreitorkoppler (ASK phase diversity receiver)

Die Bandbreite der drei Tiefpässe im Anschluß an die drei Photodioden (Vorfilter), darf allerdings nicht beliebig vergrößert werden. Da diese Tiefpässe bei optischen Frequenzmultiplexsystemen u.a. auch die Aufgabe der Kanalselektion haben (siehe oben), wächst demnach mit der Bandbreite dieser Tiefpässe auch der frequenzmäßige Abstand zwischen den einzelnen frequenzversetzten Nachrichtenkanälen. Die maximal im Frequenzmultiplex gleichzeitig übertragbare Kanalzahl wird dadurch kleiner. Bei dem Aufbau von optischen Frequenzmultiplexsystemen mit Phasendiversitätsempfängern muß daher stets ein geeigneter Kompromiß zwischen Kanalzahl und Filterbandbreite gefunden werden.

Der Phasendiversitätsempfänger nach Bild 6.6 entspricht einer Kombination von drei parallel geschalteten Überlagerungsempfängern. Die Berechnung eines solchen Empfängers kann daher in gleicher Weise erfolgen, wie sie in Kapitel 5 für die verschiedenen Überlagerungssysteme bereits mehrfach beschrieben wurde [90]. Dabei zeigt sich, daß der Empfindlichkeitsgewinn optischer ASK-Phasendiversitätsempfänger etwa gleich dem des inkohärenten ASK-Heterodynempfängers ist. Der Gewinn dieses Phasendiversitätsempfängers ist somit nur um etwa 3dB geringer als der Gewinn eines kohärenten ASK-Homodynempfängers. Dieser benötigt allerdings im Gegensatz zum Phasendiversitätsempfänger eine sehr aufwendige optische Phasenregelung.

Die Störanfälligkeit gegenüber dem Laserphasenrauschen wird durch die Verwendung eines Phasendiversitätsempfängers nicht verringert. So verhält sich der in Bild 6.6 dargestellte ASK-Überlagerungsempfänger mit Dreitorkoppler in dieser Hinsicht ebenso wie ein inkohärenter ASK-Heterodynempfänger mit einem Zweitorkoppler (Abschnitt 5.3.1).

Optische Phasendiversitätsempfänger haben kein Zwischenfrequenzsignal. Das heißt, daß die Lichtfrequenzen des Lokallasers und des Sendelasers (Trägerlichtwelle) identisch sein müssen ($f_L = f_T$). Das optische Signal wird folglich in jedem Zweig des Phasendiversitätsempfängers direkt in das Basisband heruntergesetzt. Die jeweils um 120° phasenververschobenen Ströme $i_0(t)$, $i_{120}(t)$ und $i_{240}(t)$ sind somit Basisbandsignale. Die drei Photodioden und die nachfolgenden Eingangsverstärker (nicht im Blochschaltbild 6.6 aufgeführt) müssen daher beim Phasendiversitätsempfänger nur der maximalen Nachrichtenfrequenz folgen können. Diese Tatsache erlaubt die gewünschte Übertragung von sehr hohen Bitraten.

Die drei phasenverschobenen Ströme $i_0(t)$, $i_{120}(t)$ und $i_{240}(t)$ werden nach Bild 6.6 zur Detektion zunächst quadriert und anschließend addiert. Auf Grund der Quadratur der Ströme sind ASK-Phasendiversitätssysteme trotz direktem Heruntersetzen der optischen Signale ins Basisband inkohärente und keine kohärenten Systeme. Im Gegensatz zu den Homodynsystemen muß hier die Frequenzumsetzung des optischen Bandes in das Basisband jedoch nicht synchron (d.h. kohärent) erfolgen. Die Phasen der Lokallaserlichtwelle und der Empfangslichtwelle dürfen also zueinander unkorreliert sein und dürfen beliebige Werte annehmen. Eine technisch aufwendige optische Phasenregelung ist nicht erforderlich. Dem Summierer folgt gemäß Bild 6.6 der zur Rauschunterdrückung notwendige Tiefpaß und die Abtast- und Entscheidereinrichtung.

Während beim komplizierten kohärenten Homodynempfänger die technischen Schwierigkeiten im optischen Bereich liegen (optische Phasenregelung), wird beim inkohärenten Überlagerungsempfänger mit Mehrtorkoppler diese Problematik in den elektrischen Bereich verlagert (Mehraufwand an elektrischen Bauelementen).

Die oben aufgeführten Idealeigenschaften eines optischen Übertragungssystems, nämlich die Eignung zum optischen Frequenzmultiplex, die Übertragbarkeit einer sehr hohen Bitrate und ein möglichst geringer Realisierungsaufwand (d.h. in erster Linie ein Empfänger ohne optische Phasenregelung) werden also beim Phasendiversitätsempfänger sehr gut erfüllt. Nur der verhältnismäßig große Schaltungsaufwand im Elektrischen ist ein verbleibender Nachteil dieser Empfängerart der im Rahmen einer Baueelementeintegration wieder teilweise gemindert werden kann.

7 Literaturverzeichnis

[1] Abramowitz, M.; Stegun, I. A.: Handbook of Mathematical Functions. Dover Publications, INC., New York, 1965.

[2] Adams, M. J.; Payne, D. N.; Ragdale, C. M.: Birefringence in optical fibers with elliptical cross-section. Electron. Lett. 15(1979)10, 298-299.

[3] Auracher, F.; Schicketanz, D.; Zeitler, K.-H.: High-speed $\Delta\beta$-reversal directional coupler modulator with low insertion loss for 1.3 μm in $LiNbO_3$, J. Opt. Commun. 5(1984)1, 7-9.

[4] Baack, C.; Bachus, E.-J.; Strebel, B.: Zukünftige Lichtträgerfrequenztechnik in Glasfasernetzen. NTZ 35(1982)11, 686-689.

[5] Bachus, E.-J.; Böhnke, F.; Braun, R.-P.; Eutin, W.; Foisel, H.; Heimes, K.; Strebel, B.: Two-channel heterodyne-type transmission experiment. Electron. Lett. 21(1985)1, 35-36.

[6] Barlow, A. J.; Payne, D. N.: Polarisation maintenance in circularly birefringent fibres. Electron. Lett. 17(1981)11, 388-389.

[7] Basch, E. E.; Brown, T. G.: Introduction of coherent optical fiber transmission. IEEE Commun. Magazine 23(1985)5, 23-30.

[8] Best, R.: Theorie und Anwendungen des Phase-locked Loops. Fachschriftenverband Aargauer Tagblatt AG, Aarau/Schweiz 1976.

[9] Bonek, E.; Leeb, W. R.; Scholtz, A. L.; Philipp, H. K.: Optical PLLs see the light. Microwaves & RF (1983), 65-70.

[10] Booth, R. C.: Integrated optic devices for coherent transmission. IOOC-ECOC (1985), 89-96.

[11] Börner, M.: Lichtleitfaserübertragungstechnik und integrierte Optik- Wie geht es weiter? Professorenkonferenz im Fernmeldetechnischen Zentralamt-FTZ, Darmstadt, 1981.

[12] Börner, M.: Die zukünftige Entwicklung der optischen Nachrichtentechnik. Proc. 6. Int. Kongreß Laser 83. Optoelektronik in der Technik (Hrsg. v. W. Waidlich), Berlin, Springer-Verlag (1984), 425-434.

[13] Börner, M.; Müller, R.: Silizium für die Integrierte Optoelektronik? ntz 41(1988)2, 64-75.

[14] Braun, R.-P.; Ludwig, R.; Molt, R.: Ten-channel optic fibre transmission using an optical travelling wave amplifier. IOOC-ECOC (1986), 29-32.

[15] Bronstein, I. N.; Semendjajew, K. A.: Taschenbuch der Mathematik, 19. Auflage. Harri Deutsch Verlag, Thun und Frankfurt/Main, 1980.

[16] Burns, W. K.; Moeller, R. P.: Measurement of polarization mode dispersion in high-birefringence fibers. Optics Lett. 8 (1983) 3, 195-197.

[17] Cramér, H.: Mathematical methods of statistics. 10. Aufl. Princeton University Press, Princeton 1963.

[18] Cygan, D.: Berechnung der Wahrscheinlichkeitsdichtefunktion am Ausgang eines Filters bei beliebiger Eingangsverteilung und beliebiger Autokorrelationsfunktion. Diplomarbeit, TU München, Lehrstuhl für Nachrichtentechnik, 1986.

[19] Cygan, D.; Franz, J.; Söder, G.: Einfluß eines Filters auf nicht-gaußverteilte Zufallsprozesse. AEÜ 40(1986)6, 377-384.

[20] Daino, B.; Spano, P.; Tamburrini, M.; Piazolla, S.: Phase noise and spectral line shape in semiconductor laser IEEE J. QE-19(1983)3, 266-270.

[21] Davis, A. W.; Pettitt, M. J.; King, J. P.; Wright, S.: Phase diversity techniques for coherent optical receivers. IEEE J. LT-5(1987)4, 561-572.

[22] DeLange, O. E.: Wide-band optical communication systems : Part II – Frequency-division multiplexing. IEEE Proc. 58(1970)10, 1683–1690.

[23] Dippold, M.: Die Entzerrung von Gradientenlichtwellenleitern mittels Quantisierter Rückkopplung. Dissertation, TU München, Lehrstuhl für Nachrichtentechnik, 1985.

[24] Draper, N. R.; Tierney, D. E.: Exact formulas for additional terms in some important series expansions. Communications in statistics 1(1973), 495–524.

[25] Dyott, R. B.; Cozens, J. R.; Morris, D. G.: Preservation of polarisation in optical-fibre waveguides with elliptical cores. Electron. Lett. 15(1979)13, 380–382.

[26] Favre, F.; Jeunhomme, L.; Joindot, I.; Monerie, M.; Simon, J. C.: Progress towards heterodyne-type single-mode fiber communication systems. IEEE J. QE-17(1981)6, 897–906.

[27] Favre, F.; Le Guen, D.: Emission frequency stability in single-mode-fibre optical feedback controlled semiconductor lasers. Electron. Lett. 19(1983)17, 663–665.

[28] Felicio, D.: Der Einfluß des Laserphasenrauschens auf kohärent-optische Übertragungssysteme. Diplomarbeit, TU München, Lehrstuhl für Nachrichtentechnik, 1984.

[29] Fischer, G.: The Faraday optical isolator. J. Opt. Commun. 8(1987)1, 18–21.

[30] Fisher, R. A.; Cornish, E. A.: The percentile points of distributions having known comulants. Technometrics 2 (1960), 209–225.

[31] Fleischmann, M.: Berechnung, Optimierung und Vergleich verschiedener optischer Übertragungssysteme mit Überlagerungsempfang. Diplomarbeit, TU München, Lehrstuhl für Nachrichtentechnik, 1987.

[32] Fleischmann, M.; Franz, J.: Optimization of coherent optical homodyne systems. J. Opt. Commun. 9(1988)2.

[33] Fleming, M. W.; Mooradian, A.: Spectral characteristics of external-cavity controlled semiconductor lasers. IEEE J. QE 17(1981)1, 44–59.

[34] Fleming, M. W.; Mooradian, A.: Fundamental line broadening of single-mode (GaAl)As diode lasers. Appl. Phys. Lett. 38(1981)7, 511–513.

[35] Franz, J.: Grundzüge des kohärent optischen Heterodynempfanges. TU München, Lehrstuhl für Nachrichtentechnik, Nachr.-techn. Ber. Band 14, 1985.

[36] Franz, J.: Evaluation of the probability density function and bit error rate in coherent optical transmission systems including laser phase noise and additive gaussian noise. J. Opt. Commun. 6(1985)2, 51–57.

[37] Franz, J.; Rapp, C.; Söder, G.: Influence of baseband filtering on laser phase noise in coherent optical transmission systems. J. Opt. Commun. 7(1986)1, 15–20.

[38] Franz, J.; Helnerus, U.: Calculation of bit error rate in ASK heterodyne systems with envelope detection influenced by laser phase noise. Electron. Lett. 22(1986)20, 1072–1073.

[39] Franz, J.: Receiver analysis of incoherent optical heterodyne systems. J. Opt. Commun. 8 (1987)2, 57–66.

[40] Franz, J.: Berechung, Optimierung und Vergleich optischer Übertragungssysteme mit Überlagerungsempfang. Dissertation, TU München, Lehrstuhl für Nachrichtentechnik, 1987.

[41] Gardner, F. M.: Phaselock Techniques. Pub. John Wiley & Sons Inc., New York, 1979.

[42] Garrett, I.; Jacobsen, G.: Influence of (semiconductor) laser linewidth on the error-rate floor in dual-filter optical FSK receivers. Electron. Lett. 21(1985)7, 280–282.

[43] Garrett, I.; Jacobsen, G.: Statistics of laser frequency fluctuations in coherent optical receivers. Electron. Lett. 22(1986)3, 168–170.

[44] Garrett, I.; Jacobsen, G.: Theoretical analysis of heterodyne optical receivers for transmission systems using (semiconductor) lasers with nonnegligible linewidth. IEEE J. LT-4 (1986)3, 323–334.

[45] Geckeler, S.: Lichtwellenleiter für die optische Nachrichtenübertragung. Springer-Verlag, Berlin, 1986.

[46] Glance B.: Polarisation independent coherent optical receiver. IEEE J. LT-5(1987)2, 274–276.

[47] Goldberg, L.; Taylor, H. F.; Dandridge, A.; Weller, J. F.; Miles, R. O.: Spectral characteristics of semiconductor lasers with optical feedback. IEEE J. QE-18(1982)4, 555–564.

[48] Goodwin, F. E.: A 3.39-micron infrared optical heterodyne communication system. IEEE J. QE-3(1967)11, 524–531.

[49] Grau, G.: Optische Nachrichtentechnik. Springer-Verlag, Berlin, 1981.

[50] Helnerus, U.: Der Einfluß des ZF-Filters auf das Laserphasenrauschen im optischen ASK-Heterodynempfänger mit Hüllkurvendemodulation. Diplomarbeit, TU München, Lehrstuhl für Nachrichtentechnik, 1986.

[51] Henry, C.: Theory of the linewidth of semiconductor lasers. IEEE J. QE-18(1982)2, 259-264.

[52] Henry, C.: Theory of the phase noise and power spectrum of a single mode injection laser. IEEE J. QE-19(1983)9, 1391-1397.

[53] Henry, C.: Phase noise in semiconductor lasers. IEEE J. LT-4(1986)3, 298-311.

[54] Hodgkinson, T. G.: Phase-locked-loop analysis for pilot carrier coherent optical receivers. Electron. Lett. 21(1985)25/26, 1202-1203.

[55] Hodgkinson, T. G.: Costas loop analysis for coherent optical receivers. Electron. Lett. 22 (1986)22, 394-396.

[56] Hodgkinson, T. G.: Receiver analysis for synchronous coherent optical fibre transmission systems. IEEE J. LT-5(1987)4, 573-586.

[57] Hodgkinson, T. G.; Harmon R. A.; Smith, D. W.: Polarisation-insensitive heterodyne detection using polarisation scrambling. Electron. Lett. 23(1987)10, 513-514.

[58] Hodgkinson, T. G.; Harmon R. A.; Smith, D. W.: Performance comparision of ASK polarisation diversity and standard coherent optical heterodyne receivers. Electron. Lett. 24(1988)1, 58-59.

[59] Hosaka, T.; Okamoto, K.; Sasaki Y.; Edahiro, T.: Single mode fibres with asymmetrical refractive index pits on both sides of core. Electron. Lett. 17(1981)5, 191-193.

[60] Hosaka, T.; Okamoto, K.; Miya, T.; Sasaki Y.; Edahiro, T.: Low-loss single polarisation fibres with asymmetrical strain birefringence. Electron. Lett. 17(1981)15, 530-531.

[61] Imoto, N.; Ikeda, M.: Polarization dispersion measurement in long single-mode fibers with zero dispersion wavelength at 1.5 μm. IEEE QE-17(1981)4, 542-545.

[62] Jacobsen, G.; Garrett, I.: Error-rate floor in optical ASK heterodyne systems caused by nonzero (semiconductor) laser linewidth. Electron. Lett. 21(1985)7, 268-270.

[63] Jacobsen, G.; Garrett, I.: The effect of laser linewidth on coherent optical receivers with asynchronous demodulation. IOOC-ECOC (1986), 61-66.

[64] Jeunhomme, L.; Monerie, M.: Polarisation-maintaining single-mode fibre cable design. Electron. Lett. 16(1980)24, 921-922.

[65] Kaminov, I. P.; Ramaswamy, V.: Single-polarization optical fibers: Slab model. Appl. Phys. Lett. 34(1979)4, 268-270.

[66] Kaminov, I. P.: Polarization in optical fibers. IEEE J. QE-17(1981)1, 15-22.

[67] Kasper, B. L.; Burrurs, C. A.; Telman, J. R.; Hall, K. L.: Balanced dual-detector receiver for optical heterodyne communication at Gbit/s rates. Electron. Lett. 22(1986)8, 413-414.

[68] Katsuyama, T.; Matsumura, H.; Suganuma, T.: Low-loss single-polarisation fibres. Electron. Lett. 17(1981)13, 473-474.

[69] Kazovsky, L. G.: Optical heterodyning versus optical homodyning: a comparison. J. Opt. Commun. 6(1985)1, 18-24.

[70] Kazovsky, L. G.: Decision-driven phase-locked loop for optical homodyne receivers: performance analysis and laser linewidth requirements. IEEE J. LT-3(1985)6, 1238-1247.

[71] Kazovsky, L. G.: Balanced phase-locked loops for optical homodyne receivers: performance analysis, design considerations, and laser linewidth requirements. IEEE J. LT-4 (1986)2, 182-195.

[72] Kazovsky, L. G.: Performance analysis and laser linewidth requirements for optical PSK heterodyne communications systems. IEEE J. LT-4(1986)4, 415-425.

[73] Kazovsky, L. G.: Impact of phase noise on optical heterodyne communication systems. J. Opt. Commun. 7(1986)2, 66-78.

[74] Kazovsky, L. G.; Meissner, P.; Patzak, E.: ASK multiport optical homodyne receivers. IOOC-ECOC (1986), 395-398.

[75] Kazovsky, L. G.: Recent progress in phase and polarization diversity coherent optical techniques. ECOC (1987) Vol. I, 83-90.

[76] Kersey, A. D.; Yurek, A. M.; Dandridge, A.; Weller, J. F.: New polarisation-insensitive detection technique for coherent optical fibre heterodyne communications. Electron. Lett. 23(1987)18, 924-926.

[77] Kersten, R. T.: Einführung in die optische Nachrichtentechnik. Springer–Verlag, Berlin, 1983.

[78] Kidoh, Y.; Suematsu, Y.; Furuya, K.: Polarization control on output of single–mode optical fibers. IEEE J. QE–17(1981), 991–994.

[79] Kikuchi, K.; Okoshi, T.; Nagamatsu, M.; Henmi, N.: Bit–error rate of PSK heterodyne optical communication system and its degradation due to spectral spread of transmitter and local oscillator. Electron. Lett. 19(1983)11, 417–418.

[80] Kikuchi, K.; Okoshi, T.; Nagamatsu, M.; Henmi, N.: Degradation of bit error rate in coherent optical communications due to spectral spread of the transmitter and the local oscillatator. IEEE J. LT–2(1984), 1024–1033.

[81] Kimura, T.: Coherent optical fiber transmission. IEEE J. LT–5(1987)4, 414–428.

[82] Kobayashi, S.; Yamamoto, Y.; Ito, M.; Kimura, T.: Direct frequency modulation in AlGaAs semiconductor lasers. IEEE J. QE–18(1982)4, 582–595.

[83] Kreit, D.; Youngquist, R. C.: Polarisation–insensitive optical heterodyne receiver for coherent FSK communications. Electron. Lett. 23 (1987)4, 168–169.

[84] Kubota, M.; Oohara, T.; Furuya, K.; Suematsu, Y.: Electro–optical polarisation control on single–mode optical fibres. Electron. Lett. 16(1980)15, 573.

[85] Künzel, T.: Simulation und Analyse optischer Überlagerungsempfänger unter Berücksichtigung des Laserphasenrauschens. Diplomarbeit, TU München, Lehrstuhl für Nachrichtentechnik, 1986.

[86] Kuwahara, H.; Chikama, T.; Ohsawa, C.; Kiyonaga,T.: New receiver design for practical coherent ligthwave transmission system. IOOC–ECOC (1986), 407–410.

[87] Lax, M.: Classical noise V. Noise in self–sustained oscillators. Phys. Rev.160 (1967), 290.

[88] Lee, T. P.: Linewidth of single–frequency semiconductor lasers for coherent lightwave communications. IOOC–ECOC (1985), 189–196.

[89] Lefevre, H. C.: Single–mode fibre fractional wave devices and polarisation controllers. Electron. Lett. 16(1980)20, 778–780.

[90] Linsenbreit, K.: Überlagerungsempfang mit Mehrtorkoppler. Diplomarbeit, TU München, Lehrstuhl für Nachrichtentechnik, 1987.

[91] Love, J. D.; Sammut, R. A.; Snyder, A. W.: Birefringence in elliptically deformed optical fibres. Electron. Lett. 15(1979)20, 615–616.

[92] Lutz, E.; Söder, G.; Tröndle, K.: Generation of discrete stochastic processes with given probability density and autocorrelation on a digital computer. 4. Seminar, Akademie der Wissenschaften der CSSR, Prag (1979), 308–329.

[93] Lutz, E.; Tröndle, K.: Systemtheorie der optischen Nachrichtentechnik. Oldenburg–Verlag, München, 1983.

[94] Machida, S.; Sakai, J.; Kimura, T.: Polarisation conservation in single–mode fibres. Electron. Lett. 17(1981)14, 494–495.

[95] Mahon, C. J.; Khoe, G. D.: Compensational deformation; new endless polarisation matching control schemes for optical homodyne or heterodyne receivers which require no mechanical drivers. IOOC ECOC (1986), 267–270.

[96] Mahon, C. J.; Khoe, G. D.: Endless polarisation state matching control experiment using two controllers of finite control range. Electron. Lett. 23(1987)23, 1234–1235.

[97] Mahr, H.: Ein Plädoyer für den Begriff Frequenzmultiplex in der optischen Nachrichtentechnik. Frequenz 39(1985)12, 314–319.

[98] Malyon, D. J.; Hodgkinson, T. G.; Smith, D. W.; Booth, R. C.; Daymond–John, B. E.: PSK homodyne receiver sensitivity measurements at 1.5 μm. Electron. Lett. 19(1983)4, 144–146.

[99] Marko, H.: Optimale und fast optimale binäre und mehrstufige digitale Übertragungssysteme. AEÜ 28(1974), 402–414.

[100] Marko, H.: Methoden der Systemtheorie. Springer–Verlag, Berlin, 1977.

[101] Mochizuki, K.; Namihira, Y.; Wakabayashi, H.: Polarisation mode dispersion measurements in long single mode fibres. Electron. Lett. 17(1981)4, 153–154.

[102] Monerie, M.: Polarisation–maintaining single–mode fibre cables: influence of joints. Appl. Optics 20(1980), 712–713.

[103] Monerie, M.; Lamouler, P.; Jeunhomme, L.: Polarisation mode dispersion measurements in long single mode fibres. Electron. Lett. 16(1980)24, 970–908.

[104] Monerie, M.; Jeunhomme, L.: Polarization mode coupling in long single–mode fibres. Optical and Quantum Electronics 12(1980), 449–461.

[105] Monerie, M.; Lamouler, P.: Birefringence measurement in twisted single-mode fibres. Electron. Lett. 17(1981)7, 252–253.

[106] Namihira, Y.; Ryu, S.; Mochizuki, K.; Furusawa, K.; Iwamoto, Y.: Polarisation fluctuation in optical-fibre submarine cable under 8000 m deep sea environmental conditions. Electron. Lett. 23(1987)3, 100–101.

[107] Namihira, Y.; Horiuchi, Y.; Wakabayashi, H.: Dynamic polarisation fluctuation characteristics of optical-fibre submarine cable coupling under periodic variable tension. Electron. Lett. 23(1987)22, 1201–1202.

[108] Nicholsen, G.: ASK homodyne system receiver using a 6-port fiber coupler. J. Opt. Commun. 9(1988)1, 13–16.

[109] Noé, R.: Entwurf und Aufbau von unterbrechungsfreien Polarisationsnachführungen im optischen Überlagerungsempfang. Dissertation, TU München, Lehrstuhl für Nachrichtentechnik, 1987.

[110] Noé, R.: Endless polarisation control in coherent optical communications. Electron. Lett. 22 (1986)15, 772–773.

[111] Noé, R.: Endless polarisations control experiment with three elements of limited birefringence range. Electron. Lett. 22(1986)25, 1341–1343.

[112] Nussmeier, T. A.; Goodwin, F. E.; Zavin, J. E.: A 10.6-µm terrestrial communication link. IEEE J. QE-10 (1974) 2, 230–235.

[113] Okamoto, K.; Sasaki, Y.; Miya, T.; Kawachi, M.; Edahiro, T.: Polarisation characteristics in long length v.a.d. single-mode fibres. Electron. Lett. 16(1980)25, 768–769.

[114] Okamoto, K.; Hosaka, T.; Edahiro, T.: Stress analysis of single polarization fibers. Review of the Electrical Communication Labarotories Vo. 31(1983)3, 381–392.

[115] Okoshi, T.; Kikuchi, K.; Nakayama, A.: Novel method for high resolution measurement of laser output spectrum. Electron. Lett. 16(1980)16, 630–631.

[116] Okoshi, T; Oyamada, K.: Single-polarisation single-mode optical fibre with refractive index-pits on both sides of core. Electron. Lett. 16(1980)18, 712–713.

[117] Okoshi, T.; Emura, K.; Kikuchi, K.; Kersten, R. Th.: Computation of bit-error rate of various heterodyne- and coherent-type optical communication schemes. J. Opt. Commun. 2(1981)3, 89–96.

[118] Okoshi, T.; Kikuchi, K.: Heterodyne-type optical fiber communications. J. Opt. Commun. 2(1981)3, 82–88.

[119] Okoshi, T.; Ryu, S.; Emura, K.: Measurement of polarization parameters of a single-mode optical fiber. J. Opt. Commun. 2(1981)4, 134–141.

[120] Okoshi, T.: Single-polarization single-mode optical fibers. IEEE J. QE-17(1981), 879–884.

[121] Okoshi, T.: Review of polarization-maintaining single-mode fiber. ECOC (1983), 57–59.

[122] Okoshi, T.; Ryu, S.; Kikuchi, K.: Polarisation-diversity receiver for heterodyne/coherent optical fiber communications. 4. IOOC, Tokyo (1983), 386–387.

[123] Okoshi, T.: Ultimate performance of heterodyne/coherent optical fiber communications. IEEE J. LT-4(1986)10, 1556–1562.

[124] Okoshi, T.; Cheng, Y. H.: Four-port homodyne receiver for optical fibre communications comprising phase and polarisation diversities. Electron. Lett. 23(1987)8, 377–378.

[125] Okoshi, T.: Recent advances in coherent optical fiber communication systems. IEEE J. LT-5(1987)1, 44–52.

[126] Papoulis, A.: Probability, random variables and stochastic processes. McGraw-Hill-Verlag, 1985.

[127] Payne, D. N.; Barlow, A. J.; Ramskow Hansen, J. J.: Development of low- and high birefringence optical fibers. IEEE J. QE-18(1982)4, 477–488.

[128] Pettitt, M. J.; Remedios, D.; Davis, A. W.; Hadjifotiou, A.; Wright, S.: Optical FSK transmission system using a phase-diversity receiver. Electron. Lett. 23(1987)20, 1075–1076.

[129] Piazzolla, S.; Spano, P.; Tamburrini M.: Characterization of phase noise in semiconductor lasers. Appl. Phys. Lett. 41(1982)8, 695–696.

[130] Piazzolla, S.; Spano, P.: Analytical evaluation of the line shape of single-mode semiconductor lasers. Optics Commun. 51(1984)4, 278–280.

[131] Pietzsch, J.: Der Einfluß des Phasenrauschen auf die Fehlerquote bei Übertragung von frequenzmodulierten Signalen. AEÜ 42(1988)2, 132–138.

[132] Poole, C. D.; Bergano, N. S.; Wagner, R. E.; Schulte, H. J.: Polarisation dispersion in a 147 km undersea lightwave cable. ECOC 1987 Vol. I, 321–324.

[133] Poole, C. D.; Bergano, N. S.; Schulte, H. J.; Wagner, R. E.; Nathu, V. P.; Amon, J. M.; Rosenberg, R. L.: Polarisation fluctuations in an 147 km undersea lightwave cable during installation. Electron. Lett. 23(1987)21, 1113–1115.

[134] Purcell, E. M.: Elektrizität und Magnetismus, Berkeley Physik Kurs Band 2. Vieweg–Verlag, Braunschweig, 1979.

[135] Ramachandran, G. N.; Ramaseshan, S.: Crystal optics. In Handbuch der Physik Band 25/1 (S. Flügge), Springer–Verlag, Berlin, 1962.

[136] Ramaswamy, V.; French, W. G.; Standley, R. D.: Polarization characteristics on noncircular core single–mode fibers. Appl. Optics 17(1978)18, 3014–3017.

[137] Ramaswamy, V.; Kaminov, I. P.; Kaiser, P.: Single polarization optical fibers: exposed cladding technique. Appl. Phys. Lett. 33(1978)9, 814–816.

[138] Ramaswamy, V.; Standley, R. D.; Sze, D.; French, W. G.: Polarization effects in short length, single mode fibers. Bell Systems T. J. 57(1978), 635–651.

[139] Rapp, C.: Optische Komponenten für die optische Nachrichtenübertragung. Studienarbeit, TU München, Lehrstuhl für Nachrichtentechnik, 1984.

[140] Rashleigh, S. C.; Stolen, R. H.: Preservation of polarization in single–mode fibers. Fiberoptic Techn. (1983)5,155–161.

[141] Rocks, M.: Optischer Überlagerungsempfang: Die Technik der übernächsten Generation glasfasergebundener optischer Nachrichtensysteme. Der Fernmelde–Ingenieur 3 (1985)2.

[142] Russer, P.: Hochfrequenztechnik I. Vorlesungsskriptum, Technische Universität München, 1981.

[143] Saito, S.; Yamamoto, Y.; Kimura, T.: Optical heterodyne detection of directly frequency modulated semiconductor laser signals. Electron. Lett. 16(1980)22, 826–827.

[144] Saito, S.; Yamamoto, Y.: Direct observation of lorentzian lineshape of semiconductor laser and linewidth reduction with external grating feedback. Electron. Lett. 17(1981)9, 325–327.

[145] Saito, S.; Nilsson, O.; Yamamoto, Y.: Oscillation center frequency tuning, quantum FM noise, and direct frequency modulation characteristics in external grating loaded semiconductor lasers. IEEE J. QE–18(1982)6, 961–970.

[146] Saito, S.; Yamamoto, Y.; Kimura, T.: S/N and error rate evaluation for an optical FSK heterodyne detection system using semiconductor lasers. IEEE J. QE–19(1983)2, 180–193.

[147] Sakai, J.–I.; Kimura, T.: Birefringence and polarization characteristics of single–mode optical fibers under elastic deformations. IEEE J. QE–17(1981)6, 1041–1051.

[148] Sakai, J.–I.; Machida, S.; Kimura, T.: Existence of eigen polarization modes in anisotropic single–mode optical fibers. Optics Lett. 6(1981)10, 496–498.

[149] Sakai, J.–I.; Kimura, T.: Polarization behavior in multiply perturbed single–mode fibers. IEEE J. QE–18(1982)1, 59–65.

[150] Sakai, J.–I.; Machida, S.; Kimura, T.: Degree of polarization in anisotropic single-mode optical fibers: theory. IEEE J. QE–18(1982)4, 488–495.

[151] Sakai, J.–I.; Machida, S.; Kimura, T.: Twisted single–mode optical fiber as polarization-maintaining fiber. Review of Electrical Communication Laboratories Vol. 31(1983)3, 372–380.

[152] Sasaki, Y.; Shibata, N.; Hosaka, T.: Fabrication of polarization–maintaining and absorption–reducing optical fibers. Review of Electrical Communication Laboratories Vol.31 (1983)3, 400–409.

[153] Salz, J.: Coherent lightwave communications. AT&T Techn. J. 64(1985)10, 2153–2209.

[154] Schaller, H. N.: Berechnung optischer DPSK–Überlagerungssysteme unter Berücksichtigung des Laserphasenrauschens. Diplomarbeit, TU München, Lehrstuhl für Nachrichtentechnik, 1987.

[155] Schneider, R.; Pietzsch, J.: Coherent 565 Mbit/s DPSK transmission experiment with a phase diversity receiver. ECOC (1987), Vol. III, 5–8.

[156] Scholz, A.; Leeb, W. R.; Philipp, H. K.: Detection homodyne pour systemes de communication laser. IOOC–ECOC (1982), 541–546.

[157] Scholz, A.; Philipp, H. K.; Leeb, W. R.: Receiver concepts for data transmission at 10 microns. ESA SP–202 (1984), 107–114.

[158] Shibata, N.; Okamoto, K.; Sasaki, Y.: Structure design for polarization–maintaining and absorption–reducing optical fibers. Review of Electrical Communication Laboratories Vol. 31 (1983)3, 393–399.

[159] Smith, D. W.; Stanley, I. W.: The worldwide status of coherent optical fibre transmission systems. IOOC–ECOC (1983), 263–266.

[160] Söder, G.; Tröndle, K.: Digitale Übertragungssysteme. Springer–Verlag, Berlin, 1984

[161] Spälti, A.: Der Einfluß des thermischen Widerstandsrauschens und des Schroteffektes auf die Störmodulation von Oszillatoren. Bulletin des schweizerischen Elektrotechnischen Vereins, 39(1948)13, 419–426.

[162] Spano, P.; Piazzolla, S.; Tamburrini, M.: Phase noise in semiconductor lasers: A theoretical approach. IEEE J. QE–19(1983)7, 1195–1199.

[163] Stein, S.; Jones, J. J.: Modern communication principles. McGraw–Hill Book Company, 1967.

[164] Stolen, R. H.; Ramaswamy, V.; Kaiser, P.; Pleibel, W.: Linear polarization in birefringent single–mode fibers. Appl. Phys. Lett. 33(1978)8, 699–701.

[165] Tamburrini, M.; Spano, P.; Piazzolla, S.: Influence of semiconductor–laser phase noise on coherent optical communication systems. Optics. Lett. 8(1983)3, 174–176.

[166] Tatam, R. P.; Pannell, C. N.; Jones, J. D. C.; Jackson, D. A.: Full polarisation state control utilizing linearly birefringent monomode optical fiber. J. LT–5(1987)7, 980–985.

[167] Tjaden, D. L. A.: Birefringence in single–mode optical fibres due to core ellipticity. Phillips J. Res. 33 (1978)5/6, 254–263.

[168] Tradowsky, K.: Laser kurz und bündig. Vogel–Verlag, Würzburg, 1977.

[169] Treiber, H.: Laser Technik. Frech–Verlag, Stuttgart, 1982.

[170] Tzeng, L. D.; Emkey, W. L.; Jack, C. A.; Burrus, C. A.: Polarisation–insensitive coherent receiver using a double balanced optical hybrid system. Electron. Lett. 23(1987)22, 1195–1196.

[171] Ulrich, R.: Polarization stabilization on single–mode fiber. Appl. Phys. Lett. 35(1979), 840–842.

[172] Ulrich, R.; Simon, A.: Polarization optics of twisted single–mode fibers. Appl. Optics 18 (1979)13, 2241–2251.

[173] Unger, H.–G.: Optische Nachrichtentechnik. Elitera–Verlag Berlin 1967.

[174] Unger, H.–G.: Optische Nachrichtentechnik Teil II. Dr. Alfred Hüthing–Verlag, Heidelberg, 1985.

[175] Vahala, K.; Yariv, A.: Semiclassical theory of noise in semiconductor lasers–Part I. IEEE J. QE–19(1983)6, 1096–1101.

[176] Vahala, K.; Yariv, A.: Semiclassical theory of noise in semiconductor lasers–Part II. IEEE J. QE–19(1983)6, 1102–1109.

[177] Wagner, R. E.: Coherent optical systems technology. ECOC (1986), 71–78.

[178] Yamamoto, Y.: Receiver performance evaluation of various digital optical modulation–demodulation systems in the 0,5–10 µm wavelength region. IEEE J. QE–16(1980)11, 1251–1259.

[179] Yamamoto, Y.; Kimura, T.: Coherent optical transmission systems. IEEE J. QE–17 (1981)6, 919–934.

[180] Yamamoto, Y.: AM and FM quantum noise in semiconductor lasers–Part I: Theoretical analysis. IEEE J. QE–19(1983)1, 34–46.

[181] Yamamoto, Y.; Saito, S.; Mukai, T.: AM and FM quantum noise in semiconductor lasers Part II: Comparison of theoretical and experimental results for AlGaAs lasers. IEEE J. QE–19(1983)1, 47–58.

Sachverzeichnis